居住空间环境解读系列

解读别墅

黄一真 主编

黑龙江出版集团
黑龙江科学技术出版社

主编简介

黄一真

当代风水学泰斗，中国房地产风水第一人，现代风水全程理论的创始者。是国内外六十多个大型机构及上市公司的专业顾问，主持了国内外逾三百个著名房地产项目的风水规划、景观布局及数个城市的规划布局工作。

黄一真先生二十年精修，学贯中西，集传统风水学与中外建筑学之大成，继往开来，首创现代房地产项目的选址、规划、景观、户型的风水全局十大规律及三元时空法则，开拓了现代建筑的核心竞争空间。

黄一真先生的研究与实践足迹遍及世界五大洲，是参与高端项目最多，最具大局观、前瞻力、国际视野的名家，自1997年来对城市格局、财经趋势均作出精确研判，以其高屋建瓴的全局智慧，为国内外诸多上市机构提供了战略决策参考，成就卓著。

黄一真先生数十年如一日，潜心孤诣，饱览历代秘籍，仰观俯察山川大地，上下求索，以独到的前瞻功力做出的精准判断，价值连城，在高端业界闻名遐迩。

黄一真先生一贯秉持低调谦虚的严谨作风，身体力行实证主义，倡导现代风水学的正本清源，抵制哗众取宠的媚俗行为，坚拒当代风水学的庸俗化、神秘化与娱乐化。

黄一真先生的近百种风水著作风行海内外数十载，脍炙人口，好评如潮，创造多项第一。其于2000年出版的名著《现代住宅风水》被誉为“现代风水第一书”，十年巨著《中国房地产风水大全》是全世界绝无仅有的房地产风水大全，《黄一真风水全集》则是当代中国最大型的图解风水典藏丛书。黄一真先生的著作博大精深，金声玉振，其趋利避害、造福社会的真知灼见于现代社会的影响极为深远。

黄一真先生是香港凤凰卫视中文台《锵锵三人行》特邀嘉宾，香港迎请佛指舍利瞻礼大会特邀贵宾。2002年3月应邀赴加拿大交流讲学，2004年7月应邀赴英国交流讲学。

黄一真先生主要著作

《中国房地产风水大全》《黄一真风水全集》《现代住宅风水》《现代办公风水》《小户型风水指南》《别墅风水》《住宅风水详解》《富贵家居风水布局》《居家智慧》《楼盘风水布局》《色彩风水学》《风水养鱼大全》《人居环境设计》《风水宜忌》《风水吉祥物全集》《大门玄关窗户风水》《财运风水》《化煞风水》《健康家居》《超旺的庭院与植物》《多元素设计》《最佳商业风水》《家居空间艺术设计》《卧房书房风水》《景观风水》《楼盘风水》《办公风水要素》《生活风水》《现代风水宝典》等。

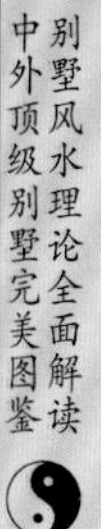

序言

完美：住宅的三种境界

近代著名学者王国维在其著作《人间词话》中指出 “古今之成大事业、大学问者，必经过三种之境界：‘昨夜西风凋碧树。独上高楼，望尽天涯路。’此第一境也。‘衣带渐宽终不悔，为伊消得人憔悴。’此第二境也。‘众里寻他千百度，蓦然回首，那人却在，灯火阑珊处。’ 此第三境也。”这段话描述了进行艺术创造或学术研究的历程，蕴含着深邃的哲理。大致的意思是，艺术家首先要高瞻远瞩，看清前人所走的道路，总结和揣摩前人的经验，这是艺术创作、研究的起点。第二步，要冥思苦想，孜孜以求，犹如热恋中的情人，不惜一切地进行追求。只有这样，才能进入第三步，一朝顿悟，发前人未发之秘，辟前人未辟之境，在艺术上或学术上做出独创性的贡献，犹如在灯如海、人如潮的佳节之夜，千追百寻终于找到了朝思暮想的心上人一样。

我认为住宅也莫不如是，完美的住宅也必须有其循序渐进的三种境界，才能达致天人合一、物我两忘的高度。

第一种境界用诗句来表达就是 “绿蚁新醅酒，红泥小火炉。晚来天欲雪，能饮一杯无？”——白居易《问刘十九》。

住宅从原始的野外洞穴进化而来，最本源的目的是构筑安全的空间以便居住，这也是人类最原始的需求，人们本能地赋予住宅某种庇护场所的功能。但是，绝大多数的完美住宅并不能简单地理解成只为遮风避雨而建造，它们不只是栖息之地，也不仅是实用场所，除了保护其私隐的内涵，也有向外展示其内涵的外延。

我所引用的白居易的诗句，从字面上可以理解为其对朋友的邀约，希望朋友能在天寒欲雪时前来对饮。除了绿蚁新酒、红泥火炉之外，还需要有温暖的居所（能抵御天寒地冻），包容人的环境（烧起火炉，对饮相亲）进行呼应，这就是美好生活的支撑点，也是完美住宅的第一种境界：既以其温暖愉悦的特质向外展示其内核的完整与吸引力，又必须有提供给人们进行私人活动的空间及场所。

在阐述了住宅温暖包容的境界之后，作为完美住宅的第二个层次，除了温暖柔和这种因素的需求外，进一步的境界就必然是清静了，至于清静到何种程度，就要看对住宅的经营。

“宝鼎茶闲烟尚绿，幽窗棋罢指犹凉。”这是曹雪芹借贾宝玉之口所论及的一种境界的追求，我觉得这是代表了清静境界的一种高度。全句无一静字，却得静之三昧，茶事已闲，由动返静，而余烟尚绿，这种色感似胶着状态，从容地凝聚于空中，令人心神俱醉；而在幽窗之下，围棋方罢，由动转静，拈棋之手，不觉温热如昔，仍然保留着棋子微微的寒意。佛家常以“清凉”来比拟摆脱一切爱憎而达到无烦恼的境地。住宅能清静至此，莫说上升到悟无上道的境界，至少能消除生活导致的焦虑感，从而称得上“养怡之福，可得永年”这八个字了。

达到温暖和清静这两层境界后，作为住宅，并不是要与外界彻底隔绝，还必须与外界保持有机的联系，所以需要景观资源的配合，让视觉在感知过程中产生愉悦的心态，所以这里我就说到完美住宅的第三层境界：“窗含西岭千秋雪，门泊东吴万里船”——杜甫《绝句》。在景观上有雪景配合，居住在其中，从窗里望去就能看到一幅美好的天然图画，视野舒适，一道千年形成的雪景线，赏心悦目。大门口停泊着远渡之舟，显示了与外界的息息相关，既可取其动，又可取其静。虽然不如“四顾山光接水光，凭栏十里芰荷香”（黄庭坚诗）那么纵横恣肆的大景象，却更宜于居住。从诗面上能看出此居住地，窗在后靠山，门在前迎江，负阴抱阳，极有气势。进可自成一统，出可远足，融入社会。不论古今，得此佳处，夫复何求?

完美的住宅必须有强力物质的支撑，以构成自身与自然、他人的屏障，营造自我的空间所在。又必须有精神的背景附着，以解释其作为包容滋养人体的载体的缘由。海德格尔说：“人，诗意地栖居。”我想，如果能够细细考量这三层境界，读者您可能会发现您的栖居之处也蕴藏着极大的诗意和宝藏。

1999年6月，于意大利翡冷翠

目录

第一章 别墅的起源

第一节 别墅的含义

第三节 现代中式别墅的发展

第四节 中国别墅的南北差异

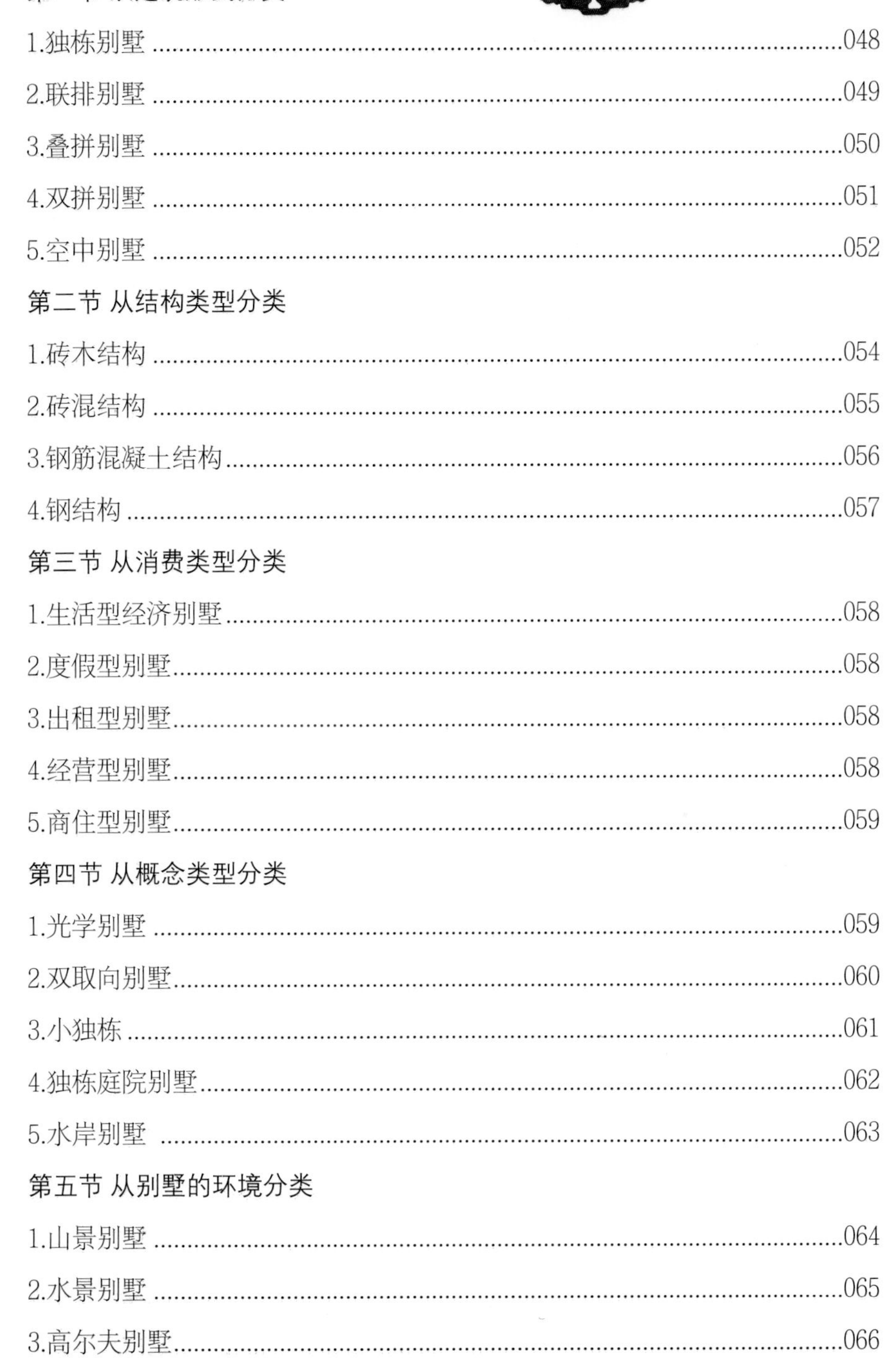

第二章 别墅的分类

第一节 从建筑形式分类

第二节 从结构类型分类

第三节 从消费类型分类

第四节 从概念类型分类

第五节 从别墅的环境分类

第三章 别墅的选址

第四章 别墅设计与风格

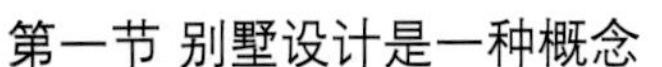

第一节 别墅设计是一种概念

第二节 别墅设计与空间

第三节 别墅设计的内容与要求

第四节 市场新宠——经济型别墅的规划与设计

第五节 别墅的设计风格

第五章 自建别墅的形式与选材

第六章 别墅室内功能区布局

第一节 大门

第二节 玄关

第四节 餐厅与吧台

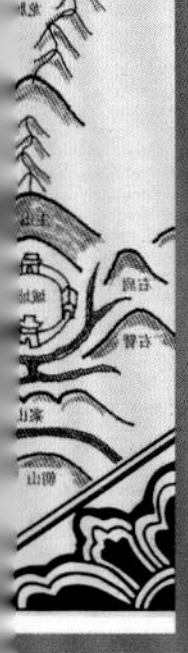

第五节 厨房

第六节 卧房

第七节 儿童房

第八节 老人房

第九节 书房

第十节 卫浴间

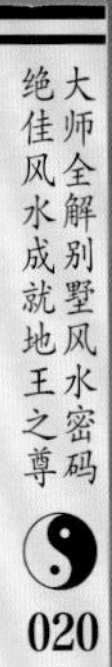

第十六节 别墅阁楼：小空间大乾坤

第十七节 健身室的布局

第七章 如何购买别墅

第一节 选购别墅要考虑的八大因素

第八章 中国和外国著名别墅

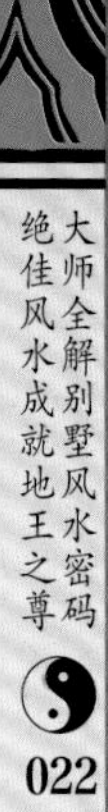

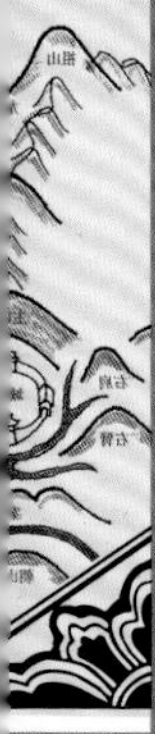

第二节 国内十大度假别墅

第三节 国内十大豪华别墅

第四节 国内十大山水别墅

第五节 国内十大中式别墅

第六节 三大历史别墅

第七节 中美两国顶级别墅

第九章 好布局别墅外观图鉴

186

第一章 别墅的起源

翻开《现代汉语词典》，关于『别墅』只能找到简单的一句解释：在郊区或风景区建造的供休养或居住用的园林住宅。再也没有其他明确的解释。追溯别墅的起源，实际上也没有一个明确的时间起始点。我国古代很早就出现了别墅，在明代时，『别墅』这一叫法就经常听到。纵观别墅发展史，它被当做一种地位与经济实力的象征而流传下来，形成一段写不完的历史。

第一节 别墅的含义

别墅在选址、规划、设计、做工用料等方面都十分讲究，而且也十分挑剔。别墅还一定要有良好的景观作为基础，其建筑设计和规划应该与自然资源、自然景观融合于一起。

1. “别墅”词义探讨

对于“别墅”，我们总寄托了太多的联想和太多的浪漫情怀，以至于说到别墅时，我们并不清楚到底是在说什么，是住宅、生活方式，还是秘密幽会的场所。《辞海》里对“别墅”的解释是：指本宅外另置的园林建筑游息处所。由此我们认为别墅就是乡间的、不经常去的家！

然而“别墅”一词到底源于何处，几乎无从考证。一说是“别馆”

探究别墅的起源，无论是西方的别墅，还是中国的传统别墅，最初都是指在本宅之外建造的乡间住宅。

和“乡墅”两个词的合并，其中“别馆”指的是在本宅之外营建的乡间庄园。至于“乡墅”的说法，也许源于曹植《泰山梁甫行》中的两句诗：“剧哉边海民，寄身于草墅。”另一说“别墅”是舶来品，由英文中的“villa”一词翻译而来。“villa”一词源于拉丁文，在古罗马时代指的是庄园式的住宅。而今天，它在辞典中的解释主要为：

（1）The often large, luxurious countryhouse of a well-to-do person（有钱人建造的、通常华丽而巨大的乡村住宅）；

（2）A country estate with a substantial house（具有大房屋的乡村地产）。

所以，“别墅”无论在中文里还是在英文里，都指的是乡间宅第，这一点应该是无可争辩的。

但是关于别墅的具体含义和标准，我们还是没有一个明确的概念。建设部（即住房和城乡建设部）是主管全国城乡规划和住房建设的职能部门，其对别墅的界定无疑应该是最权威的。那么建设部是如何界定别墅的呢？2006年7月，原建设部办公厅《关于低密度、大套型住房和别墅住房标准有关说明的函》（建办规函[2006]440号）给出了官方标准：

（1）几个概念：建筑密度是指在一定范围内，建筑物的基底面积与占用土地面积的比例关系；容积率是指建筑物总面积与占用土地总面积的比例关系；套型是指按不同使用面积、居住空间组成的成套住宅类型。

（2）住房类型划分：住宅分为普通住宅、经济适用住房和别墅、高档公寓四种。

普通住房是指在规划审批、土地供应以及信贷、税收等方面享受国家优惠政策的中小套型、中低价位的商品住房。这类住房必须同时满足三个条件：一是住宅小区建筑容积率在1.0以上；二是单套建筑面积在120平方米以下；三是实际成交价格低于同级别土地上住房平均交易价格1.2倍以下。

经济适用住房是指政府提供政策优惠，限定建设标准、供应对象和销售价格，具有保障性质的政策性商品住房。基本特点是土地划拨方式供应，建筑造价和销售价格低于一般商品住宅，适合中低收入家庭购买使用。

别墅、高档公寓是指建筑造价和销售价格明显高于普通住房和经济适用住房的商品住房。别墅一般为独立成栋的商品住宅，建筑密度一般较低，容积率则在1.0以下。高档公寓一般为地处城市较好地段的高层、多层或低层连排式商品住房。这类住房的销售价格均要高于当地同等地段商品住宅平均销售价格的1倍以上。

关于限制供地的低密度、大套型住房标准，该函明确：住宅小区建筑容积率低于1.0的，可视为低密度住宅；对于单套住房建筑面积超过144平方米的，可视为大套型住房，也就是常见的高档公寓或别墅。

2.别墅是第一居所还是第二居所

别墅起源于欧洲，但在我国也有很长的一段发展史，我国古代历史文献中关于帝王修建离宫、别馆的记载其实都是讲述别墅的发展史。如在《史记》中提到的周文王的灵囿、楚灵王的章华台、吴王夫差的姑苏台、秦始皇的阿房宫等，其实都是别墅最早的雏形。发展至汉代，别墅建筑日趋成熟，出现了华丽而又宏大的第宅园林。如汉武帝的建章宫、上林苑、甘泉苑等，都是十分有名的离宫、别馆。东晋的谢安在山中营建的别墅、楼馆，唐代著名诗人王维的别业都曾被传为佳话。《新唐书·王维传》说："别墅在辋川，地奇胜，有华子冈、欹湖、竹里馆、柳浪、辛夷坞，与裴迪游其中，赋诗相酬为乐。"明代盛行于苏州一带的私家园林，实际上也起着别墅的作用。再如清代的承德避暑山庄，北京的颐和园、圆明园以及许多园圃、离宫、别馆等均是著名的别墅建筑。

纵观中国别墅的发展，绝大部分别墅是供富贵人家修身养性的地方，是"本宅"之外用来享受生活的居所，是第二居所而非第一居所。然而，从别墅在中国生长之初起，功能就是双重的，有人把它作为第二居所，更多的人把它作为第一居所。像北京最早的别墅发展地——温榆河畔，以及机场路附近的大量别墅，很多是被外国人作为第一居所使用的。近年来，随着社会财富的积累和人类社会文明程度的提高，别墅成为一种商品，它的拥有者包括社会各阶层有一定经济能力的人们。而且随着交通条件的发展，在郊区拥有别墅的人们在城市中心不必拥有住房也可以方便地上下班工作，别墅的含义也就有了新的变化。有专家就指出，现

○ 从起源来说，别墅是第二居所，但随着经济的发展与交通条件的进步，别墅的功能也从第二居所向第一居所转变。

今中国大多数所谓的别墅担负的是国外独立住宅的功能，是作为第一居所的存在。

3.别墅是精神文化的载体

别墅古而有之，对于别墅这种顶级住宅，无论是在中国还是在西方，别墅最基本的特性数千年来并未改变。从古代秦始皇的苑囿，古罗马的别墅“villa”到现代的“townhouse”（联排别墅），所满足的不仅仅是一种物质生活的需要，更多的是一种心理和精神意识的需要；它的存在并不是为了满足一种远离城市的、自给自足、与城市生活相隔离的要求，而是为了和城市生活取得一种均衡，并在此基础上求得和城市生活的兼容。

毋庸置疑，别墅作为文化的载体之一，无论是西方文化的精髓还是东方文化的神韵，在别墅中都能有最充分的体验和实现空间。在时光的变迁中，别墅无声地见证着一种人文精神的诞生和绵延。

在中国，“家”本身就是一种人文化、精神化的所在，它意味着时间和传承、礼序和尊荣。中国的别墅是中国居民原创的，从目前保留下来的民居看，别墅所处的城市区位与产品类型，决定了它所聚合的圈子和氛围必定是一种精英圈层，它不仅仅是一个建筑群，同时还是一个精英人士的居所群落，是蕴含了社交文化和精英文化的别墅群落。这个别墅群落通过社交、聚合、交流，形成自己独特的影响力，一方面体现了我国的传统文化，另一方面又体现了强烈的地域特色。

○ 别墅是文化载体之一，无论是西方文化的精髓还是东方文化的神韵，在别墅中都能有最充分的体验和实现空间。

在西方很长一段历史时期中，别墅是少数特权者和富有者的奢侈品，有一种文化传承的精神在里面，比如有一些别墅的主人原来收集的东西都很有品位，下一个房主接手了这栋别墅，再收藏一些很有品位的东西，如此相传，那这栋别墅就不是简单意义上的别墅了，它蕴含着很深的文化、精神在里面，它的价值里加入了居者本身的文化价值在里面。如果说贵族气质需要三代，需要一百年才能形成，那么拥有文化价值的别墅同样需要几代人的参与。

而作为中国最早期的别墅群——九江庐山别墅，曾迎接过许多国内外首脑和名人的光临和居住。据称，一百多年前，是英国人看中了这块风水胜地，获取了别墅的开发权。英国人聘请当时世界上最优秀的设计师，经过周密的规划，在庐山的东谷长冲河两侧，建起了几百栋分别代表了几十个国家建筑风格，设计精美典雅的别墅。宋美龄、邓小平、毛泽东等名人别墅是世界名山——庐山重要的人文景观之一，庐山也因此获得“万国建筑博物馆”的雅称。庐山游客也往往透过其形态各异的别墅文化，触摸历史的风云际会。

从上述意义上来讲，别墅建筑体现了数千年来不为各个时期的现实所左右的想象力和幻想精神。中西方的别墅文化的差别正是由这种个性的差异和来自精神生活的不同所决定的，当然这是历史赋予人类的一种缤纷的美。

第二节 中国别墅的“物种起源”

虽说国际观点普遍认为别墅起源于欧洲，但作为炎黄子孙，我们更关心的是原创的中国别墅的起源。

人类盖房子的最初目的是为了与自然隔绝，避免受大风、大雨、野兽的侵袭。探究中国古代别墅的起源，可以发现主要是由人类的三大基本需求催生的。

1.起源一：吃

如果说西方文化更多地体现出一种“情爱文化”，那么中国文化则更

多地体现出一种“吃的文化”。中国古代有钱人最初修建大房子，也是为了“吃”，因为房子大才能储存更多的粮食，家庭吃住才能更方便。在古代拥有大房子最直观地说明了家里余粮多，家境富裕充足。

代表作：东汉某贵族宅第

东汉时宦官徐璜等人因助桓帝诛灭梁冀有功，同日封侯，“皆竞起宅第，楼观壮丽，穷极伎巧。”他们中的某贵族在自己的宅第里宴请客人，厨者总人数达42人，其中拎水者1人，做烤肉者4人，切肉者4人，取肉者1人，宰杀者9人，剖鱼者1人，洗涤食物者2人，劈柴烧火者2人，放置食物及食具者9人，烹制食物者2人，其他7人。由此可一窥古代贵族们的奢华生活，以及为什么需要大房子的原因。

总结：俗话说民以食为天，“吃”既是老百姓最重要的生活内容，也是别墅的重要功能，可以说正是中国的厨房以及厨事活动成就了中国古老的别墅生活。只有当家里的房子够大、房间够多时，方能过着拥有大量仆人服侍的奢华生活。

2.起源二：怯

从古至今，居住安全一直是人类在修建住宅时特别注意的一项。考古证实，早在古时人类先祖就开始重视住宅的居住安全，往往将居住区域选择在“盆地”“冲积扇平原”“河阶台地”“两河交汇处”“湖中砂地”等地区，这些区域大多向阳、避风、近水，环境相对安全，且物产丰富，能提供人类生存所需的粮食和饮水，适宜人类的生存和发展。

代表作：桃花岛

桃花岛是金庸先生小说中所描绘的东海小岛。岛上景色多样，门类齐全，是一个集海、山、石、礁、岩、洞、庙、庵、花、林、鸟于一身的“好地盘”。

桃花岛拥有舟山群岛第一高峰——安期峰，舟山第一深港——桃花港，东南沿海第一大石——大佛岩等天然屏蔽。桃花寨位于桃花峪中心位置，占地面积约2平方千米，这就是寨主黄药师和黄蓉居住的地方。黄药师虽然在武功方面不是天下第一，但却是个极有天赋的建筑师，他精通五行、数术等知识，不仅把桃花寨建设得风景旖旎，而且安全措施甚是一流。因为有钱人严重的“小心眼”，所以他们不得不找个好地方把自己软禁起来，黄岛主就是这样，有武功不教给人家，有解药不给人家用，统统藏起来，也不怕营养过盛。还好，因为害怕，他为自己盖了一座举世闻名的别墅，也算对江湖有个交代。

总结：由于对于外部环境的“怯”和对生存的渴望，自古以来人类不断追求居住的安全性。高档的别墅和一般的住宅小区第一个区别就是安全性更高，从别墅的环境状况、房屋设计等，基本上都能满足居住者居住舒适、安全、有充分的私密性等的要求。

追究中国别墅的起源，最重要的一个目的就是为了认识中国传统居住文化在现代别墅设计中的传承与应用，加强和完善中国现代别墅设计。在现代建筑设计中，很多设计师常常忘记了中国传统别墅，一味地认为别墅就是欧美的好，其实我们应该多多借鉴中国古代对别墅的立面、户型、景观、私密性、安全系统的设计思路。

3.起源三：妾

在美国的畅销书《大狗——富人的物种起源》这本书中有这样一段介绍：长嘴沼泽莺是羽毛灰褐色的鸟儿，常见于北美洲许多地区的浓密芦苇丛中。春天来时，雄莺会先划定自己的地盘，它在芦苇茎中筑起几个未完成的巢来吸引雌莺，如果雌莺接受它为伴侣，就挑其中一个巢。安居不久，雄莺的心又开始浮动了，它将飞去别处筑巢，以此来吸引另外一只雌莺。一只雄莺只要足够富有，地盘大、“别墅”多，就可以弥补雌鸟在一夫多妻制下蒙受的精神损失。其实，这种现象在人类社会也同样普遍，我们经常能看到为了博红颜一笑，烽火戏诸侯以及不惜血本地建设楼台别墅的历史。

代表作1：曹锟宅邸

曹锟，天津大沽人，曾靠贿选而被选举为北洋政府最后一个大总统。他在天津购置了大量房产，并修建了四处豪华别墅。其一是河北区五马路“曹家花园”，为一所豪华的远郊别墅。其二在英租界盛茂道（今和平区河北路34中学），前院有一座主楼，后院有三座并列的二层小楼。其三在英租界大克拉道(今和平区洛阳道大帅府酒楼)，为西式二层砖瓦楼

房，为其妾“九岁红”的寓所。其四在意租界二马路，为前后两幢西式二层砖木结构楼房。

代表作2：丁香花园

坐落在上海华山路849号的丁香花园，是上海滩最负盛名、保存最为完好的老洋房之一。丁香花园的盛名，不仅在于其建筑本身，还在于洋房主人身份的传奇色彩。这座花园是晚清北洋大臣李鸿章的私家花园，从19世纪60年代后期起，作为洋务派首领的李鸿章，在上海开办近代化的军事工业、纺织工业和航运业，如江南制造局、机器织布局、轮船招商局等。他经常住在上海，随从而行的是他的宠妾丁香，李鸿章便命人在上海购地，特聘美国建筑大师艾赛亚·罗杰斯来沪设计，建造了一座新颖的别墅和西式大花园，园内种植了许多丁香，人们称之为丁香花园。

总结：自古以来正室和妾室都是水火不容的，想要左拥右抱，享齐人之福，修建一个豪华的别墅是必不可少的。装修奢华、布置舒适的别墅既能为爱情增添浪漫的气氛，凝聚各种欢乐的元素，还能提升房主的地位和权利。

第三节 现代中式别墅的发展

所谓中式别墅不单单是字面意义上的中国别墅，而是指在建筑形式上与中国传统建筑一脉相承，同时承载着内敛灵秀的传统精神和文化。探讨现代中式别墅的起源与发展对了解中国历史发展、传承中国传统文化具有极其重要的意义。

1.洋式别墅建筑，曾是我国别墅的代名词

中国近现代出现的别墅项目，在鸦片战争以前多以中国传统的民居为主，体现了中国的传统文化和强烈的地域特色。但是，在鸦片战争后，中国开始沦为半殖民地半封建社会，随着殖民文化带来的欧美原版别墅建筑的植入，传统的民居逐渐被淘汰，洋式别墅逐渐成为中国现当代别墅形式的主流。

从建筑文化上讲，中国传统民居的没落并不代表中国的建筑文化就

○ 清朝末年，上海沦为西方列强的殖民地，引入了大量具有西方特色的建筑，有英国民居与乡村别墅、德国民居、西班牙民居、法国建筑等，成为上海城市海派建筑文化的一部分，也记录了上海城市发展的历史步伐。

落后于西方，但却是经济发展水平的反映。所谓强势的经济必然带来强势的文化渗透，在现有经济条件下，很多人虽然觉得照搬过来的别墅，未必是真正适合自己的生活模式，但是它能带来一种满足感、成就感和财富的表达感。由此，西洋式、东洋式的别墅建筑，在很长一段时期成为我国别墅的代名词，这一现象一直延续到20世纪末。

除了文化传承的断裂，别墅风格的转变所带来的更大的问题是，这种引进来的洋式建筑风格是否真正适合我国的地域特点？它对中国特有的气候、阳光、雨水等因素是不是有那么强的适应能力？比如，西班牙风格的别墅是来源于地中海，而地中海属典型的海洋气候，四季都比较湿润，但是在中国，从广东到哈尔滨可能都有这样的别墅存在。再比如，同样一个北欧的建筑，本来适应在寒冷地区，但它可能会出现在中国上海。

种种的问题让人反思这些洋式别墅是否能够适合中国的本土环境，是否能为居住者提供最完美的居住品质？也由此引发中式建筑的复兴。

2.现代中式建筑，必将是中国别墅发展的主流

在现代别墅发展的进程中，前半程中国一直借着别人的标准来对待自己的建筑，西方的莱茵河也曾被搬到中国的社区环境里。随着中国经济的发展，民族自信心的回归，人们对中国文化也越来越重视。现在有的人已经不需要用别人的标准来衡量自己过得好不好了，并开始认识到西化的东西并不一定适合国人。更多有经济能力住上别墅的人遇到的痛苦是，他们在洋式的别墅里找不到精神和文化的契合，在古代中式建筑里找不到舒适的生活起居，他们急需一种新的建筑来满足他们的生理和心理的需求，从而催生了现代中式别墅。

传统意义的中式建筑上有皇宫、官邸，下有平民百姓的民居，每一

由于自然环境、审美情趣上的差异，不同地区的建筑都带有自己明显的民族风格和地方特色，如图中的云南白族民居，木雕艺术的应用表现就非常突出。

个阶层的建筑都有自己的特色，尤其是民居形式更为丰富多彩。如北方的四合院建筑、南方的干阑式建筑、江南的园林式建筑、西北的窑洞建筑等等，各具特色的建筑风格不仅为中国人的生活提供了便利，更承载了中国人的文化需求。

随着社会和生活的进步，中国古代的居住方式在生活功能上显然已不能满足现代社会的需求，但中国人自觉的审美需求要求延续中式建筑和中国传统文化、精神的契合，这就要求现代中式别墅不但要承载中国式的精神和文化，还要满足人的使用要求，现代的中式建筑就开始了继承和创新之旅。现代的中式建筑不再是对传统建筑形态的照搬，更是一种植根于传统文化的创新。它在继承了中式建筑形状、内庭和天人合一、融合自然等精髓的同时，在建筑内部最佳的私密分割、外立面的建材贴片等方面则吸收了西方建筑的经典元素，加入现代时尚元素，更加符合人们对别墅人性化、功能性、美观性等方面的要求。

中国目前的国情是土地资源比较稀缺，别墅的开发建设更显得难能可贵。别墅虽然永远成不了住宅的主流，但是就别墅市场来说，现代中式别墅以其独特的传统居住文化特质和人性化、科学化的功能作用，必将在别墅的市场规模、份额上越来越大。

3.遵循三大规律确保现代中式别墅的可持续发展

现代中式别墅继承中国古代别墅的风格与文化，同时吸收了当代先进的建筑科学与技术，遵循建筑发展的时空规律、自然规律和文化规律，从而确保现代中式别墅的可持续发展。

（1）发展中式别墅建筑要遵循建筑的时空规律

“时空”规律既是建筑发展必须要遵循的一个规律，也是建筑的一个基本特点，它是指建筑必须随着时间的发展和推移，以及时代的进步而发展和进步。谈中式别墅必须把它放在一定的“时间”和“空间”中来讲，“时”是指时代、时间，“空”是空间、地域。建筑是时间的产物，要根据时代的发展而变化，要反映当时的文明、当时的技术；同时建筑还是空间的产物，必须反映当地的自然条件和特点、气候，以及当地人民的风俗习惯。

建筑的发展应遵循时空规律，适合地区的气候，如中国的南部的大部分区域雨水多，兴建的房子房顶坡度就要大些，才能利于雨水顺畅流淌，减少雨水对房子的危害。

具体分析建筑的时空规律，主要表现在三个方面：即地域的气候、建筑的材料和技术，以及社会的制度。

就气候而言，每个地区与每个地区的气候都不一样，只有适合气候的建筑才能够可持续发展，这就是为什么北京的建筑与苏州的建筑不一样的原因所在。所以将西式的建筑完全照搬到中国也就不适合，不能长久存在下去。

就材料和技术而言，过去的建筑是用过去的材料，现在的建筑就可采用现在的先进材料，进行改良提高，而不是一味模仿照搬。比如过去是木结构的建筑，现在是混凝土结构，如果用现在的混凝土模仿过去的木结构就会觉得很别扭，模仿出来的建筑永远不会有木结构的味道，气质也会大不一样。

从社会制度来说，制度和人的心理以及人的生活习惯一样都是在不断变化的。在中国，以前是封建社会，特别强调长幼尊卑，然而，现在的家庭结构不是那样的结构了，原来的老建筑格局到了现在就不适合了。

（2）发展中式别墅建筑要遵循建筑的自然规律

要把现代中式别墅与古代中式别墅区别清楚，除了要弄清和理解建筑的时空规律外，还必须理解中式别墅建筑的自然规律。

建筑的自然规律主要表现在两个方面：一是建筑要与自然隔绝，二是建筑要与自然交融，两者对立统一形成了建筑的非常重要和独特的一个特点。

早期建筑最基本的要求是做到与自然的隔绝，这样住在里面的人们才可以防御野兽的袭击，可以躲避大风、大雨，可以保温、隔热。

但建筑在与自然隔绝的同时还要与自然融合，这样建筑才能做到舒适、节能、通风，有益人类的健康和生活。比如建筑向南开窗，冬天就可以有很好的阳光，起到很好的升温、保暖功效。随着时代的发展，人们在对建筑的基本要求满足了以后，更多地开始追求与自然交融，接近大自然。这也是绿色环保建筑热门的一大原因。

中式住宅一直强调“人与自然的和谐关系”，这正是它最传统、最精华的所在。现代中式别墅内敛灵秀的传统文化内涵赋予了其独特的市场定位。业内认为，高品质的中式别墅受追捧，首先是因为其占有稀缺的自然资源；此外，它具备良好的人文环境，更有独到的国粹神韵与很强的典藏属性，越来越为高端置业人群所认可和接受，在未来的别墅市场上中式别墅绝对有望成为市场主流。

（3）发展中式别墅建筑还要遵循建筑的文化规律

俗话说：“越是民族的，越是世界的。”一个民族只有尊重自己民族的传统文化，努力继承和发展民族文化，这样的民族才会有前途。在继承传统文化方面，相对于其他领域的良好表现，建筑界比其他行业要慢得多。过去几十年，中国建筑界走了许多弯路，还出现了明显的“欧陆风”，在很多城市盲目地建造了“欧洲一条街”“巴黎广场”“罗马花园”，好像不是欧洲古典的建筑就没有市场。近代中国别墅的发展大多没有自己的创作，有的只是对国外建筑形式简单的生搬硬套。

建筑的文化规律主要体现在四个方面：一是建筑要具有历史性；二是建筑要有艺术性；三是建筑要能满足人的精神要求；四是建筑有真实性的要求，建筑是看得见摸得着的实体。

建筑必须要有一种历史性，是指建筑要有历史的烙印，各个历史时期的建筑往往打上了那个时期的特点和特色，现在的建筑与过去的建筑要有联系、有渊源。比如，北京“易郡”“观唐”等项目。

建筑要有艺术性，即建筑在艺术上具有审美性，要协调、和谐、比例适当，要主次分明、富有节奏感。比如，北京故宫建筑群采取轴向构图，把重要的建筑物布置在中轴线上，次要的建筑则对称地列于中轴线两侧。结构以“间”为单位，构成单座建筑，再以单座建筑组成庭院，进而以庭院为单位组合成各种形式的组群，从而使其表现出规模宏大壮丽、建筑精美、布局统一的强大艺术魅力。

建筑要有历史性，如北京的观唐别墅区，借鉴中国传统园林的手法和意境，吸收传统园林的诗情画意，符合北方特色，再现深藏中国人心中的最高生活境界。

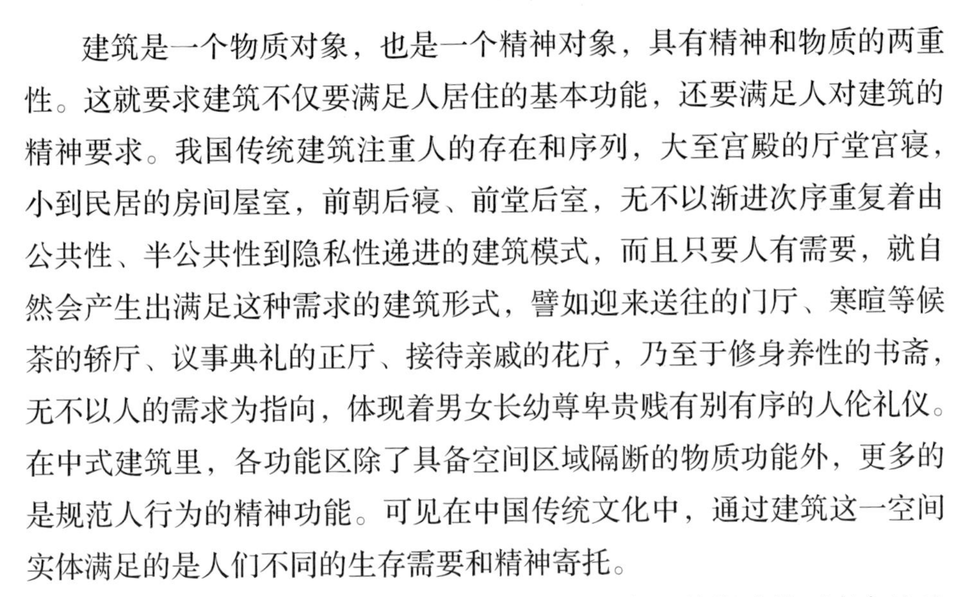

建筑是一个物质对象，也是一个精神对象，具有精神和物质的两重性。这就要求建筑不仅要满足人居住的基本功能，还要满足人对建筑的精神要求。我国传统建筑注重人的存在和序列，大至宫殿的厅堂宫寝，小到民居的房间屋室，前朝后寝、前堂后室，无不以渐进次序重复着由公共性、半公共性到隐私性递进的建筑模式，而且只要人有需要，就自然会产生出满足这种需求的建筑形式，譬如迎来送往的门厅、寒暄等候茶的轿厅、议事典礼的正厅、接待亲戚的花厅，乃至于修身养性的书斋，无不以人的需求为指向，体现着男女长幼尊卑贵贱有别有序的人伦礼仪。在中式建筑里，各功能区除了具备空间区域隔断的物质功能外，更多的是规范人行为的精神功能。可见在中国传统文化中，通过建筑这一空间实体满足的是人们不同的生存需要和精神寄托。

最后，现代中式建筑还应符合真实性的要求，是指建筑要真实地反映当时当地的建筑技术、建筑材料、建筑空间。比如，在北京建一个地中海风格的洋式建筑就是不真实的，它既不符合北京的气候条件，也不符合北京人的居住心态，必然不会长久存在。

现阶段的中国，还有很大一部分建筑商们摒弃了对中国传统建筑文化的传承与创新，盲目地效仿国外建筑，形式主义之风越刮越重，造成了很多城市的建筑千篇一律，地域特色、城市特色逐渐消失。而在这种风潮中，也有一些走在经济与文化前沿的城市开始觉悟，重新重视起建筑发展的三大规律，在建筑设计上也进行了统筹规划，并综合考虑了当地的气候、建筑材料与技术、社会制度、自然环境、艺术性、精神需求等因素，实际上也就是考虑了整个风水因素通过“小变”“中变”和“大变”，因地制宜建造出富有地方特色的建筑，使城市风貌逐步得到改观。如何让这样的城市越来越多，星火燎原，如何在不断的变革与创新中让中国建筑文化得到继承和发扬，符合建筑的时空、自然和文化三大发展规律，使中式别墅更快地走向可持续发展的道路，这是值得每个建筑人深入学习和研讨的话题。

第四节 中国别墅的南北差异

尽管中式别墅遍地开花，但是中式别墅也有南北方的差异。各个地区，诸如北京、江苏、苏州、成都等城市，各个地方的中式别墅都带有当地的地方色彩，南北方别墅是有差异的。

1.北方别墅强调阳光，南方别墅强调通风

虽然这两个词看似宽泛，但它却影响了建筑的体型设计、门窗设计和院落设计等。对阳光的利用，对通风条件的改善，都会影响到一系列平面图、剖面图、立体图的设计。北方强调阳光，正因为阳光是它的优势所在。对比南方，以两个地方为例，一个是长江中下游地区，每年都有梅雨季节，非常潮湿，居住时不是很舒服；另一个是广东，阳光又过于强烈。所以说，北方的阳光，从生活的角度来讲，能提供更高的舒适度和更多的温暖，同时，又能塑造出一个建筑的阴影、轮廓，也即建筑学上常说的“阳光是真正刻画建筑特色的把式”；南方强调通风，主要通过大量的半室外空间解决。

2.南北方别墅立面风格和选材的差异

北方别墅建筑的造型与立面设计，强调厚重、朴实，在用材上，尽量选择一些以砖、石为主的材料；而南方强调的是清新通透，所以，立面多为浅色，材料的选择上用得多是涂料、木结构、仿木结构、钢结构等。

3.南北方别墅在绿化植被方面的差异

北方的别墅庭院设计可以强调其四季变化的特点，这是南方做不到的，因为北方有很多具有鲜明季节特色的植物，如乔木、灌木等，一年四季，色彩变化很丰富；而南方，更多强调水的特点，如湖面、小溪、小河，甚至点状的池塘，同时，在绿化方面，多用花卉来体现其绿化植

○ 南北方的别墅具有极大的差异，在建筑功能上南方强调通风，常通过半室外空间加强室内室外的空气对流。

被的特色。

4.南北方别墅建筑细部的差异

北方在强调阁楼的同时也可以强调地下室。阁楼可以根据各种造型，利用更多的空间。同时，由于北方气候比较干燥，所以，地下室也利于使用；而南方在这两个方面稍微处于劣势。因为，南方的阁楼在夏天，日晒相当严重，所以，本身的使用是其次，其主要作用在于，为阁楼下面那层空间提供隔热。所以，虽然需要阁楼，但主要不是为了使用，而是用来隔热的。同时，它的地下室也比较少，原因是气候比较潮湿，而地下室防潮的成本又非常高。所以，如果说在绿化植被方面南方别墅稍占上风的话，那么，就建筑细部而言，北方别墅则稍占上风。

第一章 别墅的分类

目前别墅分类一般是从建筑形式、结构类型、消费类型等几个方面进行归纳与分类，按建筑形式分类，通常可分为独栋别墅、联排别墅、叠拼别墅、双拼别墅和空中别墅等。按结构类型通常可分为砖木结构、砖混结构、钢筋混凝土结构、钢结构。按消费类型通常可分为生活型经济别墅、度假型别墅、出租型别墅、经营型别墅、商住型别墅等。此外还可从建筑概念、外在环境、水景类型等方面进行分类。

第一节 从建筑形式分类

建筑形式是指建筑的内部空间和外部体形。外部体形是建筑内部空间的反映，建筑空间又取决于建筑功能的需要，因此，建筑形式与建筑功能有直接联系。使用功能不同可以产生不同的建筑空间，因此也就形成了各种各样的建筑形式。但建筑形式往往不是简单的建筑功能的反映，随着社会政治、经济、文化的发展，人们还从建筑艺术和审美观点的角度去对建筑形式进行创造，使建筑形式不断发展和变化。根据国内别墅出现的类型，按照建筑形式我们可以将其分为独栋别墅、联排别墅、叠拼别墅、双拼别墅、空中别墅五大类。其中，较为常见的为独栋别墅和联排别墅。

1.独栋别墅

独栋别墅是别墅历史最悠久的一种，也是别墅建筑的终极形式。

独栋别墅即为上下左右前后都属于独立空间的独立式住宅，一般房屋周围都有面积不等的绿地、院落。

独栋别墅表现为独门独院，上有独立空间，下有私家花园领地，是私密性很强的独立式住宅。它的上下左右前后都属于独立空间，房屋的任何一部分都不与其他建筑相连，房屋四周一般被面积不等的绿地、院落、花园等包围起来。

独栋别墅是真正意义上的别墅，目前国家政策已经不允许再有新的别墅用地推出，而其中所指的“别墅”，也就是独栋别墅。由于国家不再批独栋别墅的用地，可以说独栋别墅是买少见少，具有较大的稀缺性，因此也较有投资价值。以广州市市面上别墅为例，独栋别墅最小面积多在300平方米以上，总价最低也在500万以上，投资门槛较高。

特征：独栋别墅具有极高的私密性，因为它的占地容积率较低、绿化率较高、建筑密度较小、稀缺性非常明显，定位多为高端品质，所以市场价格很高，升值潜力十分巨大。

2.联排别墅

联排别墅英文为townhouse，于19世纪四五十年代发源于英国新城镇时期，是独栋别墅的变身，今天在欧美十分普及。在欧洲原始意义上的townhouse是指在城区联排而建的市民城区住宅，这种住宅均是沿街的，由于沿街面的限制，所以都在基地上表现为大进深小面宽，层数一般在三层至五层。它是由三个或三个以上的单户别墅并联组成的联排或住宅，一排二至四层联结在一起，每几个单元共用外墙，有统一的平面设计和独立的门户。每户独门独院，见天见地，有地下室，设有一至两个车位。每户的建筑面积一般在250平方米左右。

联排别墅现在在很多国家和地区非常普及，由于离城很近，方便上班和工作，价格合理、环境优美，成为城市住宅郊区化的一种代表形态。在中国，随着国民收入的提高，高速路和轻轨系统的快速建设，特别是高消费群体的迅猛崛起，他们对居住生活品质的追求也大大推动了住宅郊区化的进程，使联排别墅的市场发展表现良好。

特征：联排别墅比较注重别墅的选址，通常选择土地广阔、环境优美、交通比较方便的城郊。它的整体价位相对较低，户型设计极具个性，多为中产阶级中上层人士及新贵阶层所喜爱。

联排别墅是由三个或三个以上的单元住宅组成的，每几个单元共用外墙，有统一的平面设计和独立的联合式住宅。但每户都有独立的大门和庭院，还有地下室。

3.叠拼别墅

叠拼别墅是联排别墅的叠拼式的一种延伸，也有点像复式户型的一种改良，它综合了洋房公寓与联排别墅的优点，是由多层的别墅式复式住宅上下叠加在一起组合而成。叠拼别墅一般为四至七层的带阁楼建筑，每栋建筑由二至三层的上下两个别墅户型叠加而成。两个别墅共享室外停车坪。

与联排别墅相比，叠拼别墅的独立面造型更丰富一些，其下层别墅通常具有“接地”特色，有半地下室，拥有独立花园，让住户足不出户就能享受到回归自然田园的快乐；上层别墅则具有“透天”特色，拥有大面积屋顶平台或露台，为赏风观景提供了绝佳的场所。同时又将上下两个别墅的外立面、屋顶造型等，按照一栋独立式住宅的立面

○ 叠拼别墅是由多层的别墅式复式住宅上下叠加在一起组合而成的单栋别墅，一般为四层带阁楼建筑，其外立面造型丰富，不仅增加了欣赏景观的高度、层次和丰富感，而且复式结构也使家庭的功能空间得到了很好利用。

效果进行整体考虑，保持外观上的统一性与连贯性，从而形成整体和谐完整的景观效果。

特征：相较独栋别墅而言，叠拼别墅的稀缺性、私密性较差；但相对联排别墅，其布局更为合理，避免了联排别墅进深长的缺点。购买主力为社会上的中产阶级，而非真正意义上的富豪人群。

4.双拼别墅

所谓双拼别墅就是两联的“联排别墅”，它是由两个单元的别墅拼联组成的合体单栋别墅，在美国被叫作“two family house”，直译为两个家庭的别墅，是由两个单元的别墅拼联组成的单栋别墅，介于联排别墅与独栋别墅之间的中间产品。

双拼别墅是所有别墅产品中最接近独栋别墅的一种，采用低层小

双拼别墅是联排别墅与独栋别墅之间的中间产品，由两个单元的别墅拼联组成的单栋别墅。它在保证拥有私家花园的基础上，既加强了户外空间的交流，也改变了联排别墅兵营式排列的呆板面孔。

楼加私家花园的形式，使住宅得以三面采光，还具有窗户较多、通风好的特点，采光和观景都非常适宜。与联排别墅相比，双拼别墅有天、有地、有独立的院落，既拓展了户外空间，又增强了私家小环境与社区大环境的融合。

特征：相对独立的双拼别墅，一改联排别墅兵营式排列的呆板面孔，有效降低了社区密度，使居住者拥有更宽阔的室外空间，因此价格比叠拼和联排别墅贵。它的购买者也属于收入较高的一个阶层。

5.空中别墅

空中别墅发源于美国，称为“penthouse”，即“空中阁楼”，以“第一居所”和“稀缺性的城市黄金地段”为特征，是一种把繁华都市生活推向极致的建筑类型。具体来说，空中别墅是指位于城市中心地带，建在高层楼顶端具有别墅形态的跃式豪宅。

空中别墅是从大跃层复式住宅演化而来的，但其层高更高，一般住宅的层高是2.7～2.9米，空中别墅的标准是3米多，包括3.1米、3.3米、3.6米不等，从而使其具有景观开阔高远、通风更顺畅、采光度更好等特征。与普通别墅相比，空中别墅不仅地理位置更佳，且景观性能也毫不逊色。空中别墅一般至少配置一个私家花园，为拥有者提供更私人更自然的活动空间，同时可饱览繁华的都市风景，使其更优于普通别墅。

特征：空中别墅的优点是节地、容积率高，目前这类产品主要存在于市区高档公寓顶层，在别墅区中还比较少。空中别墅所营造的院

空中别墅一般指建在高层楼顶端具有别墅形态的跃式住宅。这种空中别墅发源于美国，以“第一居所”和“稀缺性的城市黄金地段”为特征，是一种把繁华都市生活推向极致的建筑类型。

居理念，将人们的生活领域从地面转向空中，代表了社会精英和中产阶级对生活品质极致享受的追求，显示了强大的市场竞争力。

第二节 从结构类型分类

房屋结构一般是指其建筑的承重结构和围护结构两个部分，不同结构的房屋其基础承载力、耐久性、抗震性、抗飓风性、安全性、空间使用性能，以及环保节能性能都是不同的。目前别墅常见的结构类型有以下四种：

1.砖木结构

砖木结构是指房屋的竖向主要由砖墙、砖柱和部分木柱承重，横

砖木结构指房屋中竖向承重结构的墙、柱等采用砖或砌块砌筑，楼板、屋架等主要采用木材的建筑结构。

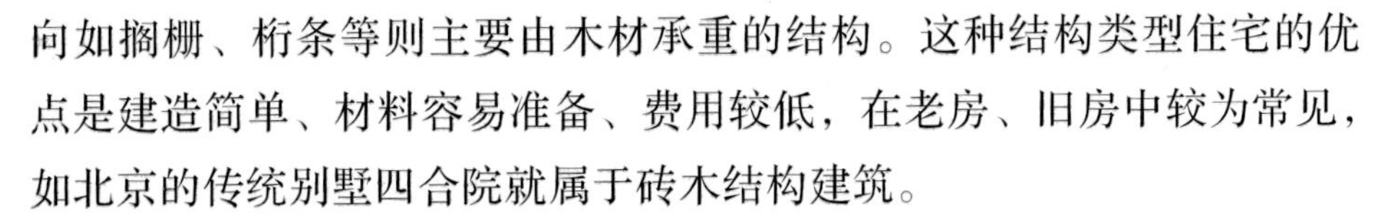

向如搁栅、桁条等则主要由木材承重的结构。这种结构类型住宅的优点是建造简单、材料容易准备、费用较低，在老房、旧房中较为常见，如北京的传统别墅四合院就属于砖木结构建筑。

2.砖混结构

砖混结构是指房屋的主要承重结构为砖砌墙体，楼板、过梁、楼梯、阳台、挑檐等构件由钢筋混凝土浇制（或预制）建造的建筑。这种结构类型住宅的优点是承载力较高、造价相对低廉，缺点是墙体承重、内部空间不能自由分隔。砖混结构是目前在住宅建设中建造量最

○ 砖混结构是指房屋中竖向承重结构的墙、柱等采用砖或者砌块砌筑，横向承重的梁、楼板、屋面板等采用钢筋混凝土结构，也就是说砖混结构是以小部分钢筋混凝土及大部分砖墙承重的结构。

大、应用最普遍的结构类型，目前大部分别墅采用的都是此种房屋结构。

3.钢筋混凝土结构

钢筋混凝土结构是指房屋的梁、板、柱等主要承重梁柱由钢筋混凝土浇捣而成，再用空心砖或预制的加气混凝土、膨胀珍珠岩、陶粒等轻质板材作隔墙的建筑。这种结构类型住宅的优点是抗震性能好、结构牢固、使用寿命长，且住宅内可以自由分隔。钢筋混凝土结构类型主要用于大开间住宅、高层住宅、大型公共建筑和工业建筑，目前25～30层左右的高层住宅通常采用这种结构类型，也是国内别墅开发商目前较为偏爱采用的一种结构类型。

钢筋混凝土结构是指用钢筋和混凝土制成的一种结构，钢筋承受拉力，混凝土承受压力，具有坚固、耐久、防火性能好、比钢结构节省钢材和成本低等优点。

4.钢结构

钢结构是指房屋的主要承重构件全部采用钢材制作而成，屋面和墙体采用彩色涂层压型钢板或夹芯彩钢板。这种结构类型住宅的优点是造价低、施工周期短、安全可靠、造型美观，且自重轻，既能用于建造大跨度、高净高的高级别墅，也特别适合超高摩天大楼、大型公共建筑、仓库、厂房、办公大楼等建筑物。目前在发达国家，钢结构已基本取代传统的钢筋混凝土建筑，国外别墅开发商也很喜欢采用这种房屋结构，但国内应用较少。

钢结构以钢材制作为主的结构，是主要的建筑结构类型之一。钢材的特点是强度高、自重轻、刚度大，故适宜于建造大跨度和超高、超重型的建筑物，像北京的鸟巢、上海的体育馆等都是采取这种结构。

第三节 从消费类型分类

按照别墅的消费类型来划分别墅，其实也就是从别墅的功能来进行划分，根据居住者对别墅需求，市面上常见的别墅可分为：生活型经济别墅、度假型别墅、出租型别墅、经营型别墅、商住型别墅五大类型。

1.生活型经济别墅

生活型经济别墅又称居住型别墅，即把别墅作为第一居所需求。这类别墅一般面积适中，总价在百万元内，但一定具有快捷的交通网络，拥有便利丰富的城市资源，适合高收入人士作为第一居所。

2.度假型别墅

度假型别墅即将别墅作为休闲、度假用途的第二居所。购买这类别墅的人大多数都有两套以上的房子，一套在市区，作为第一居所；一套在郊区，就是度假型别墅。这类别墅往往位处风景胜地，自然环境优美。适合的人群多为对生活品质有很高追求的人士，其中既有私营企业老板，也有文化界成功人士，还有持外国护照在内地做生意的华人。

3.出租型别墅

出租型别墅即用于出租给顾客的别墅，这类别墅分布较广，通常位于市中心、风景区、度假胜地等商旅人士和旅客较多的地区，它通常有很好的配套服务和很高的升值潜力，其环境和管理水平优于经济别墅，租率很高，出租价格较高，很适合投资。

4.经营型别墅

经营型别墅即在旅游风景区、度假区等人流较多的地方，建造的带有经营性质的别墅。通常这类别墅仅仅是度假区的一个组成部分，还有酒店、休闲区、娱乐设施等相关营业性配套建筑与设施。而且，这类别墅通常不公开出售，每栋不分割产权。

5.商住型别墅

商住型别墅是指一个公司或工作室买下来作为商用的别墅，这样就既有了花园式的办公环境，又有了高级管理人员的寓所。这种全新的生态别墅办公模式，让商务谈判、商务处理不再是一板一眼的程序和体制，而成为一种享受。美国绿色生态建筑机构曾做过专门调查，证实在绿色生态环境中办公可以使工作效率提高10%以上。可以预见，这种高效的别墅办公模式必将成为未来企业工作环境尤其总部经济的典型代表。

第四节 从概念类型分类

当我们评判一座别墅或者一个别墅社区时，除了建筑形式、结构类型等进行辨别外，还可以依照别墅的自然环境、功能需求等特征，从概念形式将别墅进行分类，主要有：光学别墅、双取向别墅、小独栋、独栋庭院别墅、水岸别墅，等等。

1.光学别墅

光学别墅是一种概念意义上的别墅，不特指某种建筑类型。凡是户型敞亮，立面精致，景观秀丽，户型合理，拥有良好的光环境，能极大满足人们生活、工作、审美和保护视力等要求的别墅都可称之为光学别墅。通常这类别墅的建筑设计者会对人体工学、热能以及太阳照射角度、太阳光能与建筑空间关系等进行充

光学别墅是指户型敞亮，立面精致，景观秀丽，户型合理，实用性很高的别墅。

分考量，让房型更加合理，实用性更高，空间更趋完美。

2.双取向别墅

双取向别墅是从联排别墅中提炼出来的一种全新住宅理念，它在符合人类居住要求的基础上，保证了交通的便利性，能让人类兼顾事业，是一种“生活事业双赢”理念的全新住宅，可作为人们理想的第一居所。保证生活事业双丰收的概念在欧美一些发达国家已经是很普及的居住思想，作为双取向别墅产品，它必须是能经得起市场推敲的。首先，在居住的地理位置上，它必须要符合人们对第一居所的要求：人性化低密度的住宅建筑规划设计，周边的自然生态环境优越，空气清新而远离喧嚣，给居住的人营造一份宁静祥和的居住环境。第二它又必须让居住的人兼顾到事业，其实也就是出行方便，交通顺畅。

简单来说，双取向别墅是指兼顾住宅品质和便利交通的理想住宅，是现代都市人理想的第一居所。

3.小独栋

“小独栋”，顾名思义是独门独户的独栋住宅，产品结构设计上以“时尚、舒适、实用”为前提，其面积远远小于传统意义上的“独栋别墅”，总价与单价也低于独栋别墅。

“小独栋”是目前国外比较流行的一种别墅类产品的形态，是一种新的别墅产品，一种新的生活方式。这种别墅介于联排别墅和豪华型独栋别墅之间的一种别墅，追求高品质，但不追求那些无用的奢华与排场；有大花园，但是不追求总面积。这类产品高度关注居住文化的体验，强调低调而有浪漫、温馨、格调的家庭生活，所以消费群体大多是具有文化修养，追求生活品位的人，但是这个产品也可能成为一些年青的超级富豪的选择对象，但更多的是社会的中坚一族，讲究的是内敛、低调、理性和感觉。

小独栋也是独门独户的独栋住宅，但它相对于独栋别墅，总面积更小，价格更实惠，交通更便利，适宜作为都市新贵族的第一居所。

4.独栋庭院别墅

独栋庭院别墅是指房屋周围都有面积不等的绿地、院落，相对独立的住宅单元。相对于联排别墅、双拼别墅等别墅类型，它能更大拓展别墅固有的活动空间和生活区域，如可在房子四周隔起护栏或花墙，围合种植上多层高大茂密的植被，这样使住宅的入户门有个过渡，一方面能强化庭院主人生活的私密性，又能够对居住者的安全起到立体的保护作用。同时，整个庭院都属于个人私属领地，拥有者可以随意来安排自己的生活。比如在庭院内进行各种景观设计，不受外界的干扰。

现代都市人对于自身的健康都比较重视，独栋庭院别墅还可将田园风光融入“院”中，让人摆脱都市住宅“笼子”般的束缚，发挥自己的创造空间，为居住者提供了一种精神上的健康。

○ 独栋庭院别墅是指房屋前后带有独立绿地院落的独栋别墅，既能强化庭院主人生活的私密性，又能够对居住者的安全起到立体的保护作用，让人畅享真正的别墅生活。

5.水岸别墅

中国人一向具有“乐山乐水”的自然审美传统，由此促使了水岸别墅的诞生。水岸别墅并不单指某一类型的别墅，它是泛指别墅庭院或花园中有水景，或者靠近湖岸、江景，使得人们可以亲近自然水景的一种别墅。这样就不但具有了别墅建筑本身的魅力，还能让居住者拥有更多的自然环境，生活更惬意。自然的山、自然的水是水岸别墅最为主要的标准，它的稀缺性和不可复制性更能体现别墅拥有者的霸气，天下唯我独有之气概。

水岸别墅是指别墅内或周边环境中有自然的水，使得居住者可以自然地亲近水资源的一种别墅，符合中国人的“乐山乐水”审美传统。

第五节 从别墅的环境分类

别墅区别于其他建筑类型的最重要特征，是它与自然景观息息相关；其次，它是住户身份品位和个性的标志，是“富人阶层”占有的领地；第三个方面是别墅所在区域的自然景观带给生活的巨大改变。所以，在别墅的价值体系中，环境、景观是最为基础的条件。现有的别墅按照环境分类，可以分为山景别墅、水景别墅、高尔夫别墅等类型。

这些景观环境或天然具有，或是后天打造，尽管景观类型不同，但都是在强调一个共性的宗旨，即通过构建良好的自然、生态景观环境，让居住者享受到身心的舒适与愉悦。

1.山景别墅

世界著名建筑大师黑川纪章曾说过，理想住宅的第一个条件是房子要建在高处，有土有植物；第二个条件是人住在里面应该能感知春夏秋冬四季的变化，春山宜登、夏山宜赏、秋山宜游、冬山宜观，山景别墅由此成为人们心目中最理想的住处。

山景别墅是指建在适宜居住、自然环境优美的高山之中或者高山旁的别墅项目，是一种最能体现山居特色的建筑。

山景别墅泛指建在自然环境优美的高山之中或者高山旁的别墅项目，它主要包括两种，一种是山景墅，指在别墅里可以看到山的别墅；另一种是山地墅，指别墅本身就建在山里面，别墅依靠山或者在山的怀抱里头，其中最为经典的是半山墅。

山是成就山景别墅必不可少的资源，不管是山景墅还是山地墅，都是充分利用自然环境特点，因地制宜，将人、别墅与环境在动中融揉，“围”“透”相间，创造出最佳景观效果和造型优美的别墅。别墅与环境互相衬托、交相辉映，借景、用景、造景为一体，将自然景色纳入整体环境之中，别墅建筑物也为环境增色，营造与山、地、路的交融。

山景别墅是对过度城市化的一种挑战，回归山林，返璞归真，体现了人居环境的进步。

2.水景别墅

水景别墅一般是指靠近海、湖、江抑或人造水域的别墅项目。很多别墅都临水而建，只为更贴近自然，让人身心健康，心神舒坦。

就水景别墅的水景性质而言，水景别墅又可划分为：海景别墅、江景别墅和湖景别墅等。

海景别墅是指临海而建的别墅。顶级的海景别墅，除了拥有一睁

水景别墅是指靠近江、海、湖泊等水域兴建的别墅项目，水资源是该项目最大的景观资源，所有别墅的排布原则就是争取最大限度地利用景观资源。

开眼就能看到梦幻般的无敌海景，紧挨别墅配备的游泳池更让居住者充分感受到额外的清凉与放松，精心的室内设计和绝佳的室外风景，散发出奢侈华丽的气息。如海南的大公馆，位于海南最北端，海口市海甸岛的一线海景，是海南大面积、大花园豪华海景别墅，是拥有私家温泉池、独立花园、一线海景和大公馆的纯别墅社区。

江景别墅指临江或者在江中小岛上建造的别墅。如水印长堤，它地处东江南支流，1.8千米的江岸线与东江零距离相依，是东莞唯一的沿江（活水）水岸别墅区。

湖景别墅是指临湖而建的别墅。如顺德碧桂园全新水景独立别墅组，临水而筑，临近碧江。

3.高尔夫别墅

高尔夫别墅是指将高尔夫球场与别墅组合的别墅项目，它以健康、绿色的高尔夫球场为背景，致力营造“高尚、运动、健康”的住宅环境。现有的高尔夫别墅大致可分为两类，一种是指建造在高尔夫球场

高尔夫别墅是指将高尔夫球场与别墅组合的别墅项目，它以绿色、健康为特色，是近年来备受市场喜爱的别墅类型。

附近的别墅，但球场是独立运营的，这样球场能获得经营利润，别墅也能获得附有价值，两者形成良性互动，目前中国几乎全部的高尔夫别墅都属于此类。另一种是指本身独自拥有高尔夫球场的别墅项目，这类别墅通常有几百亩甚至几千亩的包括山水林草的私人土地，是高尔夫别墅的顶级项目，目前大多分布在土地便宜的发达国家如美国。

无论是在高尔夫发源地苏格兰，还是在高尔夫盛行的美国，抑或在高尔夫刚刚兴起的中国，对于居住者来说，高尔夫别墅都是品味的象征。如深圳观澜湖高尔夫别墅，以高尔夫为纽带，拥有10个国际锦标级球场，为观澜湖创造出巨星闪耀、精英汇聚的国际化氛围，故观澜湖高尔夫别墅被称为中国首席高尔夫国际高尚社区。

第六节 从水景类型分类

“城有水则秀，居有水则灵”，水不仅表现为一种韵律的美，而且

现代都市人大都有一种“亲水情结”，认为临水而居是一种幸福，高品质的水景别墅不仅能增强居住品质，更能给都市中的住户以无限的精神享受。

表现为一种灵性的美。水景别墅，主要是在开发思路上运用自然水景、人造水景或二者结合的方式，通过水的灵气来反映别墅建筑本身的生动。

崇尚自然、追求自然之美一直是中华民族最重要的审美特征之一。繁华的都市里，自然山水稀缺，都市人对山水的向往越来越强烈，形成一种“亲水情结”，拥水而居成为一种精神上的渴望。因此，水已成为房地产项目的强力卖点之一。依托江河、湖泊、海湾等先天优势的水景别墅，在市场上身价猛增；为别墅后天布置水景，也成为越来越多别墅项目中必不可少的配置。水景别墅已经成为别墅项目中很重要的一项，根据别墅建筑与水的关系，将水景别墅划分为以下六种类型。

1.骑水型

因为这种别墅建筑的技术处理难度比较大，且投入成本高，在商品别墅批量生产的特性中难以实现集约化，因此这类别墅目前在国内比较少见。

特点： 别墅一般是跨越溪流或直接在水上建造。

2.引水型

这种别墅建筑的最初原形是云南丽江的纳西族民居。纳西族民居户户宅院里都有溪流穿过，正是所谓“引水入宅”。这种类型的别墅在国内别墅建筑中有逐渐增多的趋势。

特点： 将河道、溪流疏导成环绕社区内每一栋别墅的自然水系。

3.听水型

多指在自己的庭院中设计流水，形成小型瀑布，使住宅中充满潺潺的流水声，更突出了居家幽静感的别墅。这种类型的别墅注重的是线形水景的实现，目前国内也不多见。

特点： 将流水引入家中，倾听山水的心声，突出自然的幽静感。

4.拥水型

是指拥有私家游泳池，或拥有一片私人水域的别墅。这种类型的别墅在国内很常见，但私家游泳池通常以室内的为主，同时在尺寸的把握和处理上以戏水功能为主，大多没有按标准尺寸进行设置。

特点：通过在室内设置恒温游泳池或室外双游泳池，轻松拥有戏水乐趣。

5.临水型

是指与水“零距离”，即拥有自己的私家岸线的别墅。这种对水域的拥有感会对客户产生极大的吸引力。在国外的别墅设计中往往会借助于码头、栈桥等建筑要素，使这种岸线的拥有感加以强化。

特点:每户都四面有窗，一面临水，倚窗即可观赏水面美景，兼顾景观与私密性。

6.观水型

主要是指临水而建以实现对天然水域的视觉满足的别墅。这类别墅强调对天然水域的欣赏度，在建筑处理上注重观水的角度和方位。

特点：社区水域面积广阔，原生态河流、休闲湖泊极目可见。

第三章 别墅的选址

在古代风水学理论中，选址是一件很复杂的事，不但要求特别多，而且各风水门派之间也存在着差异和分歧。严格说来每个人理想的模式都是不一样的，并不是『吉地』俱发而『凶地』俱败。我们在这里只从普遍意义上讲些最基本的选址常识。

第一节 别墅与山势

别墅是属于住宅（阳宅）的一种，是人们繁衍生息、养精蓄锐、享受生活的居住地，对人们起着保护的作用。因此中国历来就有安居乐业之说。人因宅而立，宅因人而存，人宅相通，感应天地。所以在建造或者选择别墅时，也要用科学辩证的观点，用心体会，细心观察，才能建造和选择出对人身心有益的藏风聚气、称心如意的a好别墅。

一般我们在建造或者选择别墅时，首先要根据山势来判断住宅的好坏。

1.吉祥的后山（玄武）

后山也就是玄武，俗称靠山或主山。传统选址理论提到后山，必定会搬出“疑龙七星”的理论，将不同的山峦形状用北斗七星的七颗星命名。以“疑龙七星”论主山，贪狼属木，巨门属土，禄存属小土，文曲属水，廉贞属火，武曲属金，破军也属木。每种山的高矮形状皆不同，影响也相异。

靠山坡营建的房子多为独栋别墅，讲求景观视野，故房宅背后的地势宜较高，前面地势较低，但前面宜缓坡降，最忌层层下陷、急坡降甚至悬崖，让人有一泻千里的负面感受。

（1）贪狼——既高又尖，气势磅礴

贪狼山是指形状既高又尖的大山，主要有三种，一种像古代大臣上奏皇帝手里拿的拜笏，称为拜笏山；一种则像把玉尺，称为玉尺山；还有一种山形就像笋尖，称为笋尖山。贪狼多是位于河川发源地的高山，也就是在太祖山之上，亦即山脉最高之处。属贪狼的高山一定要带水，水就是河流。为何说“桂林山水甲天下，阳朔山水甲桂

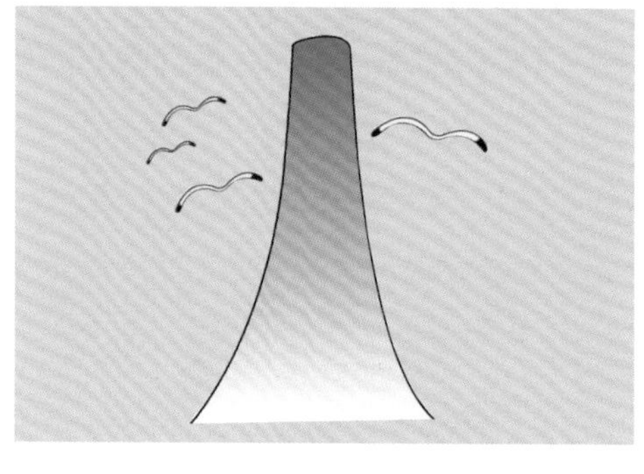

拜笏

○ 玉尺

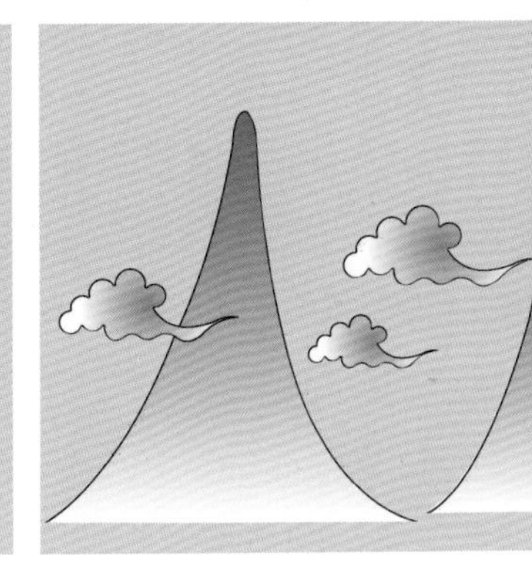

○ 笋尖

林”？这是因为桂林阳朔的山也都是贪狼山，山傍着水，而且群山列阵而行，山峰由高而低，一座接一座，看起来错落有致。贪狼山最忌讳缺水、倒塌、坡度太陡峭。贪狼山虽要高耸，但山势也应平稳圆滑，才是好山。贪狼山若没水，就适合僧道修行，比如说在此盖庙、建道观，也适合去那边当个穷苦的艺术家。

（2）巨门——既高又平，雍容大度

巨门山位于主峰下来的第二高峰，是指形状既高又平的山，大致可分成三种。

①四角帐

就像一个平顶帐篷。

②虎背

山形就像老虎行走时背后略有凹凸的样子。

○ 四角帐

○ 虎背

③象背

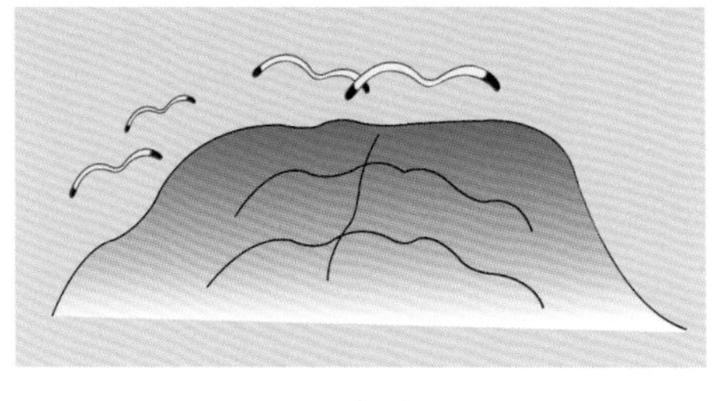

○ 象背

整个山形就像大象背。

不过，巨门山一旦山形倾斜，就不好了，不对称的巨门山不吉利。

（3）禄存——丘陵地带，有最好的结穴之地

贪狼与巨门大多是位于河川源头的高山，禄存常位于山脉的中段，通常出现在丘陵地带，也就是从高山转入平地较平坦的地带。在所有山形之中，禄存拥有最好的结穴之地，被称为“眠牛吉地”。

这名称有个典故，在《晋书·陶侃传》里有记载，陶侃是东晋的一名大将，他曾带领东晋军队北伐。“眠牛吉地”，则是他让后代传颂不绝的风水逸闻。相传，陶侃小时候母亲就过世了，母亲在临终前交代他：“我们家这么穷苦，你一定要找个好风水地来埋葬我，这样我死了之后会庇荫你们兄弟。”从此，陶侃就惦记着这件事，经常出去找坟地。有一次，陶侃的邻居走失了一头牛，邻居就拜托陶侃出门找坟地时，也顺便帮他留意那只牛有无出现。陶侃答应邻居之后，就走到郊外去了，他越走越远，最后遇上了一位白衣老翁。这位老翁白发苍苍，白色胡髯长长地垂在肚子上。他对陶侃说：“那不就是你要找的牛吗？”陶侃顺着老翁的手势一看，果真有头牛伏卧在地面，他立刻就追了过去。好不容易跑到那个地方，他却发现先前看到的那头牛居然不见了。

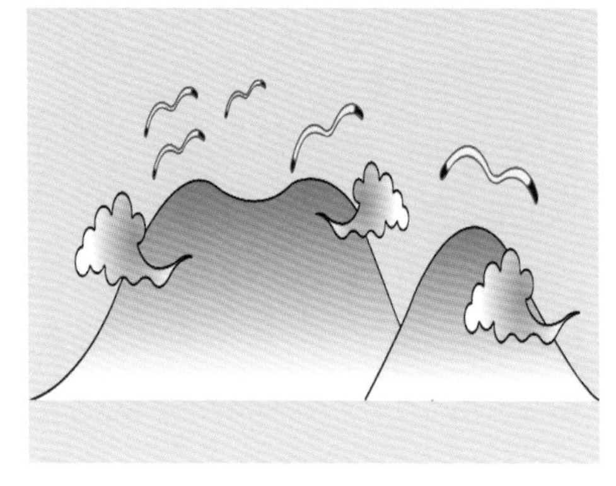

○ 眠牛

陶侃很失望地走回去。回程中他怎么也想不明白：牛怎么就消失了呢？就在他走了没多久又偶然回头看时，他吓了一跳：“啊，那头牛不就卧在那里吗？真是好大的一头牛！”原来，远处有座山，形状就像是牛趴在那边的样子。此时，陶侃发现刚才的那个老翁也不见了。他心想：

难道是仙人特地来指引我？于是，陶侃就把母亲改葬在此山的牛肚。后来，陶侃终于成为东晋的一名大将，他也是我国晋代著名诗人陶渊明的曾祖父。

常见的禄存有卧虎、眠牛两种，这两者都属于“眠牛吉地”。卧虎山的形状就像老虎趴下来的样子，因此又被称为龙盘虎踞的“虎踞”，也有人称之为睡虎山、卧虎山。眠牛山顾名思义，这种山形远远望过去就像一只牛躺卧在那里的样子。其他常见的禄存还有枕头山、马鞍山与骆驼山等，这些皆为“眠牛吉地”的地形，五行皆属土。

卧虎山

找到禄存，几乎就可以说是找到了最好的地理。为何如此说呢？因为高山到了这里即将入平原，山势变得较安定、土质坚实，不会有滑坡的可能。再加上这里是山的龙头，所以氧气也最多，适合人的生存。

（4）文曲——水形山，山势阴柔

文曲山属水，是水形山。水形山的山形如眉毛，略有起伏。也有另外一种说法，说这种山的形状像太阴，也就是月亮的下弦。还有人认为，文曲山像浮出水面的鱼背或龟背。通常水形山多为水湄之巅，譬如我国台湾日月潭湖畔的秀丽群山就多是文曲山。两个文曲山峰并列，就称为

眉丘

玉女峰

玉女峰。

这种地方较易孕育出较有成就的女性。

（5）武曲——在平原上的方正大山

武曲属金，且是方方正正的“正金”。这是因为武曲的山形非常对称，对称就是“正”；再加上武曲形状如钟，钟属金，所以合称为“正金”。武曲的形状可分成三种。

①钟山（如钟状）

南京古名叫做“金陵”，这是因为它有座紫金山，又名钟山，也称为金陵。陵就是山丘的意思，南京的附近就有很多状如金钟的小山。

钟山

②釜山（如锅盖）

釜山状如煮饭的锅釜，或像一顶锅盖罩下来。最有名的例子就是韩国南部的第一大港——釜山。为何它会被称为釜山？就是因为它后面的山看起来像一个煮饭的锅釜。

釜山

③笠山（如斗笠）

笠山的山顶尖，两边山坡对称。最有名的笠山就是日本的富士山，整座山状如圆锥体，四面八方都对称，是非常标准的笠山。笠山这种山形非常棒，富有王者之气。

武曲在七星里被认为是最好的山，次佳的是禄存。

笠山

2.不吉的后山

住宅的后玄武位实实在在有座山，就是说房子有靠山。判断靠山的好坏，主要是从形状方面考虑，并不是什么形状都是理想的靠山。

（1）廉贞——剑形高山，霸气十足

廉贞跟贪狼一样是高山，但是指形状如剑的山，五行属火。廉贞的山形若左右对称，状如剑锋。如果廉贞的形状不正，被视为不吉利。可见山跟人一样，长相要对称。如果不对称，不仅难看，也代表其影响不好。

廉贞

（2）破军——犬牙交错，最不理想

破军是最不好的山，只能当做房屋两边的龙砂或虎砂，既不能拿来当穴位，也不能做案山。

破军

破军大都位于河流两岸，也就是说破军是被河流切割过的山，山形陡峭，形状不对称又尖锐，不是缺一角就是被剖成两半，可谓“犬牙交错”。再加上这种地方的水也湍急，因而不适合建宅。

3.吉祥的龙虎砂

住宅前后左右的山都叫护砂，简称砂。龙虎砂指的是住宅靠山四周的小山、高地或隆起之处。龙砂、虎砂代表手足、兄弟。龙虎交抱，才可藏风聚气。

（1）以左边盘出的龙砂当案山——青龙做案

青龙做案

龙虎交抱的第一型，叫做“青龙做案”。这样的地方以主山为靠

山，从主山左右两边各拓出两支山脉作为龙虎砂，而且左边的龙砂在前面盘回来当案山。这样的地势有利身体健康，适合建屋。

（2）龙虎砂交抱，穴在龙砂末端——回龙顾祖

这种格局也有龙虎交抱，龙砂也是盘到主山面前，不过穴位却安在下砂，也就是支脉的末端，穴位仿佛是回过头来看着自己的主山，即“回龙顾祖”。“回龙顾祖”跟“青龙做案”的差别在于：“回龙顾祖”的穴位是在龙砂末端，“青龙做案”的穴位则在祖山。

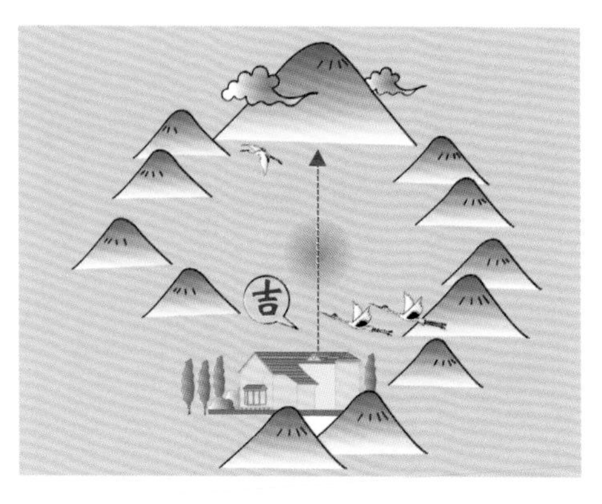

○ 回龙顾祖

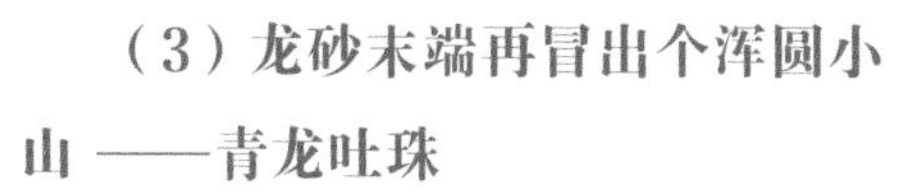

（3）龙砂末端再冒出个浑圆小山——青龙吐珠

“青龙吐珠”（也叫“苍龙吐珠”）就是龙砂在下砂处再冒出一个独立的浑圆小山，状如龙珠。这种地理环境，物产丰富。

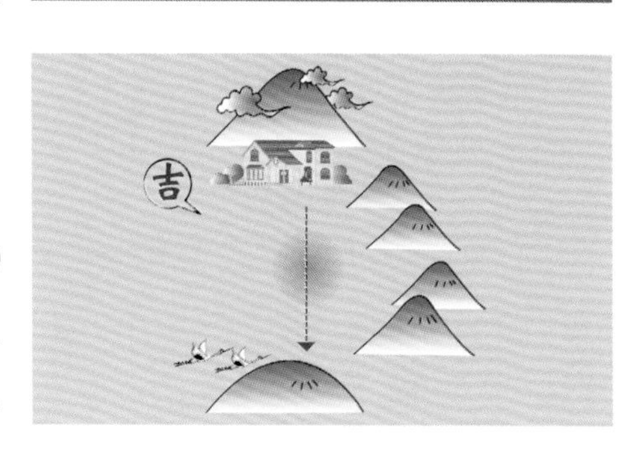

○ 青龙吐珠

（4）龙虎砂环抱，前有平顶案山——将军捧印

“将军捧印”也称为“将军盖印”“玉殿天官”“登殿步阶”，全都是很吉祥的意思。在这种格局里，左右龙虎砂几乎等长并形成环抱，前面还有个平顶的案山。“将军捧印”的“印”，指的就是这个平顶案山。

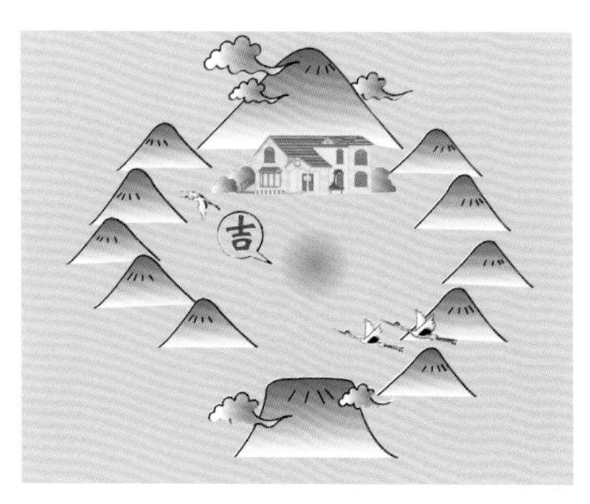

○ 将军捧印

（5）龙虎砂交抱，前有马鞍山——将军骑马

左右龙虎砂交抱，前面有座马鞍山当案山，称为“将军骑马”。

（6）龙虎砂交抱，以剑山为案——将军带剑

龙虎砂交抱，而且前面有个形状尖尖的案山，像一把剑矗立在明堂，所以称为“将军带剑”。

○ 将军骑马

○ 将军带剑

（7）龙虎砂有交抱，龙长虎短——龙虎相亲

龙虎相亲，其利断金，龙虎砂交抱且龙长虎短，被视为吉地。

（8）左边的龙砂抱住右边的虎砂——龙砂抱虎

左边的龙砂抱住右边的虎砂，给人和睦、和谐之感，非常适合选址建房。

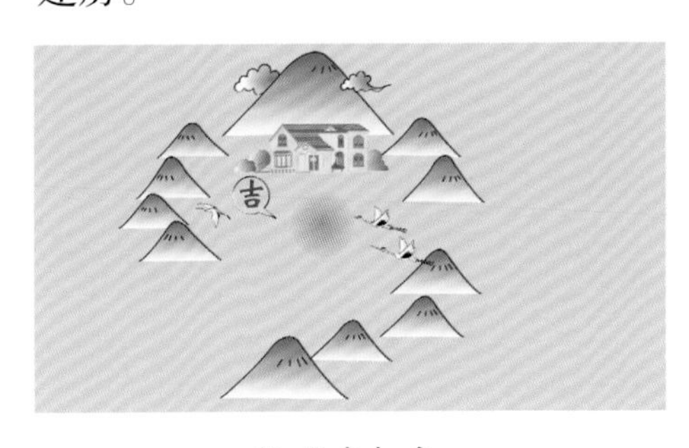

○ 龙虎相亲

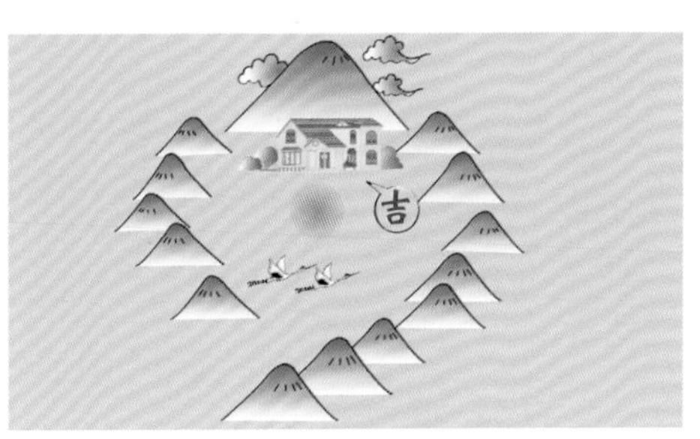

○ 龙砂抱虎

4.不吉祥的龙虎砂

龙虎二砂可称之为住宅的左右手臂，左臂为青龙砂，右臂为白虎砂，当住宅有龙虎砂抱卫，则穴场周密，生气融聚。如果住宅缺少龙虎砂的屏障，住宅难以藏风聚气，自然不利。

（1）虎砂太长并横过前面明堂——白虎穿堂

龙砂与虎砂这两条支脉，虎砂不可长过或高过龙砂。最忌讳的就是虎砂太长，并横过前面的明堂，这就叫做“白虎穿堂”。

○ 白虎穿堂

（2）虎砂过高，逼迫主山穴场——白虎衔尸

“白虎衔尸”指的就是虎砂太高又太长，威逼到主山的穴场。这种格局不应被选为建房之址。

○ 白虎衔尸

（3）虎砂比龙砂长并抱住龙砂——虎砂抱龙

“虎砂抱龙”就是虎砂不但比龙砂长，还弯过来抱住龙砂，整个格局倒向虎砂这一边。

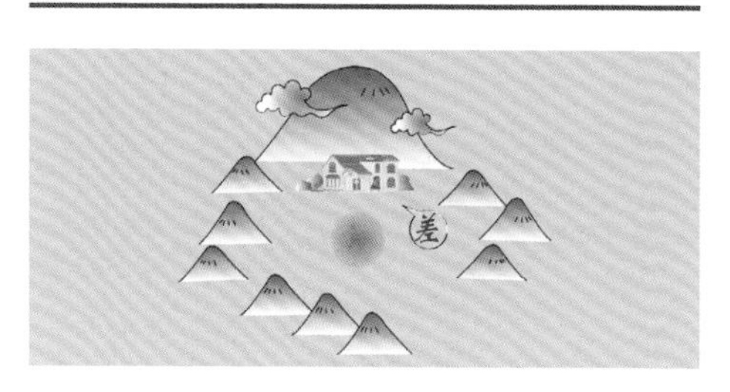

○ 虎砂抱龙

（4）左右两山脉分别向外延伸——龙虎不亲

“龙虎不亲”就是说龙砂、虎砂分别向外延伸，没有交抱。住宅因为缺少龙虎砂的屏障，风直接灌向主山，这种格局没办法聚气，因此，不利于建房。

○ 龙虎不亲

5.别墅的案山朱雀

看完靠山、左右龙虎砂，再接着看看前面的朱雀，也就是案山。案山即朱雀，又称迎砂，是指住宅正对面并且离地基最近的矮山，也就是所谓的“前案相对”。案山能使住宅前的气萦绕更为周密，有助于生气凝聚，亦增加居住者之尊贵之气。

目前，常见的案山可分为以下八种类型：

（1）三台案——出公卿将相与富商

三座山峰相连，叫做“三台”。案山呈现这样的形状，就是“三台案”，也称为“三仙台”。可分为以下几种：

金钟山：三座金钟状的山相连。

火形山：三座火形山相连，且高度差不多。

平顶丘：像三个平台摆在一起，这是最标准的三台案。有个地方出了很多名人或名僧，这就是大家熟知的五台山。五台山的“五台”，就是五个齐高的平台山连在一起。其实一般只要有三台就很了不得了。

金钟山

火形山

平顶丘

（2）卷帘案——层峦叠翠

指的是有好几座大山，这几座大山又有好几支山脉往外延伸，而这些山脉也像琴案般往山下延伸并列，就像窗帘打的布褶子一样，很规律地平行起伏，这就是“卷帘案”。

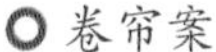

卷帘案

（3）将军笔——山似三指

将军笔的案山，就像伸出三只手指头的样子，这种格局非常好。

（4）龟背——山形似龟背

龟背又称为太阴丘。

将军笔

龟背

（5）棋盘山——平顶小山丘

这种格局包含了一些被命名为棋盘山、玉几山、符印山等等的小山。这些山的共同特征就是：山顶平坦如桌面。

（6）旗山——山形如三角旗

旗山，顾名思义，就是山形如一面三角旗的山脉。旗山是卧虎藏龙的风水宝地，在古代被认为会孕育出保家卫国的武将。

棋盘山

旗山

（7）鼓山——鼓山做案山

在历史上，鼓山曾孕育了历史三大谋臣之一——明朝的开国元勋刘基，以及国民党将领陈诚。奇绝的风水宝地，多半能让在附近居住的人们顺风顺水。

鼓山

（8）纱帽山——山形如纱帽

纱帽山的形状有两种。

明朝文官官帽：特征是前后一高一低的两个半圆山头。

宋朝文官官帽：中间的山顶是个平台，两边山坡则低而对称。

明朝文官官帽

宋朝文官官帽

第二节 别墅与水势

明朝的开国国师刘基在他的《堪舆漫兴》里高度评价了水在风水中的作用和地位："堪舆山水要兼赅，山旺人丁水旺财；只见山峰不见水，号为孤寡不成胎。"《葬经》里也写道："风水之法，得水为上，藏风次之。"也就是说，山形不很好或平原地带没有山脉，这些都没关系，只要有水就行了。

传统的风水学中有"气界水则止"的说法，意思是天地的生气可以用水把它留住。因此，在住宅前有环抱形的水就可以使气凝聚在住宅前，这是理想的聚气模式，在生活中是可遇而不可求的事情。但是，不管怎么说，要想拥有一座理想的别墅，水是必须重视的一个风水因素。

1.吉祥的水势

水势一般指水流的趋势，大多数人认为"择地要'依山傍水'为上选；得山势者贵，得水势者富，两者兼得自然富贵"。下面列举七种江、河、湖泊的吉祥水势，它们能带动住房附近的气场。在这样的水源附近

建造别墅，使人身心愉悦，生活顺意。

（1）高山湖泊（天池）

高山湖泊，传统称为“天池”。天池是龙脉的精华，不能随便破坏。像长白山上有天池，天山上也有天池，华山也是如此。天池是高山动植物休养生息之处，是养育生气之地。因而在天池附近修建别墅，是很好的宅址。

天池

（2）九曲河流（九曲回转水）

水流曲折回环，形成墙垣，往往有结穴。一条河流要有弯曲才会有生气，河川若完全是直流，就会没有生气。

这种曲水一般有两种情况，一是“曲水单缠”。这种单缠，就是曲水一支，回环缠绕，形成种种不同形式的墙垣。另一种是“曲水朝堂”，就是说曲水不止一支，或三曲五曲，回收周匝，各个包裹朝护着住宅前生气凝聚的外明堂，达到钟秀聚神的效果。而其中的九曲朝堂，更是大吉之地。

九曲回转水

（3）河流、湖泊交汇处或出海口（荡胸水）

在大湖泊、河流交汇处或河海交汇之地会形成很宽广的水域，在这样的水域附近建造别墅，水面直映眼帘，能让人心胸宽广。

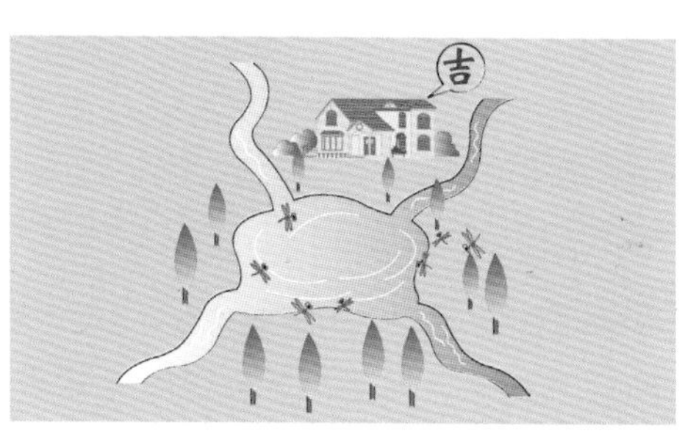

荡胸水

（4）静水流深（聚面水）

小河流交汇之处也会形成潭、池等较宽广的水面，在这种静水流深的地理附近建造别墅，大吉。

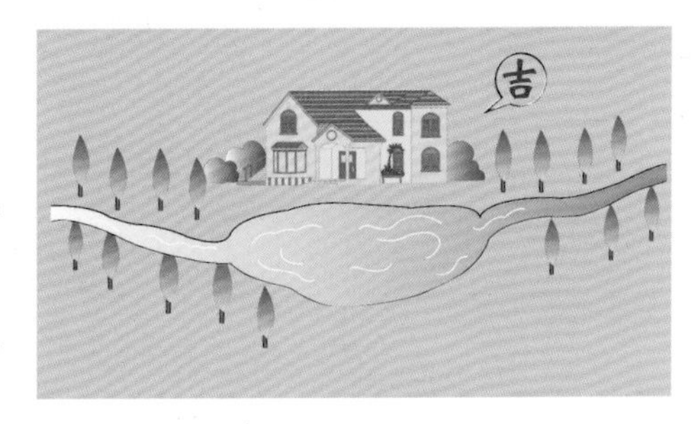

聚面水

（5）两河汇流呈“Y”字形（襟带水）

两条河汇流处呈现“Y”字形，就像是一个人打领带的样子。无论是两山夹一水还是两水夹一山，都是很好的地址。

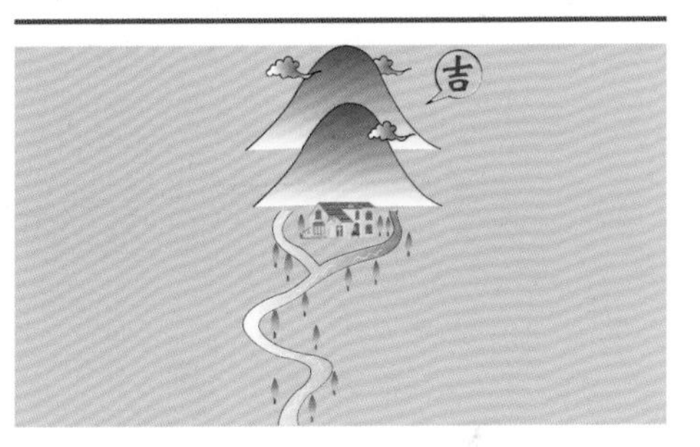

襟带水

（6）牛挑湾

“牛挑湾”就是指溪流弯弯曲曲，像古时候耕牛所佩戴的牛轭，所以这种地形也被叫做“牛担水”。

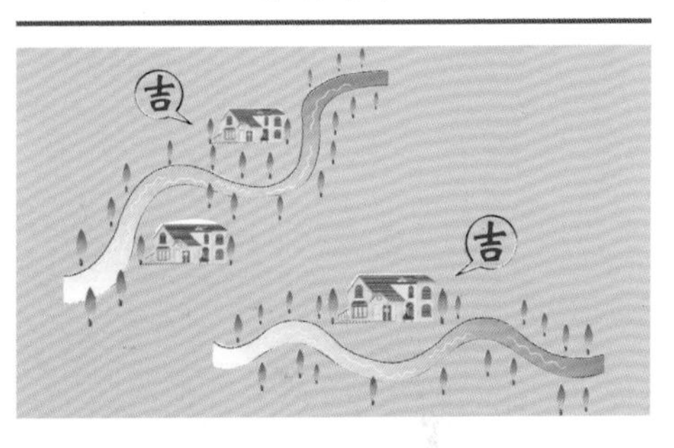

牛挑湾

（7）天然涌泉或人工喷水池

天然涌泉或人工喷水池都是十分吉祥的。不过这种水池的前提是水必须是活水，千万不能让它变成死水。所以，若是在庭院中央建了一座人工喷水池，一定要定期让水流进来又排出去，使这个池子维持活水的状态。

人工喷水池

2.不吉的水势

俗话说“曲水有情，直水无情”，通常河流弯曲缓缓而来，慢慢流去为有情，被视为聚吉气聚财气的格局。但若河流直来直去急速而过，则被视为无情无义、不聚财的格局，不宜居住。如果住宅附近是湖泊，则要注意湖泊的形状。湖泊的形状有宽窄之分，湖面宽阔被认为是聚气旺财的格局，湖面狭窄则被认为是散气败财的格局。

以下列举了11种不吉利的水势，如果发现别墅项目附近有以下的水势，应尽量避免购买在此附近修建的别墅。

（1）水田或梯田（板仓水）

水田或梯田，只要一下雨就有水，天晴了就没水。这样的地理象征着：水来了就有钱，水去了钱也没了。这等于看天吃饭，春夏旺秋冬衰，做一季得吃三季。

板仓水

（2）瀑布（瀑面水）

瀑布周围不宜建房。因为瀑布的水流很急，听起来像是有人每时每刻在你家门前哭泣。倘若只在瀑布前面做生意还好，但千万别在这里住！一些别墅在造景时，宅主很喜欢在中庭做个瀑布，这样不好，因为会形成瀑面水的格局。

瀑面水

（3）死水发臭的水塘（照盆水）

有些人常常花了大笔的费用建造新房，一开始喜欢做些造景，最常见的就是建个水池养锦鲤，可是后来因为疏懒或是其他原因，水池没人管理、打扫了，就变成了一潭死水。最后，水质慢慢变差，里面的鱼也死了，甚至连家中的猫狗或老鼠也掉到里面淹死。这种格局不好。

照盆水

（4）屋后有淋水（淋背水）

无论屋后有瀑布还是有陡峭山壁，只要有水溅到你家房子，就是不好的。都市里也很容易形成这种

淋背水

格局，比如说你家屋后有栋大楼，那里有人家做了很高的阳台或遮雨棚伸到你家上方，雨水或浇花水会泼到你家屋顶，就形成了这种格局。

悲哭水

（5）屋前有淋水（悲哭水）

水从房屋前面流过形成淋水也不好。

（6）水流断断续续（鸣珂水）

涓涓细流，像珍珠断线似的，一下有水一下子没水。这种水多半是山里的溪涧，因而水流不稳定。住在这样的地方，会让人感觉压抑。

鸣珂水

（7）急流浅滩（湍杀水）

指水中有很多大石头，处处有急流浅滩的地方。怪石嶙峋之地、河流湍急的地区，都不适合居住。

（8）河流急转弯（急流水）

河流急转弯且形成锐角也是不好的格局，不宜人居住。

湍杀水

急流水

（9）烂泥巴（沮洳水）

凡是以前曾为水塘，但后来填平来盖房子的地方，湿气都比较重，甚至遇雨地面就会一片泥泞。这样的地理环境不利于人生活，也不宜居住。

沮洳水

（10）发臭的水沟（臭秽水）

屋旁有臭水沟的话，常常影响人的健康。尤其沟里若是有动物尸体，那就更糟糕了！所以，水沟要经常清扫，若是让水流变黑，变成死水发臭时，就会形成这种坏影响。如果住在臭秽水旁，会罹患癌症之类的重大疾病。

臭秽水

（11）不见天日的井水、深渊（阴幽水）

不见天日的井水、深渊，因为长期没有日照，处于一种阴暗幽深之地，所以就算里面的水外表看起来再干净，也不能直接喝，因为水中的细菌未经过杀菌处理，一定要煮沸之后才能饮用。住在有这种水的地方也很不好，不利于人们的生活和健康。

阴幽水

第三节 别墅与路势

传统风水学认为，路的作用和水的作用是一样的。从风水的角度来看，每条路都像水，街道就是龙，所以，公路也是水龙的一种。大公路（干道）就好像大水（干水），小路或巷道则像是枝脚水、枝水。既然路就是水、水就是路，因此我们也可以把街道称为“水路”或“路水”。

环抱形的路就像一个人的双臂，而住宅的中心就成了生气凝结的穴，就像女人的子宫，那是生命诞生的神圣之地，是生机的源泉。因此，住宅前有环形的道路就好比是“玉带揽腰”，颇为吉利。

“气乘风则散，界水则止”。如果道路彼此有交叉，交叉处也就是“界水则止”，在这种地方就会结成一个聚气的风水。所以街道越多、排列越好，就越能聚气，也就越能形成一个热闹的集市。

凡事有利就有弊，水虽然能够聚气，但也能把气给隔开。所以有时你会看到公路这一边很繁荣，另一边却很冷清，就是这个道理。

我们该如何选择好地址的别墅呢？先去察看房子周围的路准没错！

1.吉祥的路势

下面列举的8种吉祥的路势，它们能带动住房附近的气场。在这样的"水路"附近建造别墅，是比较好的。

（1）弓带水、银带水、月眉水

我们最常看到的一种水路，称为"弓带水"，又称为"金带水"。为何叫做"弓带水"？因为道路在房子两边形成圆弧状包围，这种半圆形的水路就像一条弓带。从交通动线来看，车子开过此地，车头的方向绝不会朝着屋子，自然也就没机会撞过来，对住家来说较有安全保障。

弓带水

什么是"银带水"和"月眉水"？银带水就是弯度略像梯形或牛轭形状的水路。"月眉水"则是像眉毛略微挑起一点小弧度的水路。

如何判别月眉水、银带水和弓带水呢？很简单，只要从弧度大小与形状来看就可以了。如果公路略呈弧形，就是月眉水；如果弯度很大，就称得上是弓带水；如果是略呈梯

银带水

月眉水

形的弯曲，状如牛轭者，就是银带水。

最优良的格局是弓带水（金带水），这也是弯度最大的圆形水路，弓带水不论腹地大小，弯的弧度越大、越漂亮，越是好地址。

（2）拱背水

如果房子后面的公路弯曲如弓带水，这就叫做“拱背水”。屋后若有水龙做龙虎砂，就像有人从后面把你捧供起来，也有一种说法是像坐在一把太师椅上头，给人被保护和庇荫的感觉。

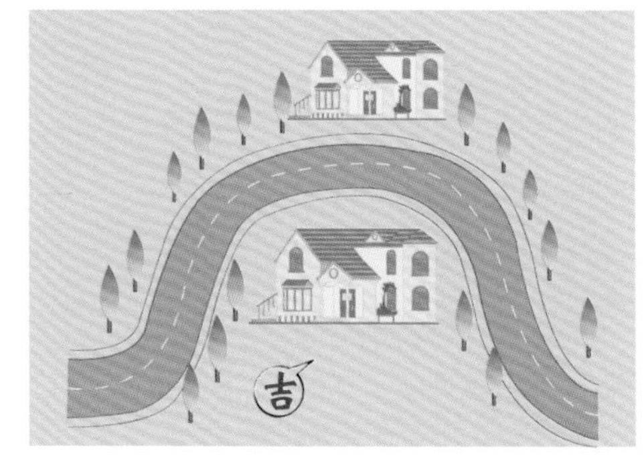

拱背水

（3）双合水

所谓“双合水”，就是两条公路直角相交。这好比两条水龙交会，所以能够形成市场。例如，十字路口的交叉处就是双合水，房屋中介所称的“三角窗”也是双合水的房子。

双合水格局附近也很适合建造住宅，因为三边采光，不但通风，光线也比一般房子好。不论公路大小，就算位于巷道里，只要是直角相交的就是双合水格局。

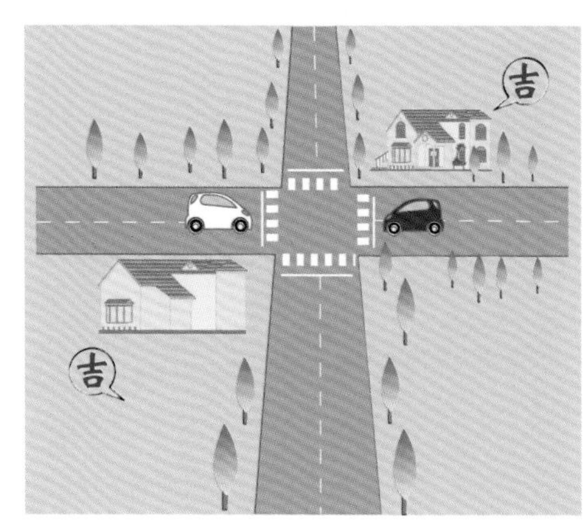

双合水

在选择位于双合水旁的房子时，要尽量选“青龙盘朱雀”这一边，如不得已，再选“白虎盘朱雀”。屋子面对公路十字路口的直角有三个面：左青龙，右白虎，前朱雀。房子左前与前方各有公路，就是“青龙盘朱雀”。“白虎盘朱雀”则是指屋子的右前与前方有公路。这种格局也会赚钱，只是赚得比较辛苦，要付出相当多的劳力才能挣得钱财。“白虎盘朱雀”做餐厅、工厂、修车厂等较靠体力赚钱的生意比较好，但若要做文具店、书店、高级餐厅、服装店或一般的公司等生意，还是选“青龙盘朱雀”较适合。

（4）九曲水

“九曲水”就是弯曲的水路，“九曲朝堂，封侯拜相”。所谓的“九曲朝堂”，就是指公路在目光所及之处有三道大转弯。

就九曲水的格局来说，就算位于反弓位置也很好。

九曲水

（5）八卦回澜水

圆环水路又称“八卦回澜水”。圆环中央若能有活水，那就会更好!

八卦回澜水

（6）缠头水

缠头，就是将头包起来的意思。倘若有一条道路呈“U”字形围住一栋房子，这就叫做缠头水。缠头水的公路弯曲的弧度必须要够大。

缠头水

（7）卷帘水

“卷帘水”就是许多条小公路与一条大公路相交。在这种地区，往往会有一些很有名的小吃店、服装饰品店与美容店，成为名店聚集的地段。在世界各大城市，如巴黎、罗马、慕尼黑或法兰克福等，有很多名牌的旗舰店或知名餐厅都位于类似卷帘水的区域里。外面是很大的街道，车水马龙，但一跨入此区，气氛则变得宁静优雅，恍若世外桃源，对顾客来说，这里也是休闲消费的好场所。

卷帘水

（8）布袋水

“布袋水”指的就是河流或公路到了屋前突然变宽，如同布袋的形状。因为屋前的公路变宽了也等于你家的明堂变宽了，给人宽阔顺畅之感，宜居住。

布袋水

2.不吉的路势

下面列举的10种不吉的水路。

（1）反弓水

“弓带水”的对面是“反弓水”，若住宅建于此处，车子无论去或来，一不小心就会冲向这里。最糟糕的是夜间来往车辆开大灯，光线会直射入房内，而光线会干扰我们的脑波，进而影响到脑神经，因此让住在里面的人睡不好，隔天醒来仍觉得全身紧张，精神涣散。

反弓水

此外，反弓水的前面腹地变窄，也就是明堂跟着缩水，不但一出大门就容易被车子撞到，明堂小的阳宅也给人道路不顺畅的感觉。所以这种格局较为不吉利。

（2）弓背水

屋后有条公路呈反弓形状的，就叫做“弓背水”。

弓背水

如果反弓水路离房子远，影响就小；但屋后若直接就是一条反弓水路，那么情况就会很严重。如果屋后有条反弓水路，但是公路前面有树木、土丘、盖了围墙的大庭院或房子帮你挡起来，就不算是弓背水。种树也是改变弓背水的好方法，不过若是想这样做，要记得一点就是，树林的面积要越广越好。

（3）天姚水

“天姚水”又称“淫逸水”或“桃花水”。这种水路看起来与九曲水很像，但两者还是有差别的。天姚水在目光所及之处，有三个似弯非弯的蜿蜒。

天姚水

（4）火叉路

火叉路是两路或三路结合或分叉之处。尤其是当两条大公路合而为一时，这种火叉路更为可怕，最容易发生大车祸!

火叉路的特点就是：三个方向的来车都以为自己开的是直路，因此全都没减速，却没想到旁边还有岔路来会合，于是等飙到三岔路口时，就很容易跟会合过来的车子撞在一块了。

火叉路

减小火叉路的危险的方法其实并不难，只要在路口装个反光标志，盖个种树的分隔岛，或是设个圆环、放个警示标志即可，这些设置的用意都是提醒驾驶人到了此地要减速慢行。

（5）横朝水、背截水

“横朝水”是指门前有条直来直往的公路。这种格局在郊区的外环道路边很常见，外环道路刚开通时，往往只有一两户人家，这些人家的住宅前面全都是横朝水。

“背截水”则是指直来直往的公路横过屋后。这种格局就像韩信背水

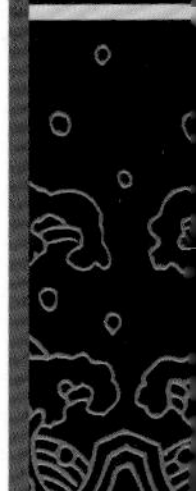

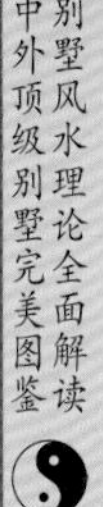

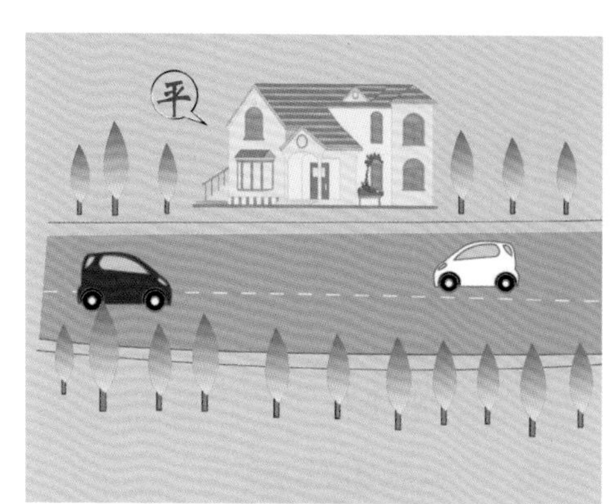

○ 横朝水

○ 背截水

一战："前有追兵，后无退路"，韩信有能力当然可以背水一战，我们这些普通人没有那个能力，所以最好不要选这种格局！

背截水若无其他直向的水路把它截断，或是无树木、竹林、房子等将它挡住，就很糟糕。

（6）丁字冲、亡字水

屋前有横路与直路相交，成丁字形，就称为"丁字冲"；丁字冲的房子格局通常不好，尤其不适合当住宅，开店则要视情况而定。

丁字冲的房子为何格局不好呢？因为此地路口经常容易发生车祸，如果住在这里的人经常看到一些车祸血淋淋的画面，心情肯定受到影响。

○ 丁字冲

○ 亡字水

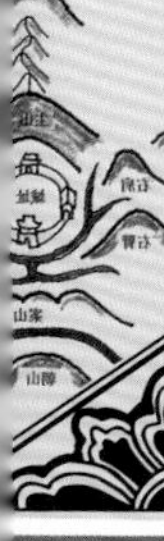

再加上一到夜晚，来往车辆的灯光就会直射屋内，光线打在墙上，会让住户整夜不得安宁，无法安眠。

如果住在这样的房子中，应在房子正前方装设反光镜或八卦镜，这样车辆过往时，镜面会反光，可以提醒司机注意。另外，还可建个天心池，比如在丁字冲的广场正中央建个天心池，不仅可以减少危险度，还可将前面路冲的笔直公路转化为明堂，可谓一举两得！

亡字水的路形类似“七”字，如果仔细看的活，也像是灭亡的“亡”字。亡字水跟丁字冲不同，直冲到屋前的公路会有点弯曲，而丁字冲直冲到房子门口的路是直路。

（7）抬轿水、夹身水

“抬轿水”就是指一栋房舍的左右各有一条公路笔直经过。这种路势在都市较少见，因为都市的房子一般为合建，少有独栋房舍。而在乡下抬轿水就可经常见到，比如在田地中央盖栋屋舍，因为田旁地边本来就有道路，如果宅主人又在房子的另一侧开路，若这块田地不够大，整个格局就会变成抬轿水。但若是一整排的房子，左右两旁虽有笔直的公路通过，也不算是抬轿水。

“夹身水”与“抬轿水”类似，不过公路位置有点不同。夹身水就是房前屋后都有笔直的公路通过，两条公路中间仅仅只一栋房子。如果房前屋后还有其他房子，就不算夹身水。

抬轿水

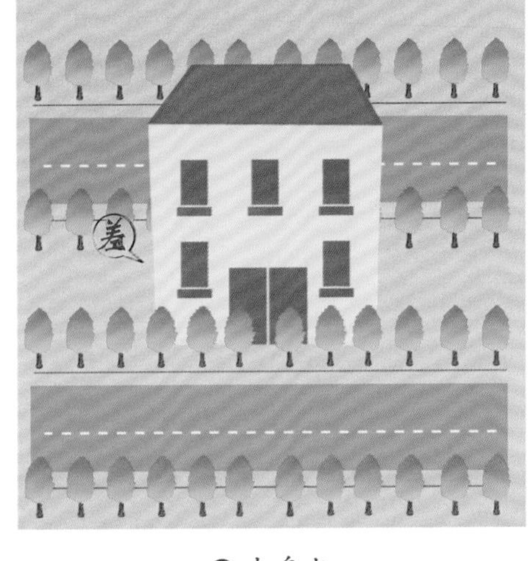

夹身水

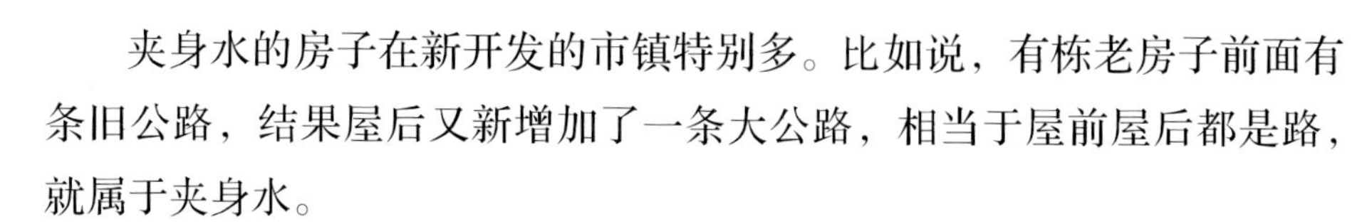

夹身水的房子在新开发的市镇特别多。比如说，有栋老房子前面有条旧公路，结果屋后又新增加了一条大公路，相当于屋前屋后都是路，就属于夹身水。

夹身水的房子因为前后都有公路，环境很吵，所以住在这种地方会没有安全感，而且心神不宁。若是作为商铺，因为房前屋后都没法停车，店里的生意也没法开展，所以夹身水格局没法形成有人气的商场。所以最好不选择夹身水格局的房子来当住宅或做生意。

（8）牵鼻水、叉身水

“牵鼻水”就是有条弯路绕过房子门前，弯路中央又有条路朝外直直延伸，看起来就像牛被穿上了鼻环，还套上一条牛绳的样子。而朝外延伸的这条公路，不管有没有穿过环绕门前的弯路而抵达家门口，都属于牵鼻水。

“叉身水”则是在屋后有条拱背状的公路，在拱背之后又有一条直路叉过来，像是一把叉子从后面捅进房子。

牵鼻水

叉身水

（9）白虎煞、投环吊颈水

如果缠头水的“U”字弯得很不平顺，就会形成了锐角或尖角，这种地势就是“白虎煞”。以道路来说，这会成为死亡道路，这种路段很容易发生惨烈的大车祸，造成人员伤亡。这是因为到了此地突然要急转弯，司机很难反应过来，方向盘一下子转不过来，车子就会冲到路旁。白虎煞在山路最多，如果平地的道路也设计成有锐角的角度，同样也会让开车的人转弯不顺，这样的格局很不理想。

“投环吊颈水”与“白虎煞”很像。投环吊颈水，指的就是道路仿佛被打了个死结。

白虎煞

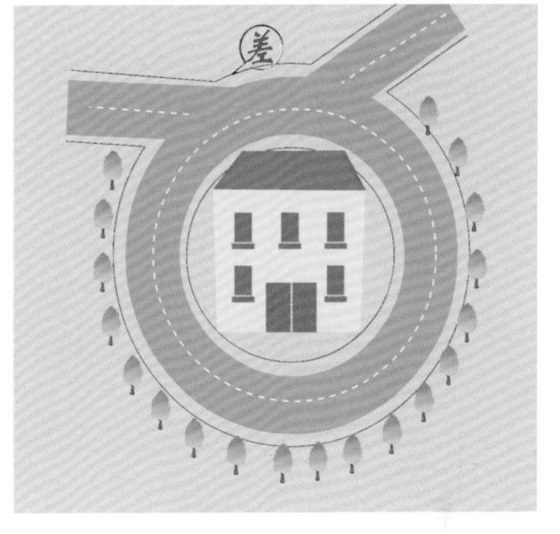

投环吊颈水

（10）缠丝水、死巷

“缠丝水”就是指巷子里的巷弄，路面虽不宽但分布密如网。

车子开进去没法从另外一边开出来的巷子，就是“死巷”。如果巷道虽窄，车子无法通过但人还走得过去，就不能称为死巷。位于死巷的房子地址不好。死巷外边的房子还算好，但是越往里越糟糕，最不好的就是最里头的房子。

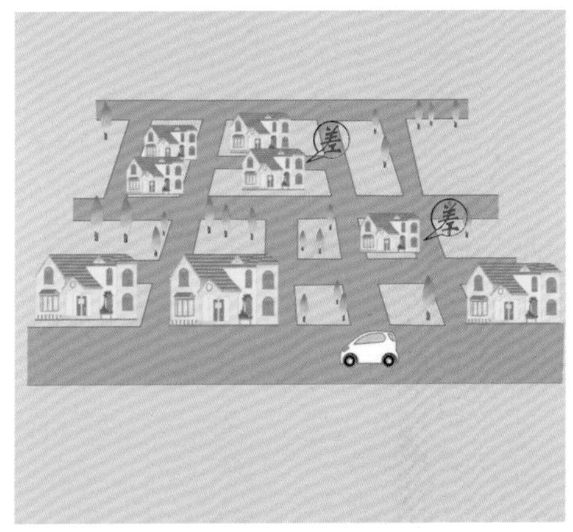

缠丝水

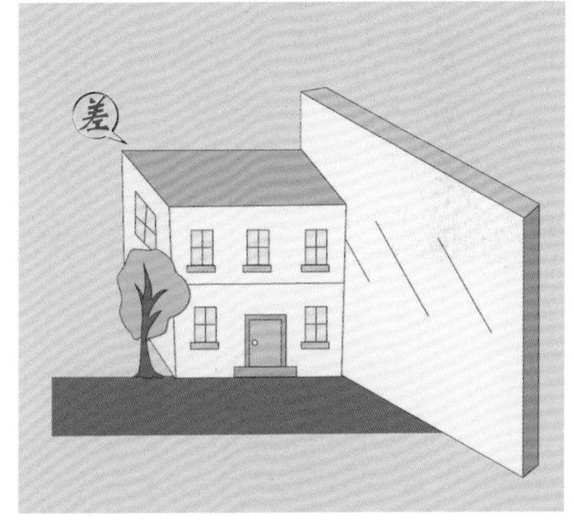

死巷

第四章 别墅设计与风格

随着人们生活水平的提高，对居住环境的要求也越来越高。无论是自建别墅，还是联排别墅，亦或是独栋别墅，越来越多的人更加讲究别墅设计与风格的个性化与独特性。究竟什么样的别墅才是真正好的，只有业主自己说了算。本章就别墅的设计与风格进行了一些分析，或许可以为正在考虑别墅设计与装修的你提供一份参考。

第一节 别墅设计是一种概念

别墅因为其独特的建筑特点，它的设计与一般家居住宅的设计有着明显的区别。别墅设计不但要进行室内的设计，而且要进行室外的设计，也正由于设计空间范围的增加，所以在别墅的设计中，需要侧重整体效果的体现。简单来说，别墅的设计，其实是包含在一种设计概念中的，这个设计概念赋予建筑以灵魂，通过别墅这个简单的载体，将设计师想要表达的理念具象化。

1.认识别墅“设计概念”和“概念设计”

在哲学里，概念是人的主观意识对事物能动性的反映。作为反映事物一般规律和特征的概念，是将特殊经验纳入一般规律，通过分类、类比、概括、定义、总结、归纳等方法来寻求对行为的指导作用。能否获得概念是人思维能力的反映，而遵循概念的方式、程序，以及概念的正确性、明确性，都将直接影响概念指导作用的发挥。而现代传媒及心理学则对概念作出了更为详细的定义，概念是人对能代表某种事物或发展过程的特点及意义所形成的思维结论，同时也是逻辑思维里最基本的单元和形式。

人们认识周围事物最初形成的概念是前科学思维时期的日常生活概念。这种最初形成的概念，通常是作为对周围事物的感性经验的直接概括，并不具有很高的抽象性。科学思维中运用的概念即科学概念，是在相关理论指导下形成的，而且它总是处于特定的理论系统之中，具有较高的抽象性和概括性。而设计的整体思维中运用的概念即设计概念，具体是指设计者针对设计所产生的诸多感性思维进行归纳与精炼所产生的思维总结。因此在设计前期阶段设计者必须对将要进行设计的方案做出周密的调查与策划，分析出客户的具体要求及方案意图，以及整个方案的目的意图、地域特征、文化内涵等，再加之设计师独有的思维素质产生一连串的设计想法，才能在诸多的想法与构思上提炼出最准确的设计概念。

而概念设计简而言之，则是利用设计概念并以其为主线贯穿全部设计过程的设计方法。概念设计是完整而全面的设计过程，它通过设计概念将设计者繁复的感性和瞬间思维上升到统一的理性思维从而完成整个设计。如果说概念设计是一篇文章，那么设计概念则是这篇文章的主题思想。概念设计围绕设计概念而展开，设计概念则连接着概念设计的方方面面。

（1）别墅设计概念的形成和提炼

首先要进行方案分析，方案分析包括具体的别墅地点分析、别墅结构分析、环境及光照分析、空间功能分析等几个部分。其次是客户分析，客户分析是旨在了解客户的设计需求，针对不同的客户进行不同的设计定位从而体现设计以人为本的思想。具体在家居室内设计来讲，家庭成员的数目、年龄层次以及业主的职业、习惯、兴趣爱好等都是应进行调查分析的。而业主的身高体态，健康状况则指导着设计人体工学的各个方面，对客户的分析是设计概念定位的一个重要方面。再次是市场调查，对现有同类设计的分析调查往往能进一步深刻设计师的思维，从而提出别具一格的设计概念创造出独特的空间形象和装饰效果。然后还要进行相关资料的收集。这个步骤能有效地帮助设计者了解当今设计的走向，以及对别墅的特殊空间人体工学尺度的把握，使设计的功能性趋于完美。最后是设计概念的定位及提出，在进行了前面的几点深入分析之后，设计者会产生若干关于整体设计的构思和想法，而且这些思维都是来源于设计客体的感性思维，进而我们便可遵循综合、抽象、概括、归纳的思维方法将这些想法分别找出其中的内在关联，进行设计的定位，从而形成别墅设计概念。

（2）将别墅设计概念带入和运用到设计过程中

设计概念的运用过程是理性地将设计概念赋予设计的过程，它包括了对设计概念的演绎、推理、发散等思维过程，从而将概念有效地呈现在设计方案之上。如果说概念设计得出的是设计者的感性思维结论，那么概念的运用则需要设计者将概念理性地发散到设计的每一个细小部分。从设计概念运用的一般固有模式中应有以下几个方面。

一是空间形式的思考。空间形式的思考及研究的初步阶段在概念设

计中称其为区段划分，是设计概念运用中首要考虑的部分。首先应考虑各个空间组成部分的功能合理性，可采用列表分析、图例比较的方法对空间进行分析，思考各空间的相互关系，人流量的大小，空间地位的主次，私密性的比较，相对空间的动静研究，等等，这样便有利于我们在平面布置上更有效、合理地运用现有空间，使空间的实用性得到充分发挥。其次是进行空间流线的概念化，如要表达以“海洋”为主体设计概念，则其空间流线应多采用曲线、弧线、波浪线的形式。若是要表达工业时代的设计概念，就应多运用直线、折线来进行空间划分。在空间布置这一步骤中，应竭力将设计概念的表达与空间安排的合理性结合起来，找到最佳的空间表达形式。

二是饰面装饰及材料的运用。饰面装饰设计来源于对设计概念以及概念发散所产生的“形”的分解，由一个设计概念我们能联想到许多能表达概念的造型，将这些形打散、组合、重组，我们就能得到若干可以利用的形，再将这些形变化运用到饰面装饰的每一个方面。对材料的选择也是依据是否能准确有利地表达设计概念来决定的，可以选择带有民族风格的天然材料，也可以选择高科技的现代感饰材，这些都是由不同的设计概念而决定的。

三是室内装饰色彩的选择。色彩的选择往往决定了整个室内气氛，也是表达设计概念的重要组成部分。室内色彩也是由设计概念所决定的，在室内设计中，设计概念既是设计思维的演变过程，也是经过设计得出表达概念的一个结果。概念设计的程序是一个有机的统一的思维形式，各个部分相互依存，从而设计作品的每一部分都是设计概念的表达。

2.建立“居住总体艺术概念”的必要性

现在普遍的认识是，别墅是除“居住”这个住宅的基本功能以外，更主要体现生活品质及享用特点的高级住所，所以我们可以说别墅是艺术的住宅，由此，在别墅的设计之初，其设计中最重要的一点就是建立居住的总体艺术概念。

所谓居住总体艺术概念包含三个部分，即建筑设计、规划设计、室内设计。而规划设计包括社区规划和住宅区景观设计两个方面。按通常意义上的理解，也就是别墅设计应该是规划、建筑、室内和环境四个方面设计的统一。就像人具有社会性一样，单一住宅建筑产品大都是社区整体的组成部分，住宅建筑的社区性是美国建筑师们经常强调的概念。一个设计优秀和开发成功的住宅区，必须做到单体建筑与社区的协调、住宅与环境的统一以及住宅室内设计的精细。

在这一点上，美国的VTBS事务所的表现比较突出。该事务所在洛杉机的一个成片中档住宅开发区的设计中，将六七幢低层独立住宅周边式围合排列的方式，既类似于北京的四合院，又有点像上海的里弄住宅。这样的设计是基于美国大量的建筑都是独立住宅，已使人们感受到了邻里交往很少的缺憾，这是一种既迎合客户希望有自己独立土地住宅的心理，又考虑了增进邻里交往的社会需要的一种尝试。这样的设计就是建立在居住总体艺术概念上的设计。近几年国内住宅，特别是别墅的设计水平有了很大的提升，户型的设计更为合理，立面造型也更具美感，景观环境也变得日益优美，随和自然了。

别墅设计应该是规划、建筑、室内和环境四个方面设计的统一，别墅的设计也应该结合其实际的地理环境进行艺术的加工和调整。

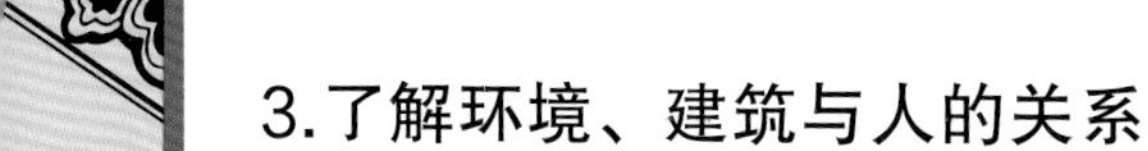

3.了解环境、建筑与人的关系

老子《道德经》中有这样一段话：“埏埴以为器，当其无，有器之用，凿户牖以为室，当其无，有室之用。”这名话不仅表达了空间的使用价值，同时也带有空间“包容性”的含义。从“包容性”的角度，我们可以这样理解，自然（即环境）、建筑、人三者的关系，相对于建筑空间来说，大自然包容着建筑，而相对于人来说，建筑空间包容着人，而人类对大自然同样存在着包容和呵护。

（1）建筑与自然环境的融合

任何建筑都处于特定的自然环境之中，在受到环境包容和制约的同时，又成为其不可分割的部分，形成新的环境景观。建筑之意在于山水之间，建筑之术也就是山水之术，建筑为山水环境增色，山水环境为建筑添彩。建筑与自然环境是共生、共荣、共乐、共雅的一种关系。

（2）建筑与人的“天人合一”

中国历来是强调建筑与人“天人合一”概念的，我们认为人是自然

中国历来强调建筑与人的“天人合一”，在别墅整体的设计上需要更好地把握整体与局部的关系，以创造出更优质的人居环境。

的一部分，人与自然是相通的，所以古人强调“人之居处，宜以大地山河为主”，也就是说“人、建筑、自然”应该三位一体，相互协调。从传统文化演绎而成的现代的“天人合一”代表了崇尚自然、和谐的理念，可做为建筑创作的终极追求。

（3）生态建筑的营造

“生态建筑”的概念早已在国际上享誉盛名，其涵盖的内容也比较多，主要是尽可能的自然采光、自然通风、自然调温，节能、节水、节材，绿色景观丰富等。自然光源、自然通风给使用者带来的是自然界的生命气息。在阅读和工作空间中自然采光的充分利用避免了人工照明所带来的压抑和幽闭感；自然通风则使使用者置身于大自然，给人以清新和惬意。目前国内外的很多建筑已较多地通过建筑空间的设计来达到这一目的。人们在这个营造的生态空间中，不出城郭即有山林之乐，身居闹市而得林泉之致，把自然绿化空间完全融入到建筑之中，为人们创建了幽静、舒心、充满生机的生态环境。

4.建筑设计需“以人为本”

在对环境、建筑和人三者之间的关系有所认识后，我们不难发现，其实，通过建筑所赢得的空间都是为“人”这个主体而服务的。所以，建筑在设计上要以人为本，不同的空间设计其实就是满足不同人的心理需求。自然，别墅的设计也不例外，其指导思想也是永远将“人”这个第一因素放在首位的。无论是内部户型设计、空间组织，还是外部庭苑布置、环境绿化，从局部到整体、从外观到内饰、从细节到宏观，无不体现以人为本的理念。

以人为本的理念在现代建筑中已经形成一个基本的要求，它主要表现在任何时间、任何地点、任何行为都必须以人为第一重要因素，一切不方便或不利于人的因素的存在都是不合理的。而别墅作为高级物业，以人为本的理念更是应列在首位。在设计别墅时，应通过熟悉不同时段、不同阶段、不同阶层人的想法和生活习惯，精心细致地为业主进行考虑。作为一个完整的别墅项目设计，它的室内生活空间跟室外空间应该是统一的、密不可分的。以前人们常常会把别墅当做财富炫耀的载体，但现在，别墅的室外生活空间也相当重要，在设计中更加注重私密性，有效利用空间。充分考虑居住者的习惯，为其描绘一个充满色彩的理想空间。

○ 通过建筑所赢得的空间是为人服务的，不管是室内还是室外，在最初的定位上都应更多地考虑人的因素。

第二节 别墅设计与空间

客观来看，“空间”是物质存在的一种客观形式，由长度、宽度和高度来进行表现。被形态所包围、限定的空间为实空间，其他部分称为虚空间。而通过建筑以获得的空间即为建筑空间，它是人们为了满足生产或生活的需要，运用各种建筑要素与形式所构成的内部空间与外部空间的统称。包括墙、地面、屋顶、门窗等围成建筑的内部空间，以及建筑物与周围环境中的树木、山峦、水面、街道、广场等形成建筑的外部空间。别墅的内部空间也是通过这样的形式而获得的，所以，我们在关注别墅的设计时，自然也要适当地了解与空间相关的知识，才能让空间更好地为设计所用，为人们提供更好的室内居住环境。

1.理解“空间之眼”的概念

著名诗人王安石在《泊船瓜洲》一诗中：“京口瓜洲一水间，钟山只隔数重山。春风又绿江南岸，明月何时照我还。”这第三句的“绿”字是关键词，通过这个词让整个诗更富有诗意，把诗写活了，此时，它就是“诗眼”。而在别墅空间的范畴里，我们也可以将这个理念进行适当的反向思考和延伸，在对于空间的设计和规划上，如果我们抓住了“空间之眼”，也就能活化整个别墅空间，赋予空间以灵感。

此时的“空间之眼”即关键空间，这个关键空间可以是别墅中空间

在别墅的设计上，还可根据设计风格、手法等来选定关键空间，如可以庭院为“空间之眼”，进行空间的整体设计。

功能的划分，也可以是以别墅空间形态特征为出发点的外观设计。在别墅的设计上，还可以根据风格的不同，以“廊”为“眼”，或以“院子”为“眼”，同时，客厅、餐厅等都有可能成为“眼”。如日式别墅以“和风”为主，而中国传统建筑最拿手的则是以“院子”为眼，如古代贵族豪门大院，多披碧瓦，雕朱漆，门前摆放雄狮等。但不管是以什么作为“空间之眼”，我们都应该关注空间与空间的关系，才能让别墅设计与空间的联系更紧密，更合理。

2.别墅设计中的五大空间

在所有的建筑类型中，别墅是室内空间与室外空间融合得最好的，拥有室外环境与开放的空间感觉是别墅所追求的真正目的。别墅的空间设计仍然逃不开建筑设计的核心——以人为本，让人居住起来，更舒适、自然和方便，融合周围的自然环境，找到一种人与自然天人合一的感觉。所以，别墅在空间的设计上更应该关注其生活空间、心理空间、个性空间、自然空间和舒适空间的设计，下面分别进行详细的介绍。

（1）别墅设计之生活空间

选择别墅无非是选择一种生活。国内购买别墅的人多是第二次或第三次以上置业，所以买别墅的目的都是为了提高生活的质量，尝试一种新的生活方式。别墅的业主也多是事业上有所成就的人，也就是我们常说的成功人士，这些人不仅是需要一座独门独户的住宅，更是需要一个适应新生活方式，具有新空间概念、空间体验的高级独立别墅。相对于购买别墅的人，别墅的整体设计，就是他们品位和财富象征的“名片”。在这张名片上，不仅仅只有宽阔的庭院、潺潺的流水、灿烂的阳光，而更应该体现他们自身具备的特质，如对事业的执著、对生活品位的追求、对生活情调的向往。

也正因为如此，在别墅空间设计时上就需要注意了，这些成功人士总有一种比较高的境界，渴望空间按着他们所期望的，表现出一个真实的生活状态。尽管身份各异，想法不同，但有一点他们是相同的——开拓空间精神、提高生活空间的品质，以调剂生活情调。所以，在设计和策划别墅业主的生活时，设计师必须从传统的构思中解放出来。无论空

○ 别墅空间设计需要注意空间的开拓精神，才能在提高空间品质的同时更好地为业主调剂出富有格调的生活空间环境。

间尺度的大与小，拓宽空间，再造空间，塑造空间，宽松休闲是第一位的。这样设计出来的生活空间，不仅要满足最起码的功能需求，更要满足因为提高生活品质所需要的空间，同时也能为事业拓展提供所需求的空间。

（2）别墅设计之心理空间

心理空间是指人在这个居住空间所产生的意识和思想，精神和文化。一个人有多高的空间境界，那就有多高的空间意识。而一套别墅，不论空间大小，价位高低，能否体现主人的需求，能否体现主人的精神，能否体现主人的意识，这是关系到别墅设计所涉及的心理空间。

在对别墅空间的设计中，要满足空间一般的使用功能是比较容易的事情，而既要满足基本空间的需求，又要满足主人的心理空间和精神层面的需求，同时也需要设计师融入业主的思想意识，找到双方最佳境界意识这根“设计轨道”却不是易事。同时，我们还可以这样理解，别墅

设计中的心理空间是实用功能空间设计的第二空间。如果第一空间划分需要的是设计师的过硬的“硬指标”的话，那么对第二空间的划分需要的却是设计师过硬的“软指标”。如果说硬指标是数据，那么软指标就是灵魂。再豪华的设计，再漂亮的设计，也只不过是空间表面上的堆积物，要设计体现一个人的思想意识、精神文化、个性特色的空间，考察的就是设计师设计以外的素养功底了。要让别墅的空间赋有灵魂，在空间的设计上，只有先感动了自己，才能更好地感动他人，当然，这个他人指的是别墅的主人。

（3）别墅设计之个性空间

在这样一个信息爆炸的时代里，到处都充满了丰富多彩的物质文明，而在人们的心中，其实大家都有一颗不羁的心，都想与众不同，此时也就衍生到了追求个性的高度。人要有自己独特的个性，别墅空间的设计也有着同样的要求。

别墅的个性空间可根据业主的喜好进行表达，可以庭院中独特的景观造型，哪怕是一个小景的构建和选择，都能彰显出主人的品位。

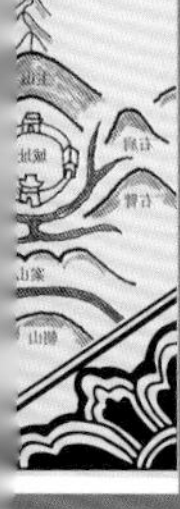

别墅空间由于其类型的不同，所以在包含内容上应该有山有水、有充裕的庭院空间、有独立的自然环境等，这些因素比起其他房型必然会产生更多的个性特征。同时，由于每套独立别墅从诞生那天起，开发商都会赋予它很多故事和内涵，再加上业主的背景融入以及思想意识的空间渗透，都能更加突出别墅空间设计的个性化趋势。

具体来讲，别墅个性空间可表现为五个特征：一是别墅空间独特的建筑原形态；二是主人思想境界的表述；三是主人的文化层次的体现；四是主人性格爱好的体现；五是设计师自身的资历和整体把握。对于这些特征的理解和运用上，尽管在设计语言上的个性色彩使用上手法不尽相同，尽管在空间符号的个性手法上各显其力，尽管在体现业主精神面貌的个性角度上各有手法，尽管在整体设计个性语言上都有独特的理念，但条条道路通罗马，也就是说，任何一个个性化的空间，在满足了以上的五个特征时，都是做出了一个很好的对别墅空间个性化设计的完整表达。

（4）别墅设计之自然空间

别墅由于自身独特的地理位置和环境，让别墅的自然空间优于其他的住宅形式。因此，研究别墅自然环境和自然空间是目前别墅设计上的空白点。随着最佳别墅标准反复讨论和论证以及市场对别墅最后论证的出台，别墅的自然环境属性放在衡量别墅价值的首位。同样，在别墅设计理念的梳理上，其学术价值也日显高涨。

别墅的自然空间包含了自然环境、阳光、空气和空间，这些都是特别珍贵的天然稀缺资源。相对于现代都市的生存环境，我们都应该意识到自然环境对人类健康的重要性，特别是对于设计师而言，要意识到别墅的自然环境和自然空间设计的紧迫性和重要性。在设计上不能还是保持过去“轻装修、重装饰”的态度，而更应该将别墅空间做为承载自然环境的建筑，秉持着一种“天然去雕饰”的设计理念去进行。在别墅设计中引进自然空间，如天然的植被、天然的绿化、天然的阳光、天然的新鲜空气等。此时，引进新鲜的空气和阳光，引进自然环境的策划设计才是别墅空间设计中的首选语言。任何装饰手段，包括室内配置，也包括硬装修所使用的主材，都必须考虑到天然空间回归人类心理的自然要

对于一些特别的别墅建筑，可以将自然的景观引入到建筑空间中，以形成良好的自然空间，让居住在其中的人得享自然回归之美。

求的因素。

（5）别墅设计之舒适空间

“舒适”一词一般是形容人的一种居住感受，人们居住在别墅的空间里，是要让这个空间有家的温馨。若在别墅设计上，往这个空间里堆砌豪华的建材，搞的像总统套房，那样既花费了昂贵的资金不说，还不一定能让人的心理感到舒服和适合，毕竟“家”和“酒店”是两种概念。家的概念第一必须体现温馨，随便那个房间，甚至哪个角落都可以坐下来倍感轻松和休闲，不存在任何的心理负荷，也不存在任何的心理障碍，既然别墅也是家，住得舒服，适合自己和家人居住应是第一位的。

我们对别墅设计的舒适空间需要符合的要求进行了整理，一是在设计舒适空间时，锁定功能空间要实用，二是锁定心理空间要实际，三是锁定休闲空间要宽松自然，四是锁定自然空间要陶冶精神，放松心情，

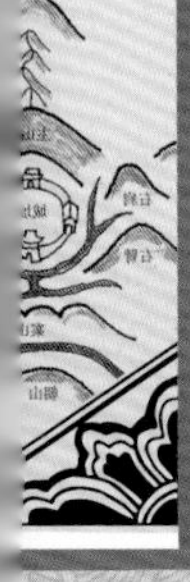

家的概念是要体现舒适、温馨感，不管是在客厅还是其他的功能空间中，都可倍感轻松、休闲，没有任何心理负荷。

五是锁定生活空间要以人为本，六是锁定私密空间满足人性最大程度的空间释放。这六个特征不仅要满足人的生活要求，更重要的是满足人的精神需求和心理需求。舒适的空间能让人内心平静下来，能抚慰人的精神，能让别墅真正地像家一样，提供一个休整、充电的场所，以便让我们能以更饱满的精神状态在人生的旅途中继续乘风破浪。

3.别墅空间设计的误区

在别墅空间的设计中，充满家庭概念的设计至关重要，也就是说，居住者的家庭概念始终是放在首位，在家庭中，每个成员都有着不同的需求与生活感受，这都需要我们一一去体验，去考虑。其实，设计有时会存在误区，一是在空间面积的分配方面过于吝啬，二是在面积方面盲目求大，这两点都需要引起重视，在实际的操作中才能及时规避以免造成严重的后果。

（1）在空间面积的分配上忌过分狭小

在对建筑内部空间的设计上，最核心的要求就是平面户型要合理。所谓户型合理是指尽量提高主要功能房间的使用率，尽可能降低交通面积的比例，提高得房率，降低公摊面积。具体说就是物尽其用，用最可行的办法，发挥出别墅的最大功用。如尽量缩小楼梯间和走廊的面积，缩短走廊，等等。而别墅在空间上，不仅仅是比公寓多了几层楼、几间房那么简单，因为别墅已经不是一种满足人基本居住需要的物业，它所追求的是新的功能和更加舒适的生活，所以在别墅空间的设计中，应把注意力放在如何开发新的功能空间，创造新的空间感受方式方面，而不是一味的追求面积的节省，过分狭小的空间只会让别墅失去了那份原有的自然、舒适的空间感。

（2）在空间面积的分配上忌盲目求大

在一些别墅和豪宅中，不乏面积1000平方米以上的巨型别墅。但其特点是除了面积过奢以外，在功能布局和空间的创意方面并没有什么突破。这样就造成了客厅无穷大，卧室无穷大，而作为整个别墅空间上的格局，也仅仅是一个普通四室二厅、五室二厅住宅的简单放大。此时我们也可以看出，别墅内部空间设计的重要性。其实，别墅的“豪”与“奢”应该体现在建筑空间设计的巧妙和新的功能空间开发方面。简单的大或小，奢或简都不能满足新一代别墅的功能需要。

设计能为别墅空间加分，能让别墅的品质直线上升。此时，在设计上不能盲目地追求过大的空间，而应该在保证了功能开发的同时，把功能具体化、细化，并做深入的、对生活方式的研究与探索，除给人提供居住的高舒适性外，还要对文化进行融合和再造，让别墅充满“灵魂”。以传统的起居室或客厅为例，可结合新的生活方式开发出家庭活动厅、舞厅、艺术展厅、会客厅、私人雪茄吧以及和酒吧、餐饮、娱乐结合的多种私人会所式的客厅空间。除必要的卧室与起居室之外，别墅的其他非主要空间才是显示豪华程度的方面，可以加大走廊的长度与宽度，做成艺术展廊。有了“魂”的别墅，自然比赤裸裸地展示“奢华”的别墅要有价值的多。另一方面，建筑也是艺术的一种。若想要做出建筑艺术品中的上乘之作，别墅的房间就不应再局限于传统的四壁天花地板的六

面体模式，也不应满足于简单的方洞开窗方式。应该在空间的流通方面大胆突破，比如二层挑空、三层挑空。空间的形态方面也应有所创意，比如做圆形的厅、开敞的厅，开窗采用落地、全部开敞等方式，或创造其他的特异形的空间。总之，是要创造出普通住宅没有条件做到的丰富空间效果，使豪宅成为艺术品才是使房产升值的最佳策略。“品位别墅”是建筑师和别墅豪宅开发商的新追求。

4.影响空间特征的元素

别墅内壁的空间可以理解为一个立方体，它有六个立面，包括前、后、左、右、上、下，而围合空间的六个面的形状则具有多种的可能性。对六个面的不同形状的排列组合，可能产生多种多样的空间表现，并进而影响使用者的空间感受。为了进一步分析围合空间的六个面对空间的影响，需要对各个面的形状进行具体的分析。

（1）材料与空间

组成空间中立面的材料可以是玻璃、织物、木材、混凝土、石膏板、

材料与空间感受是相关的，木材易给人质朴、亲切的感受，在不同设计师的运用下可以展现出不同的风格特色。

铝合金板等，不同的材料所塑造的空间结果是不同的。以木材和混凝土为例，木材易给人质朴、亲切的感受，而混凝土则比较冷峻、严谨。在不同设计师的运用下，可以展现出不同的风格，可以是以光洁的混凝土墙面和墙面上精确的模板孔、精致划一的墙面分格塑造空间，表现出沉静内敛的日本气质；也可以是以粗犷的木装修表现出的自然的情趣。值得注意的是，即便是同一种材料，其个别属性不同，对空间表现力的影响也是不同的，以玻璃为例，毛玻璃、透明玻璃、彩色玻璃以及大块玻璃和小块玻璃，其对使用者空间感的影响会有所不同。因此在塑造空间时，设计者需要对材料准确把握，并对各个面的材料选择精心考虑。

（2）质感与空间

所谓的质感是指材料的粗糙、细腻或软硬等特征。空间中立面的材料质感对空间的限定感有较大的影响。通常质感坚硬、粗糙、不透明、色泽暗的材料，比质感柔软、光滑、透明、明亮的材料空间限定感强。比如，以任何硬质材料搭建的围墙都比以织物做成的布帘给人更强的限定感。另外，在创造空间气氛方面，材料的质感也是设计的重点。在别

○ 在别墅室内空间中，通过玻璃、铁艺、质地透明的窗帘，赋予空间清新、自然、通透的感受，从而减少了空间的限定感，增强了室内空间的舒适度。

墅中，厚重的毛石、未经加工的原木、拉毛的混凝土墙等可以塑造粗犷、质朴的乡野气质。

（3）色彩与空间

空间中立面的色彩影响着总体的空间感受。浅色的房间比深色的房间显得大些，地面的颜色比屋顶的颜色深，显得房间高些，等等。在设计中，不同的风格流派也有不同的空间设计色彩，比如在后现代主义的一些设计作品中，房间漆成土黄、粉红、青绿等比较鲜艳、独特的颜色，以表达其设计思想。

不同的风格流派也有不同的空间设计色彩，可以是传统、温暖的黄色调，也可以是土黄、粉红、青绿等比较独特颜色的个性表达。

（4）立面上的开口与空间

若是把空间中立面看成是建筑空间里的一面墙，那么，立面上的开口区域就是墙面上的门、窗，当然也可以是简单的透空。在空间中，开口的大小、位置、形状、数量等将影响空间的特征。以开窗为例，如窗的下沿高于地板1.2米与开落地窗，其空间效果有很大差别。开口的形状可以是圆形、方形、菱形、扇形等规则图形，或曲折、多边形等不规则图形。在各个面上开口的排列组合不同，产生的空间形式也不一样。同

○ 在建筑空间中，立面上的开口即墙面上的门、窗等区域，开口越大，空间的透空感就越强。

时，各个面上的开口与建筑的空间限定感以及与建筑中光的表现力的塑造也有着极大的关系，需要大家在设计中仔细研究。比如一些特殊的建筑，设计师会特意在意想不到的位置或采用一个特别形状的开窗，表达自己独特的设计理念。而一些别墅，在设计上为了增加墙面的空灵感、飘逸感，特别在两个面的转折处开一个窄窄的与面等长的窗，引入一束光，模糊了面与面的转折关系，使空间具有一定的虚无感等。

人们的空间感受其实是对以上各个因素及空间形状、大小、比例尺度、家具布置、光线设计等全面综合的反应。以别墅的门厅为例，在屋顶上设天窗与顶棚上安装吊灯，则空间结果迥然不同。即使只考虑屋顶设天窗，天窗的形状和大小，窗玻璃采用透明玻璃还是磨砂玻璃、彩色玻璃，其塑造的空间结果也是有所不同的。因而设计者需要全面考虑影响空间表现的各个因素，不断地选择和判断，才能完成一个好的空间设计，在这个过程中，参照成功的案例并逐渐积累经验是非常必要的。

5.景观、建筑与私密性的结合

别墅作为低密度住宅，提供的不仅仅是一处居所，更提供了一种不同于城市内高密度住宅的崭新的生活方式。设计师所构想的物化环境须为这种新的生活方式提供理想的场所品质。在低密度社区中，景观与建筑的结合更为密切，在空间、尺度、风格、形式、材质、色彩等各方面都应和谐呼应，顺畅过渡，甚至融合为一个有机的整体。同时，景观与地域环境条件的结合也更为重要，通过因借周边环境的景观特色，拓展社区的景域空间感受，使所处地段的环境特点真正成为社区居住品质的特色。

在低密度社区中，公共景观空间与私密性景观空间（即私家庭院）的联系与区隔是重要的设计环节。在公共景观空间中不宜安排过于集中的公众性活动场所，公共景观空间往往呈现线性的布局形式，成为社区

别墅设计中，庭院的作用不仅是园林造景的区域，同时也可隔出别墅与其他建筑的空间，增加空间的私密性。

内风景性的公众交往、休闲活动的纽带。私家庭院在社区中占有大量的景观面积，往往由业主自行布置、使用，而庭院与公共区域的分割形式是影响整体社区环境与业主使用效果的重要元素。通常有通透性、半通透性、半私密性及完全私密性围合等形式，无论哪一种形式的围合，都首先要考虑与建筑的布局甚至室内空间相结合，营造丰富、有趣的整体居住空间效果；其次，私家庭院的围合形式应与整体社区景观环境相适应，形成和谐的交流与对话。

第三节 别墅设计的内容与要求

别墅设计在内容的涵盖上更为广泛，从工作的进展上可以分为两个大的方向，前期是对别墅项目建筑的设计，后期是对整体设计进度的跟进与掌控。而在具体的执行上，则还可以进行更为细致的划分，别墅的设计还可分为整体规划布局、设计思维的整体构建、平面布局形式、户型设计要求、环境资源及生活配套、设计和实施的精细度与完整度的处理多个方面，这些内容都统一在别墅设计的范畴中。

1.别墅项目的整体规划布局

一般情况下，别墅区都会选在有得天独厚的自然环境或具有稀缺性的景观资源的地方，这是最基本的条件。所以别墅大多位于风景比较好的城市郊区，但也不排除有一些别墅设置在城市中，此时若是没有特殊的自然景色，则需要有如高尔夫球场这样的安静环境，且交通也要便利。而对于一些大型的别墅区，由于规模较大，在别墅区位置的选择上则更应重视其景色风光，不能一蹴而就，需要耐心经营。

首先，应了解别墅区的容积率，这一般是由政府规定的，具体是指在一个建筑区域内，总建筑面积与用地面积的比率。对于开发商来说，容积率决定地价成本在房屋成本中占的比例，而对于住户来说，容积率直接涉及居住的舒适度。一般情况下，优良的住宅居住小区，高层住宅容积率应不超过5，多层住宅应不超过2，而国内别墅区的容积率一般为0.4左右，独立别墅为0.2～0.5，联排别墅为0.4～0.7，这个值也会因为不

别墅设计首先要考虑的是整体的规格布局，包括别墅建筑在整个开发区中的摆放位置，小区景观、水体等的整体设计，需要从功能上进行更多的考量。

同城市的特点有所差别。

别墅区由于受容积率的影响，受日照间距的影响也会比较小，所以在整体区域的布置上，灵活性比较大。一般别墅区常见的布局有“苜蓿叶型”和“鱼骨型”。“苜蓿叶型”即组团式布局，整个别墅区由主干道和一个个组团组成，会所和中心活动区位于中心或是入口处，每个组团设有组团绿地，通过步行绿化带和中心绿地相连，形成完整的步行景观系统。每个组团的独立性和可识别性较强，别墅区内部景观变化丰富。而“鱼骨型”即规则型布局，常采用平行或同心圆的东西向道路组成别墅区的道路网，每条道路均能服务两排别墅，道路的占地面积就比较小。这两种布局各有各的优点，而要讲究经济、合理的布局方式，还可考虑使用南北向的尽端型道路服务东西两侧的别墅，车库安排在别墅东西两侧，以保证南北两侧的私家花园不受影响。

其次，还要考虑到别墅区内部人的流动轨迹，包括步行和车辆两大

类型。交通组织在于创造方便、安全和宁静的居住环境。交通布局应符合车流和人流的轨迹，便捷、通顺、合流和分流的不同处理，保证交通安全；道路等级清晰，区分人行、车行和步行小道，尽量避免车进入到院落空间内；最重要的是解决好车辆入户的问题，由于国内生活习惯对朝向要求很高，因此尽量要避开车库占据南向。

建筑是为人服务的，在别墅区内部还应注重人的流动轨迹，要充分考虑到步行区域和车道的区分。

最后，整体规划还要注重建筑本身与原生地貌的结合，这也是别墅设计与其他住宅类型相比而言的最大特点。自然环境比较优越的，一定要充分利用原有的地形地貌；如果地势过平，则需要适当地加以人工调整，营造出起伏多变的地势。特别是一些山地别墅，在开发的过程中，在规划上就更需要尊重地形、结合地形，此时必须对地形有充分详尽的了解，要与自然对话，倾听土地的声音。这就像是一个个不同的画框，自然已经界定了每个别墅适合的位置，设计者所要做的就是找到最美的图面，把建筑放进去。

不管是一般的高档住宅小区还是别墅区域，会所都是其区域内不可或缺的一部分。

在对别墅区域内部进行规划时，还应该规划出会馆或会所这一功能区域，在这类建筑的设计上，可根据其功能进行设计，有三点需要注意。首先是会馆功能区域的安排，会馆的功能区域一般包括餐饮区，含中西餐厅、咖啡厅、面包房和特色餐厅等；日常活动区，含小超市、商务中心、美容美发、医务保健室和儿童活动室等日常活动功能；健身区，包括健身间、球类活动间、游泳健身间和更衣间等；后勤活动区，包含各

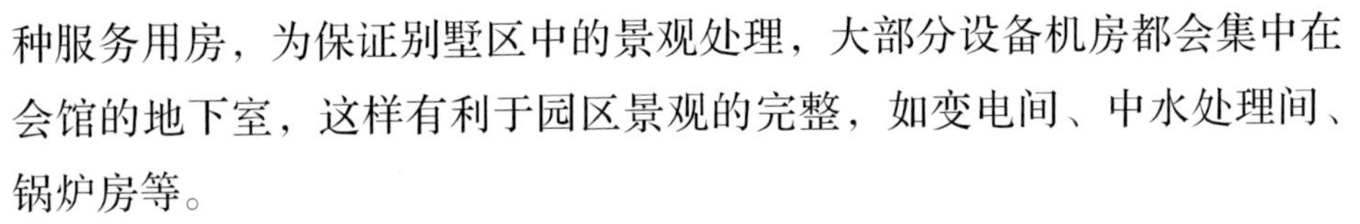

种服务用房，为保证别墅区中的景观处理，大部分设备机房都会集中在会馆的地下室，这样有利于园区景观的完整，如变电间、中水处理间、锅炉房等。

会馆的体量较别墅来讲比较大，因此它会成为别墅区的象征。一般都会将它直接面向别墅区的入口，起到标志的作用。如果在入口和会馆之间留有适当的过渡空间，则有助于营造别墅区的氛围，区别于城市空间和交通空间。最后要注意的是会馆的经营要有特色。为了不降低档次，大多数会馆选择会员制，但是经营上会比较困难。因此在设计前，聘请一家优秀的管理公司是非常重要的，成功的管理模式理所当然会提高物业的价值，也能大大提高开发商的知名度。根据市场情况来选择最佳的特色。近来很多会馆引入了比较流行的SPA水疗，也能在一定程度上丰富经营项目，达到特色经营的效果。

2.别墅设计思维的整体构建

设计理念是设计师在空间作品构思过程中所确立的主导思想，它赋予作品以文化内涵和风格特点。同样，别墅的设计理念也是在建筑设计师对这个空间作品的构思过程中形成的，好的别墅设计理念至关重要，它不仅是设计的精髓所在，而且能令别墅更具个性，与众不同。而在别墅设计理念的构建过程中，则可从文化范畴、设计主题、功能与风格设计三个方面入手，来对别墅的设计理念进行定位。

文化与建筑可通过设计来进行直观的表现，其元素可以是多元化的，美式、英式、古典、哥特，等等，从而赋予建筑以主题和风格。

（1）别墅设计应注重与本地文化相结合

建筑是一种凝固的历史，它能作为历史的见证和象征。当然，建筑也可以勾勒、还原出人类不同的生活团体在不同时期、不同家园的基本轮廓。在这些建筑中，别墅的这种本源性的表现尤为明显，不同时期的别墅，在设计上都能反映出不同时期的文化特征和区域特点。所以，别

墅设计也应注重与本地文化相结合。

好的设计师是能做到尊重市场，尊重当地文化的，因为建筑具有很强的时代性和地域性。这也就意味着建筑与文化的融合，这种融合不是简单地采取某一种风格，而可能是多元化的，可以是美式的、英式的、古典的、哥特式的，等等。这些风格或类型的建筑，都有可能出现在别墅区内，但设计师会通过对别墅园区入口、会所、别墅材料、景观等部件的设计，使其融入到整个别墅区中，形成一个属于整个别墅的独有风格。

（2）别墅设计要有自己的主题

别墅设计不仅仅在于建筑的立面或内部的装修，还需要突出自己的主题，这样才会让目标群体知道究竟别墅和其他住宅形态有何差别。设计师需要对内部和外观以及整个项目规划，首先在结构上要巧用心思，体现别墅主题。其次，要重视室外空间的设计质量，保证别墅与社区情调品位的一致性，主题和社区的整体气氛相配合。

（3）别墅设计应注意功能和风格的体现

除了文化的融入和主题的突出外，别墅设计的重点就应该放在对功能与风格的整体把握上。由于别墅面积较大，很多人认为功能应该不是问题，这其实是一个误区。由于建筑设计的局限性，经常会造成别墅面积的利用率不均等，使用频繁的空间有时候面积会局促，而有些很少有人涉及的空间反而留了很大的面积。这时候，需要在室内设计的过程中做必要的调整，以合理的功能安排和布局，满足业主对于生活功能的要求。

别墅风格是指别墅建筑带给客户整体的视觉效果和感觉。它不仅取决于业主的喜好，还取决于生活的性质。有的近郊别墅是作为日常居住，有的则是度假性质的。作为日常居住的别墅，考虑到日常生活的功能，不能太乡村化。而度假性质的别墅，则可以相对放松一点，营造一种与日常居家不同的感觉。同时，别墅项目从空间和经济的角度都可以和工程、文化、艺术紧密地结合在一起，形成强烈的风格。人们熟知的风格有中国古典建筑风格、北美风格、欧陆风格、北欧风格和日本风格等。而在确定了建筑风格后还可以在主体定位的基础下进行细分，像北美风格中还有乔治风格、亚当风格等，这样可以适应别墅个性化的特点，满足不同购买者的需求，利于提高自身的个性和品位。

3.别墅的平面布局形式

灵活的设计才能满足不同品位、不同需求的客户，因此别墅的平面应具有可变性。最好采用框架结构，将一些不可变空间（卫生间、厨房）固定住，其他位置可根据不同客户在不同阶段的需要进行灵活的划分。而在别墅平面设计的开始阶段，首先要决定的就是别墅是建成单层还是多层的。因为单层和多层在平面布局以及以后的建筑形式和体量方面所思考的问题以及设计的手法是不同的。

（1）单层式别墅

若是要建单层别墅，在平面布局上通常会使用自由而舒展、功能分区明确的设计方案。单层别墅室内空间的几个功能区是在同一平面上的，如客厅空间、卧室空间、厨厕空间各为一组，以走廊和功能比较模糊的展廊、过厅等空间作为各个功能区域之间的连接区。在平面设计的线条上，单层别墅是沿水平面方向展开的，在建筑外观和体量设计时，往往缺乏垂直方向的元素，

○ 单层别墅适合建于郊野、牧场等比较大的基地上，这样便于充分利用基地的自然条件。

因此单层别墅的屋顶就能成为设计的重点，此时就应预先考虑到所设计的平面屋顶的可能形式，才能让别墅的设计更完整。同时，由于单层别墅适合建于郊野、牧场等比较大的基地上，这样便于充分利用基地的自然条件，可设计建筑面向优美景观或使建筑围绕水池、湖面布局。

为了增加单层别墅的自然气息或野趣，在平面中有时会插入室外露台、原质石墙或花架等延伸的设计元素，并以此使平面更加舒展。总结来讲，在单层别墅的设计上，可以客厅为中心，卧室和辅助空间分居两翼，室外露台和谐地伸展，成为平面构图优美的补充，而多层次的屋顶

和屋顶上的木构架，可增加建筑的体量和表现力。还可以在屋顶的设计上下工夫，可以通过高出屋顶的透空顶棚增加体量的变化，同时建筑体块涂上鲜艳颜色，使建筑的趣味性大增。

（2）多层式别墅

多层别墅是指别墅具有两层或两层以上的平面空间，这也是一种适用性比较强的别墅形式，对地基的要求比较宽松，能适合各种地基条件，尤其在用地紧张的城市中，更能发挥空间组织紧凑、占地少的优势。同时，这样的别墅提供给人使用的空间更多，在设计上更有设计师发挥的空间，在分层布局上可以使功能分区更加合理，同时也更能兼具其设计感和美感。另外，对于山地或坡地等特殊的地形，多层布局可以更充分地顺应地形。而且在构思别墅的造型和体量时，多层别墅可供模仿和借鉴的造型元素和手法也比单层别墅丰富一些。

多层别墅对地基的要求比较宽松，能适合各种地基条件，同时提供给人使用的空间更多，在设计上更有设计师发挥的空间。

（3）错层式别墅

所谓错层式别墅，其特点在于错层，而错层是将建筑的内部空间不仅垂直分割成几个楼层，同时这分割出的几个空间批次之间的高度会有所不同，可能会相差几级踏步或半层。对于这样划分后的室内空间，不仅灵活而且变化多样，能给予使用者更丰富的空间感受。值得注意的是，在错层布局中，楼梯往往居中布置，楼梯起跑的方向和楼梯在平面中的位置是空间组织的关键。国内比较常见的错层

错层式别墅内部空间的划分，让室内空间更灵活多变，赋予使用者更丰富的空间感受。

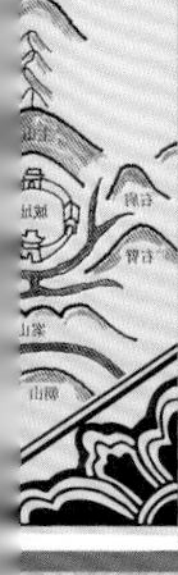

布局有错半层、错几级踏步和按照基地坡度错层三种。

错半层：对于错半层的别墅，其楼梯的选择多采用双跑楼梯，也可选择折线梯来进行搭配。广义上的双跑楼梯在两个楼板层之间，包括了两个平行而方向相反的梯段和一个中间休息平台。同时，双跑楼梯的每个休息平台的高度为一组功能空间，每组空间彼此相差半层，如著名的科隆建筑师之家，就是典型的错半层布局的实例。在固定下楼梯区域后，客厅空间与厨房餐厅空间、卧室和主卧室空间可分居楼梯两侧，高度相差半层，空间错落。

双跑楼梯可以运用在很多建筑中，对于错半层的别墅空间也可选择双跑楼梯。

错几级踏步：通常这种错层设计可借用折线梯或多跑楼梯的格式来进行，其中比较有代表性的是库拉依安特住宅，为了让设计更赋予个性和变化，在其别墅的正中是四跑楼梯，每个休息平台附带一个空间，从而使别墅的使用空间依从公共空间到私密空间的顺序螺旋上升，每个空间高度相差4个踏步，空间沿着楼梯自然顺畅地展开，丰富而有趣。

多跑楼梯有三跑、四跑等，简单来说，三跑楼梯就是在中间经过休息平台改变两次方向的楼梯，四跑就是改变三次方向。

按照基地坡度错层：这种错层布局比较简单，平面中各个空间依照基地坡度逐渐向上展开，可以使用单跑楼梯或是直线梯，在梯子沿垂直等高线的方向向上的同时，不

可以是直线梯或是带有旋转度的单跑楼梯，都能很好地起到连接的功能。

同的休息平台通往别墅的不同使用空间。根据基地的坡度，楼梯跑的长度可长可短，每组空间的错落也可大可小。

4.别墅户型设计的要求

别墅在房地产市场有着独特的定位，面对的对象是社会上的富人群体，在其户型设计上有着与普通住宅不同的理念。国内的别墅设计始终处在一个微妙的处境，它综合了国外的单体别墅设计和商业化住宅区的设计，前者注重户型的个性；后者更偏重规划，户型只是成型的编码。因此注定需要花费更多的精力和时间。

（1）功能分区要合理

别墅室内空间要得到舒适的效果，必须使不同的功能空间既有独立性，又有较好的联系。别墅相比一般的住宅建筑有了更多的使用空间，此时在设计上，重要的是怎样合理地消化这些面积，而不是如何提高使用系数，因此要尽量地使它的功能空间系统化。从住宅的使用功能来看，别墅内部的空间可分为公共活动区（如客厅、餐厅、门厅等）、私密休息区（如卧室、书室、保姆房等）和辅助区（如厨房、卫生间、贮藏室、健身房、阳台等），在平面设计上应正确处理这三个功能区的关系，使之使用合理而不相互干扰。

同时，在别墅的设计过程中，设计师还应该先考虑整个空间的使用功能是否合理，在这个基础上去演化优雅新颖的设计，因为有些别墅格局使用功能的不合理性会导致整个空间的使用问题。别墅中尤其最常见的斜顶、梁管道、柱子等结构上出现的问题，如何分析、处理出现的问题是设计过程的关键。

（2）房间间隔分布要讲究

别墅户型设计要从各房间的大小来合理地分配面积，以保证功能的使用更能符合当前人们生活的需求和习惯。这里提供了一些经济型别墅和豪华型别墅中各种房间面积的数据以供参考。不同类型的物业功能房面积区别较大，有些超豪华型别墅在面积上可能会有所不同，则不在这些数据的范围内。

对于豪华型别墅，在主卧室的空间上，一般占有30～50平方米，会更多地提供出休息的区域，更重视装修风格和效果。

对于经济型别墅，由于空间上的限制，主卧一般占20～30平方米，在空间的设计上会相对规范一些。

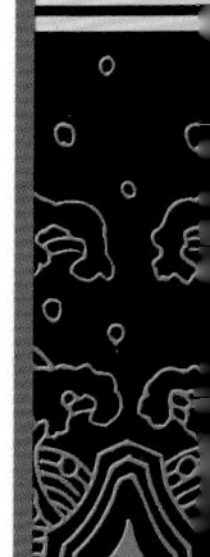

别墅内部空间面积参数表

经济型别墅（平方米）		豪华型别墅（平方米）	
主卧室	20～30	主卧室	30～50
次卧	10～15	次卧	12～18
客厅	30～50	客厅	50～100
卫生间	5～10	卫生间	8～15
厨房	10～15	厨房	15～20
健身房、贮藏室	8～10	健身房、贮藏室	12～15
阳台	6～10	阳台	10～15
花园	20～30	花园	50～100

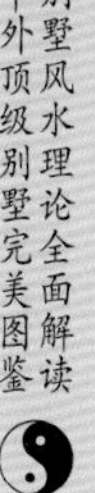

（3）重视楼梯、客厅和平台的设计

别墅设计中比较重要的几个部位是楼梯、客厅、平台（阁楼和阳台），这些区域的设计都是需要重视的。

楼梯除了必要的交通功能外，在豪华型别墅中常常是身份的代表。所以在设计上可配合室内的轴线进行处理，楼梯的梯段经常会采用双分或是对称的做法，弧线梯段比较常见。同时，还要注意其功能性，楼梯不仅要结实、安全、美观，它在使用时还不应发出过大的噪音。楼梯的所有部件应光滑、圆润，没有突出的、尖锐的部分，以免对使用者造成无意的伤害。如果采用金属作为楼梯的栏杆扶手，那么最好要求厂家在金属的表面作一下处理，尤其是在北方，金属在冬季时的冰冷感觉，会让人感到特别不舒服。

客厅是家庭住宅的门户，注重客厅的设计是非常必要的，同时结合楼梯的设计，能赋予别墅更好的空间质感。

客厅是家庭住宅的门户，也可以说是别墅的灵魂所在，在整套房子中占有重要的地位。客厅的高度一般是3.3米到3.9米；客厅摆放的木器可以采用深色，能给人以古旧的感觉；客厅的地面可以是硬木地板。一般来讲，客厅里越带有欧洲装饰风格，主人的品位越高，黑白相间的大理石廊道，雕花的栏杆和扶手，华丽的锦缎墙面、黄铜门把手，一切都体现了典雅的上流社会的气派。同时需要注意的是，客厅设计中最大的禁忌是所有房间绕厅布置，造成开门太多，完整墙面少。由于通行路线交叉穿越，不利于厅内家具的布置和使用，也影响了休息区的私密性和安静。

平台是别墅欣赏周围景观的主要场所，它包括屋顶露台、楼层的阳台和地面的平台。一般要求做得宽大舒适，和普通的居住阳台不同的是，它不要求封闭。阁楼层根据屋顶的起坡角度和组合方式的不同，面积和实际高度会有区别。由于它比较封闭，比较安静而且私密性比较强，适合做亲切的谈话间和家庭活动室。

（4）厨房、卫生间的设计注重其功能性

对于别墅住宅的厨房区域，除了加大面积之外，还应注意功能的开发和室内的环保，考虑冰箱、微波炉等物品的安放位置。厨房、餐厅、小阳台采用“三位一体化”设计，厨房应带有一个3～4平方米左右的服务阳台。不仅厨房与餐厅联系方便，而且便于家庭什物放置在小阳台上，也便于厨房操作人与用餐人交流，产生一种舒适的生活情调。卫生间的设计，现在是向两个方向发展。一是设置双卫生间，通常是一间供主人卧室专用，一间公用。二是洗漱与厕所分开，保证了清洁卫生。

别墅的厨房空间应该更加开阔，同时还应注意功能的开发和室内的环保，考虑冰箱、微波炉等物品的安放位置。

（5）玄关设计讲究实用和美观

别墅设计中要关注玄关的设计，这个区域在房间装饰中起到画龙点睛的作用，能使客人一进门就有眼睛一亮的感觉。在材料和色彩的运用上，要力求反映出别墅室内装修的特色。豪华式玄关设计最能展现给客人居室主人的格调和气势。同时也应注意其功能性，通过低柜隔断式，以低形矮台来限定空间，既可储放物品杂件，又起到划分空间的功能；还可以是玻璃通透式，以大屏玻璃作装饰遮隔或分隔大空间又保持大空间的完整性。此外，还可以进一步利用“玄关”顶部

别墅不同于其他的住宅，有足够的设计和展示的空间，进门的玄关区域，在设计时讲究实用和美观。

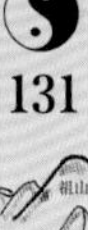

做成吊顶或吊柜，适当压低该处空间高度，让人进门时先抑后扬，感受空间变化的情趣，也有利于空间形态的塑造，使客厅趋于规整。也可在玄关区域设计相应的摆设，如琉璃吉祥物摆件、古董摆件、大气的书画作品等，都能提高该区域的美感和艺术感染力。

（6）兼具贮藏、健身、娱乐功能

在别墅中可以设置单独的贮藏室，也可以在卧室中设计嵌入式的壁橱。考虑到一年四季的变化，设立衣橱，实用又方便。既可堆放什物，又可保持房间整洁，节约生活空间，提供更多的方便。有的别墅专门设置健身房，一般的可将贮藏室空出一部分做健身之用，或置于较大的平台上亦可，尽量提供一个能活动的空间，为家庭室内健康运动提供方便。在一些别墅内部，还布置有台球桌室、麻将室等区域，为业主提供更多的选择，以供娱乐之用。总之，一个优秀的别墅户型的设计，既要以人的居住、休息、娱乐等方面的需要为中心，也要注重温馨、舒适，符合健康居住的理念。

在一些别墅内部，还布置有台球桌室、麻将室等区域，为业主提供更多的选择，以供娱乐之用。

5.别墅的环境资源和生活配套

建筑是为“人”服务的，这说明建筑依存于人而存在，而人除了对建筑有居住要求外，对环境资源以及居所的生活配套设施也是有要求的，这也更容易受到客观条件的制约。环境是居住者的“私有领地”，要求舒适美观，注重自然人文景观的保护和利用，充分发挥其景观优势。由于较好的自然景观资源和人文历史资源的稀缺性，实际上大多数别墅原有的环境资源都不是特别充分，所以这些项目在景观设计和景色的营造中，都不可避免地要进行人工的“造山”“造水”，以获得更好的环境资源。

国内很多别墅对环境资源这一方面，还可依托高尔夫球场形成必要的功能配备。高尔夫景观兼具自然和人工特色，层次较多、观赏性高、

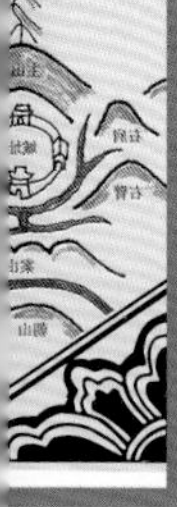

住宅小区内的生活配套设施当然包括更多的景观和功能区域的营造，可通过人工的“造山”“造水”以获得更好的环境资源。

参与性强。良好的先天优势是高尔夫景观成为现阶段别墅开发的黄金宝地，再加上资源的稀缺性和政府对高尔夫球场开发的严格控制，使高尔夫别墅从一开始就具备了卓尔不群的气质和实力。

生活配套包括市政、交通、休闲、娱乐、教育、文化等配套设施。早期开发的别墅项目在配套上严重不足，即使在销售时比较成功，但真正的入住率大多偏低，原因就在于配套问题没有得到很好的解决。而对于别墅项目而言，单个项目配套很难做到相对完善，设施不足会影响居住质量。因此，别墅项目的生活配套应该以区域形式协同建设和布局，多个别墅项目之间还可相互因借，以达到让别墅区域的配套设施更完善的目的。

6.别墅设计和实施的精细度与完整度

别墅设计的时间一般都比较长，甲方（即建筑出资方）会不断地根据市场反馈和专家意见提出调整方案。而为保证户型设计的多样性，一般会在不同阶段采用不同的设计方案，这些方案的精细度和完整度，则

是别墅品质在深度和广度两个方面的衡量指标。

别墅的精细度是指对别墅整体的设计中一些需要创造性特殊设计细节的把握，所谓“细节决定成败”，这些小细节在设计出来后，是否能真正的落实、实施则直接关系到别墅设计的精细度，所以要非常重视，这也对设计师提出了要求。目前国内标准构造图集主要针对普通住宅，其做法在用材、用料以及实际效果方面偏于大众化，而别墅产品的细部构造显然不应仅满足这种基本要求，况且，设计中的大部分细节又是个性化设计。所以，除了标准构造图集的提供外，在立面材质的设计中必须要有详细的放样推敲，并在图纸上（包括立面工程图和渲染效果图）予以清晰的表达。

别墅的完整度是指除了建筑单体以外，还包括室内外空间、景观要素等。即使是建筑单体本身，也包括通常意义上的建筑元素如门、窗、屋顶、墙面等，还包括一些非建筑的构筑物、装饰物，这些非建筑的元素在设计上是与建筑外立面整体考虑的，是不可或缺的营造人性化、生活化居住氛围的要素。没有专业的整合设计，很容易造成互相不管不顾的局面，而要达到别墅设计的完整度，需要规划、建筑、室内、景观各专业设计人员的紧密配合，以避免很多模棱两可的部位在设计中被忽略。

7.密度与社区景观质量评判

对于一个别墅社区内部环境质量评判，也就是这个别墅项目自身内部土地资源的利用情况，主要看建筑密度、私密性和规划形态三个方面。

第一代别墅都是高密度的。这样的别墅区在全国各地很常见，成片开发，一栋挨一栋，整体外观效果和农民自己盖的小洋楼没有太大的区别。密度多在每户占地一亩左右，这样高密度低私密性的别墅无论每户面积有多大，每户装修标准有多么豪华，从整体环境质量上来讲都是与豪宅无缘的。购房者从市区搬到城外别墅，最主要原因就是追求低密度。以北京碧水庄园为例，其前期开发的别墅平均在一亩到二亩左右，而临湖三期所开发的每户占地约有五亩。这批别墅销量情况非常好，这就反映了在别墅消费市场上，客户对低密度、高土地占地的豪宅的需求。据说很多客户在千挑万选之后，选定了碧水庄园临湖的别墅，主要原因就

别墅的密度不能过高，而别墅之间也应有一定的间隔，以保证其相对的私密空间。

是因为每户占地比较大。

第二个方面是私密性。别墅业主相对来说生活富裕、事业成功，渴望在个人家庭生活方面有一定私密性。所以对建筑之间的间距，对建筑密度的要求，特别是保护住户私密性方面的要求非常高。以前那种窗户对窗户，两栋楼之间的间距在10米以下的别墅，很显然不能满足新一代别墅或豪宅的私密性要求。目前市场上正在规划设计的一种别墅，可能是出于土地成本的压力，或者是对降低销售风险的考虑，多数仍是每户0.8亩到1亩的别墅，仍然是高密度低私密性的产品。这种别墅可以作为普通独立住宅，或“经济型别墅”来销售，但无论如何达不到豪宅的标准。购买豪宅的名流富贾对于私密的敏感程度恐怕不亚于对豪宅舒适度的要求。

影响别墅社区环境质量的第三方面是别墅社区的规划形态。对于一个别墅社区，价值最高，销售最好的往往是那些道路尽端的别墅，独立占据小岛的别墅，或者几户共享一座小岛或半岛的别墅，以及四到五户围合成小组团的别墅。销售难度最大的则是沿公共道路、环形道路线型

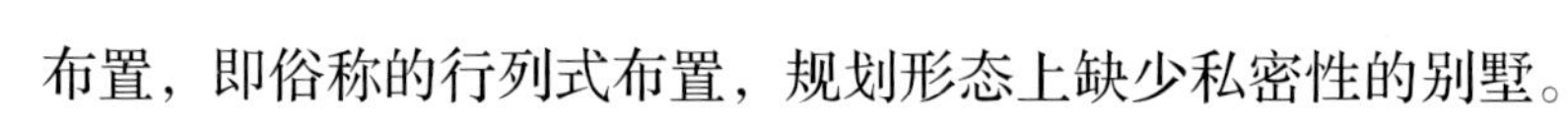

布置，即俗称的行列式布置，规划形态上缺少私密性的别墅。

规划形态中也包含景观设计的因素。景观园林是富豪住宅的特权，从前的江南园林都是豪宅的一部分。只有豪宅类高档住宅才有条件建造具规模、高档次的园林景观。而社区景观的建设是提升整个项目价值的直接有效手段。

8.别墅装修公司的选择技巧

在完成了别墅的建筑后，别墅的装修也非常重要，它不同于公寓，其装修不是简单几个工种叠加就能完成，在实施过程中，涉及面很宽、很广。别墅装修不仅包括传统木制作、泥制作、涂料制作、水电制作，还有环境系统、水系统、智能网络系统、地热供暖系统等。此时的设计就不仅仅是装修设计，它可以细分装修设计、水电设计、智能化家居设计、装饰设计、结构加固设计等，所以，别墅装修是一个庞大系统，它不能够靠单一传统装修组织来解决。为此，我们选择承接别墅装饰工程的公司时，就应该有所把握，通过一些小技巧找到最适合的装修公司，让我们的别墅呈现出更好的视觉和居住效果。

（1）以竞标方式选择装修公司

别墅装修的专业性很强，很多客户对此都不是非常了解，此时可采用设计方案竞标的方式选择装修公司。通过各家公司提交的不同设计方案，客户可以从中进行比较选择，选出最能体现自己综合需求的设计方案。同时，有相当一批高端客户都有住宅风水的要求，住宅的大门朝向、样式、颜色、卧室门的位置、床的位置、玄关的摆设、室内植物的选择和摆放位置等，这些要求也势必会给设计师带来更高的要求。所以，选择装修公司时，还要尽可能地选择能满足客户这些特殊要求的装修公司。

同时，除了好的设计外，施工在设计中也是非常重要的一环。对于别墅来说，由于面积大，空间交错复杂，那就要注意光源、辅助光源、艺术点源的合理配置，加上强电、弱电两个系统的协调与统一考虑，以及照明度的计算，等等，这些专业配置与设计，必须要从较高专业水准来设计和施工，才能确保万无一失。

（2）选择“管理型”装修公司

别墅装修涉及面广，关联专业施工机构不少于10个，作业时间大都在4～5个月内，所以在这期间中，过程的管理尤为重要。此时若是由有较强预见性和协调性的管理公司对设计、施工（包括各种设施设备安装）、监理各参与机构进行有效的、系统的协调与组织，就会大大减少了各类施工问题发生的可能性。

（3）选择监督机制完善的装修组织

别墅装修过程是专业与专业之间对话的过程。在这一过程中会产生诸多问题，孰是孰非，这就需要公正、客观的监督机制，首先要有监理公司。一套价值数百万上千万的别墅，它的装修也会花费数十万甚至几百万，牵扯方面众多，若质检仅仅靠内部人员而没有第三方的客观监理，是极不科学的。在施工过程中每个单项和分项检验、材料检验首先由工程管理部进行检验，再由第三方监理公司进行检验并出具检验报告，对不合格项采取一票否决制。事实证明：只有通过设计、施工、监理的真正分离，形成相互监督机制，任何一方面都无权用行政手段去压制对方，才能提高施工工艺要求，确保装修过程的质量合格。

（4）选择专业的别墅室内外园艺设计机构

在别墅区域的设计上，一般都带有一定的绿化地带，但对家庭绿化的理解往往仅限于绿草地和室内盆栽。其实绿化在整栋别墅中应无处不在，阳台、房顶、窗台、中庭，而且什么样的环境种哪类植物，室内绿化的摆放与种类选择的讲究等，这些就是为什么需要一个专业的园艺设计为之服务的理由。

（5）选择高品质家居用品设计规划机构

在完成对别墅的装修之后，必不可少的还有一些特殊的装饰设计，成功的装饰能在室内空间中起到画龙点睛的功效，所以，一些看似不经意的一花一草、一瓶一罐，通过设计和合理的摆放，就能与周围的环境产生共鸣。同时，包括寝具、家具、窗帘、摆饰、餐具以及个人饰品，在设计师的装饰指导下，完成真正意义上的“别墅装修装饰”工程。

第四节 市场新宠——经济型别墅的规划与设计

经济型别墅是别墅市场的一个细分品种，目前已经大量涌现。它们的“价值门槛”相应降低，有些别墅总价在两百到三百万元之间，在价格上吸引了不少做着别墅梦的中产阶层。对许多人来说，住别墅是为了“圆梦”。一旦有居住的改善需求与一定的经济能力，对独门独户、有天有地的别墅便有一种追求的冲动。如今，经济型小别墅让梦想不再遥不可及，经济型小别墅还是要以“经济、实用”为上。对于经济型别墅，不管我们是要购买还是进行修建开发，首先我们要弄清楚什么是经济型别墅，在设计上又有什么特点。

1.经济型别墅与豪华型别墅的设计差异

根据市场的情况，可将别墅分为经济性别墅和豪华型别墅，下面分别针对这两种类型别墅在设计上的一些特点进行介绍，以便让读者有一个更为全面的了解。

（1）经济型别墅设计

经济型别墅非常注重其实用性，面积一般在400平方米以内。对于这

经济型别墅的一般是小联排别墅或是多户型别墅，能在一定程度上节约出相应的空间。

样的别墅，在平面设计上可以厨房为中心，因为厨房一般和早餐间、餐具室相连，各部分空间宽敞流通，非常舒适。厨房有多种布置形式，主要是考虑便于使用微波炉、灶台、冰箱和水池，现在较为流行的是岛式的布置，将这些元素以岛屿的形成进行分布。同时，经济型别墅中一般有3～4个卧室，每个卧室都有单独的卫生间和衣帽间，或者两间卧室合用一个卫生间，但里面的浴盆、面盆和恭桶会分为不同的小空间，以利于使用。主卧室的卫生间最为舒适，它和步入式衣帽间的面积一般要占到卧室面积的80%～120%（卧室面积在20～28平方米之间）。卫生间洁具种类非常全，分男女使用的洗面台、淋浴器、浴缸、抽水马桶和净身器，冲浪浴缸是卫生间的主要景观。

（2）豪华型别墅设计

豪华型别墅注重舒适性、享受性，一般在400平方米以上。豪华型别墅在注重实用性的同时，更强调个性。一般建在远远避开街道和公路两侧的地方。内部空间宽敞舒适，过渡空间比较多；豪华别墅中最多的就是面积，如何消化好这些面积体现出设计师的水准和主人的品位。有些设计师不知道如何去安排多余的面积，只好硬凑，结果别墅显得很生硬。设计师需要了解业主的生活方式和特点进行设计。一般来讲，豪华型别

豪华型别墅基本都是选择独栋别墅的形式进行修建，保证其完整的独立性。

墅的对外接待性比较强，不同的客人需要不同的接待空间。过渡空间不但有其交通的作用，同时起到展示的作用。这种别墅的装修豪华，材料名贵，讲究档次；材料的运用也非常重要，它直接体现着档次的高低。对于建筑师来讲，概念再超前，也体现不出豪宅的特色。据说，著名的日本建筑师隈研吾在设计长城脚下的别墅时企图采用集装箱的房子，潘石屹明确地告诉他，集装箱只值一万元，加上装修也无法卖出百万美元的价钱。

2.经济型别墅的开发与规划

经济型别墅作为别墅家族中的新成员，辅一出现就受到别墅市场的追捧。而在国内，相对于占有很好的景观资源、价格高昂的豪华型别墅，经济型别墅已经成为了别墅市场的主力军。经济型别墅包括了联排别墅、双拼、叠拼、上下仅为两户的跃层住宅以及最近热门的小独栋等多种形式。但在经济型别墅的开发上，还需要注意一些特定因素，如经济型别墅设计概念上的误导、新型社区文化是经济型别墅的特殊需要、从规划形态上提高经济型别墅的人居质量、空间的动感与灵活性是衡量标准、室内外结合部分是环境质量的关键、增加生态技术含量，创造低能耗居住环境。所以，不管是自己修建别墅还是购买别墅，这几个方面都是需要引起我们注意的。

（1）经济型别墅设计概念上的误导

目前不少开发商对经济型别墅概念理解错误，将经济型别墅作为一般住宅或者是当成真正的别墅来开发，而没有真正认识到大部分经济型别墅的购买者真正需求，导致的错误主要表现在几个方面。

首先是概念上的错误导致选址的错误，结果造成有的经济型别墅项目没有可以依托的城市外部配套环境。其次是片面追求高密度、容积率。有的达到0.7、0.8，甚至超过了1，使小区环境严重下降，根本不能发挥经济型别墅这种居住形式的优势。同时，在建筑规划设计上容易走极端，要么盲目崇洋，不考虑国内的气候环境与人文条件；要么根本不理解其特性以及生活方式，产品不能满足使用需求，建筑外观形象与室内空间单调平庸、没有特色。再次就是忽视整体社区的环境设计，环境设计粗

糙，缺乏细部，室内室外环境过渡空间没有质量，没有把室外环境，按照室内设计的精度进行设计和实施。最后，在整体规划设计中忽视建筑的可持续发展要求，不考虑建筑能耗标准，缺少能真正提高居住质量的、适合中国国情的生态技术的应用，使经济型别墅产品质量低下，很快在市场上失去竞争力，以至于迅速被淘汰。这些都是需要引起注意的。

（2）“新型社区文化”是经济型别墅的特殊需要

中国传统的居住形式以围和式院落形式的平层或多层建筑为主，特别适合于传统大家族生活的方式。而对于这种居住形式，除了各种大小的房间以外，还提供了多种不同空间尺度、不同等级、功能的院落，这种建筑形式能够满足人们对外的防御和对私密性的要求，对内部可满足在不同层次上的交往和传统家族式的生活方式。到了现代社会，由于人口、土地的压力，大城市内居住形式的主体转化为多层和高层公寓式住宅。这种形式可以较好地解决私密性要求，但在人类交往和与自然环境接触方面还明显不足。由于开发商和设计者大多在这方面经验不足，在初期的经济型别墅项目中，往往只注意住宅单体设计本身，而对居住在这种社区的居民的生活方式、交往要求和社区文化的建立，没有时间与精力去研究。如何提高经济型别墅居住区的社区文化，提供满足居住在这里的人群的生活方式的社区环境，将是下一代经济型别墅发展竞争重点之一。

（3）从规划形态上提高经济型别墅的人居质量

经济型别墅的规划形态，应避免大规模开发的集合住宅中的批量化生产所惯有的呆板行列式、兵营式的整体格局。经济型别墅社区在规划上应营造自然丰富的规划格局，道路与室外空间形态也应尽量弯曲自然。建筑所组成的小区内的空间非常丰富、生动、有趣、自然。

经济型别墅社区的规划还应该注意形成不同层次、不同规模的室外绿化和景观空间。特别要重视中央绿化和组团绿化。虽然经济型别墅每户都有自己的花园、院落，但是住户并不仅仅生活的自己家的院子里。孩子游戏、老人散步、遛狗，都希望在大社区里有个相对广阔的活动范围，沿着小区的道路行走可以像游览公园一样。所以需要有相对完整、具备一定规模的中央绿化或者水系，和住宅组团所形成的宅间绿地。分散的绿地应形成系统，使人散步能够选择不同的路线，尽可能连贯通畅。

（4）室内外结合部分是环境质量的关键

经济型别墅业主都会把在花园里的活动和小区内的户外活动看做是自己生活的一个重要部分。以往的住宅规划设计，由于不同专业的分工，在产品设计的连贯性上有明显的缺陷。小区规划由规划师做，建筑设计由建筑师做，室内装修由装修公司做，室外园林由园林公司做。这样就形成了一些盲点、一些空白。比如在建筑和室外相交接的地方，那些露台、平台、阳台、建筑入口处、门斗、雨罩等位置的细节设计，经常是既不属于建筑师的工作，又不属于园林师的工作，因而缺乏深入的设计处理。所以，对于新一代的经济型别墅住宅，都需要在规划、建筑、景观的结合上下工夫，打破园林景观、建筑外观和建筑装修之间的界限，把建筑的外立面设计做到了建筑外装的深度。

（5）增加生态技术含量，创造低能耗居住环境

目前市场上的一些别墅，在每年的能耗费用上就过万了，这不光对使用者来说是一笔巨大的费用，同时为产生这些能源所排放的CO_2、SO_2等废气也是对环境的严重破坏。在经济型别墅设计中，可以加入生态技术，以降低住宅的能耗，不仅能节省开销，同时也有利于环保，此时可从以下几个方面来着手。首先，经济型别墅中的生态技术应用首先体现在社区规划，总体布置中考虑自然气候与主导风向、地形地貌、树木植被、水系河流等因素。由于设计周期紧张与容积率等规划条件限制，经济型别墅的规划设计往往忽视了这些方面对建筑生态技术设计的影响。其次，在建筑单体设计上要充分考虑建筑的朝向、体形系数和开窗面积比例等因素，以及建筑形体本身所形成的自然通风采光系统。最后，可采用高效外墙保温技术构造，以及先进的高效保温隔热节能玻璃与遮阳系统，以及高气密性的门窗系统。通过上述三个方面的精心设计使建筑的能量负荷降到最低点，在这个基础上进行与系统相配合的建筑采暖与空调设计，能够达到舒适宜人的居住环境，同时降低建筑能耗。

3.购买经济型别墅的三大关注点

在人们的内心深处，其实都向往拥有自己的花园、露台以及车库

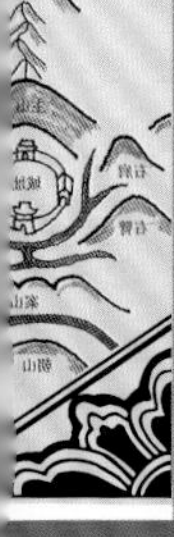

的高品质生活，价位适中的经济型别墅满足了人们的需求，自然成为了市场的热点。而要如何在众多的经济型别墅中找到最合适自己的也是有学问的，这里为读者提供了五个方面的参考点，帮助你找到称心如意的别墅。

（1）关注空间

优秀的建筑作品须在室内空间效果的丰富性、动感流畅，可变性、交通空间的重新定位，以及室内自然光照环境设计等方面都有出色的“点”。特别是经济型别墅，其室内空间效果的丰富性，能迎合民众在满足基本居住需求之后对居住舒适度更高的心理需求，这也是人们选择经济型别墅产品的主要出发点之一。室内空间的高度、形状、不同空间在平面及竖向上的关系，开窗的位置及形式等在满足相应法规的同时，应加入更多的个性化因素。空间序列的抑扬顿挫、开合收放也应刻意组织。

经济型别墅由于其结构的特点，需要更合理地调整室内空间的高度、形状、不同空间在平面及竖向上的关系。

空间的通透灵活是经济型别墅室内空间设计的重要内容。经济型别墅受总面积限制，通常为两、三层，使得每层的面积偏小，甚至不如普通多层、高层公寓住宅。营造小中见大的空间效果成为一个难点。通过对户内公共空间、私密空间、交通空间的布置，保证室内空间的通透流畅，可以使每个独立空间的空间感都得到延伸和扩展，并加强了其间的对话和交流。

空间划分在经济型别墅产品中有很强的实用性。与普通多层及高层公寓住宅要求结构体系整齐划一不同，经济型别墅上下各层均为一户，在房间布局方面有较大的自由度。通过对结构形式、承重墙和设备管井的合理优化设计，可以创造出灵活的室内空间，满足业主个性化室内设计的需求，充分发挥经济型别墅竞争优势之处。

交通空间在经济型别墅产品中占有较大的比例，必须将其从仅仅满足水平及垂直交通的简单功能中解脱出来。赋予其组织空间序列的意义。使走廊、楼梯成为室内空间景观的一部分，形成一条流动的景观轴线。交通空间的精彩设计往往成为室内空间系统的点睛之笔。

室内自然光照环境的综合设计是产生高质量空间氛围的不可或缺的重要环节。虽然可以通过在室内设计中以人工光照渲染空间气氛。但前者更加亲切、自然且与建筑立面、形体密切结合，在创造丰富空间效果的同时，更体现了人与自然的交流。通过各种形式的开窗方式（如顶窗、侧窗、高窗、低窗、落地窗、转角窗等）和采光材料（如透明玻璃、磨砂玻璃、玻璃砖、百页等）形成光影丰富、多彩、明暗变化有致的室内空间。

（2）关注社区环境

一个好的经济型别墅除了在表象上给人一种愉悦的感觉外，最重要的是在细节上要经得起考究，只有注重细节才能真正地炼出好别墅。如果说好的地段是先天因素无法改变的话，那么社区内的细节顿时就显现出一个别墅的优劣。首先是社区的绿化，看看绿化你就能感觉出一个开发商是不是在用心的打造一个作品。好的社区内一定会有大面积的绿化以及大型的景观设置，虽然这个造价不菲，但也最能提升社区的品质。其次是社区的规划，光有好的景观而不能照顾到绝大多数的业主，那么这个社区同样是失败的。以景观为核心合理布局别墅，让更多的人感受到美；适当安排小的景观或是合理调整别墅的排列方式都能体现出别墅的好坏。

作为经济型别墅，应该更关注社区内的环境，这也是展现该开发项目整体质量的一个关键点。

（3）关注建筑细节

十全十美的别墅是不存在的，尽力打造每一个能影响到生活的小节才能打造出好别墅。下面通过对几个方面的细节的关注，来帮助你选择到更好的经济型别墅。

建筑立面：可能有人会说别墅的立面好看就行，实际上则不是如此。有些别墅为了看起来很美，就大量地采用玻璃来修饰立面，一来美观，二则有采光好这一卖点。玻璃多固然采光好，但同时对于能源的消耗也十分严重。

房型：很多人都有一个误区，感觉别墅就没有房型，再差的房型也能通过装修来掩饰，其实则不然，装修是能掩盖一些设计上的缺陷，但它也掩饰不了最主要的缺陷，如果别墅的楼梯在整个建筑的中央，那这个很可能就不是一个好房型，过长的走廊大量的浪费了别墅的使用面积，虽然你能通过这样或那样的装修来让这一段很长的走廊看上去很美，但你却不能让这个距离成为你居住时的有用之处，毕竟我们买的是经济型别墅，不浪费才是硬道理。

花园：经济型别墅花园小是个不争的事实，如果因为它小就不去认真打理，那这也不是个好别墅。其实，就算是再小的花园，只要认真地去做培护，都能变成美丽的景色，而通过对这些细节的关注，也能看出开发商的品质。

露台：其实目前多数的经济型别墅都采用了大露台和退台的手法，但看看前几年的别墅，真是能感受到现在的开发商在细节上的进步。购买经济型别墅的时候一定要注意看看露台位置是不是朝南，有没有顶层阁楼的赠送，这样才能体现出别墅的经济性。

经济型别墅在购买时可关注露台区域，看其位置是否朝南，有没有顶层阁楼的赠送，这样才能体现出别墅的经济性。

地下室：很多别墅都设计有地下室，而恰巧这个区域又是一个很容易受潮的地方。是否做好地下室防潮工作就成了判断一个别墅好坏的标准。如果防潮的工作做得好，那么无疑给你的别墅增加了很大的使用空间，而做得不好则给你添加了一个不小的麻烦。另外现在很多别墅都会赠送地下室，挑选经济型别墅的时候多比比，看看谁送的更多、更合适，再挑选你喜爱的别墅。

附送面积：这里的附送面积是指开发商为了吸引消费者而设置出来的多余的面积。比如一些别墅的销售人员会告诉购买者，在这栋别墅建筑中有阁楼，而阁楼里的3个平方米的空间是能使用的，这里就作为附送面积，不记入销售面积。类似这样的地方还有很多，挑选别墅的时候不妨多问问，看看有多少附送面积，让你的别墅更经济。

第五节 别墅的设计风格

建筑风格是指建筑设计中在内容和外貌方面所反映的特征。其实，建筑风格更能作为一代人文思想的重要组成部分，可以把它看做是凝固的社会思潮。而别墅这种建筑形式，其设计风格则更全面地体现出当时人类的价值观和美学观。这些凝固的历史，其实在不同的时期也有不同的关注点，其风格也是经过分化与演变而得来的。

1.别墅设计风格在房地产市场上的演变

建筑风格是对别墅外观形象和气质的概括性描述。虽然别墅外观和户型平面、空间格局并不一定是完全对应的，但绝大多数成熟而经典的别墅设计风格类型都是内在空间和外在形象的统一，而随着别墅类型的细分，以及不同时期房地产市场的风云变化，其别墅设计风格也在不断的演变。

（1）别墅设计风格多样化的时代来临

国内早期的别墅项目，热衷于对欧洲、北美等发达国家和地区传统居住建筑风格的简单模仿，而很多购房者也把来自发达国家的建筑形式当做财富炫耀的载体，特别看重其风格的血统，美国、加拿大、法国、德国、意大利等地的别墅风格成了高贵的代名词。而日本、东南亚、澳洲风格则稍逊一筹，中国传统形式别墅更是少有人问津。而随着近年来别墅市场的日渐成熟，消费者认识水平的提高和眼界的开阔，别墅设计风格趋于多样化，中式、西式；欧洲、美洲、日本、东南亚；古典的、现代的；繁琐重装饰的、简约的，各种风格纷纷出现，特别是由于近些年国内市场上代表着不同风格的几个别墅楼盘在市场上成功的表现，使更多风格类型的别墅价值得到充分的、客观的认定，正式宣告别墅风格真正多样化时代的来临。

（2）改良的欧美传统风格焕发出第二春

早期开发的别墅项目大多号称欧美传统风格，风格特征成了一件夸张而滑稽的外衣，且由于模仿极不到位，细部设计、施工不精细，外观比例尺度失调，给人以庸俗、粗陋的印象。但在此基础上经过改良，甚至原版照搬的别墅项目在市场上的出现，扭转了人们脑海中的印象。

（3）中式传统建筑风格的复兴渐露曙光

中式传统建筑风格在国内别墅市场的尴尬地位由来已久，这主要是由于传统中国居住建筑与现代住宅的功能要求和现代人的生活方式矛盾，以及传统中国居住建筑的结构形式不合理等因素造成的。同时，由于国内的富人们对于传统建筑文化的不自信，也让传统的中国居住建筑处于非常尴尬的位置。但现在随着技术水平的提高和国家经济实力的增加，对于本民族传统居住文化的自信心也在逐步建立。北京的观唐、成都清华坊、广州清华坊在当地的热销证明了这一点。其中清华坊集中了徽州民居、川西民居、北京四合院的诸多特点，加上现代的栏杆阳台细部，构成具有浓郁中式风格，但又充满现代气息的新中式别墅。

（4）强调地域性、本土化的现代风格另辟蹊径

本土化的现代风格属于现代风格的一个分支，并逐渐自成体系。其强调居住环境应该和地域风格发生关系，也就是讲求地域性。通过合理利用地域特征让业主产生文化认同感。现代主义本土化要尊重当地的审美习惯和生活习惯，北京的某些别墅项目在这一点上则做得比较好，就是本土化的现代风格典型代表，其设计顺应自然地势和环境，力图成为自然环境中的一部分。中性色彩的红砖、青石板瓦，充分适应华北平原的内陆气候，同时含蓄内敛的色调又同北京的丰厚文化底蕴相衬。

（5）简约的现代风格腹背受敌但仍占领部分市场空间

简约的现代风格清新雅致，简洁明快，在住宅市场上一度成为主流。对于别墅项目，这种风格更多出现在经济型别墅中。因为其价值感、尊贵感很难得到大多数人的认同。况且由于国内材料制造水平和施工工艺相对落后，很多独特的效果不易充分体现，反而授人以简陋的把柄。由于部分购房者并不太关心建筑具体的风格类型，更看重别墅本身的内部空间格局以及外部社区大环境，这种不事张扬的简约现代风格正好符合其心理需求，所以仍然占据一定的市场空间。

别墅的风格首先体现在其外观上，简约的现代风格别墅的外观线条简洁明快，用色淡雅，更多的出现在经济型别墅中。

（6）简单朴实的乡村风格具有广阔的市场空间

乡村风格别墅既不同于古典传统风格的凝重沉稳，也异于现代风格的简洁犀利，更多地利用自然材料，其宗旨是创造一种乡村生活和高品质居住质量完全融合的生活方式，由于人们对郊区生活的追求和对接近自然的渴望，简单随性、朴实自然的乡村风格别墅将会占据市场上举足轻重的地位，具有广阔的发展前景。

乡村风格别墅既不同于古典传统风格的凝重沉稳，也异于现代风格的简洁犀利，更多的是自然材料的运用。

2.别墅设计的风格类型

别墅设计的风格在不同时期、不同地域会有不同的划分法，这里我们按照区域位置来划分不同区域的别墅风格，以表格的形式对内容进行展示，让读者能对不同区域的别墅的设计风格一目了然。

下面分别对这些风格中比较有代表性的地中海风格、法式风格、德国现代主义风格、英式风格、意大利风格、西班牙风格、现代风格、北美乡村风格、南加州风格、泰式风格、传统中式与新中式风格、日式风格等进行详细的介绍，以便读者对别墅的设计风格有一个更为全面的认识。

区域与别墅设计风格对应表

区域	区域风格	别墅的设计风格
欧洲	欧式风格	地中海风格、法式风格、德国现代主义风格、英式风格、意大利风格、西班牙风格
北美	北美风格	美式风格、北美乡村风格、南加州风格
东亚、东南亚	东方风格	新加坡风格、泰式风格、日式风格
中国	中式风格	传统中式、新中式风格
全球		现代风格

（1）地中海风格

由于地中海周边国家众多，民风各异，但独特的气候特征还是让各国的地中海风格呈现出一些一致的特点。地中海建筑中最常见的三个元素是长长的廊道，延伸至尽头然后垂直拐弯；半圆形高大的拱门；墙面通过穿凿或者半穿凿形成镂空的景致。而对于地中海的别墅，在设计风格上将其建筑的语言概括为一些典型的设计元素符号，包括马蹄状的门窗、穿凿式的墙面、门廊，圆拱和镂空、单斜的顶面。这些符号性的设计元素，通过拼凑、组合等合理的应用，贯穿其设计风格的灵魂，展现出海天一色、艳阳高照的蔚蓝色浪漫情怀。

地中海建筑中最常见的半圆形高大的拱门，墙面通过穿凿或者半穿凿形成镂空的景致，别有一番风味。

（2）法式风格

法国历来是一个浪漫的国度，法式建筑的风格讲究将建筑点缀在自然中，在设计上讲求心灵的自然回归感，给人一种扑面而来的浓郁气息。开放式的空间结构、随处可见的花卉和绿色植物、雕刻精细的家具等，所有的一切从整体上营造出一种田园气息。

法式建筑的风格讲究将建筑点缀在自然中，在设计上讲求心灵的自然回归感，给人一种扑面而来的浓郁气息。

法式别墅的设计风格还体现在线条、屋顶、外墙、造型等方面。布局上突出轴线的对称，恢宏的气势，豪华舒适的居住空间；建筑的线条鲜明，凹凸有致，尤其是外观造型独特，大量采用斜坡面，颜色稳重大气，呈现出一种华贵；屋顶多采用孟莎式，上部平缓，下部陡直，屋顶上多有精致的老虎窗；外墙多用石材或仿石材装饰；对建筑的整体方面有严格的把握，善于在细节上下工夫，推崇优雅、高贵和浪漫，追求建筑的诗意，力求在气质上给人深度的感染。细节处理上运用了法式廊柱、雕花、线条等。

（3）德国现代主义风格

德国讲究的是简洁、方正，纯正的德式建筑设计具备四个特点：首先是外形，简练、现代、充满活力，色彩大胆而时尚，属于现代简约派；其次是功能，讲求实用，任何被认为是多余的装饰都几乎被摒弃；

再次是材料品质，品质精良，采用德国原装进口的材料和新技术，关注环保与可持续发展；最后是整体的和谐，德国人非常注重建筑物与周围环境的和谐统一，风格十分精美别致。

德国别墅在设计风格上具有三大特征。一是具备工业美感，德式建筑表现出高度的规划性、精确性和特有的工业美感。二是具备独特的风格元素，如清晰的转角、简洁的造型、精确的比例、功能的强调以及良好的施工品质，都给人光洁而严谨的整体感觉。同时，不对称的平面、粗重的花岗岩、高坡度的楼顶、厚实的砖石墙、窄小的窗口、半圆形的拱卷、轻盈剔透的飞扶壁、彩色玻璃镶嵌的修长花窗都是德式建筑的风格元素。三是注意空间的营造，德式建筑简洁大气，非常注重人的活动空间，无论内外部都通过有层次的空间营造（如走廊、中庭、院落等）来满足人的需要。同时，德式别墅的设计还追求工业设计的工艺和艺术高度，对精确度、尺寸性的到位都有极高的要求。

德式别墅在设计风格上具备工业美感，同时具有清晰的转角、简洁的造型等独特的风格元素，且非常注意空间的营造。

（4）英式风格

英式别墅的特点包括了陡峭的侧三角形屋顶、屋檐几乎无装饰、木板大门、斜网格窗、精致大烟囱以及对称的开窗形式等。在英式别墅风格的具体体现和打造上，还应注意其墙体、符号元素、建筑材料以及色彩等多方面的因素。

墙体：房子一般由砖、木和钢材等材料构成，少见钢筋混凝土。墙体保暖性很好，主要有三层墙面：外层红砖、中层厚海绵或带金属隔热层的薄海绵、里层灰色砖。

符号元素：英式别墅主要建筑结构墙体为混凝土砌块，线条简洁，色彩凝重。坡屋顶、老虎窗、女儿墙、阳光室等充分诠释着英式建筑特有的庄重、古朴。双坡陡屋面、深檐口、外露木、构架、砖砌底脚等为英式建筑的主要特征。

英式别墅外观具有陡峭的侧三角形屋顶、屋檐几乎无装饰、木板大门、斜网格窗、精致大烟囱以及对称的开窗形式等特点。

建筑材料：选用手工打制的红砖、碳烤原木木筋、铁艺栏杆、手工窗饰拼花图案，渗透着自然的气息。

色彩：红砖在外，斜顶在上，屋顶为深灰色。空间灵活使用、流转自然，蓝、灰、绿富有艺术的配色处理赋予建筑动态的韵律与美感。

（5）意大利风格

意大利的建筑以托斯卡纳区域的建筑最具有代表性，主要体现一种田园式园林风格。这种风格多体现为以乡村风情主体，多数体现在建筑外观上，通过天然材料，如当地奶白的象牙般的白垩石、木头和灰泥来表现建筑的肌理，同时，常看到的红色陶土屋瓦及灰泥墙面涂层，都是非常具有意式乡村风格的元素，让人想起沐浴在阳光里的山坡、农庄、葡萄园以及朴实富足的田园生活。

托斯卡纳风格的别墅在入口有一个戏剧性的塔或是圆形大厅，高于

托斯卡纳风格主要体现一种田园式的感受，多以乡村风情主体，通过天然材料的运用赋予建筑以淳朴的质感。

其他屋脊线，给人一种强烈的等级与威严感。同时，使用岩石与灰泥戏剧性地表现光和影的关系，也成为该类别墅建筑设计风格的精髓之一，同时结合铁艺、百叶窗和阳台，尤其是爬满藤蔓的墙，同样传递出属于托斯卡纳原始的风格感受。在前门的用材上倾向于使用简朴而粗犷的厚木板，同时，车道和小路旁种植着高大挺拔的剑松，让这独有的托斯卡纳艳阳下的自在感传递得分毫不差。

（6）西班牙风格

由于西班牙是海洋国家，在其建筑风格上也有所体现，将水体引入建筑中，起到分割空间的效果，同时，根据地势，以远高近低的层级方式排布，高低错落，符合人的空间尺度感。西班牙的别墅在设计风格上的最大特点是在采取更为质朴温暖的色彩，使建筑外立面色彩明快，既醒目又不过分张扬，且采用柔和的特殊涂料，不产生反射光，不会晃眼，给人以踏实的感觉。对于典型的西班牙建筑，一般每户都有两个庭院——入户庭院和家庭庭院，入户庭院突出了会客的气氛，院门为仿旧铁

○ 西班牙风格的建筑多以远高近低的层级方式排布，高低错落，符合人的空间尺度感。

艺门；家庭庭院则体现了家人交流空间的特点，同时有一定的私密性。

近年来西班牙风格别墅项目在市场上的出现，完全扭转了人们脑海中关于欧式西班牙风格的印象。简单随性、朴实自然的乡村风格，让它具有了广阔的市场空间。最主要的原因是这种风格别墅既不同于古典传统风格的凝重沉稳，也异于现代风格的简洁犀利，更多地利用自然材料，如铁艺、石材等施工，手工抹灰。西班牙风格别墅，对比例、尺度的要求远不如希腊、罗马古典建筑风格严格，建筑饰面材料也以涂料为主，并且休闲气息、生活氛围浓郁。

（7）现代风格

现代风格是比较流行的一种风格，追求时尚与潮流，非常注重居室空间的布局与使用功能的完美结合，是工业社会的产物，其最早的代表是建于德国魏玛的包豪斯学校。这类风格强调建筑要随时代而发展，主张积极采用新材料、新结构，坚决摆脱过时的建筑式样的束缚，放手创造新的建筑风格。

○ 现代风格的别墅，在整体形态上高低跌宕，外观主题结构线条明显，多以直线或曲线为主，方正自然，强调其时代感。

现代风格的别墅，在设计布局上多采用波浪形态，使其高低跌宕、舒适自然，强调其时代感。同时，对于造型和线条，则以简洁的造型和线条塑造鲜明的社区表情。而立面和建材，则通过高耸的建筑外立面和带有强烈金属质感的建筑材料堆积出居住者的炫富感，以国际流行的色调和非对称性的手法，彰显都市感和现代感。在色彩上则以竖线条的色彩分割和纯粹抽象的集合风格，凝练硬朗，营造挺拔的社区形象。

（8）北美乡村风格

北美乡村风格实际上是一种混合风格，它不像欧洲的建筑风格是一步步逐渐发展演变而来的，它在同一时期接受了许多种成熟的建筑风格，相互之间又有融合和影响。具有注重建筑细节、有古典情怀、外观简洁大方，融合多种风情于一体的特点。

北美别墅风格是自由、混合、个性、大方，在设计上以舒适为准则，更加追求材质的原始感觉，讲究材质本身的粗糙与做工的精细对比。力

北美乡村风格更加自由、混合、个性，在设计上以舒适为准则，更注重材质的原始感觉，给人温馨自然的田园感受。

求屋内处处都透着阳光、青草、露珠的自然味道，仿佛信手拈来，毫不造作。与英式别墅相比较，北美乡村风格别墅的建筑体量普遍比英式别墅大，多以木结构为主。北美乡村风格的别墅以美国建筑大师赖特的作品为代表。

（9）南加州风格

南加州风格是北美风格之一，南加州风格实际上是从传统的西班牙建筑风格演变而来的。早期的建筑形体厚实、小窗洞、黄灰色的抹灰、实墙、原始木等特殊的材质使别墅显得粗犷自然，整体透露着一种宗教的神秘感。后期由于新艺术运动的兴起，也开始讲究装饰，但更强调铁艺的运用，呈现出简洁而粗犷的时尚魅力。

南加州风格的别墅，在设计上最大的特点是融入了西班牙欧式建筑中的阳光和活力，采取了更为质朴温暖的色彩，使别墅的外立面色彩明快，体现了质朴的内涵与和奋发向上的精神面貌。同时，外立面设计着

南加州风格的别墅融入了西班牙欧式建筑中的阳光和活力，使别墅的外立面色彩明快，体现了质朴的内涵与和奋发向上的精神面貌。

重突出整体的层次感和空间表情，通过空间层次的转变，打破传统立面的单一和呆板，造型优美，浅墙、红瓦，还有屋面瓦的起伏，形成非常优美的变化曲线，用红筒瓦、弧型墙及铁艺窗等营造了柔和、内敛、尊贵的生活氛围。而对小拱券、文化石外墙、红色坡屋顶、圆弧檐口等符号进行抽象化利用，都让建筑呈现出一派异域风情的格调，也使其成为了建筑风格的典型代表之一，在别墅市场上非常受欢迎。

（10）泰式风格

泰国是一个非常虔诚信奉佛教的国家，这就使得泰式风格的建筑呈现出更多寺庙的特点，在风格上偏向于复杂、华丽，对于重要的建筑，多使用大理石建成，使其显得气派非凡。色彩的应用上也以金色为主，同时彰显华丽的质感。

泰式别墅在细节上的感觉更加考究，它在色彩的处理上非常和谐，在金色和红色之外用了很多蓝色和绿色，让人觉得精致而不容易产生视

泰式别墅在细节上的感觉更加考究，它的建筑在色彩的处理上非常和谐，在金色和红色之外用了很多蓝色和绿色，让人觉得精致而不容易产生视觉上的疲劳。

觉上的疲劳，墙上绘有很多精美的壁画。

（11）传统中式与新中式风格

传统中式风格就是我国古代的家居风格。根据地域的不同，又可以分为北方合院派和南方园林派。北方的合院派建筑在外观上采用了北京四合院的灰色坡屋顶、筒子瓦及一定高度的墙院围合方式，材质上多选用地域色彩浓厚的灰砖，空间结构上尽可能多地设计庭院空间，以追求四合院的全包围形式。而南方园林派则以其“天人合一”的造园理念，精致的景观和空间处理的手法独步天下。该派建筑以苏州园林为主要传承对象，亭、台、楼、阁、轩等也多仿照苏州园林样式。整体建筑形象可用“粉墙黛瓦”来形容，如同中国水墨画，淡丽清雅，诗意油然而生。

就别墅的设计风格而言，传统的中式别墅在设计风格上的特征表现为，中式传统建筑与现代住宅的功能要求和现代人的生活方式的结合，其结构形式是以木结构为主。现在随着技术水平的提高和国家经济实力

○ 新中式风格是在传统建筑的基础上发展变化而来的，既很好地保持了传统建筑的精髓，又有效地融合了现代建筑元素与现代设计因素。

的增加，对于本民族传统居住文化的自信心也在逐步建立。对于新中式建筑的风格，则不仅在文脉与中国传统建筑一脉相承，而且更重要的体现在对传统建筑的发展和变化上，既很好地保持了传统建筑的精髓，又有效地融合了现代建筑元素与现代设计因素，改变了传统建筑的使用功能。

（12）日式风格

人们对日式建筑最直观的认识是灰瓷瓦盖顶、米灰色材料当外墙、外形简练而精于细节、在材料上注重自然素材的利用，展现一种平和朴素的意境。

日式别墅在风格上是通过细节的设计展现出一种自然的居住观，它追求一种淡雅、清寂的趣向，体现了传统的禅宗精神，注重细节的设计，小巧精致而富于变化的空间是其魅力所在。对于自然的美有着超乎寻常的强烈意识，特别能与大自然融为一体。日式别墅建筑的表现也常以水平表现为主，不强调垂直线，即使是像塔一样的高大建筑，各层的挑檐

○ 日式建筑的特点是灰瓷瓦盖顶、米灰色材料当外墙、外形简练而精于细节、在材料上注重自然素材的利用，展现一种平和朴素的意境。

也尽量避免去强调垂直感，而是用水平线把塔的整个形状加以隔断，由于挑檐大以及浓重的阴影，使人们看去水平感特别突出。在空间划分上摒弃了曲线，这使得住宅在优雅、简洁方面有了一种几何美感。

第六节 别墅装修设计技巧运用

别墅的装修设计上也有一定的技巧，若是能很好地运用这些技巧，能为别墅的整体设计加分。这里我们从别墅室内装修设计四大潮流、别墅装修设计如何出彩、重视别墅装修细节、空间与色彩的运用几大方面来进行论述。

1.别墅室内装修设计四大潮流

对于别墅室内装修的设计，在设计方向和潮流趋势上有四个方向，分别是要注重内与外的交流、注重风格的个性化、注重复古感、注重颠覆经典，下面分别进行介绍。

（1）注重内与外的交流

作为令人最为轻松愉悦的居住形式，别墅应在完整地保护私密性的前提下，让主人享受到与自然交融的乐趣。由此可见，别墅的自然景致是先天必备的，而如何将室外的风景引入室内，怎样将室内的陈设变成为自然景色的延伸，也已经成为别墅室内设计最为关注的部分。空间的划分与界定不再单纯地根据日常生活的实用尺度，室外景观的视角和类似取景构图的技巧也融入室内比例关系的确定，进而影响材料与色彩的组合。

（2）注重风格的个性化

别墅必须满足主人的个性生活，虽然冰冷的极简主义风行一时，甚至一度成为时尚设计代表，但正在逐渐被个性化的软性符号所瓦解与侵蚀。完全冲突的元素不再只是极简而繁的变奏，而是张扬个性的特殊表达，不拘一格的散漫与随性，让别墅真正成为享受的工具，而社会地位与意识形态的优势，也必须通过个人独特的享受程度与品质来呈现。

（3）注重复古感

复古似乎是一个不变的主题，但复古永远不是机械地重复。在这样的年代，经典主题所蕴涵的文化内涵被深刻理解和完好地保存下来，而承载文化精髓的造型、材料、色彩在新材料、新技术的帮助下，创造出各种异想天开的搭配方式。

（4）注重颠覆经典

对所有成熟定势的破坏也是设计师们最乐此不疲的，以往单一风格，严格配套的思路已被完全打破，如：曾经被视为考究完美的三加二加一的客厅沙发组合方式，早已显得保守和缺乏创意，取而代之的很有可能是看上去完全不搭调的家具组合，却又隐含着主人生活的独特逻辑。这就需要设计师的大胆想象，并深入了解主人的生活需求，进行合理的安排与发挥。

2.别墅装修设计如何出彩

随着经济水平的提高，人们对生活品质的追求也越来越高，购买别墅的业主越来越多，对于别墅如何装修，别墅业主往往会不知所措。空间功能的划分、装修风格的选择、施工队伍的选择、后期的配饰等，这些问题让别墅装修的业主陷入困惑。

首先，别墅设计的重点是对功能和风格的把握。由于别墅面积较大，一般有八九个房间，对于家庭成员较少的家庭来说，如何分配空间功能就是令人头大的问题。现阶段由于一些别墅设计师的不专业，往往使大面积的空间功能重复，让客户觉得其生活质量并没有很大程度的提高。原因就在于设计师以公寓的生活模式去理解别墅设计。

其实，别墅设计与一般满足居住功能的公寓是不一样的概念。别墅里可能会有健身房、娱乐房、洽谈室、书房，客厅，还可能有主、次、小客厅之分，等等。别墅设计要以理解别墅居住群体的生活方式为前提，才能够真正将空间功能划分到位。

关于别墅风格的选择，不仅取决于业主的喜好，还取决于业主生活的性质。有的是作为日常居住，有的则是第二居所，即一种度假性质的别墅。作为日常居住的别墅，首先要考虑到日常生活的功能，不能太艺术化、乡村化，应多一些实用性功能。而度假性质的别墅，则可以相对多元化一点，可以营造一种与日常居家不同的感觉。

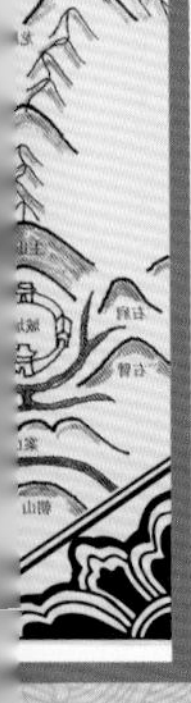

其次，别墅设计中最重要的一点就是选择专业的施工队伍。在普通居室的装修中，水电设计比较简单。但对于别墅来说，设计过程中牵涉到的东西很多，包括取暖、通风、供热、中央空调、安防以及大量的设备，而且由于面积大，空间穿插交错复杂，水电设计就要考虑得特别周到科学，注意主光源、辅助光源、艺术点光源的合理配置以及楼层间照明的双回路控制，等等，所有这些专业配置，必须要从较高专业水准的标准来设计和施工，才能确保万无一失。专业的别墅设计团队，设计师都经过专业的别墅设计培训，具备对生活品质的理解能力、综合领导能力、专业技术能力和良好的沟通能力。

最后，后期配饰也是必不可少的，合理的配饰会起到画龙点睛的功效。看似不经意的一幅画，一盆花，一个陶瓷，一尊雕塑，都与周围的环境相互融合，和谐共鸣；包括家具、窗帘、摆饰、餐具以及个人饰品等，要想达到理想的效果，需在专业家居配饰设计师的指导下，用专业

○ 别墅的装修是非常需要关注的环节，要让装修更加出彩，就得关注设计风格的把握和小细节的处理。

的眼光完成真正意义上的“别墅装修配饰”工程。

3.重视别墅装修细节

很多人以为别墅装修和普通楼房装修没太大区别，就是要装的东西更多，材料更贵而已，其实这是个误区。因为别墅装潢和普通装修看上去很像，差距却不小，从选材到安装，每个方面都有其独特性和专业性。

（1）空间、装饰、家具装潢细节多

别墅装潢是众多业主最注重也最头痛的事情，找个资质一般的施工队，随便找点建材，这样的组合，看上去不满意，住着也不舒服，后果肯定是让人难过的。别墅装潢不同于其他房型的装潢，一是能体现出业主的格调和修养，二是要使之成为一个舒适安全的安乐窝。虽然每个方面都和普通装潢看起来很相似，其实得更花心思，更考究业主的品位和工程方的实力，处处比普通装潢更出彩。根据业内的普遍看法，别墅装潢要遵循“空间饱满开阔、装饰精致到位、家具大方得体”三条总原则。

别墅的大厅、楼梯、走廊，处处展现一种层次感，这是与普通住宅最大的区别。要体现雍容华贵还是简约清新，都得首先从空间角度体现出来。比如说大厅里面悬一盏大吊灯，屋子的空间就被压缩，局面肯定无法打开，要是其他地方的布置还弄成简单明快的风格，整个别墅就会变得不伦不类。灯光可以很好地控制视觉，因此是个调整空间的好帮手，冷色调的射灯打在天花板上，可以给人提升高度的感觉；而吊灯的暖色灯光容易控制氛围，屋子也会显得小一些，给人温暖的感觉。走廊上明亮的灯光可以让人觉得宽阔而深邃。楼梯的宽度也和房屋空间密切相关。螺旋形的楼梯虽然节约空间，却容易给人狭小的感

别墅装修应注重细节，即使是大厅里面悬挂的吊灯，其位置、灯光效果、色调等都是需要考量的范围。

觉；贴壁的楼梯占用空间较多，反而能给人略为开阔的印象。这就是“鱼和熊掌”的关系，仁者见仁，智者见智。

别墅的装饰就是从细节上弥补在总体设计上无法顾及到的缺憾，一个小屏风，一处盆景甚至是一个转角的包边，都可以起到画龙点睛的作用。整个屋子太过雍容，会使人觉得沉闷，在屋角摆上一个现代气息的灯饰或者造型独特的植物，能极好地舒缓气氛，还能给人眼前一亮的感觉。各个房间刷上不同的颜色也是给家人增加新鲜感的好方法。卧室里温柔的粉红、娱乐间跳跃的亮黄、书房冷静的碧蓝，表现出的效果远远超过了价值数万的豪华大床、古怪造型的沙发和覆盖整面墙的书柜给人的感觉。还有挂饰、地毯，都可以用来增加别墅的灵动感觉，书画、雕塑、古董也能够增加别墅的内涵。所以在总体装潢方面，有人用“细节决定一切”来说明装饰中细节的重要性。

家具是别墅中重要的组成元素。不同于普通楼房的是，别墅家具可以特别凸现个性。长条餐桌、大型书架，普通家居中无法实现的梦想，别墅都有空间来实现。而在这方面并没有特别需要在意的地方，舒适美观是关键，其次就是与所在的位置要统一。比如在娱乐室，选用了高档的电视和音响，放个古朴典雅的沙发就大煞风景，新锐、金属感强的沙发更适合。当然，家具总体的风格容易受家具式样颜色的左右，而在市面上比较难于找到风格统一的家具，所以建议到家具行去定做，这样比较有保障。

（2）地板、墙面、楼顶不可太随便

设计好了别墅的式样，选材就是提到日程上的事情了。这里着重谈谈比较让人费心的地板、墙面和房顶的问题。

现在最流行的木地板，品种繁多，口号也多有变化。很多人觉得别墅里面空间大，通风好，木地板的甲醛含量、绿色环保什么都可以不考虑了，其实不然。比如上海的冬天清冷而潮湿，仅仅靠小空调是不够的。这就对现在颇为流行的别墅采暖地板提出了更为苛刻的要求。由于地板下有热源，地板更容易释放出甲醛等有害气体，而且冬天门窗紧闭，这些有害气体无法挥发，给人的伤害更甚平常。而且热源对地板本身也有影响，质量低劣的地板会在上冷下热的环境下变形翘曲。因此，为别墅选择木地板要求更高，切忌“省小钱吃大亏”。选择口碑好，通过了权威认证的地板才是上策。

墙面其实是个画板，主人的心情爱好都反映在上面，色彩品质都是面子上的事情。劣质的墙面漆也会产生大量有害气体，而且会发生诸如色彩变化、龟裂霉斑等麻烦事。买好的墙面漆固然重要，时机却也得选好。而且很多人冬季刷墙面漆，容易产生错觉，偏重暖色调，到了夏天却受不了，重新刷一遍又太费时费力。而且天气太冷容易影响到墙面漆的效果，开春后会出现变色等小毛病。即使是好漆受到了低温的考验，可能也会出现龟裂甚至成块脱落的情况。

不管是地板、墙面还是房顶，在别墅设计中都是非常重要的一块，房顶可通过在天花上进行各种装饰加以强调其设计感。

楼顶隔热层是很多人容易忽略的问题。我国的夏季普遍高温，日照多且气温高。连日的晴朗高温天气非常考验房顶的隔热效果。隔热层一般是由开发商修好，不需要购房者费心。但是如果在买房合同上没看到楼顶隔热层的注明，就要小心开发商的陷阱。根据有关规定，楼顶在建筑设计规范要求上必须具备隔热层，如果没有，购房者可以拒绝收房。另外有一个细节问题值得探讨，就是很多别墅顶层上安装了太阳能热水器，一到夏天就是明晃晃的耀眼白光，形成了严重的“光污染”，也会破坏整个别墅的远观协调性，再加上它有可能对屋顶的排水和隔热层产生破坏，因此如非特别需要，能不装还是不装的好。

4.空间与色彩的运用

近年来，各国科学家和心理学家对颜色进行了深入细致的研究，得出了“颜色能治病”的结论。实验表明，五颜六色的生活用品和家具合理地摆设，将会成为一种有益健康的“营养素”，反之则对健康不利。作

为高级物业的别墅在装修时，应有效而合理地在空间中进行色彩的搭配运用，这将对居住者心情、居室环境有重要作用，而且这也是主人品位的体现。

在别墅的装修中，应有效而合理地在空间中进行色彩的搭配运用，例如书房区域的颜色应以沉稳为主，这样才能体现主人的品位。

红色： 刺激和兴奋神经系统，增加肾上腺素分泌和增强血液循环。但接触红色过多时，会产生焦虑和身心受压的情绪，使易于疲劳者感到筋疲力尽。所以，在寝室或书房应避免使用过多的红色。

橙色： 产生活力，诱发食欲，有助于钙的吸收，利于恢复和保持健康。橙色适用于娱乐室、厨房等处，对寝室、书房则不宜。

黄色： 可刺激神经和消化系统，加强逻辑思维，但金黄色却易造成不稳定和任意的行为。所以在寝室与活动场所，最好避免使用金黄色的家具。

绿色： 有益消化，促进身体平衡，并能起到镇静作用，对好动或身心受压抑者有益。自然的绿色对晕厥、疲劳与消极情绪均有一定的克服作用。

蓝色： 能降低脉搏，调整体内平衡，在寝室使用蓝色，可消除紧张情绪，有助于减轻头痛、发热、失眠。蓝色的环境使人感到幽雅宁静。

紫色： 对运动神经、淋巴系统和心脏系统有压抑作用，可维持体内钾的平衡，有促进安静和爱情及关心他人的感觉。

靛蓝色： 可调和肌肉，减少或停止出血，能影响视觉、听觉和嗅觉，可减轻身体对疼痛的敏感作用。该色不适于装饰，但若用于布料，可使人产生安全感。

第七节 别墅的园林设计

别墅作为一种特殊的建筑类型，其涵盖的园林已经成为它的附属区域，而别墅园林作为一种艺术形式，不能仅仅是一些自然物质的罗列和照搬，而应该是通过合理的设计，展示出更完整、和谐且带有艺术美感的自然景观，这是别墅对园林艺术的最基本的要求。同时，对于别墅园林的设计，还可以在园林景观设计理念的观念上有所更新，同时还可借鉴世界各地的景观设计的理念，以便最后整合出最适合当前项目的别墅园林景观的设计理念。

1.园林设计是一门艺术

园林艺术起源于人对自然环境的美化、改善和利用自然环境改善居住环境这两种需求。人类掌握了种植技术后，建起了菜园、果园、苗圃；学会饲养后，就围成了牧场和猎场。园林艺术就植根于人类这些最早的造园活动中，园林也就慢慢从实用型向观赏型过渡。

广义上的园林设计涵盖了庭园、宅园、小游园、花园、公园以及城市街区等范畴，又由于公园设计内容比较全面，所以具有园林设计的典型性。

广义上的园林设计涵盖了庭园、宅园、小游园、花园、公园以及城市街区、机关、厂矿、校园、宾馆饭店等范畴，又由于公园设计内容比较全面，所以具有园林设计的典型性。而针对别墅的园林景观的设计，相对范围要精炼一些，在设计上需要更具创意性。国外的别墅园林，在设计上更倾向于视觉创造，从总平面到每个局部平面连同园林的各个组成元素均是几何形的，水池是几何形的，连树木也修剪成几何形，花草的图案和雕塑采用的装饰图案也可很容易地从复杂的形状中找出几何规律，并遵从对称、重复等组合秩序。只有少数例外，如人物、动物的石雕。而国内的别墅园林在设计上则更重视精神、重视人的心理感受。除了一些建筑平面是几何形态的以外，所有元素连同总体形式都是自由自在的。园林中的树、石、水都是以一种自然界中的典范形式出现，其经典的组合形式在自然界中都是很少见的。花草树木要修剪，不会修成

几何体或动物形式，石头更是精心挑选，要组合成名山大川的缩影。

2.园林设计的组成元素

园林景观中的组成元素很多，如园林植物、水景、山石、园林建筑小品（园路、园桥）等，其职能和效果虽各不相同，但都能起到为园林增色的作用。要在设计上对别墅的园林区域进行加工处理，首先就应对这些元素有所掌握，下面分别进行介绍。

（1）园林植物

园林植物在园林景观中的作用可谓举足轻重，它是最基本也是最早的园林要素。园林植物种类繁多，每种植物都有自己独特的形态、色彩、风韵、芳香等特色。而这些特色又能随季节的变化而有所丰富和发展。如春季枝头嫩绿，花团锦簇；夏季绿叶成荫，浓彩覆地；秋季嘉实累累，色香齐俱；冬季白雪挂枝，银装素裹；四季各有不同的风姿妙趣。

园林植物是最基本的要素。园林设计中，常通过各种不同的植物进行组合配置，创造出千变万化的不同景观。

在园林设计中，常通过各种不同的植物进行组合配置，创造出千变万化的不同景观。 而此时，则可根据植物的外部形态将其分为乔木、灌木、藤本、竹类、花卉、草皮六类，而由于受气候等自然条件的影响，乔木、灌木、花卉、草皮在北方地区景观设计中运用较多，藤本和竹类常作为点缀出现。

园林植物不但具有美化环境、陶冶情操的功能，还具有改善环境，净化空气的作用。这是由于植物通过光合作用，吸收二氧化碳放出氧气而带来的益处。科学数据显示，每公顷森林每天可消耗1000千克二氧化碳，放出730千克氧气。这就是人们到公园中会感觉神清气爽的原因。

园林植物还能分泌杀菌素。根据科学家对植物分泌杀菌素的系列科学研究得知，具有杀灭细菌、真菌和原生动物能力的主要园林植物有：

雪松、圆柏、大叶黄杨、合欢、刺槐、紫薇、广玉兰、木槿、茉莉、洋丁香、悬铃木、钻天杨、垂柳、栾树、臭椿及一些蔷薇属植物。此外，植物中一些芳香性挥发物质还可以起到使人们精神愉悦的效果。

园林植物又可以吸收有毒气体。如臭椿、旱柳、榆树、忍冬（即金银花）、山桃，这些植物既有较强的吸毒能力又有较强的抗性，是良好的净化二氧化硫的树种。此外，丁香、连翘、刺槐、银杏、油松等也具有一定的吸收二氧化硫的功能。

园林植物具有很强阻滞尘埃的作用。各种植物的滞尘能力不尽相同，通常树冠大而浓密、叶面多毛或粗糙以及分泌有油脂或黏液的植物都具有较强滞尘力。如榆树、朴树、广玉兰、女贞、大叶黄杨、刺槐、臭椿、紫薇、悬铃木、腊梅等植物具有较强的滞尘作用。

园林植物还具有减弱光照和降低噪音的作用。单棵树木的隔音效果虽较小，但丛植的树阵和枝叶浓密的绿篱墙隔音效果就十分显著了，隔音效果较好的园林植物有：雪松、松柏、悬铃木、梧桐、垂柳、臭椿、榕树等。

（2）水景

水是园林绿地不可或缺的组成部分，是园林各要素中最有生命力的，能给人一种孕育生命的感觉。所谓“山得水而活，树木得水而茂，亭榭得水而媚，空间得水而宽阔”，在园林设计中，融入水的元素，能让整个景观更生动活泼，形成开朗的空间和透景线，是造景的重要因素之一。

在西班牙、意大利等地的别墅园林设计中，将水体的可塑性发挥得淋漓尽致，如著名的阿尔罕布拉宫和埃斯特别墅，在其园林中可以看到各式各样的喷泉、流水、叠水、瀑布等，水与雕塑的结合使二者相得益彰。静水池边洁白的女神石像，激流中的海神铜像等在西方园林里屡见不鲜。而在中国的园林景观设计中，水景也占据了很重要的地位。它不仅具有水的固有的特性，而且表现形式多样，易与周围景物形成各种关系。

①水景的种类

在园林景观设计中，水景按建造方式的不同可分为天然水景和人工水景。天然水景是以江河湖海等自然水资源为背景的人文环境，讲求借

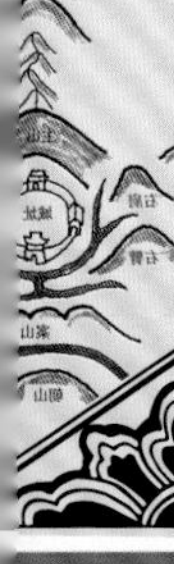

景，以观赏为主，借助自然地形，顺应环境设置景观。人工水景则是以水为主体的人工构筑物，平面形式以天然曲线为主，结合周边地形进行设计。设计时应考虑多设置大小不一的天然沿河石块。河岸为自然式的斜坡。沿河多以水生植物为主。水景常见的形式有四种，分别为静水、流水、落水和喷水。

静水：这是水型设计中最简单、常用又最宜取得效果的一种水景设计形式。室外筑池蓄水，可以水面为镜，倒影为图，作影射景；可赤鱼戏水，水生植物飘香满地；可池内筑山、设瀑布及喷泉等各种不同意境的水式，使人浮想联翩，心旷神怡。

水景常见的形式有四种，分别为静水、流水、落水和喷水。

流水：主要包括自然溪流、河水和人工水渠、水道等。在水景设计中主要通过控制水量、水深、水宽的大小及流水的形状和在流水中设置主景石来设计流水的效果及引导景观的变化。

落水：常见的有瀑布、水帘、叠水等。人工瀑布设计时要估计水量的大小，如果瀑身的水量不同，就会营造出不同的气势。瀑布本是一种自然景观，是河床陡坎造成的，水从陡坎处滚落下跌形成气势恢宏的景观。瀑布可分为面形和线形。不同的形式表达不同的感情。人在瀑布前，不仅希望欣赏到优美的落水形象，而且还可以听到落水的声音。

喷水：喷泉是喷水的主要形式之一，也是城市动态水景的重要组成部分，常与声效、光效配合使用，形式多种多样。喷泉的设计千变万化，分布极广，从城市广场到街道小区，从公共场所到私家花园，都可以发现喷泉的存在，喷泉越来越成为人们所喜爱的水景构造形式。

②水景设计的手法

在园林设计中，针对水景设计的表现手法上，可分为形、声、光影因借三类，下面分别进行详细的介绍。

水景的设计可通过一些构筑物，让水的形状发生改变，同时发出声响，以产生丰富多姿的水景效果。

形：水的形态因水体的形状而定，园林景观中的静态湖面，多设置堤、岛、桥、洲等，目的是划分水面，增加水面的层次与景深，扩大空间感；或是为了增添园林的景致与趣味。对于城市中的园林，多有划分水面的手法，且多运用自然式，而对于别墅的园林景观，可采用规则几何式的划分。

声：水本无声，但可随其构筑物及其周围的景物而发出各种不同的声响，产生丰富多姿的水景。王维的“声喧乱石中，色静深松里”，是动与静的对比，也是石与林的交替而产生的一种水景。在园林水景中，能够利用现代科学化的喷泉技术制造出各式各样的水声效果。如音乐喷泉，不仅有音乐配合，还可以声控使水体翩翩起舞。

光影因借：四周景物反映在水中形成倒影，使景物变一为二，上下交映，增加了景深，扩大了空间感，一座半圆洞的拱桥，可起到了事半景倍的作用。水中倒影是由岸边景物生成的，故园林水面旁，一定要精心布置各种景物，以获得双倍的光影效果，取得虚实结合，相得益彰的艺术效果。同时，由于视角的不同，岸边景物与水面的距离、角度和周围环境也不同。岸边景物设计，要与水面的方位、大小及其周围的环境同时考虑，才能取得理想的效果，这种借虚景的方法，可以增加人们的寻幽乐趣。

③水景的应用形式

在园林景观设计中，水景还可根据其应用形式的不同而有所区别和划分，在不同的空间要求下，水景设计的着重点也是不同的。

点状空间的水景设计：点状空间一般可布置在别墅居住区的楼间绿地，以水池为中心，形成一种向心的、内聚的空间特性。水景形式可采用涌泉、小型喷泉或者结合小型的雕塑作水景。整个水景的气氛不可过于喧闹，水面周围一般配以常绿的耐修剪的绿篱，修剪整齐以与人工水池相配，不宜采用落叶植物以免污染水面。

线状空间的水景设计：线状空间的水景形式一般采用自然河体、人工溪涧，要求面积比较大一些。此时可利用水体的联系作用，各种不同要素都可以依水而建，形成步移景异的效果。同时，由于线状空间的水面可起到系点的作用，从而使得各种不同的要素可以统一在水面的基底之上。线状水面可根据不同空间采取多种分隔手段，小的水面可采用水陆相互萦回的方法，造成引人入胜和无穷无尽的幻觉。相对集中的小块水面，则可以形成多个小局部的中心，使得空间丰富并富于变化。在线状空间的水景设计中，还可根据水深的不同种植浮水植物和挺水植物。浮水植物群落可以以莲、睡莲、菱角等一些水生植物为主。挺水植物群落通常可由芦苇、香蒲、水葱、荸荠等水生植物组成。溪涧沿岸应尽可能地种植当地的野生花卉，构成不同的色彩群落，达到步移景异的效果。

面状空间的水景设计：面状空间的水景对于空间面积的要求就更大一些，一般是一些豪华型别墅才能采用，按“大空间宜分，小空间宜聚”

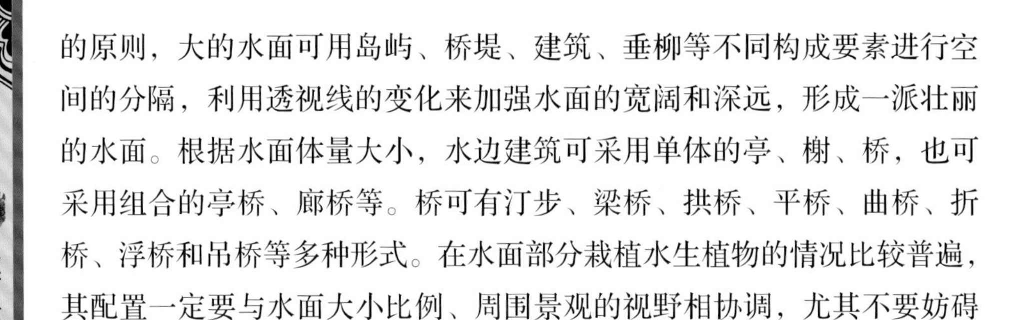
的原则，大的水面可用岛屿、桥堤、建筑、垂柳等不同构成要素进行空间的分隔，利用透视线的变化来加强水面的宽阔和深远，形成一派壮丽的水面。根据水面体量大小，水边建筑可采用单体的亭、榭、桥，也可采用组合的亭桥、廊桥等。桥可有汀步、梁桥、拱桥、平桥、曲桥、折桥、浮桥和吊桥等多种形式。在水面部分栽植水生植物的情况比较普遍，其配置一定要与水面大小比例、周围景观的视野相协调，尤其不要妨碍倒影产生的效果。

（3）山石

山石在园林设计中的应用由来已久，源远流长。从远古时代“囿”的不经意，到现代已经走进了居室厅堂的室内园林设计中的刻意与精心，无处不有山石的芳踪。从现代人们的审美情趣与设计观念来看，山石应用的功用已尤为突出，无论从山石的选材、摆置手法、应用方式上都有了更丰富广阔的设计内涵，在继承传统的基础上有了新的发掘与开拓。

在园林景观中肯定少不了山石的踪迹，在别墅园林景观中，可运用天然的山石增加院落的自然气息。

①园林中常用天然石材

大自然造就了山石的丰富多彩，毫不修饰与素面朝天就能达到自然的意境。我国园林用石品种极多，已达一百多种，常见的有湖石、英石、黄石、青石、斧劈石、石笋石等，它们或粗犷大气，或细腻玲珑，或棱角分明，或珠圆玉润，或清逸雅致，各具特色，所以，在园林景观设计中，设计师总是可以找到自己心仪的并与别墅庭院相匹配的石材。

湖石：色以青黑、白、灰为主，产于江浙一带山麓水旁。质地细腻，易为水和二氧化碳溶蚀，表面产生很多皱纹涡洞，宛若天然抽象图案一般。

英石：又称石灰岩，其色呈青灰、黑灰等，常夹有白色方解石条纹，产于广东英德一带。因山水溶蚀风化，表面涡洞互套、褶皱繁密。

黄石：又称细砂岩，其色灰、白、浅黄不一，产于江苏常州一带。材质较硬，因风化冲刷所造成崩落沿节理面分解，形成许多不规则多面体，石面轮廓分明，锋芒毕露。

斧劈石：又称沉积岩，有浅灰、深灰、黑、土黄等色。产于江苏常州一带，具竖线条的丝状、条状、片状纹理，又称剑石，外形挺拔有力，但易风化剥落。

石笋石：又称竹叶状灰岩。其色淡灰绿、土红，带有眼窠状凹陷，产于浙、赣常山、玉山一带。形状越长越好看，往往三面已风化而背面有人工刀斧痕迹。

②园林中山石的摆置

石头本身是没有灵性的，但当设计师用艺术的手法去精心安排之后，就会予人以无限美好的享受和无限的遐想，于是石头就有了灵气。园中置石即在园林景观中摆放山石，这是一种文化的体现，思维的沉淀，自然的回归。园中置石可大可小、可多可少、可群可孤、可众可寡。无需有假山的险峻、伟岸、秀丽或崆峒，除部分造型特异可独赏的身价甚高的置石外，大多置石是为周围环境服务的。

在园林景观中放置山石，其山石的选用及布置需符合总体规划的要求，因形就势，目的明确，追求与环境谐调，注重表现自然野趣和朴实的审美效果。山石是天然之物，有自然的纹理、轮廓、造型、质地纯净，朴实无华，巧布于环境中，可增添园林中质朴自然的气息。

园林设计中山石的摆置，不同的方法使用的山石数量和效果有很大的差别。如果置石得法，运用的山石材料少，结构简单，可以取得事半功倍的效果。我们在下面从实际生活中常用的几种置石的方法分析论述其特点。

特置：又称孤置山石、孤赏山石，也有称其为峰石的。特置山石大多由单块山石布置成独立性的石景，常在环境中作局部主题。特置山石常在园林中作入口的障景和对景，或置于视线集中的廊间、天井中间、漏窗后面、水边、路口或园路转折的地方。此外，还可与壁山、花台、草坪、广场、水池、花架、景门、岛屿、驳岸等结合来使用。

值得注意的是，特置山石在布置时，首先特置选石宜体量大，轮廓

线突出，姿态多变，色彩突出，具有独特的观赏价值。石最好具有透、瘦、漏、皱、清、丑、顽、拙等特点。其次，特置山石为突出主景并与环境相谐调，常石前“有框”（即前置框景），石后有“背景”衬托，使山石最富变化的那一面朝向主要观赏方向，并利用植物或其他方法弥补山石的缺陷，使特置山石在环境中犹如一幅生动的画面。最后，特置山石作为视线焦点或局部构图中心，应与环境比例合宜。

特置山石大多由单块山石布置成独立性的石景，常在环境中作局部主题。

对置：把山石沿某一轴线或在门庭、路口、桥头、道路和建筑物入口两侧作对应的布置称为对置。对置由于布局比较规整，给人严肃的感觉，常在规则式园林或入口处使用。对置并非对称布置，作为对置的山石在数量、体量以及形态上无须对等，可挺可卧，可坐可偃，可仰可俯，只求在构图上的均衡和在形态上的呼应，这样既给人以稳定感，亦有情的感染。

对置是将山石在构图上进行有所呼应的摆置，山石可挺可卧、可仰可俯，在空间的结构上更加均衡。

散置：散置也称为散点石，以黄石、湖石、英石、千层石、斧劈石、石笋石、花岗石等石材，采用奇数来散置在路旁、林下、山麓、台阶边缘、建筑物角隅，配合地形，植以花木。有时成为自然的几凳，有时成为盆栽的底座，有时又成为局部高差、材质变化的过渡，是一种非常自然的点缀和提示，这是山石在园林中最为广泛的应用。散置对石材的要求相对比特置低一些，但要组合得好。常用于园门两侧、廊间、粉墙前、竹林中、山坡上、小岛上、草坪和花坛边缘或其中、路侧、阶边、建筑角隅、水边、树下、池中、高速公路护坡、驳岸或与其他景物结合造景。

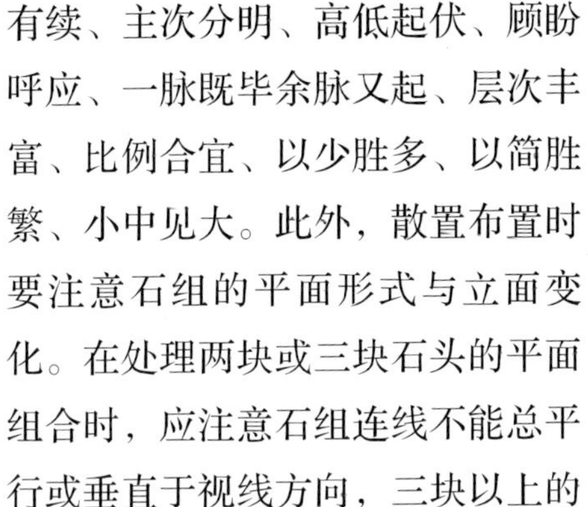

它的布置特点在于有聚有散、有断有续、主次分明、高低起伏、顾盼呼应、一脉既毕余脉又起、层次丰富、比例合宜、以少胜多、以简胜繁、小中见大。此外，散置布置时要注意石组的平面形式与立面变化。在处理两块或三块石头的平面组合时，应注意石组连线不能总平行或垂直于视线方向，三块以上的石组排列不能呈等腰、等边三角形和直线排列。立面组合要力求石块组合多样化，不要把石块放置在同一高度，组合成同一形态或并排堆放，要赋予石块自然特性的自由。

运用各种类型的石头，使其呈奇数的散置在水景、建筑、路旁、林下等位置，起到自然的点缀作用。

群置：应用多数山石互相搭配布置称为群置或称聚点、大散点。群置常布置在山顶、山麓、池畔、路边、交叉路口、大树下以及水草旁，还可与特置山石结合造景。群置配石要有主有从，主次分明，组景时要求石之大小不等、高低不等、石的间距远近不等。群置有墩配、剑配和卧配三种方式，不论采用何种配置方式，均要注意主从分明、层次清晰、疏密有致、虚实相间。值得注意的是，还有一种山石瀑布组合的布置，此时以园林地形为依据，堆放黄石、湖石、花岗石、千层石，引水由上而下，形成瀑布跌水。这种做法俗称“土包石”，是目前最常见的做法。

群置常布置在山顶、山麓、池畔、路边、交叉路口、大树下以及水草旁，还可与特置山石结合造景。

③堆叠山石要注意的事项

在园林设计中，除了要了解山石的种类和摆置方法外，在堆叠山石时也有一些注意事项是需要我们了解的，下面分别进行介绍。

首先，山石的用料和做法，实际上表示一种类型的地质构造存在。在被土层、砂砾、植被覆盖的情况下，人们只能感受到山林的外形和走向。如覆盖物除去，则“山骨”尽出。因此，山石的选用要符合总体规划的要求，与整个地形、地貌相协调。若规划要求是个荒漠园，就不宜用湖石，因为那里水不多，很难找到喀斯特现象。其次，在同一地域内最好不要多种类的山石混用。再次，在堆叠时，不宜做到质、色、纹、面、体、姿的协调一致。最后，山石的堆叠造型，有传统的安、接、跨、悬、斗、卡、连、垂、剑、拼十大手法。现在设计和施工的手法，更注重的是崇尚自然，朴实无华。尤其是采用千层石、花岗石的地方，要求的是整体效果，而不是孤石观赏。整体造型，既要符合自然规律，在情理之中又要高度概括提升，在意料之外。

（4）园林建筑小品

园林建筑小品源远流长，从中国最早的上古时代园林的灵台、龙、麒麟、白鸟、龟，到明清时代皇家园林、私家园林中的华表、石刻、灯柱、孤赏石等，再到现代都市园林绿地中的各类坐椅、垃圾箱、园灯等都是园林建筑小品。可见，园林建筑小品无论是在古典园林中还是在园林景观中，都有它不可或缺的地位。而在别墅园林景观中，园林建筑小品包括亭、廊、桥、大门、围墙及有功能用途的小型建筑，如棚、管理用房、设备用房等。园林建筑小品是园林艺术的重要景观，同时又是重要的观景点。园林建筑的位置应选择景观的焦点，园林建筑内必须有良好的视野。

①园林建筑小品在园林中的用途

园林建筑小品虽属园林中的小型艺术装饰，但其影响之深，作用之大，感受之浓的确胜过其他景物。一个设计精巧、造型优美的园林建筑小品，在别墅的园林景观中，能提高人们的生活情趣，美化这座别墅的自然环境，成为了别墅空间中的点睛之笔。而总结起来，园林建筑小品在园林中的作用大致包括组景、观赏以及渲染气氛三个方面。

组景：园林建筑小品在园林空间中，除具有自身的使用功能外，更重要的作用是把外界的景色组织起来，在园林空间中形成无形的纽带，引导人们由一个空间进入另一个空间，起着导向和组织空间画面的构图

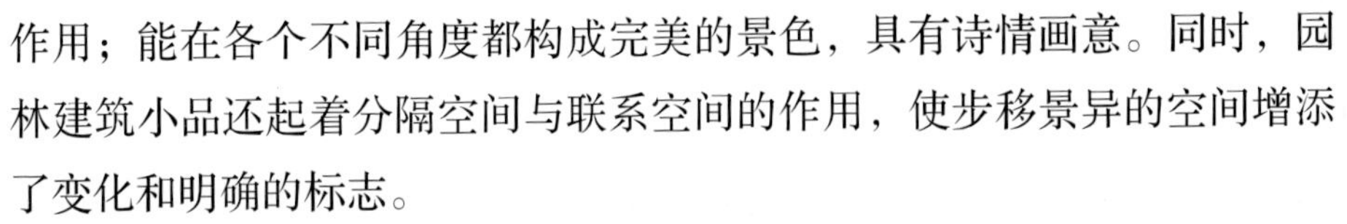

作用；能在各个不同角度都构成完美的景色，具有诗情画意。同时，园林建筑小品还起着分隔空间与联系空间的作用，使步移景异的空间增添了变化和明确的标志。

观赏：我们可以把园林建筑小品看做是一个艺术品，它本身具有审美价值，由于其色彩、质感、肌理、尺度、造型的特点，加之成功的布置，本身就是园林环境中的一景。这里可以传统的水庭石灯的小品进行空间形式美的加工，以提高园林艺术价值，还可在庭院中人工山水池中放置一组小型的人物雕塑，使庭院艺术趣味焕然一新。

渲染气氛：园林建筑小品除具有组景、观赏作用外，还把桌凳、地坪、踏步、灯具等功能作用比较明显的小品予以艺术化、景致化。一组休息的坐凳或一块标示牌，如果设计新颖，处理得宜，做成富有一定艺术情趣的形式，会给人留下深刻的印象，使园林环境更具感染力。如水边的两组坐凳，一个采用石制天然坐凳，恬静、祥和，可与环境构成一幅中国天然山水画；一个凳面上刻有艺术图案，独特新颖，别具情趣，迎水而坐令人视野开阔、心旷神怡。

②园林建筑小品的分类

园林建筑小品有很多种类，若是要我们不加分类地列举建筑小品，可能洋洋洒洒地会说出许多。如浮雕、雕塑、壁画、石碑刻字、园灯、坐椅、栏杆、篱笆、垃圾箱、通窗、景窗、曲桥、亭桥等。从以上的罗列可以看出，它们虽然都称为园林建筑小品，但之间还是有很大的区别，其中，既有功能的区别，还有体量大小的区别，这里我们按照其功能对其进行分类。

供休息的小品：包括各种造型的靠背园椅、凳、桌和遮阳的伞、罩等。常结合环境，用自然块石或用混凝土作成仿石、仿树墩的凳、桌；或利用花坛、花台边缘的矮墙和地下通气孔道来作椅、凳等；围绕大树基部设椅凳，既可休息，又能纳凉。

装饰性小品：各种固定的和可移动的花钵、装饰瓶等，还可经常更换花卉。装饰性的日晷、香炉、水缸，各种景墙（如九龙壁）、景窗等，在园林中起点缀作用。

结合照明的小品：园灯的基座、灯柱、灯头、灯具都有很强的装饰

作用。

服务性小品：如为游人服务的饮水泉、洗手池、公用电话亭、时钟塔等；为保护园林设施的栏杆、格子垣、花坛绿地的边缘装饰等；为保持环境卫生的废物箱等。而这类小品在别墅园林景观中则可以省略掉。

③园林建筑小品的功能和设计重点

园林建筑小品以其丰富多彩的内容和造型活跃在古典园林，在别墅园林景观中也越来越多的应用到。在园林景观的建筑小品的设计上，力争人工中见自然，给人以美妙意境，情趣感染。园林建筑小品种类繁多，或体量小巧、富于神韵，或立意有章、精巧多彩。这里分别针对园林建筑小品中具有代表性的亭、廊、花架、园桥、园墙与围篱、墙垣及门洞、漏窗、园椅、园灯等小品进行详细的介绍。

亭：亭作为园林建筑小品中的最基本的单元，主要是为满足人们的休憩要求，同时也可纳凉、避雨，非常具有休闲气质。在造型上要结合具体地形、自然景观和传统设计，并以其娇美轻巧，玲珑剔透的形象与周围的建筑、绿化、水景等结合，从而构成别墅园林景观中的一大亮点。亭的构造大致可分为亭顶、亭身、亭基三部分。体量宁小勿大，形制也

亭作为园林建筑小品中的最基本的单元，主要是为满足人们的休憩要求，同时也可纳凉、避雨，非常具有休闲气质。

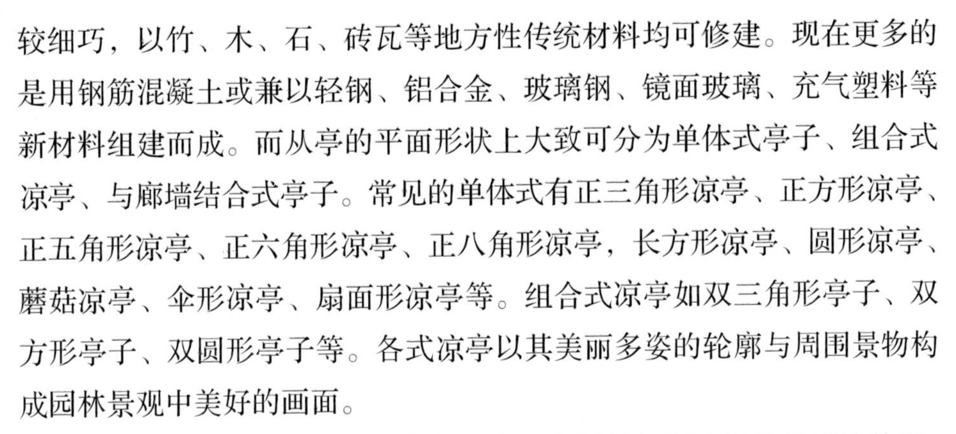

较细巧，以竹、木、石、砖瓦等地方性传统材料均可修建。现在更多的是用钢筋混凝土或兼以轻钢、铝合金、玻璃钢、镜面玻璃、充气塑料等新材料组建而成。而从亭的平面形状上大致可分为单体式亭子、组合式凉亭、与廊墙结合式亭子。常见的单体式有正三角形凉亭、正方形凉亭、正五角形凉亭、正六角形凉亭、正八角形凉亭，长方形凉亭、圆形凉亭、蘑菇凉亭、伞形凉亭、扇面形凉亭等。组合式凉亭如双三角形亭子、双方形亭子、双圆形亭子等。各式凉亭以其美丽多姿的轮廓与周围景物构成园林景观中美好的画面。

廊：园林中的廊可以是长廊或亭廊，它可以起到让景色相连的效果。在园林景观中，廊的设计可随山就势、曲折迂回、逶迤蜿蜒，丰富空间层次，从而增加景深。廊的形式有空廊、半廊、复廊、双层廊、爬山廊、曲廊等，空廊有柱无墙，开敞通透适用于景色层次丰富的环境，使廊的两面有景可观。当此廊隔水飞架，即为水廊。半廊即单面空廊，一面开敞，一面靠墙，墙上又设有各色漏窗门洞或设有宣传橱柜。复廊即廊中间没有漏窗之墙，犹如两列半廊复合而成，两面都可通行，并易与廊的两边各属不同的景区的场合。双层廊又称复道阁廊，有上下两层，便于

对于别墅园林景观，其中的廊一般多采用亭廊的形式，它可以起到让景色相连的效果。

联系不同高度的建筑和景物，增加廊的气势和景观层次。爬山廊的廊顺地势起伏蜿蜒曲折，犹如伏地游龙而成爬山廊。常见的有跌落爬山廊和竖曲线爬山廊。曲廊既依墙又离墙，因而在廊与墙之间组成各式小院，空间交错，穿插流动，曲折有法或在其间栽花置石，或略添小景而成曲廊，不曲则成修廊。

花架：花架是园林中以植物材料为顶的廊，它既具有廊的功能，又比廊更接近自然，融合于环境之中，其布局灵活多样，且又由于体积比其他的园林建筑小品更小一些，所以在别墅园林景观中非常适用。还可以搭配植物的特点来构思花架，形式有条形、圆形、转角形、多边形、弧形、复柱形等。值得注意的是，近年来花架与亭廊等园林建筑小品，立意创新，运用符号变化与现代建筑技术材料有机结合手法，再加上必要的组合与排列，设计了一系列韵出新声，个性独特，功能各异的创新小品。

○ 花架是园林中以植物材料为顶的廊，它既具有廊的功能，又比廊更接近自然，融合于环境之中，其布局灵活多样。

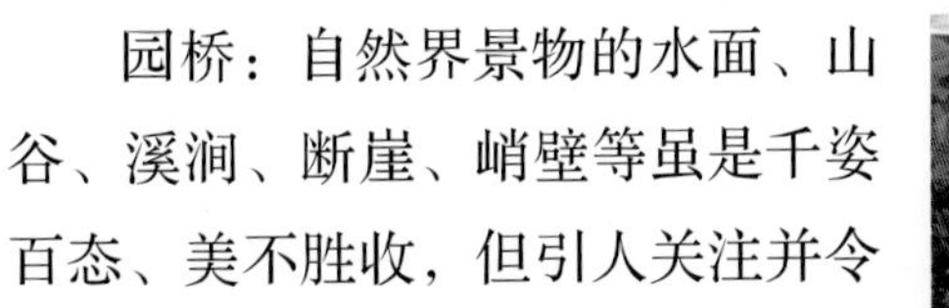

园桥：自然界景物的水面、山谷、溪涧、断崖、峭壁等虽是千姿百态、美不胜收，但引人关注并令人流连忘返的却是园桥，在别墅园林景观中，园桥的设计可以适当放小桥的比例，结合山石、水体进行调整，从而展现出“小桥流水人家”的意境，赋予景观田园般的诗情画意。

在别墅园林景观中，园桥的设计可以适当放小桥的比例，结合山石、水体进行调整，从而展现出“小桥流水人家”的意境。

园墙与围篱：园墙与围篱有隔断和划分空间组织的作用，也有围合、标识、衬景的功能。园墙与围篱本身还带有装饰、美化环境、制造气氛并获得亲切安全感等多重功能。在别墅园林景观中，园墙与围篱的高度一般控制在2米以下，可使其成为园景的一部分。同时，园墙和围篱在设计中可交替配合使用，构成别墅园林景观外围的特征，并与大门出入口、竹林、树丛、花坛、流水等自然环境融为一体。

在别墅园林景观中，园墙的高度一般控制在2米以下，可使其成为园景的一部分。

墙垣及门洞、漏窗：园林墙垣有围墙和景墙之分，园林围墙作维护构筑，其主要功能是防卫作用，同时具有装饰环境的作用，而园林景墙

○ 景墙的造景作用不仅以其优美的外在造型来表现，更重要的是从其在园林空间的构成和组合中体现出来。

的主要功能是造景，以其精巧的造型点缀园林之中，成为景物之一。景墙的造景作用不仅以其优美的外在造型来表现，更重要的是从其在园林空间的构成和组合中体现出来。园林墙垣可分隔大空间，化大为小，又可将小空间串通迂回，小中见大，层次深邃。景墙可以独立成景，与周围的山石、花木、灯具、水体等构成一组独立的景物。园林墙垣上的门洞、漏窗，在造景上有着特殊的地位与作用，不仅装饰各种墙面使墙垣造型生动优美，更使园林空间通透，流动多姿，孤立的门洞和漏窗的欣赏效果是有限的，但如果能与园林环境配合，构成一定的意境则情趣倍增，可利用门洞、漏窗外的景物，构成“框景”“对景”，则另有一番天地。因此，门洞、漏窗后的蕉叶、山石、修竹都是构成优美画幅的因素，“步移景异”正是这些园林门洞、漏窗所组成的一幅幅立体图画的概括，漏窗与盆景布置结合，更是锦上添花。

园椅：园椅为高出地面，供人休息、眺望的人工建筑物，它是园林中最普遍的设施之一，为人们提供停留休息之地。在别墅园林景观中，园椅的设计可以很巧妙地把美与实用结合起来，以动物或抽象的各种艺术形态制造为坐椅，让园椅更具独特个性，彰显主人的风格特色，使其

园椅是园林中最普遍的设施之一，为人们提供停留休息之地。在别墅园林景观中，园椅的设计可以很巧妙地把美与实用结合起来。

更富有艺术感染力。同时，园椅还往往与其他设施结合成一体，形成统一的格局。常见的有台阶、花坛、园灯等，与这些设施组合时要突出一个“配”字，要使园椅与相配的设施之间和谐统一，相得益彰。

园灯：园灯既有照明又有点缀装饰园林环境的功能，因此，既要保证晚间游览活动的照明需要，又要以其美观的造型装饰环境，为园林景色增添生气。绚丽明亮的园灯可使园林环境气氛更为热烈、生动、欣欣向荣，富有生机；而柔和的灯光又会使园林环境更加宁静、舒适、亲切宜人。因此，园灯灯光可衬托各种园林气氛，使园林环境更加富有诗意。

园灯既有照明又有点缀装饰园林环境的功能，同时，水景也可和灯光进行结合，创造出不一样的效果。

第五章

自建别墅的形式与选材

本章从自建别墅的形式、别墅外墙的选材、别墅屋面瓦的种类和选择、别墅屋面防水的设计标准、别墅门窗的选择技巧、别墅入户门的选择、别墅车库门的选择、别墅庭院地面铺装材料的选择、别墅中央空调的选择与安装、文化石的应用以及认识生态木结构别墅等十一个方面，分节对自建别墅建筑形式选材方面的知识进行全方位的介绍。

第一节 自建别墅的形式

随着别墅市场逐步走向成熟，别墅不再是高不可攀的住宅。市场的规范，消费者的理性意识增强，都让别墅市场的竞争越演越烈。国内的很多别墅呈现出户型、布局统一的现象，在一定程度上已经不能够满足所有购房者的个性化需求。此时，以个性突出为特点的自建式别墅的出现是市场发展的一种必然产物，有它的存在意义和发展空间。虽然目前自建式别墅还没有大规模地开展起来，但只要市场有需要，这种形势肯定会成为主流。目前自建别墅有两种形式，一种是在传统的别墅修建方式的基础上更具客户需要进行“自建”；另外一种是自己买地建别墅这种真正意义上的自建，下面分别进行详细的介绍。

1.在“传统”的基础上自建别墅

在“传统”的基础上自建别墅，此时的“建”应该正确理解为“建议”的建，而不是让业主自己带着施工队去建造。在以前的尝试中，就出现过这样的情况。全部工作从设计、选料、施工等都由业主自行解决，这显然不很现实。其中最大的就是工期问题，虽然自建别墅有划定的范围，但由于工期长短不一，有的别墅甚至一拖好几年，临时搭建的工棚、工队的食堂及材料的堆放都是问题，肯定会干扰整个社区居民的正常生活。此时，也由于多数业主对于别墅建造方面的经验不足，又没有得到开发商足够的支持，最后建造的别墅往往事与愿违。在吸取了以往的经验后，对于自建别墅有了更成熟的理解。此时可以为业主提供了一个大的轮廓，可以是以一种建筑风格为主，其他方面则由业主自由发挥，如空间的比例调整、房间的设置顺序、地下室的选择、景观的营造等。然后客户把意见反馈给开发商，再由开发商根据客户的要求量身打造。这样双方配合进行，既满足了客户独特的一些需求，在细微之处开发商又可以为客户做到必要的补充。

2.自购地修建别墅

自购地修建别墅其实也可以根据其工程的实现方法分为两种，一种是

自己完全自主建房，自己找设计团队设计图纸，找建设团队来施工，完全的自建。另一种是外包给建筑设计公司，让公司按照自己的要求进行建造，这种方式最常见的就是轻钢结构和木结构，国外流行的这种集成化的房屋，流程化建房，快捷省时省力，节能环保。

自己建房在设计时要重点关注的问题，一是结构要合理，使用要方便，因为你不可能在装修时再改动结构。二是设计时要充分考虑房子居住人口的特点，三是要考虑房间通风采光，四是水电设计一定要超前，不要怕麻烦。同时，自建别墅时还需注意，建房和装修房子在保证质量的前提下有很多省钱之道。如水龙头、灯泡、各种水电材料等必须用质量好的，有些东西却不一定要用价高的品种(如地板砖、墙砖等)，实用就好。若是在乡村建房，工人容易找，工钱比城里便宜。还有红砖、水泥附近都有生产，送货方便，价格也相对比城市里的便宜，不便之处是很多建材农村品种较少，选择范围不大。

第二节 别墅外墙的选材

多数时候人们提到别墅最先想到的还是古典的灰白色建筑，是那种带有尖顶的“城堡”，又或是美国西部带有些浮土的灰色“独立建筑”，人们似乎觉得只有这类造型与色调才是别墅应有的模样。而从人类掌握并灵活运用色彩涂料的那天起，那些固有的、缺乏想象力的别墅外墙色调模式已经成为了过去。在现代，世界各地绚丽色彩的别墅在平原与山腰间随处可见，为眼力所及的观者展现着多彩的享受情调。别墅的外墙由材料的不同可分为外挂板式外墙、涂料式和砖式，而现代新材料的应用又将这三种外墙材料细化。

1.外挂板式别墅外墙

外墙装饰挂板是一种新型装饰装修材料，其使用的所有构件均由PVC外加添加剂经过混搅、加热、挤出、辊压成型等一系列工艺制作而成。在别墅外墙的选材上，选择外挂板式别墅外墙有很多好处。首先装饰性好，由于挂板表面仿木纹等图案各异，颜色丰富多彩，线条清晰明快，具有欧美流行的现代感，特别适用于别墅、公寓等建筑。其次是使用范围广，该类产品耐严寒酷暑，经久耐用、抗紫外线、耐老化。针对酸、碱、盐及潮湿地区的耐腐蚀性能特别好。再次是节能性高，在挂板内层可极为方便地安装聚苯乙烯泡沫材料，使外墙保温效果更好。最后是安装方便，一般一栋200平方米的别墅，一天即可安装完毕。外墙挂板工程是目前为止最省工省时的外墙装饰装修方案。出现局部破损，只需更换新挂板，简单迅速，维护方便。对于外挂板式外墙，我们还可根据板式的不同形成各种不同的视觉效果。

（1）仿木横条装饰板

仿木横条装饰板又称鱼鳞板，面料与基材通过共挤复合而成，能抗紫外线、耐酸碱、耐腐蚀，表面可有不同的木纹机理效果，质感均匀逼真，色泽优雅，是一种风行于北美地区的最广泛的外墙装饰建材之一。

别墅外墙材质可以是外挂板式材料，在其中还可选择仿木横条装饰板，表面可有不同的木纹机理效果，质感均匀逼真。

（2）仿石挂板

仿石挂板的实质是注塑件，面层为抗紫外线高级涂料，颜色有砖红、土灰、墨绿等多种选择，质感强烈，具有逼真的斧辟石效果。其规格为1000毫米×508毫米，可任意裁剪，无须专用工具与技术。安装速度比天

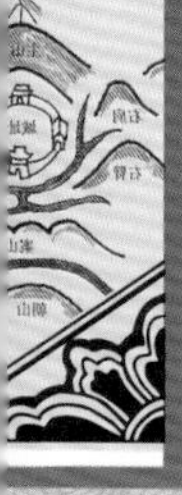

然石材快100倍，拆卸与清洗都非常方便，而且无须破坏建筑物原有墙面，适用于临时房屋和永久性房屋的外墙裙装饰，柱角装饰或室内装饰。

仿石挂板具有逼真的斧辟石效果，适用于临时房屋和永久性房屋的外墙裙装饰，柱角装饰或室内装饰。

（3）仿木瓦饰板

仿木瓦饰板是一种充满怀旧风味的板材，同样也是注塑件，其木纹肌理效果逼真，有深灰、柚木色等多种颜色可选。面层涂料能抗紫外线，耐久性强，其古朴原始的装饰效果，赋予装潢设计师以丰富的想象素材。它不但适用于别墅外墙装饰，更可满足酒吧餐厅等室内装饰的需要。

仿木瓦饰板是一种充满怀旧风味的板材，面层涂料能抗紫外线，耐久性强，其古朴原始的装饰效果，赋予装潢设计师以丰富的想象素材。

（4）仿砖饰板

仿砖饰板是面层为抗紫外线高级涂料的注塑件，质感逼真，可以作为别墅墙裙装饰。

仿砖饰板是面层为抗紫外线高级涂料的注塑件，质感逼真、砖块排列自然，外饰涂料还能耐老化、耐腐蚀。尤其是安装速度极快，比传统贴面砖快90倍，无须拆除原墙面装饰材料，省时省力。除了可以作为别墅墙裙装饰外，还可广泛用于老建筑的大面积外墙面翻新。

2.别墅外墙涂料

长期以来，许多建筑物外墙都采用贴装保温板来对房屋进行保温，但是在涂刷外墙涂料一段时间后，由于保温板热胀冷缩的因素，涂刷过外墙涂料的墙面便会产生裂纹。而现代的新型涂料已经改变了其原有的特性，外墙抗裂纹漆的出现也使得越来越多的别墅选择了外墙涂料进行装饰，因为只有外墙涂料才具有各种鲜艳的色彩，这也是其他材料所不能比拟的。

（1）纳米多功能外墙涂料

纳米多功能外墙涂料具有耐污性、耐洗刷性、高保色性等特点，是别墅建筑广泛使用的高档环保型外墙涂料。

纳米多功能外墙涂料是选用进口乳液和助剂，结合新型纳米材料精制而成，集纳米多功能和外墙装饰于一体，具有耐污性、耐洗刷性、高保色性等特点，是别墅建筑广泛使用的高档环保型外墙涂料。其特点表现为通过纳米材料改性，有效屏蔽紫外线，具有优异的耐候性、保色性、涂膜亮丽持久；优异的耐水、耐碱、耐洗刷性；遮盖力强，容易施

工；优异的抗藻防霉能力；高抗沾污，自洁能力强，能有效遮盖基层细微裂纹。

（2）外墙刮砂型弹性质感涂料

外墙刮砂型弹性质感涂料由精细分级的填料、纯炳烯酸黏合剂及其他助剂组成。特别设计的粘度结构，柔韧性佳，抗碰撞及冲击，涂层具优异的耐拉伸性，憎水透气性，能有效桥连和掩盖墙体的细小裂缝。适用于砖墙面、水泥砂浆面、砂石面、胶合板、防锈钢板等基面，施工宽容性广。其特性表现为优异的附着力和完美的遮盖力；柔韧性好，抗碰撞及冲击；憎水透气，防潮吸音；质感强烈，表现力丰富。

外墙刮砂型弹性质感涂料适用于砖墙面、水泥砂浆面、砂石面、胶合板、防锈钢板等基面，施工宽容性广。

（3）矿物性油漆

在许多发达国家很多已经开始使用矿物性油漆来取代外墙的瓷砖，这种矿物性油漆具有耐酸雨、可刷洗、可抗空气污染等优点，目前国内已引进该种建材，实际地运用在高级别墅住宅上。

很多发达国家很多已经开始使用矿物性油漆来取代外墙的瓷砖。

3.别墅外墙砖

外墙砖可以分为瓷砖和劈开砖两种形式。其中，瓷砖是国内外墙最常用的建材，它的表面虽光滑但却不见得耐脏，而且瓷砖接缝最容易藏污纳垢、长青苔，这问题也着实令许多人头疼。所以，别墅的外墙一般选用瓷砖的并不多。而劈开砖由于色彩自然，则大量为别墅的开发商所采用。外墙砖按工艺及特色大致分为五类，下面分别进行介绍。

（1）釉面砖

釉面砖就是表面经过烧釉处理的砖。基于原材料的不同，可以分为陶制釉面砖和瓷制釉面砖两大类。陶制釉面砖，由陶土烧制而成，吸水率较高，强度相对较低。其主要特征是背面颜色为红色。瓷制釉面砖，由瓷土烧制而成，吸水率较低，强度相对较高。其主要特征是釉面砖的背面颜色是灰白色。而根据光泽的不同，釉面砖又可以分为光面釉面砖和哑光釉面砖两类。光面釉面砖，适合于制造“干净”的效果；哑光釉面砖，适合于制造“时尚”的效果。釉面砖是装修中最常见的砖种，由于色彩图案丰富，而且防污能力强，因此被广泛使用于墙面和地面装修。

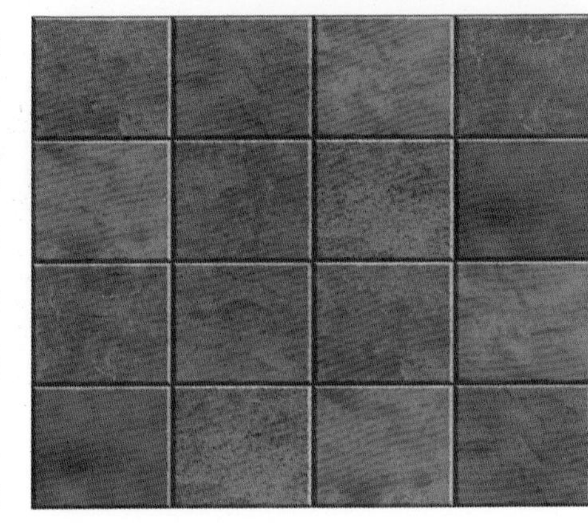

釉面砖由于色彩图案丰富，而且防污能力强，因此被广泛使用于墙面和地面装修。

（2）抛光砖

抛光砖就是通体砖坯体的表面经过打磨而成的一种光亮的砖种。抛光砖属于通体砖的一种衍生产品。相对于通体砖平面粗糙，抛光砖表面光洁，性质坚硬耐磨，除洗手间、厨房这些区域外，适合运用在大部分的室内空间中。在运用渗花技术的基础上，抛光砖可以做出各种仿石、仿木效果。

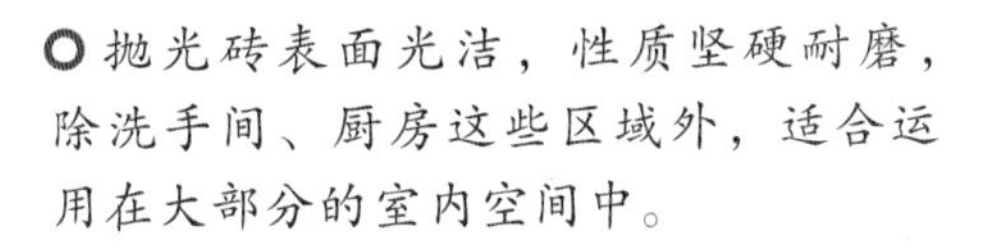

抛光砖表面光洁，性质坚硬耐磨，除洗手间、厨房这些区域外，适合运用在大部分的室内空间中。

（3）玻化砖

玻化砖是一种强化的抛光砖，除瓷土外，还含有较高比例的石英砂成分（制作玻璃的主要原料）。这种陶瓷砖具有天然石材的质感，而且更具有高光度、高硬度、高耐磨、吸水率低，色差少以及色彩丰富等优点，用高温烧

玻化砖是一种强化的抛光砖，这种陶瓷砖具有天然石材的质感。

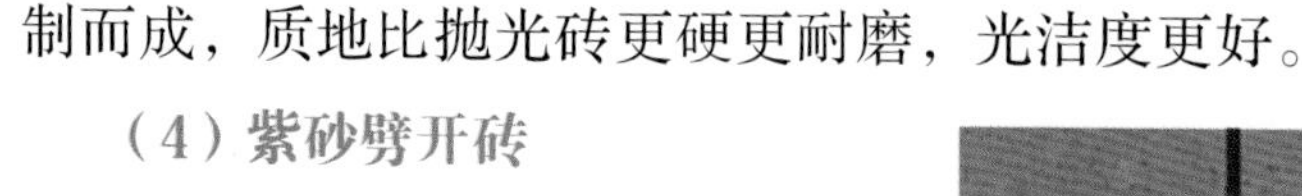

制而成，质地比抛光砖更硬更耐磨，光洁度更好。

（4）紫砂劈开砖

紫砂劈开砖全名紫砂陶土劈开砖，采用天然紫砂陶土烧制成型。劈开砖又名劈离砖或劈裂砖，是一种用于内外墙或地面装饰的建筑装饰瓷砖，它以长石、石英、高岭土等陶瓷原料经干法或湿法粉碎混合后制成具有较好可塑性的湿坯料，用真空螺旋挤出机挤压成双面以扁薄的筋条相连的中空砖坯，再经切割，干燥，然后在1100 ℃以上高温下烧成，再以手工或机械方法将其沿筋条的薄弱连接部位劈开而成两片。

紫砂劈开砖色泽柔和、返璞归真，是别墅、办公大楼等建筑的高档装饰材料。

紫砂劈开砖是真正的绿色环保建材，原材料采用天然紫砂陶土，凭借紫砂陶土的自然色差，经高温成型后的收缩差异，营造出古典、淳朴、柔和的装饰效果。紫砂劈开砖色泽柔和、返璞归真，是别墅、办公大楼等建筑的高档装饰材料。同时，紫砂劈开砖也具有其文化性，劈开砖是表达欧式建筑风格的经典材料。其温暖的色调、过度自然的色差以及特殊的外观质地，不仅具有自然美，更凝聚着厚重的价值感。劈开砖是最具有自然保护的材料，它的建筑同样也表现了自然环保的文化主题。劈开砖还具有吸排湿机能，砖内分布的孔隙可以吸排外界的湿气，砖体白天释放湿气，夜晚吸收湿气。劈开砖的这种吸排湿机能有利于保持局部环境的湿润，可以避免水分迅速蒸发而造成的空气干燥，还可以避免结露。它的导热性能是其他材料无法比拟的，使用劈开砖的建筑可以调节温度，创造更加舒适的生活环境，这也正是别墅这种建筑所要追求的。

（5）手工陶土砖

手工陶土砖使用优质的天然陶土制作而成，利用原料的自然色泽，精心配制及高温烧成后的收缩差异，营造出古典，纯朴，幽雅的装饰效果，这类砖具有抗冻性、耐酸碱性、不剥落、无辐射、耐老化、无光污染、施工效果好等特点，在视觉效果上给人一种返璞归真的感受，能广泛地适用于别墅、园林、商住楼、临街墙面装饰、工业用房等建筑。

手工陶土砖使用优质的天然陶土制作而成，具有抗冻性、耐酸碱性、不剥落、无光污染、施工效果好等特点。

第三节 别墅屋面瓦的种类和选择

别墅的屋顶设计一般都是采用在其原有的建筑面顶上加盖屋面瓦来进行防雨、防漏、保温、隔热，而到底什么样的屋面瓦更适合自己的别墅呢，在选材上我们还应对其种类有所了解。

1.屋面瓦的功能

好的建筑物在它的整个使用寿命中，其屋顶必须得到很好庇护，而屋面瓦则是至关重要的保护外衣。对房屋而言，屋面瓦有以下三大方面的功能。

（1）防雨防漏

屋面铺上瓦后应将屋顶严密覆盖，把雨水与屋顶很好地隔离开来，不管雨多大或下多长时间，任凭大风刮都不许雨水渗入屋内，否则将损坏房屋内的装修及设施，以致无法居住使用，还会损坏整个房屋结构，甚至结束它的寿命。所以，屋顶一旦渗漏会给人们带来诸多麻烦和无限烦恼。为此，防雨防漏是屋面瓦的第一重要功能。

屋面瓦要很好地防雨防漏，不是易事。人类自有文明以来，建房时即想尽各种办法用来防雨。但千百年来虽使用了各式各样的材料和瓦片，仍始终未能很好地解决这一问题，或能解决但代价昂贵无法普及。直到近几十年人们才开发出彩色水泥瓦，较好地解决了房屋防漏难题。不是什么水泥瓦都能很好防漏。如瓦片结构不合理，防漏效果即差。单槽瓦与双槽瓦相比，单槽瓦接缝开在瓦棱最高点而且搭接严密牢固，缝隙很小，形成“S”型接缝，不怕侧风，雨水滴入接缝进入水沟槽水量极少，不会漏雨。双槽瓦则不然，由于接缝开在瓦棱的半坡处，进水量是前者的20～30倍，大风暴雨时极易渗漏。除结构形式外，瓦的抗渗性能对防漏的影响亦很大。设备简陋、工艺简单的小瓦厂无法生产高密实度瓦，渗水率高，连续下雨，雨水即渗透瓦体，从背面滴出渗入屋内。只有设备技术先进、工艺讲究的大厂才能制出高密度瓦，不管连续阴雨多久瓦体也不会渗水，防漏功能可靠。

（2）隔热保温

随着人们生活水平的提高，对居住条件自然提出更高要求，居住舒适性即是重要指标之一。要想住得舒适，房屋的隔热保温性能必须良好，屋面瓦就担负着这一重任。瓦本身的厚度有限，仅有1厘米多，靠此无法隔热，隔热全靠瓦下严密封闭的那层空气，封得愈死，隔热愈好，否则这层空隙没有多大作用。这正如双层玻璃保温隔热的道理一样，虽然两层玻璃间仅有一层薄薄的空气层，但只要四边封得严，隔热效果就会很好。如果四面透风将不起什么作用。瓦也一样，大厂生产的彩瓦，尺寸精确，搭接结构合理，不翘不曲，搭好之后犹如一个整体，封闭严密，除防雨防风良好外，自然起到很好的隔热作用。小厂瓦，尤其是已被淘汰的双槽瓦，很难搭接严密，保温隔热性能必然不好。两者的保温效果会差3℃～4℃之多。所以选瓦时一定要把瓦搭接一下，看是否严密。

（3）装饰性

建筑的外观如同人的衣服，除具有相应的功能之外，还希望外观能个性、漂亮。漂亮的屋面瓦就是房屋的“外衣”，瓦的色彩及瓦形的设计，铺装好坏对建筑物的外观都起着决定性作用。屋面瓦这个“外衣”比人的外衣要重要得多。外衣穿着不合适不漂亮，马上可以换一件，瓦则不然，即使不合适，要换瓦谈何容易，既费钱又费工时，房屋这个“外衣”一穿就是几十年。因而选瓦时要慎之又慎，不可一时图省小钱而误大事。

2.屋面瓦的种类

屋面瓦根据其材质的不同，大致可以分为水泥瓦、玻纤瓦、彩钢瓦和陶瓷瓦四大类，下面分别进行介绍。

（1）水泥瓦

水泥瓦是用一定比例的水泥砂浆进行压模或滚压制作而成，其产品成分是水泥、砂及颜料，经过工厂加工制作而成的，其主要特点是搭接牢固且可采用干挂施工方法。由于水泥瓦采用上下搭接，左右咬接的施工方式，防水性能相对其他瓦要强，可当做第一道防水功能，增强屋顶的防漏性。同时，由于水泥彩瓦颜色丰富，一片瓦片可以有两种甚至三种颜色，安装在屋顶以后相对比较美观，并且水泥瓦有波纹瓦与平板瓦两种，有较多的选择。

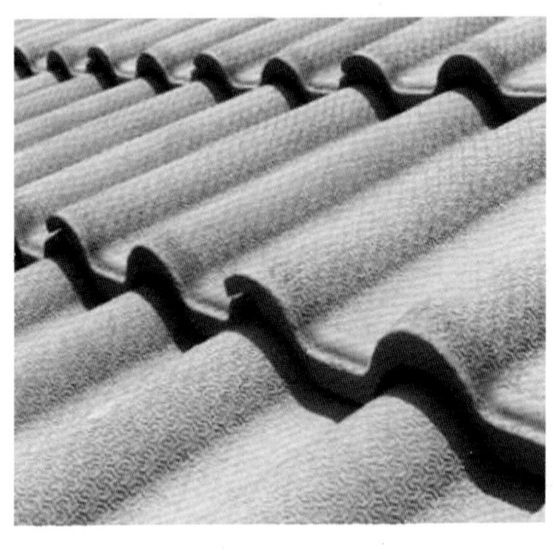

水泥瓦的防水性能相对其他瓦要强，且颜色丰富能美化屋顶。

（2）玻纤瓦

玻纤瓦也叫油毡瓦或沥青瓦，顾名思义，玻纤瓦是由改性沥青、玻璃纤维、彩色陶粒、自粘胶条组成。其特点为轻，每平方米重10千克左右，且其材质为改性沥青，只要安装方法得当，防水性能可达到较好效果，特别适合平改坡项目或木结构房子。由于玻纤瓦施工简便，施工损耗基本可以忽略不算，所以也增强了其市场竞争力，可为开发商节约工程造价。玻纤瓦颜色多样，安装在屋面其美观效果特别强，我国的江浙

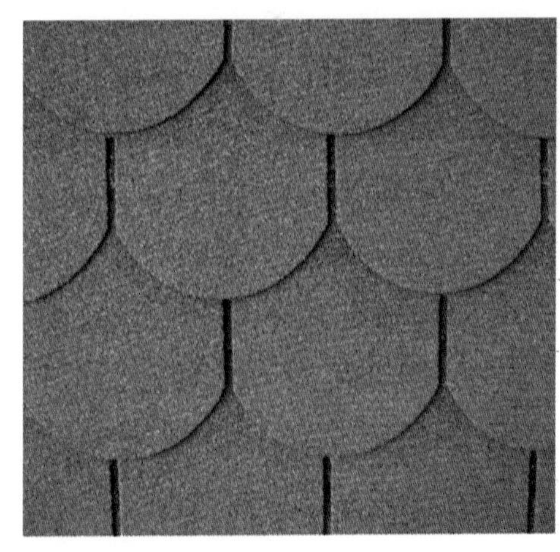

玻纤瓦是由改性沥青、玻璃纤维、彩色陶粒等组成的，其特点为轻。

一带相对流行使用玻纤瓦。

（3）彩钢瓦

彩钢瓦也称金属瓦、镀铝锌钢板瓦，它是由镀铝锌钢板压成瓦形，表面层可用彩色陶粒或进行烤漆处理，其特点是质轻、高档、价格较高，其给人的印象相对牢固及有安全感。也可用于钢结构或平改坡项目的使用。

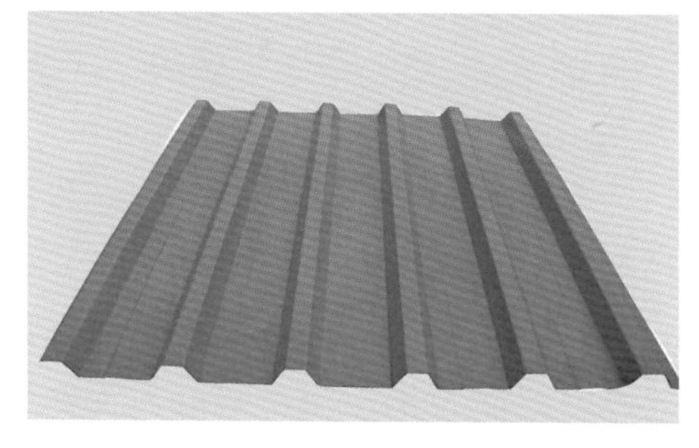

彩钢瓦是由镀铝锌钢板压成瓦形，特点是质轻、高档、价格较高。

（4）陶瓷瓦

陶瓷瓦也叫陶瓦，它是由陶土烧制而成的，其特点是结实，但由于它是采用陶土烧制的，所以它的环保特点、颜色丰富程度不如水泥彩瓦，且其价格相对比水泥彩瓦高，但值得注意的是，陶瓦防水性能不高，不能增强屋顶的防漏风险。

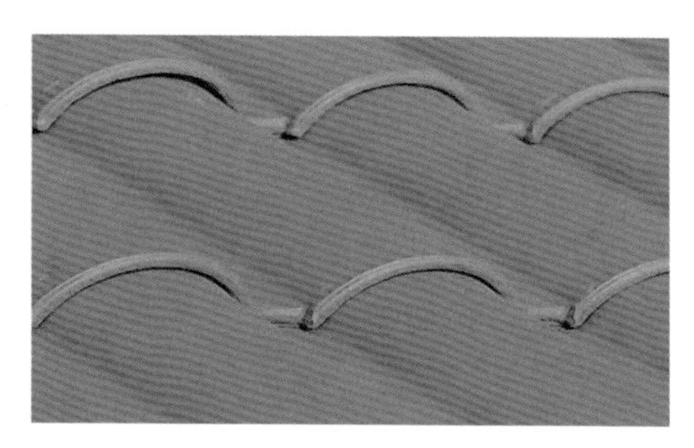

陶瓷瓦是由陶土进行烧制而成的，所以具有结实的特点。

3.屋面瓦的选择

在了解了屋面瓦的功能和种类之后，下面对别墅建筑屋面瓦的选择技巧进行介绍。选择屋面瓦应从以下几个方面着眼，才能选择到优质屋面瓦铺装屋面，从而使别墅的屋顶更加美观、大方，住着舒适、如意。

首先，在挑选屋面瓦时，其色调应柔和均匀，颜色不俗、不刺眼，最好为哑光型。小厂瓦由于用料差，色调不讲究，往往颜色发乌难看。其次，瓦与瓦之间没有色差。上房后，每片瓦颜色均匀一致，没有深浅之分，更无花斑。再次，颜色耐久，风刮日晒、雨淋不褪色。一些小厂因设备简陋、技术不过关，无法将水泥色浆喷涂均匀一致，而用油漆喷色。这种瓦在很短时间内漆皮即脱落，露了底，彩瓦将不彩了，斑斑驳

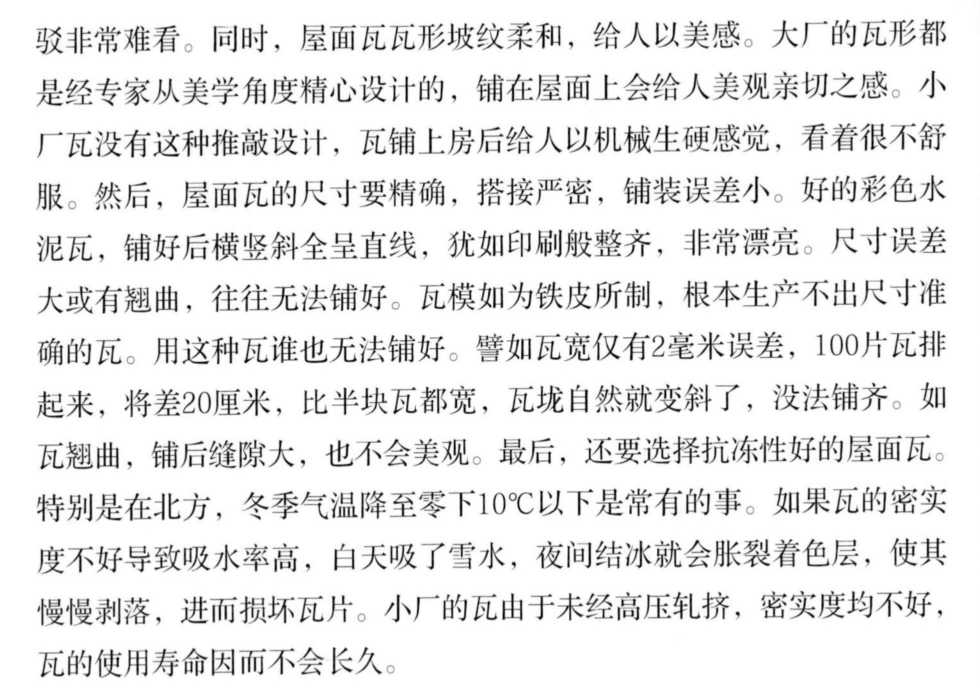

驳非常难看。同时，屋面瓦瓦形坡纹柔和，给人以美感。大厂的瓦形都是经专家从美学角度精心设计的，铺在屋面上会给人美观亲切之感。小厂瓦没有这种推敲设计，瓦铺上房后给人以机械生硬感觉，看着很不舒服。然后，屋面瓦的尺寸要精确，搭接严密，铺装误差小。好的彩色水泥瓦，铺好后横竖斜全呈直线，犹如印刷般整齐，非常漂亮。尺寸误差大或有翘曲，往往无法铺好。瓦模如为铁皮所制，根本生产不出尺寸准确的瓦。用这种瓦谁也无法铺好。譬如瓦宽仅有2毫米误差，100片瓦排起来，将差20厘米，比半块瓦都宽，瓦垅自然就变斜了，没法铺齐。如瓦翘曲，铺后缝隙大，也不会美观。最后，还要选择抗冻性好的屋面瓦。特别是在北方，冬季气温降至零下10℃以下是常有的事。如果瓦的密实度不好导致吸水率高，白天吸了雪水，夜间结冰就会胀裂着色层，使其慢慢剥落，进而损坏瓦片。小厂的瓦由于未经高压轧挤，密实度均不好，瓦的使用寿命因而不会长久。

第四节 别墅屋面防水的设计标准

在对别墅屋面瓦的种类和选择有所了解后，这里来认识一下屋面的防水等级，并针对别墅屋面的防水要求进行详细的介绍。

1.认识防水等级

（1）Ⅰ级防水

特别重要或对防水有特殊要求的建筑，防水层合理使用年限为25年。设防要求为三道（即三层）或三道以上防水层设防。其防水层选用材料可以是用合成高分子防水卷材、高聚物改性沥青防水卷材、金属板材、合成高分子防水涂料、细石防水砼等。

（2）Ⅱ级防水

重要建筑和高层建筑，防水层合理使用年限为15年。其设防要求为二道防水层设防。防水层宜选用高聚物改性沥青防水卷材、合成高分子防水卷材、金属板材、合成高分子防水涂料、高聚物改性沥青防水涂料、细石防水砼、平瓦、油毡瓦等材料。

（3）Ⅲ级防水

一般的建筑，防水层合理使用年限为10年。设防要求为一道防水层设防。防水层选用材料宜选用高聚物改性沥青防水卷材、合成高分子防水卷材、三毡四油沥青防水卷材、金属板材、高聚物改性沥青防水涂料、合成高分子防水涂料、高细石防水砼、平瓦、油毡瓦等材料。

（4）Ⅳ级防水

非永久性建筑，防水层合理使用年限为5年。设防要求为一道防水层设防。防水层选用材料可选用二毡三油沥青防水卷材、高聚物改性沥青防水涂料等材料。

2.别墅的防水要求

一般若是单独使用瓦材为一道防水，仅达到Ⅲ级防水要求。现在普通别墅坡屋面一般要求达到二级防水，即Ⅱ级防水，这就需要在屋面瓦下增设一道防水层。

各级防水的防水层厚度下限都有规定，Ⅱ级防水规定：

合成高分子防水卷材不应小于1.2毫米；

高聚物改性沥青防水卷材3.0毫米；

自粘聚酯胎改性沥青防水卷材2.0毫米；

自粘橡胶沥青防水卷材1.5毫米；

高聚物改性沥青防水涂料3.0毫米；

合成高分子防水涂料、聚合物水泥防水涂料1.5毫米。

Ⅱ级防水一般的做法是以“结构屋面（1）+水泥砂浆找平层（2）+防水层（3）+保温层（4）+找平层或保护层（5）+水泥砂浆贴瓦或挂瓦（6）”六个层面为其对应的1～6个步骤，要求高点可以在2（即水泥砂浆找平层）上面做防水砂浆，在4～5之间或5～6之间加一道防水层，5做35毫米厚细石砼内配双向钢筋。

第五节 别墅门窗的选择技巧

在别墅的装修中，门窗产品的选择最重要，多数别墅业主对门窗材料和性能不了解，买回的别墅门窗产品有的便宜却质量不过关，有的华而不实花了冤枉钱。到底别墅业主应该如何选择适合的门窗产品呢，这里我们提供了一些具有参考性的建议。

○ 别墅的装修中门窗产品的选择最重要，除了注意美观和与建筑搭配外，还要考虑其质量。

1.要选择高品质正规厂家的别墅门窗

高品质别墅门窗的选择是成功人士个人品位与身份的象征。近十年来，随着钢框架玻璃门窗的进口和应用，顶级玻璃门窗系统已被这种产品占据塔尖位置。虽然钢框架玻璃门窗的价格相对高过市场上其他材料的别墅门窗产品，但钢框架玻璃门窗所特有的高强度（承重性能）、安全性（防火防盗性能）、大跨度（门窗分格大能给客户带来更大更广阔的视野范围）等优势是铝合金门窗、木质门窗等其他高档别墅门窗所无法媲美的。所以，钢框架玻璃门窗已经成为全世界高档别墅设计的首选门窗产品。随着市场对门窗功能的需求，其产品也逐渐扩展到普通别墅的使用范围。

2.选择安全性能高的别墅门窗

选好居家卫士，安全门窗最可靠。门窗加固对预防盗窃很重要，安装防盗门窗一定要选择质量好、安全系数高、信誉好的产品，避免防盗门窗不防盗的现象发生。

3.选择保温节能的别墅门窗

选择节能保温性能好的门窗，绿色又环保。夏天将室外的热能阻隔在室外以节省空调所消耗的电能；冬天将室内的热能留在室内以节省因供暖所消耗的能源。

4.按功能用途不同，择优选择别墅门窗

面对目前市场上琳琅满目、功能各异的别墅门窗产品，我们应根据别墅周围环境，小区情况等，择优选择最适用的别墅门窗产品。也可让专业公司为我们量身定做综合性能的别墅门窗产品，真正做到既美观又实用。

第六节 别墅入户门的选择

门是居处与外界之间的出入口，是建筑中不可或缺的元素，有房屋建筑就有门。作为出入口的门户，门的形态既反映地域文化的特征，又表现着人们的理念和追求。在中国人的传统观念中，门就是建筑主人的身份和地位的象征，门的形制和装饰也都直接关系到建筑的等级，折射着礼制制度，在社会上形成了影响深远的所谓“门第”观念。而在现代建筑中，特别是针对别墅而言，别墅的入户门也是一个身份地位的象征。所以，别墅入户门的选择需要非常慎重，除了在风格上要与整栋别墅的设计风格相统一外，在材质的选择上则有两个方向，一种是金属类为主的大门，另一种是以木质地为主的大门。

1.金属材质大门

目前常见的金属材质的大门主要有铁门、不锈钢门、铝合金门和铜门四种，它们在质量和性能上都各有特点，价格自然也不尽相同。

（1）铁质门

市场上见得最多且人们使用得最多的入户门当属铁质门。从价格角度比较，这类门属于中档，这类门针对大众的消费，自然也最易被老百姓所接受。这种门的缺点在于容易被腐蚀，因而使用一段时间就会出现生锈、掉色，从而影响整扇门的外形美观，不适合用作别墅的大门。

（2）不锈钢门

不锈钢门与特制铝合金门属于同一个档次，不锈钢防盗门坚固耐用，安全性更强，但美中不足的是不锈钢防盗门在色彩上显得过于单调，基本上都是银白色，这种色彩让人感到很生硬，且不易与房门及周围环境协调统一，不适合用作对艺术感要求比较高的别墅入户门。

（3）铝合金门

特制铝合金门最突出的特点就是外观华丽，给人一种金碧辉煌之感。现在市场上有一种罗普斯铝合金门，这种门所用的铝合金材质不同于我们所见到的普通铝合金门窗，它的硬度极高，且色泽艳丽，再饰以花纹图案修饰，尽显金属门的魅力。因为这种门不易受腐蚀，不易褪色，且价格也不算太贵，所以也吸引了不少顾客，可以用作经济型别墅的大门。

特制铝合金门华丽通透，且价格也不算太贵，可用作经济型别墅的大门。

（4）铜质门

对于别墅的入户大门的选择，在金属门中当属铜质门为最佳。铜门金碧辉煌、沉稳厚重，常常给人一种庄严神圣的感觉。以前常用于深宅要地，既是身份的象征也是护佑门内平安的坚固屏障。如今铜门开始现身于家居住宅，被引入别墅的入户门中使用，其气度非凡的外观、坚固耐用的特性为主人撑足了面子。用于院落外檐的铜门形体较大、雍容华贵。

铜门之所以受人喜爱，很大程度上与其精美的装饰有关，这些装饰就是铜艺。作为一门古老的艺术，铜艺用在铜门上，主要是一些经过浮雕、镂空、锻打后的花纹和吉祥图案。比较经典的有动物中的龙、虎、凤、龟

四神兽和狮子、麒麟、鹿、仙鹤、鸳鸯等花草植物，或有文字装饰抽象纹样相辅，寄托着人们辟邪、驱恶、祈福等美好愿望。除此之外，现今一些欧式风格的铜门在细部雕刻上还借鉴西方建筑装饰元素，比如在铜门两侧使用了多立克式、爱奥尼克式、科林斯式、塔司干式、复合式等多种古典希腊、罗马柱样式，整体感觉华美大气。在实用性方面，铜门比普通门更经久耐用，不仅不存在变形、开裂问题，而且有高科技配锁，防盗性能更佳，使用寿命更长。

值得注意的是，铜是一种极其稳定的金属，它的防腐蚀性能非常高，只要用常规方法打理即可。不过，铜门虽天然防腐，但遇到大量硫及硫化物时，还是容易产生化学变化。所以，需要提醒您的是，铜门若用在室外，如别墅大门等，要将它包在门的外框以内，免受雨雪淋落，防止降水中硫化物腐蚀。

为铜门配锁要考虑美观性与安全性两个方面。铜门质感豪华，配锁也要大气庄重，不能流于平常。很多铜门用锁都要在上面作出各种装饰，如雕花、图案，以便与铜门相配，选择时尽量挑选与铜门气质相当的高科技

○别墅的入户大门选铜质门最佳，铜门金碧辉煌、沉稳厚重，给人庄严神圣的感觉。

锁具。另外，锁的安全性也很重要。现在有很多高科技锁具，如指纹、密码、机械三合一锁，都可用于铜门。

铜门是一种量身定做的产品。它的价格通常由门扇大小、门板厚度、雕花装饰的繁简以及锁具档次等因素决定。门扇面积大、铜板厚度厚、雕花繁复、工艺精湛的产品，价格自然高。另外，铜门的锁具、黄铜大拉手、紫铜大拉手都可以单配，如与铜门一起定制，也会包括在总价之内。

2.木质地大门

目前市场上木门的种类很多，叫法也很混乱，有的厂商竟然把一些普通的工艺门也称为模压门。总体来说，木门行业缺乏标准，给消费者选购时造成了难度。木门按材料一般分为实木门、实木复合门、模压门和普通夹板门。这里我们将木门的质地做讲解，方便别墅业主对大门作出选择。

（1）实木门

实木门是以取自森林的天然原木做门芯，经过干燥处理，然后经下料、刨光、开榫、打眼、高速铣形等工序科学加工而成。实木门所选用的多是名贵木材，如樱桃木、胡桃木、柚木等，经加工后的成品门具有不变形、耐腐蚀、无裂纹及隔热保温等特点。同时，实木门因具有良好的吸音性，可以有效地起到了隔音的作用。

实木门天然的木纹纹理和色泽，对崇尚回归自然的装修风格的家庭来说，无疑是最佳的选择。同时也非常适合用做别墅的入户门。实木门自古以来就透着一种温情，不仅外观华丽，雕刻精美，而且款式多样。实木门的价格也因其木材用料、纹理等不同而有所差异。市场价格从1 200元到3 000元不等，其中高档的实木有胡桃木、樱桃木、莎比利、花梨木等，而上等的柚木门一扇售价达3 000～4 000元。一般高档的实木门在脱水处理的环节中做得较好，相对含水率在8%左右，这样成形后的木门不容易变形、开裂，使用的时间也会较长。

在具体的实木门的选择上，目前实木门的概念以及颁布的各种标准中都没有严格要求实木门必须是同一个树种，只是要求材质相近即可。如果消费者有特殊需要，要求全是同一个树种，可以在合同中注明，如商家在实木门前使用了“全”“纯”等字眼，消费者可以顺势提出自己的要求。不过，即使商家使用的是同一个树种，由于木材是自然生长形成的材料，同一树种在不同产地、甚至同株木材的不同部位都存在差别，有的不同种类的木材在外观上特别相似，消费者一般也很难辨别，此时可以让商家把承诺落实在文字合同上，给自己的权益多一份保护。至于门套和门线是否应该与门板的材质相同，别墅业主需要与商家另行约定。原木门就算是同一种材质，也有可能是采取拼接方式组合而成的，并非同种材质的多块木头榫接而成。一般消费者在选门时，往往以为门套和门线都是同一种材质，但实际上，一些企业只有门扇是消费者选定的材质，门套和门线使用的是便宜的木种。

同时需要注意的是，在别墅木门样式的选择上，还要根据不同功能使用不同款式。若别墅是以中式装修为主导风格，大门在考虑其防盗的安全因素外，可选择美观、结实、具有厚重感的实木门。黑褐色的胡桃木给人

○屋宅作为人们最常待的地方，其中的温度、湿度等因素都影响着人。若人在屋中感到不舒服，不仅心情不好，健康存在隐患，运势也会差下来。

感觉尊贵稳重，而浅棕色的樱桃木则让人觉得温馨自在。

值得注意的是，除了入户门以外，卧室门更应考虑其私密性，营造一种温馨的氛围，因而多采用透光性弱且坚实的门型，如镶有磨砂玻璃、打方格式、造型优雅的木门；这样可以充分兼顾到卧室的私密性和营造温馨的氛围；书房门则应选择隔音效果好、透光性好、设计感强的门型，如配有甲骨文饰的磨砂玻璃或古式窗棂图案的木门，则能产生古朴典雅的书香韵致。而厨房门则应选择防水性、密封性好的门型，以便有效阻隔做饭时产生的油烟，如带喷沙图案或半透光的半玻璃门。卫生间的门主要注重私密性和防水性等因素，除需选用材料独特的实木门外，可选择设计时尚的全磨砂处理半玻璃门型。

（2）实木复合门

实木复合门的门芯多以松木、杉木或进口填充材料等粘合而成，外贴密度板和实木木皮，经高温热压后制成，并用实木线条封边。一般高级的实木复合门，其门芯多为优质杉木，表面则为实木单板。由于杉木密度小、重量轻，且较容易控制含水率，因而成品门的重量都较轻，也不易变形、开裂。另外，实木复合门还具有保温、耐冲击、阻燃等特性，而且隔音效果同实木门基本相同。由于实木复合门的造型多样，款式丰富，或精致的欧式雕花，或中式古典的各色拼花，或时尚现代，不同装饰风格的门给予了消费者广阔的挑选空间，因而也称实木造型门。高档的实木复合门不仅具有手感光滑、色泽柔和的特点，还非常环保、坚固耐用，可作为经济型别墅的大门。

高档的实木复合门不仅具有手感光滑、色泽柔和的特点，还非常环保、坚固耐用，可作为经济型别墅的大门。

（3）模压木门

模压门因价格较实木门更经济实惠，且安全方便，而受到中等收入家庭的青睐。模压木门是由两片带造型和仿真木纹的高密度纤维模压门皮板经机械压制而成。模压木门以木贴面并刷“清漆”的木皮板面，保持了木材天然纹理的装饰效果，同时也可进行面板拼花，既美观活泼又经济实用。模压门还具有防潮、膨胀系数小、抗变形的特性，使用一段时间后，不会出现表面龟裂和氧化变色等现象，该类门由于其针对群体的不同，不适合作为别墅的入户门。

（4）夹板门

普通夹板装饰门以实木做框、两面用装饰面(三夹板、多层板及装饰夹板)板粘压在框上，经加工制成。这种门的质量轻、价格低，但装饰效果很好，家庭装修中采用此种产品较多，但不适合做别墅的入户门。

第七节 别墅车库门的选择

别墅既然是为成功人士提供的居所，自然也会为其爱车建造一个停靠的空间——车库。车库大门材质的选择也是一门学问。根据功能可将车库门分为遥控、感应、电动、手动几大类，其中遥控、感应、电动都可统称为自动车库门，自动车库门现在主要分为卷帘车库门与翻板车库门，这两类车门都是时下较为常用的别墅车库门，在选择上可根据业主更看重的功能、外观等进行选择，下面分别进行介绍。

1.卷帘车库门

卷帘车库门有普通卷帘车库门、不锈钢卷帘车库门、铝合金卷帘车库门、发泡卷帘门、无机布防火卷帘门等。卷帘车库门产品特点有六大特点：其一、帘片厚度双层0.8～1.5毫米，最大制作高度可达到9～14米，最大制作宽度4～12米。抗风能力最大达到11级；其二、选用直径为80～165毫米的轴，80～100毫米的6063T5铝合金导轨；其三、表面处理工艺为静电粉末喷涂，抗腐蚀、抗划伤、易清洗、色彩耐久性长。表面烤漆处理，抗阳光照射、抗雨水、抗腐蚀、抗划伤、遇轻微碰撞后可反弹恢复，如外损伤可做到单帘片更换，能在帘片间加入采光型材让您的汽车沐浴阳光；其四、多种安装方式可供选择，

包括外装、内装、中装安装，对空间的要求不高。不占用车库门内部空间，安装简便，施工速度快，节省工期，外观美观时尚；其五、安全保护装置，可附加安装红外线对射系统与无线遥控装置，其六、电动卷帘车库门以交流管状电机或外置电机为驱动，220V或110V，省电、安全、静音，带有热保护装置。可配置UPS后备电源或手动链条，防止断电情况下门体也能正常开启。

市面上最为常见的卷帘车库门为铝合金挤压型材制作而成，表面经过静电粉末喷涂、氟碳喷涂等处理工艺，达到抗腐蚀、耐酸碱、不生锈、抗划伤等特性，耐久性强，使用寿命较长，强度大，具有防盗、防护等性能，因此运用范围最为广泛，这类车门一般不用作别墅的车库门。

2.翻板车库门

翻板车库门有彩钢板车库门、罗普斯金车库门、木纹门车库门。这类门采用微电脑程序控制，使用方便，按遥控手柄即可，电机自带自动延时照明灯。在使用过程中不会产生噪音，绿色环保。同时，停电有应急锁，开关容易。在功能上，这类车库门遇阻反弹，以保证人车安全。同时门内

翻板车库门种类很多，有彩钢板车库门、罗普斯金车库门、木纹门车库门。

置扭簧，扭力和门重量相当，使门体处于“零重量”状态，且在轨道内靠滑轮运行，故阻力小，耗能少，维修率低，经久耐用。

对于翻板车库门，其门板是关键，一般这类车门的门板采用细纹浮雕门体的表面，使其呈现不规则的粉末喷涂纹理，具有强烈的浮雕效果，既增加了强度，也美观大方。同时，门板采用高强度的双面优质浸镀锌钢板，且双面喷长寿涂料（纯聚酯），增强抗腐蚀能力。并使用优质钢板包缠外端使内部及外侧附着在一起，更好地与两壁密封。门中的夹芯层为高度固体聚氨酯泡沫，可增加保温隔音效果。门底部设有“U”型密封条，更利于隔寒防风。翻板车库门的电机也是非常有特色的，这类车门的电机都能自动延时照明，在车库门开启或关闭时，照明灯亮2.5～5分钟后自动关闭。

3.实木车库门

对于一些高级的别墅，对别墅车库门的选择有一定的讲究，一般会选用实木车库门，这类车库门从功能上来讲是属于翻板车库门，但也由于其

实木车库门又称钢木车库门，在别墅建筑中使用最多，整体显得高档、精致、端庄、秀丽。

特殊性，所以，在别墅建筑中使用最多。这类车库门由于是纯手工制作，整体显得高档、精致、端庄、秀丽。材料多选择进口花旗松实木，其木材纹理大方，适用于现代化人群的审美观念，表现出一种纯朴自然的美，是现代别墅最合适的车库门材料。

实木车库门又称钢木车库门，具有几大特色。首先，钢木车库门门板正面为实木，实木门板的背面为“田”字形钢架，结合了钢的牢固，实木的自然风格，提升别墅档次，与别墅的风格自然融为一体。其次，钢木车库门的受力点全部在钢架上，实木面板嵌入钢架内，大大增加了钢木车库门的使用寿命。再次，钢木车库门的实木门板是通过开槽后，嵌入到钢架上，且每一块实木板之间也是有凸凹结构，榫接为一体。车库门整体为无钉固定结构，既解决了实木的变形问题，也防止了因钉子的生锈而影响门板连接。在门板所有结构中，门板之间及钢架与门板之间全部为无钉结构，在门板运动中，不会产生松动、变形，门板结构牢固。最后，实木门板表面油漆采用户外耐候漆，可以根据别墅特点，选用风格相配的色彩，实木车库门门板造型也可适合别墅的定位，整体做到有机结合为一体，为别墅增添价值。

4.车库门的维修保养和常见故障处理

在车库门上还可以安装防盗安全系统，如降遇阻力反弹系统，该设施能让门体遇阻力停止，既保护人身与车辆进出安全，又保护门的可靠使用；又如红外线传感器控制系统，该设施也能有效保障人、车辆、宠物的进出安全；防盗报警系统，当有人撬门时高音喇叭将发出警报，保护安全，同时还设有停电备用电池工作功能，停电后无需手动开门。

车库门的日常维修和保养基本是每月一次，首先可通过手动开门，门若运行不灵活或不平衡，则请专业维修人员进行调整。其次，检查门是否能全开和关严，若不能则调整行程限位开门或调整负载力旋钮。最后，重新做好安全反应测试，做必要调整。请维修人员检查线缆，门体平衡弹簧及其他硬件。

第八节 别墅庭院地面铺装材料的选择

别墅物业是奢侈的住宅，往往拥有大的庭院或花园，庭院或花园又是主人活动或运动的主要场所，也是会友谈心交流的地方，所以它的选材装饰有较高的要求。私家庭院的地面铺装选材尽量简洁，除非是制造一些特定效果，尽量不要使用过多的材料。色彩也要淡雅，使之成为住宅和植物完美的陪衬。现在有许多不同的铺地材料，它们的形状、质感、色彩各异，选择余地相当大。下面来了解一下主要的几种地面铺装材料。

1.砖材

砖材的优点是便宜且易施工，缺点是风格比较受限制，仅适合田园乡村风格，价格在20～150元/平方米。

砖的品种有红砖、烧结砖、水泥砖。红砖质地较脆，因此应用不多，但是在一些田园风格的花园中，或者预算少的情况下会是比较物美价廉的选择。还有人用穿孔的红砖铺地，也有很不错的效果。铺砖可以解决很多景观设计问题，让院子更加美观实用。可在树下不容易生长植被的空地铺砖然后安置座椅，但是在铺砖时需注意的是不要伤到树根，否则会影响树木生长。也可以给大面积的草地一点新意，用砖铺一条小路，再在旁边设立喷泉、长椅、户外桌椅、雕像等，能增加景观的焦点。当然还可以用砖铺

在别墅庭院中铺砖可以解决很多景观设计问题，从而让院子显得更加美观实用。

除了普通的砖外还可在庭院中使用透水砖，拓宽材料的使用范围。

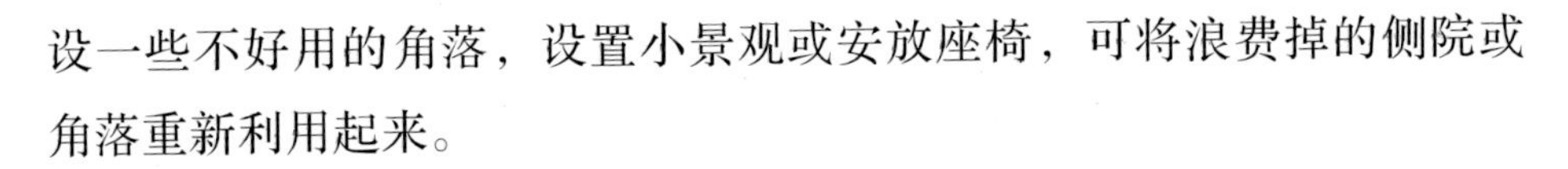

设一些不好用的角落，设置小景观或安放座椅，可将浪费掉的侧院或角落重新利用起来。

2.木材

木材的优点是质感温和自然，缺点是没有石材耐久，一般预算在70～800元/平方米。木材十分有亲和力，无论是现代风格的庭院还是古典、田园趣味的花园，甚至露台上都可以选用。在别墅的庭院设计中，可使用防腐木材铺设的平台，把室内空间延伸到室外，此时可直接利用它自身的特性，让整个庭院充满温馨。平台的高度可以和室内地坪一致，这样就不必操心如何遮掩防潮层。而将面板置于不同高度是把人们的视觉引入另一平面花园的最简单途径之一。最简单的建造技术是在第一层上用螺钉或柱子再加一层，这样就增加了第二层面板的观赏视点，丰富了庭院的竖向景观，而每层不同面板对角线变化的纹理，也增强了动感的效果。

现在户外地板的品种有很多种，如果庭院处在气候比较干燥的北方，那么可以选用樟子松、红松等材料直接铺设，表面用桐油或者木蜡油做防水保护。也可以购买北欧防腐木，建议在表面涂刷防腐木油，改色，这样

○ 在别墅庭院中可使用防腐木材铺设的平台，把室内空间延伸到室外，让整个庭院充满温馨。

遮掩住原来的绿色，效果会更好看，否则绿色的防腐木经过长时间风吹日晒，会变成浅灰色，失去木材的质感，但风化后有种古朴自然的韵味，在国外也很受人青睐。还有几种天然防腐的木材，比如红雪松、巴劳木。但是由于松木属于软木，所以表面不抗压和划。如果预算充裕，建议使用巴劳木，虽然价格较高，每平方米在680元左右，但是这种东南亚的硬木，表面质感非常好。巴劳木材料硬，所以施工难度略高，切割和安装都应选择专业厂家施工。

使用木材对别墅的庭院进行铺装，也可在设计的理念里尝试不同效果。可以选择“一字形”，此时铺装效果以大气舒展为主，流畅的线条感还能起到视觉延展作用，让小面积花园或露台看起来更加宽敞。一字形铺装对板材的要求很高，最好选择优质巴劳木。还可以是“田字形”，给人一种富于变化的美感，同时还能给人以厚实、密质的脚感。你可以选择长度1米左右的板材铺装，也可以在建材市场购买可以拼接的户外板自己组装。也可以是“弧线形”，此时的铺装圆弧的线条体现出独特的韵律美和造型美，能增加庭院空间的动感，但是要注意这种铺装方法损耗大，费用也会相应增加。

3.石材

石材的优点是耐久性好、材料多样选择性强，而缺点是价格偏贵，一般预算在20～1000元/平方米。

在选择别墅庭院地面铺装的石材时，可以选择砾石，它适用于任何形状的庭院和角落，看上去非常自然，而另一方面，路面必须牢固且需保持恒定的边界。通常是铺5～10厘米厚的砾石在路基上，然后滚压或找平。踩在砾石上会有嘎嘎的声，很有野趣。也可以选择卵石，它能增添情趣，且很适合填充硬地边缘的不规则边角地。当然也可在专门开辟一条卵石拼成的健身步道，

在选择别墅庭院地面铺装的石材时，可以选择砾石，它适用于任何形状的庭院和角落，看上去非常自然。

很适合有老人的家庭。

为了让庭院的地面铺装更有新鲜感，还可结合石材与碎石进行铺陈，将碎石与石材拼装在一起，能够带来别致的视觉效果，碎石代替水泥起到添缝的作用，增加了活泼的感觉。也可将石材与草结合，在石材间隙种草或在草坪上铺装石材能减弱石材硬冷的感觉，石材与草坪柔和地组合，能增加庭院趣味。同时也可将石材与木材结合，使用不同的地面铺装材料来划分功能区，不仅增添了庭院的层次感，也能提升舒适性。在休息区铺装脚感温暖的木材质地板，而在中庭或户外厨房铺装耐用性高的石材，能减少日常打理的麻烦。

4.庭院地面选材注意事项

铺装材料的选择要视其性质以确定合适的铺装区域。人常走动的地方要铺坚固平整的材料，石板、水泥板、沥青地面适合这种区域。小的园路则可以用砖、石块、鹅卵石等铺设。同时，由于不同的材料有不同的使用效果，适应人不同的活动。供人运动的地区要注意安全性，路面要平整，儿童游戏场需要特殊的软质地面。人漫步的地区，路面宜细腻，有精美且富韵律的图案供人欣赏。

不同材料的质感和不同的图案会带来不同的空间感觉，而对于整体空间来说，铺装材料和铺装方法的选择，要考虑其在整体空间中能否在表现自己的同时起到统一协调的作用。它们应该与其他设计要素的选择和组织同时进行。

第九节 别墅中央空调如何选择与安装

别墅作为最好的私人住宅形式，有着独特的品位，它代表着一种有品质的生活方式，更代表着时下家居生活的潮流和人性化的需求。所以，在别墅中央空调的选择上需要注意其系统的选择、舒适性、空间协调性、环保与节能性等几大方面。

1.别墅中央空调系统选择

现有家用中央空调系统主要包括水系统与氟系统。氟系统所使用的空调制冷剂有氟、溴化锂等，氟的型号有R22、R410A、R407C、R134a等，而家用空调多采用R22和R410A两种，前者由于对大气层破坏性太大，联合国环保部门规定发展中国家在2025年须停止使用，发达国家在2015年须停止使用。目前市场广泛认为R410A和溴化锂是不破坏大气层的新型制冷剂。

水系统是空调机组在室外机内部采用氟制造出冷或热的能量，再通过机组内的热交换装置，将冷或热的能量转换到水中，然后将水送入空调机组的末端（风机盘管）内，再通过末端装置转换成冷或热的空气送入空调房间。即采用水系统的话，氟的用量会大大减少，而且氟不进入空调房间。

2.别墅中央空调的舒适性

中央空调和传统空调相比，舒适度有了一定的提高，但仍然不能完全规避中央空调与生俱来的缺陷，在上文提到的中央空调系统中，水系统中央空调就很好地解决了这个问题，而且别墅大多数时候会安装多套系统，如家庭采暖、太阳能、新风系统、地源热泵，如果采用水系统可以和其他系统进行冷热交换，不仅可以达到五星级的舒适享受，其节能性也是显而易见的。

3.别墅中央空调的空间协调性

为了保证别墅空间良好的制冷或制热效果，相关品牌的中央空调系统的设备质量只占20%，设计和施工占70%，日常维护和操作占10%。其重点是要非常注重前期的设计和后期的施工。因此，选择优秀的设计师和一个经验丰富的施工队伍比选择品牌更重要。

别墅中央空调系统配型与设计，应在使用者了解并确定主体系统之后，根据以下信息制定科学的设计方案，其过程可分为五个步骤，首先是了解房屋的结构和朝向；然后根据使用者的生活习惯确定末端安置点；还需要掌握别墅中常住人口数量和分布情况；同时也要了解主体空间的装饰设计风格与结构变更等因素；最后，别墅庭院外围配套信息也应相应掌握，才能保证别墅中央空调的空间协调性。

值得注意的是，在别墅中央空调系统的室外机设计选型上，仅配置到

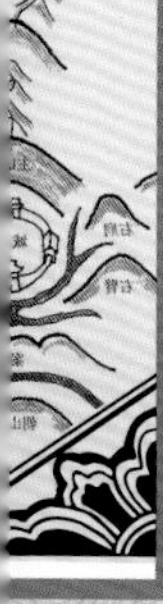

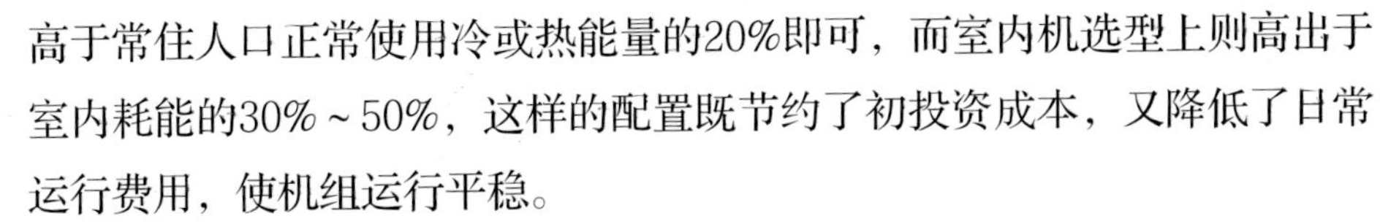

高于常住人口正常使用冷或热能量的20%即可，而室内机选型上则高出于室内耗能的30%～50%，这样的配置既节约了初投资成本，又降低了日常运行费用，使机组运行平稳。

4.别墅中央空调环保节能性

设备功率过大或过小都会降低空调使用寿命，同时也会加大空调的故障率。所以，很多客户在选择空调时都希望空调公司给自己配置的空调功率能大一点。但是在使用中，往往空调房间的同时使用率都不高，一般一栋拥有8～12个空调房间的别墅，同时开机的空调空间只有4～6个空间。如果空调功率选择过大，就会使主机处在很频繁的起停过程中，合理的设计中央空调外机功率有利于节能环保。

第十节 别墅中文化石的应用

到目前为止，人类各项事业里面，当数艺术最为经久不衰，在艺术的门类里面当数建筑更为恒久不变。石材对完成建筑实体和建筑艺术起着不可估量的作用，它是构成建筑实体的一种物质基础，是创造建筑艺术的必备条件之一。而文化石作为人类居住文明和品位的体现，在现代的居家装饰中相当流行。别墅类物业是身份高级的象征，所以选用文化石在别墅类物业中进行装饰十分广泛。

1.文化石的流派和特点

随着科技和经济的发展，建筑师的设计对材料的需求提出新的要求，人造的文化石也就应运而生了，并很快在北美的建筑业得到了广泛的推广应用，距今已经有十几年的时间。最典型的就是20世纪的一位设计大师赖特，他在自己设计的一个艺术别墅里面，广泛运用文化石作装修，也成了城镇艺术建筑的一个瑰宝。文化石从北美推向全世界以后，在世界各地跟当地的文化还有建筑风格结合以后，形成了几个系列，全球文化石目前主要有四大流派。

北美系列：主要集中在美国和加拿大，其特点是多样化和艳丽，同时

也有时尚的风格和造型，最主要的就是创新，给人以时代感。

日韩系列：主要集中在东亚地区，这个地区由于人们对文化的追求更细致，所以石材表面的制作在日韩的要求比较精细，同时也追求产品的内在质量，日韩的产品也往往给人以精品之感。

地中海系列：主要是来自于希腊、西班牙这些国家，因为融合了文艺复兴一流的建筑设计元素，并结合了现代的文化石的科学性，更多地体现了地中海的自然。

中国系列：随着改革开放，文化石和传统的石艺有了一个很好的结合，尤其是引进了国外的一些人造文化石的技艺。现在在中国，文化石产品更多呈现出多元化的特色，产品给客户比较多的还是厚重的质感。

关于文化石的特点，第一个比较独特的特点在别墅里面表现得很突出，就是个性化的特色。别墅是高端的产品，在个性化的作品中就是特别追求个性的一些特质。现在的文化石制模的技术已经由硬胶膜到软角膜再到超薄的胶膜，这个完全可以仿真天然的文化石的效果。文化石很好的视觉效果可以满足建筑师带给人遐想的理念。

第二个特点就是更多地体现了多元化的趋势。因为世界经济和文化的发展，比较多地呈现了互相融合和交替的渗透。这一点，在建筑材料里也是一样的，当代文化石无论是国外还是国内，都出现了既追求古朴、典雅又追求现代感、粗放以及产品的精致性，设计师目前都已经可以很好地实现类似于发型设计或者是时装设计的真谛。

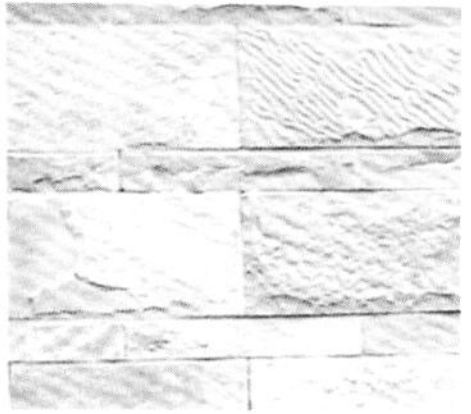

时下各种不同的别墅文化石头。

2.文化石的构成与组合变化

文化石主要是采用现在的技术手段再造的石材，在色彩和表现力上和天然的文化石不存在很多的差异，当然也有它的特点，使用的时候是不需

在别墅庭院中，将文化石与其他景观进行组合运用，能得到很好的效果，让设计更多变。

要任何的修饰和人工的打理和保护。文化石的构成材质简单，首先是选择了优质的胶泥，再就是辅料和高品质的油料，还有添加剂等糅和在一起。文化石组合的效果可以达到非常好的质感，文化石可以单一地使用和组合地使用，有很多个性化的设计，从开发商到设计师都对材料供应商提出了比较多的色彩和变化的需求。此外，文化石本身也可以和传统的瓷砖、涂料做组合的应用。国外现在还有用一些画板来做组合的变化，同时在结构上面，也在一些庭院、景观和露台上使用了文化石，都达到很好的效果。

3.文化石在别墅建筑中的运用

文化石是近期兴起的最新外墙专用装饰材料，文化石色泽鲜明古朴，纹理粗犷豪放，给人一种朴实、自然的亲近感。同时，文化石具有硬度高、防火、防水、防腐、不起泡、防潮、耐碱、不褪色、不脱落、耐磨、寿命长、不风化等特点。采用文化石装饰外墙，既弘扬东方古老的文化，又体现西方古典、优雅、返璞归真的艺术风格，完美延续了自然、神秘、典雅、

用于别墅外墙的文化石其品质是要有保证的，色彩和纹理是石材的生命。

浪漫的建筑气质。

文化石较之天然石头更美观、更健康、更恒久、更轻质。其市价比天然石头高很多，主要被用在价格昂贵的别墅的外墙。别墅已经成为了文化石这种艺术经典在应用空间中的代言人，发展到现在已经不单单停留在住得舒适和地位的象征。因此建筑人称其“别墅文化石”。如今别墅文化石已是全球开花，哪里有别墅，哪里就有别墅文化石。在石材行业，只要提到“别墅文化石”，人们就知道指的是品质最好的外墙人造石材。

用于别墅外墙的文化石其品质是要有保证的，首先是色彩和纹理，这是石材的生命。色彩必须自然、美观、不褪色，表面纹理真实、自然、清晰，与天然石头几乎完全一样，同时石材不扭曲、不变形。其次是环保、安全、持久。别墅文化石必须使用高强度、轻质且无辐射的骨料。每平方米质量≤35千克，密度≤1300千克/每立方米；无毒、无辐射，要抗风化，表面强度必须要高。要能防水，耐腐蚀，抗冻性能佳，耐老化性强，表面不泛碱和盐霜。最后还要能抗折，若是抗折强度低的产品，在运输损耗和施工损耗会很大，上墙后一段时间，会出现裂纹。达到这些标准的才能称

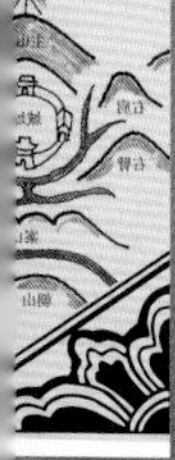

为“别墅文化石”。

除了将文化石应用到别墅这类建筑外，文化石在国内的一些高层建筑、标志性的建筑上面应用也有很多，同时还可用在景观、庭院、山水等。同时，文化石本身还可以很好地应用在室内装修，如酒店的大堂、会所、酒吧、茶吧等。

值得注意的是，在文化石的应用里，也有早几年使用时“白化”的情况，但目前研制的一些配套产品，能够比较好地解决这个问题。对于一些房地产公司的需求，可以在专有的品牌里面做一些标识性的产品等。如开发带有蝙蝠的图案，还有像澳洲的袋鼠、中国的熊猫的图案等，都可以满足客户的需求。

第十一节 了解生态木结构别墅

别墅可以说是高科技的产品，是一整套协调运作的系统，包括制冷、采暖、通风等技术方案体系，最终达到提高居住舒适度的要求。别墅项目采用高科技还具有改善环境的社会意义。而从别墅的选材角度来讲，更应注重生态化，选用环保自然的材料。目前，木材已成为加拿大、美国和日本80%以上的别墅及低层住宅建造的首选材料。在介绍了别墅各个“部件”的具体选材后，在这里我们对木结构的别墅进行全方位的介绍。

1.木结构房屋具有广泛的适用性

木结构的别墅属于木结构的房屋住宅。不仅是别墅，木结构的房屋住宅在我国具有普遍的适应性。但相对而言，这类房屋在南方的适应性要好于北方。

（1）木结构房屋在南方的优势

从木屋的分布看，无论世界还是中国，南方的木屋多于北方，木屋在南方更为普遍。单就我国而言，台湾、香港和澳门木屋的数量之多、质量之精、设计之美、历史之悠久便是很好的证明；安徽新建的“世界木屋村”和深圳“水上木屋度假区”等大规模木屋建筑群是又一佐证。而从木材的特性和我国南方的气候看，木屋在南方更能发挥其特性和作用。我国南方属热带及亚热带气候，夏季炎热多雨，冬季阴冷潮湿。木材是一种多孔性

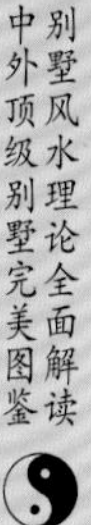

材料，导热系数较小，是热的不良导体，有调节室内温度的作用，所以木结构房屋让人有冬暖夏凉的舒适感；木屋调节湿度的作用是木屋的独特性能之一，木材自身的吸湿和解吸作用直接缓和室内湿度变化，当湿度大时木屋会自动吸湿，干燥时则会从自身的细胞中放出水分。因此木屋更适应夏季炎热多雨、冬季阴冷潮湿的南方。木材能吸收阳光中的紫外线，反射红外线，由于木材是多孔性材料，表面形成细小的凸凹，吸收部分光线的同时对光线呈漫反射现象，使光线在视觉上变得柔和。建造木屋的木料经过多道化学和物理工序处理以及特殊的工艺加工后，具有防腐、防潮、防虫、抗菌等特点，显然在南方能发挥很大的作用。综上所述，木屋之所以遍布我国各地，尤其是南方更加普遍，这是由木材及木屋的特性和我国所处的气候带，尤其是南方的热地及亚热带气候所决定的。因此木结构房屋在我国尤其是南方有着很好的适应性。

（2）木结构房屋在北方的优势

木结构房屋在我国南方比较普遍而且适应性很好，那么木结构房屋在北方又有什么优势呢。我们这里结合木屋的特性和北方的气候特点来看，木结构房屋在我国北方同样有着很好的适应性，具有实用价值。首先，我国北方冬季漫长并且特别寒冷，尤其东北可持续半年之久，木结构房屋针对性地解决了北方冬季室内封闭较严，空气不流畅，空气质量差，有害气体不易排出而危害人体健康这一大问题。这是因为木屋采用全实木材料，室内空气中含有大量的芬多精和被称为空气维生素的负离子，木屋中的有害气体氡的放射量极低，浓度仅为7～18Bg／立方米，对人体无害。其次，由于我国北方干燥少雨、夏暖冬寒、温差大等气候特点，而木结构房屋所具有的调节温度和湿度的作用和保温节能的性能在北方便能显现出来。最后，北方气候干燥、多风沙、易发生火灾。而木材无静电，防尘、阻燃的特点正好发挥其功效。所以木结构房屋在我国有着普遍的适应性。

2.木质装修的应用发展趋势

作为天然材质的木材，具有良好的保温隔热性能，易于加工。由于有美观的天然纹理和色泽，根据室内环境氛围的需要，可以在不同装饰部位选择不同品种的木材做装饰面材，木材还具有良好的触感。从木质装修应

用的发展趋势来看，主要可从几个方面来进行考量。

首先，研制木材的现代工艺保留了木材天然的隔热、保暖、纹理色泽佳、手感好、易加工等优良品质，通过现代化加工工艺，改变其易燃、遇水潮湿、易弯曲变形的负面性能，这样就能大大拓宽木质装修、装饰的使用场合和部位，也能更好地符合我国相应的防火要求。其次，充分开发我国的针叶木和速生木材，通过现代加工工艺应用木装修、装饰材质，国外非常重视对速生材、针叶材的新工艺加工，通过新工艺加工可以用于装饰材料，甚至复合型等结构用材。最后，在木装修、装饰色泽和树种的选择上，中间色和浅色应用的量上有上升趋势，树种应用也更趋多样。一段时期，家装甚至公共建筑的装饰大量应用深色的东南亚树种，而近期室内环境趋于更为宽松和谐、淡化装饰的语言，因此中性色和浅色调的应用有所增多，如使用榆木、橡木，桦木、枫木等相关树种。当然，在一些别墅和有特定室内氛围要求的场合，深色木材品种也仍然具有很好的使用天地。

3.木结构别墅的优点

木结构是美式别墅中历史最悠久的结构方式。木结构别墅中几乎所有的建造材料都是各式各样的木材制品，而这些木材制品在生产过程中，经过不同的生产程序，已经具有防潮、防虫、耐高温等特点，与普通的砖混结构的房屋相比，木结构别墅具有良好的抗震性、耐久性、防火性、防潮性、绿色环保、保温节能性等优点，下面分别进行详细的介绍。

（1）抗震性

木制别墅在地震中有很好的生命安全性能，木制别墅采用榫接建造，主结构交错连接，具有很好的稳定性。作为一种结构材料，木材的抗震性能明显优于其他材料。木材轻质高强，因而地面加速度在木建筑物上所产生的能量没有其他建筑物大。木框架系统的另一个额外优势是其柔韧优于其他材料，可以吸收并消散能量。在这种建筑中，木构件细小、尺寸规范、间隔紧密。

大多数的框架由三个部分组成：构成墙壁骨架的垂直墙骨；构成楼板的水平搁栅；以及支撑屋顶的椽木或桁架。当墙由斜撑木板或轻

现代的木结构别墅，进行了很多的改良，但是要让室内物品与房屋搭配，一般室内都是使用各式各样的木材制品。

质木基板材而形成墙覆面板时，它具有了侧向抵抗力，进而形成了一个减力墙系统。所有部件共同支撑建筑物，使之可以抵抗重力、风及地震。实践证明，木结构在各种极端的负荷条件下，均表现出稳定性和结构的完整性，即使强烈的地震使整个建筑脱离其基础，其结构也经常完整无损。

（2）耐久性

木制别墅都选择高级松木建造，木材是一种天然、健康的且极具亲和性的材料，木制集成屋是环保健康的高档住宅，木材根据不同建筑造型经过现代技术生产加工成不同的墙体型材，再经过阻燃、防腐处理等工序，更加坚固耐用。对抗下沉应力、抗干燥、抗老化，具有显著的稳定性。如果使用得当，木材则是一种稳定性强、寿命长、耐久性强的材料。

（3）防火性

木制别墅的木材均采用水基型阻燃处理剂进行阻燃处理，具有炭化效应，遇火时，木表面会形成炭化层，其低传导性可有效阻止火焰向内蔓延，从而保证整个木结构体在很长时间内不受破坏。

（4）防潮性

人们通常误以为水是木材的敌人，实际情况并不是这样，在多雨或潮湿的地方木建筑可以有长期的良好的性能表现。关键在于设计和建造时，采用以木材为基础的建筑产品要懂得如何控制水分。木结构房屋是能做到不被腐蚀和不受潮的，因为可以通过对所有建筑用材进行烘干处理，通过烘干处理的木材可以避免绝大多数的体积变化，这些木材已预先干燥至含水率19%以下，它的防潮性能甚至可以达到砖混结构的10倍左右。事实上，与其他常用建筑材料相比木材更不容易因为偶尔浸湿而受到永久损坏。在多雨或潮湿地方的木建筑物可以有长期的毫无问题的性能表现。

（5）绿色环保、保温节能

木材是一种天然的健康的且极具亲和力的材料，木制别墅是环保健康的高档住宅。保温隔热性能优异，比普通砖混结构房屋节省能源超过40%。它的保温性能是钢材的400倍，混凝土的16倍。根研究表明，150毫米厚的木结构墙体其保温性能相当于610毫米厚的砖墙。

4.木结构别墅中的地板

在很多木结构的别墅中，其地板的铺装肯定也是木制的，对于地板的选择大多会选用实木复合地板。实木复合地板是由不同树种的板材交错层压而成，克服了实木地板单向同性的缺点，干缩湿胀率小，具有较好的尺寸稳定性，并保留了实木地板的自然木纹和舒适的脚感。实木复合地板兼具强化地板的稳定性与实木地板的美观性，而且具有环保优势。

这种类型的地板基本上是从2000年起逐渐步入偌大的地板市场的。从2005年开始，实木复合地板以其强劲的增长势头独领风骚。地板销售市场的比例从原来的不到10%，一下子增至20%以上。有专家预测，在未来实木复合地板很可能将取代实木地板占据主导地位。

从全球范围来看，2004年印度洋海啸过后，木材价格一路飙升并居高

在很多高档别墅的设计中，地板基本都是采用的实木复合地板，其花纹、颜色可选范围广，以便能打造出不同风格的居室。

不下，掀起实木地板涨价之风。随着世界各国越来越重视森林资源的保护，以名贵木材为原材料的实木地板的材料来源越来越窄，这使实木复合地板的价格优势突显，将促使更多的消费者去选购实木复合地板。实木复合地板日益受到欢迎，其产品本身的优点也是一个重要的原因。实木复合地板铺设方便，省时省工，并且易拆卸；地板铺设后的稳定性好，实木地板常见的隙缝、开裂、起拱、翘曲等质量弊病在实木复合地板中是很难一见的。

实木复合地板分为多层实木地板和三层实木地板。三层实木复合地板是由三层实木单板交错层压而成，其表层多为名贵优质长年生阔叶硬木，多用柞木、桦木、水曲柳、绿柄桑、缅茄木、菠萝格、柚木等。柞木由于其独特的纹理特点和性价比成为最受欢迎树种。芯层由普通软杂规格木板条组成，树种多用松木、杨木等；底层为旋切单板，树种多用杨木、桦木和松木。三层结构板材用胶层压而成，多层实木复合地板是以多层胶合板为基制，以规格硬术薄片镶拼板或单板为面板，层压而成。

实木复合地板表层为优质珍贵木材，不但保留了实木地板木纹优美、自然的特性，而且大大节约了优质珍贵木材的资源。表面大多涂五遍以上的优质UV涂料，不仅有较理想的硬度、耐磨性、抗刮性，而且阻燃、光滑，便于清洗。芯层大多采用可以轮番砍伐的速生材料，也可用廉价的小径材料，各种硬、软杂材等来源较广的材料，而且不必考虑避免木材的各种缺陷，出材率高，成本则大为降低。其弹性、保温性等也完全不亚于实木地板。正因为它具有实木地板的各种优点，摒弃了强化复合地板的不足，又节约了大量自然资源，在欧美国家已经成为家装的主流地板，今后我国高档地板的发展趋势必然是实木复合地板。

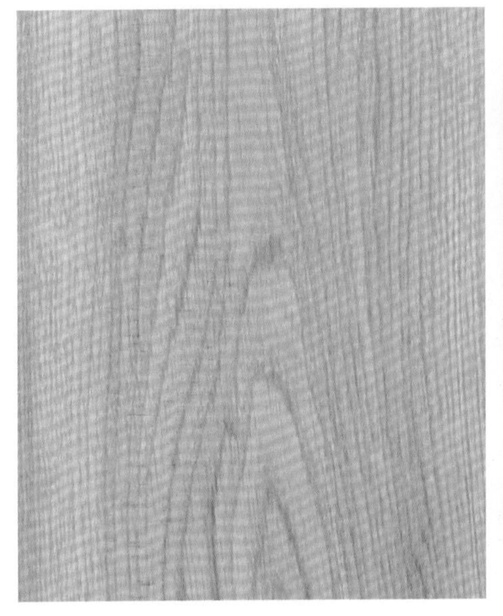

橡木三层实木复合地板

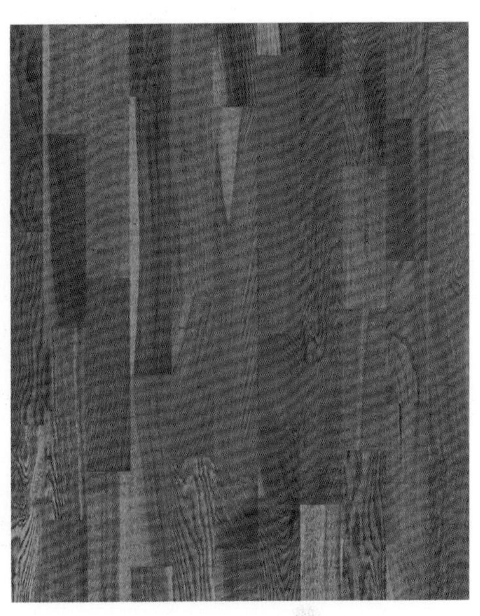

康树三层实木复合地板

第六章

别墅室内功能区布局

与其他类型的户型相比，别墅空间相对更适合功能区的划分。但是对于不善于利用空间的别墅业主来说，如果不能合理利用有效的空间，空间再大也不能提升业主的生活品质。因此，别墅业主更需要学习一些室内空间布局的知识，在装饰的同时兼顾实用性，从而有效利用空间，营造好的居家布局，提升居家生活的品质。

第一节 大门

大门是别墅的脸面，是住宅气口所在，它接纳外界的气息，对别墅的整体效果有着重要的影响。对内，大门可以说是整个别墅的“首脑”；对外，它又如同人的脸面，关系着一家人的社会声誉、地位。因此，大门的布局十分重要。

1.大门能显示出家庭的观念和对外在世界的态度

大门是屋宅最重要的纳气口，同时，大门又是分隔内外空间最重要的标志，大门对外的部分能显示出家庭的观念和对外在世界的态度、看法。例如，门外放满鞋，表示这个家庭的人员外出频繁；门口放满小孩子的玩具或单车，表示这个家庭以小孩子为重，家庭成员多恋家，重视家庭生活；门口贴有吉祥对联，表示这个家庭重视对外世界，具有对外发展的潜力和基础。现实情况中，很多大企业的老板都会选择在门外摆放对联、吉祥物、常青树或特制改运装饰品等，这些都无形中反映了其人对外界的想法，也能一窥其处世态度和管理理念。

2.大门的坐向按大门的方位而定

大门的坐向是按大门所向的方位而定。我们站在屋内，面向大门，则所面向的方位便是“向”，而与“向”相对的方位便是“坐”。

震宅坐东方，大门宜向西。

巽宅坐东南方，大门宜向西北。

离宅坐南方，大门宜向北。

坤宅坐西南方，大门宜向东北。

兑宅坐西方，大门宜向东。

乾宅坐西北方，大门宜向东南。

坎宅坐北方，大门宜向南。

艮宅坐东北，大门宜向西南。

大门的坐向是按大门所向的方位而定。我们站在屋内，面向大门，则所面向的方位是“向”，而与“向”相对的方位便是“坐”。

3.大门的尺寸要适当

在居家布局中，别墅大门的尺寸大小有其象征意义，不容忽视。

大门不能开太高。若门太高，家人进出时会习惯性往上看，有爱慕虚荣、喜欢被人拍马屁的心理暗示，自己处理事情也会眼高手低。有的大门的门楣太高，甚至超过了天花板，这样的格局也不好。

大门不能开太低。若门楣太低，出入都必须弯腰低头，时间久了，人的目光习惯性向下方看，遇到强势的事物，也更容易选择低头退让，变得目光短浅、怯懦自卑。也因为想得不够长远，就会一辈子寄人篱下、受人欺负。

大门也不能开太宽。若大门开太宽，就不能藏风聚气。大门也不能开太窄。若大门开得太窄，进出会不舒服，有压迫之感。从门内向外看，视线变窄，心胸也容易变窄，容不下他人。适当的门宽，至少要能容得下两

个人擦身而过。

4.大门上的图案要慎选

大门上的图案也具备五行属性，同时大门的方位五行相生相克，如果大门开在东门、东南门，就都适宜选用图案为长方形五行属木的大门。

大门除了讲求八卦方位的配合外，其图案也会对其产生影响。各类图案是由不同形状组成的，而不同的形状都有其五行属性：

金型——圆形、半圆形

木型——长线、长方形

水型——由几个圆形或半圆形所组成，如梅花形、波浪形

火型——三角形、多角形

土型——正四方形

如果大门或防盗门的图案五行

大门及防盗门图案宜忌表

方位	属性	大门及防盗门图案宜	大门及防盗门图案忌	大门及防盗门图案平
东门（震方）	木	木：直线、长方形 水：波浪形、梅花形	金：圆形、半圆形 火：三角形	土：四方形
东南门（巽方）	木	木：直线、长方形 水：波浪形、梅花形	金：圆形、半圆形 火：三角形	土：四方形
南门（离方）	火	木：直线、长方形 火：三角形、尖形	水：波浪形、梅花形 土：四方形	金：圆形、半圆形
西南门（坤方）	土	火：三角形、尖形 土：四方形	木：直线、长方形 金：圆形、半圆形	水：波浪形、梅花形
西门（兑方）	金	土：四方形 金：圆形、半圆形	火：三角形、尖形 水：波浪形、梅花形	木：直线、长方形
西北门（乾方）	金	土：四方形 金：圆形、半圆形	火：三角形、尖形 水：波浪形、梅花形	木：直线、长方形
北门（坎方）	水	金：圆形、半圆形 水：波浪形、梅花形	土：四方形 木：直线、长方形	火：三角形、尖形
东北门（艮方）	土	火：三角形、尖形 土：四方形	木：直线、长方形 金：圆形、半圆形	水：波浪形、梅花形

可以生旺方位五行或与之相同，则属于吉利；如果大门或防盗门的图案五行会克制方位五行或泄弱方位五行，则为不利；如果大门的方位五行是克制大门或防盗门图案五行的，则作平论。

现在将大门及防盗门的图案五行与方位五行比较如下：

5.正确安放大门的门槛

门槛原指门下的横木，中国传统住宅的大门入口处必有门槛，人们进出大门均要跨过门槛，起到缓冲步伐、阻挡外力的作用。古时的门槛与膝同高，如今的门槛已没有这么高，只有一寸左右，除了用木材制作外，也有用窄长形石条制作的，固定在铁闸与大门之间的地上。

门槛作为大门重要的组成部分，也具有将住宅与外界分隔开的象征意义。门槛既可挡风防尘，又可把各类爬虫拒之门外，实用价值很大，对阻挡外部不利因素有一定作用，对住宅布局颇具重要性。

门槛应谨防断裂，门槛如果断裂，必须及早更换。

另外，门槛的颜色最好与屋主的命格配合，具体见下表：

宅主出生季节及命格与门槛颜色宜忌对照表

出生季节	命格属性	门槛宜忌颜色
春季 （农历一月至三月）	木旺	忌：绿色 首选宜用：白色、金色及银色 次选宜用：蓝色、紫色及灰色
夏季 （农历四月至六月）	火旺	忌：红色及橙色 首选宜用：蓝色、紫色及灰色 次选宜用：白色、金色及银色
秋季 （农历七月至九月）	金旺	忌：白色、金色及银色 首选宜用：绿色 次选宜用：红色、粉红及橙色
冬季 （农历十月至十二月）	水旺	忌：蓝色、紫色及灰色 首选宜用：红色、粉红及橙色 次选宜用：绿色

6.大门的颜色应符合五行原则

古代中国最常见的大门颜色就是红色，很多人都喜欢，觉得喜庆又吉利，但在家居设计学中，红色不是万用色，不适用于所有方位。例如，向北开的门，漆成红色就不适合。坐南朝北的房子，北风容易直接吹入，气候会很干燥，若门又刚好是容易让人亢奋的红色，感觉上会更加燥热，给人的情绪带来负面影响。除了要考虑环境情况外，大门的颜色最好与房主的五行之色匹配。

大门的颜色也需符合五行原则，中国人喜欢的红色通常适合南门、西南门、东门采用。

选择大门的颜色主要参考两个数据，一是根据大门的方位来选择颜色，二是应根据房主的五行之色选择适宜的颜色。

大门方位颜色宜忌表

方位	属性	大门颜色宜	大门颜色忌	大门颜色平
东门（震方）	木	木：青、绿 水：黑、蓝	金：金、白 火：红、紫、橙	土：黄、咖啡
东南门（巽方）	木	木：青、绿 水：黑、蓝	金：金、白 火：红、紫、橙	土：黄、咖啡
南门（离方）	火	木：青、绿 火：红、紫、橙	水：黑、蓝 土：黄、咖啡	金：金、白
西南门（坤方）	土	火：红、紫、橙 土：黄、咖啡	木：青、绿 金：金、白	水：黑、蓝
西门（兑方）	金	土：黄、咖啡 金：金、白	火：红、紫、橙 水：黑、蓝	木：青、绿
西北门（乾方）	金	土：黄、咖啡 金：金、白	火：红、紫、橙 水：黑、蓝	木：青、绿
北门（坎方）	水	金：金、白 水：黑、蓝	土：黄、咖啡 木：青、绿	火：红、紫、橙
东北门（艮方）	土	火：红、紫、橙 土：黄、咖啡	木：青、绿 金：金、白	水：黑、蓝

出生季节、命格与大门宜忌颜色对照表

出生季节	命格属性	大门宜忌颜色
春季 （农历一月至三月）	木旺	忌：绿色 首选宜用：白、金及银等色 次选宜用：蓝、紫及灰等色
夏季 （农历四月至六月）	火旺	忌：红及橙等色 首选宜用：蓝、紫及灰等色 次选宜用：白、金及银等色
秋季 （农历七月至九月）	金旺	忌：白、金及银等色 首选宜用：绿色 次选宜用：红、粉红及橙等色
冬季 （农历十月至十二月）	水旺	忌：蓝、紫及灰等色 首选宜用：红、粉红及橙等色 次选宜用：绿色

7.大门的材质不能忽视

大部分人在选择大门时，对外观、防盗性能等条件比较在意，却忽视了对大门材质的选择。人们为了美观，多考虑制造精美的木门。木头相对于钢铁来说，耐用度较低，所以除门板以外，门框、门梁、门楣等位置要尽量避免出现另接木头的情况，否则容易破损。

但若因为本身喜好而坚持选用木质大门，则建议使用卡榫的方式来制作，避免使用钉子。因为钉子固定的方式不如卡榫坚固耐用，而且钉子有生锈的可能，日子一久，强度降低，整个门框就会有歪斜的情形，会产生不好的影响。而从心理学角度讲，歪斜的门框会造成出入时安全感缺失，精神紧绷。门框一旦歪斜到一个程度，可能连门都不好开关，甚至发生卡住的严重状况。

○ 从实用性、耐用度、安全性等方面来说，金属门都比木门更适合作为住宅的大门，更能为居住者提供安全有保障的品质生活。

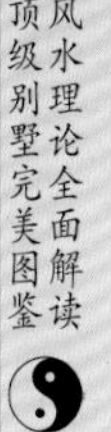

8.大门朝向与地毯颜色的搭配

许多家庭都会在门前铺上一块地毡，而适宜的地毡也是影响住宅效果的重要因素。因为不同的颜色有不同的属性，如果大门的朝向与地毡颜色配合恰当，会为家居生活增添美感。

门口朝向东方、东北方——搭配蓝色地毡。

门口朝向南方、东南方——搭配绿色地毡。

门口朝向西方、西南方——搭配黄色地毡。

门口朝向北方、西北方——搭配乳白色地毡。

第二节 玄关

在别墅装修的时候，设置玄关是必须的。因为玄关是大门与客厅的缓冲地带，起到了基本的遮掩作用，可使人在客厅里感受到的安全性大增，同时也不怕隐私外露。玄关在佛教中被称为入道之门，是亚洲传统建筑的重要组成部分，玄关的设置还可使家中的气不致外泄。

1.玄关的方位选择

玄关是家人出入的必经场所，也是外界能量进入家中的必经之路。这个位置对居家生活有很大的影响。玄关与厕所、浴室、厨房一样，方位布局设置要特别注意。因此，当然要尽量将其规模和形状与整栋房子配合，然后再设于适宜的方位上，才有协调感。

（1）玄关的不同方位代表不同的意义

东方位——太阳最早进入的方位，具有前进、发展、成功等增强运气的寓意。

东南方位——大吉方位，有生意繁荣，交际运越来越好的寓意。

南方位——能接受到最强阳能量的方位，但阳能量过强，就会失去平衡，需注意不要太过于朝阳。

北方位——此方位的玄关，阴气强盛，可以使用照明灯来补充不足的阳能量，不过位于北方位的玄关对三碧、四绿、六白、七赤的人来说是吉相。

东北方位——玄关不宜设置在这个位置。

（2）玄关和其他房间的关系

①玄关可以看到起居室的隔间。这是玄关和房间的位置关系中最为理想的隔间，如果一回到家起居室就出现在眼前，内心就会觉得无比轻松和放心。而且，懒懒地坐在沙发上，一边看电视，一边和家人闲聊，其乐融融，可以解除工作上的紧张和压力。由于家里是安适休息的场所，所以这种隔间对于工作疲累返家的上班族而言，最为理想。

②玄关可以看到书房的隔间。这种隔间会提高居住者的向学心、求知欲和工作上的干劲。即使在家中也不会糊里糊涂地过日子，而会将时间花在看书或全心投入工作中。可以说，这是适合家中有小孩准备考试的隔间布局。

③玄关可以看到厨房的隔间。住在从玄关可看到厨房的房子或公寓里的人，回到家的第一个动作，就是上衣也不脱，立即走向厨房，打开冰箱往内瞧，看看有没有东西吃。平常在家时，也常在厨房或餐厅内度过。要想改善这种局面，可以在玄关和厨房之间摆设屏风或装窗帘。

④玄关可以看到卧室的隔间。或许一般人会认为，这和在玄关可以看到起居室的隔间一样，是能令人心情放松的理想隔间。但是，这种隔间因为太过强调轻松的一面，所以让人一回到家就会感到疲劳，而需要立即休息和睡眠。情况严重的话，有欠缺干劲、向上心，陷入暮气沉沉、消极的人生观之虞。要想改善这种局面，可在卧室的门上装面镜子，让人时刻反思、自查，充满向上的朝气的力量。

⑤玄关可以看到厕所的隔间。住在打开玄关门就可看到厕所的房子或公寓里的人，回家后第一件事就是想上厕所。因为当一进玄关最先看到的是厕所门，就会在潜意识中唤起人的尿意。要想改善这种局面，可在厕所的门上安装一面可以照到全身的镜子，借此创造出视觉空间感；或者安装一个屏风。

另外需要注意，最适宜将玄关设在住宅的正门旁边偏左或偏右。如果玄关与住宅正门成一条直线，外面过往的人便容易窥探到屋内的一切，所以大门不要与玄关成直线，以保持屋内的隐秘性。

2.玄关的整体装修设计

玄关的图案最好能配合房屋整体的装修风格，玄关的图案应尽量做到美观大方，并注意使用带有吉祥寓意或有辟邪功能的图案，如莲花、狮子、龙凤、鱼、金钱等图案，也可以摆放与这些图案有关的饰品。清爽的色彩和干净利索的图案是玄关最好的选择。

玄关不宜堆砌太多让人眼花缭乱的色彩与图案，否则会给人以沉重、压抑的感觉。玄关的装修风格宜简约、大方。对玄关进行装修，应根据房屋本身的结构来决定玄关的风格，最好简洁、大方。如果玄关是一条狭长的独立空间，则可以采用多种装修风格。如果玄关与厅堂相连，没有明显的独立空间，可利用间隔将其分开，并制造独特的风格，也可以与厅堂的装修风格相统一。如果玄关已经包含在厅堂里，宜与厅堂的装修风格相统一，与此同时应对玄关进行画龙点睛式的修饰，为厅堂增加亮点。

○ 别墅的玄关在设计时最好能做到舒适方便，且玄关的图案最好能配合房屋整体的装修风格。

玄关设计时，最好能做到舒适方便。玄关是居住者出入的必经之地，必须以舒适方便为宜。这里通常会设置一些储物用的家具，如鞋柜、壁柜、更衣柜等，在有限的空间里有效而整齐地容纳足够的物品。此处的家具不宜过多，以免过于拥挤，家具的设计应该与家中其他家具风格相协调，达到相互呼应的效果。

舒适玄关的指标为：3～5平方米适用于三口之家，通常可在玄关设置一个宽0.4～0.6米、长1.5米的衣鞋柜组合，放置平时更换的外衣、鞋子已绰绰有余；如果是五口之家，将柜子长度加到1.8米也就足够了。若交通面积是宽1.2米、长1.8米的话，玄关的面积在3～5平方米，已经非常舒适实用了。若过道有拐角，还可以安排个镜子、花瓶等，既转换了空间，也方便更换衣服。营造玄关还有其他的功能要求：一般天花板不宜太高，吊顶部分应相对低一些，高度尺寸应该在2.5～2.57米和2.62～2.65米，或者更高一点应在2.7～2.76米的范围，使得家居高度相对错落变化。

3.美化玄关的四项基本原则

在室内设计时均应尽量设法美化玄关，玄关的整体设计要注意以下原则：

（1）通透

玄关的间隔应以通透为主，因此通透的磨砂玻璃较厚重的木板为佳，即使必须采用木板，也应该采用色调较明亮而非花哨的木板，色调太深便易有笨拙之感。

（2）适中

玄关的间隔不宜太高或太低，而要适中。一般以两米的高度最为适宜。若是玄关的间隔太高，身处其中便会有压迫感，而太低，则没有效果，无论在风水方面还是设计方面均不妥当。

（3）明亮

玄关宜明不宜暗，所以在采光方面必须多动脑筋，除了间隔宜采用较通透的磨砂玻璃或玻璃砖之外，木地板、地砖或地毯的颜色都不可太深。玄关处如果没有室外的自然光，便要用室内灯光来补救，例如安装长明灯。

（4）整洁

玄关宜保持整洁清爽，若是堆放太多杂物，不但会令玄关显得杂乱无

章，而且也会对住宅布局大有影响。

4.玄关墙壁的间隔

（1）墙壁间隔应下实上虚

面对大门的玄关，下半部宜以砖墙或木板作为根基，扎实稳重，而上半部则可用玻璃来装饰，以通透而不漏最理想。无论是墙壁还是柜子，都不能超过两米，否则无形中也会让人有压迫感。

玄关若不以墙来做间隔，用低柜来代替也行，其上选择玻璃或通透的木架来装饰。低柜可用作鞋柜或杂物柜，上面则可镶磨砂玻璃，这样既美观实用，同时也符合下实上虚之道。必须注意的是，玻璃不同于镜子，会反射的镜子通常不可面向大门，因为会将家中的财气反射出去，但磨砂玻

对于玄关墙壁的间隔，在设计上应下实上虚，墙壁的颜色须深浅适中，同时不宜使用凸出的石料。

璃则无此顾虑。

（2）墙壁间隔的颜色深浅要适中

玄关的墙壁间隔无论是木板、墙砖或是石材，选用的颜色均不宜太深，以免令玄关看起来暮气沉沉，没有活力。而最理想的颜色组合是位于顶部的天花板颜色最浅，位于底部的地板颜色最深，而位于中间的墙壁颜色则介于这两者之间，作为上下的调和与过渡。

（3）不宜使用凸出的石料

玄关是外部气流进入住宅的主要通道，不宜使用凸出的石料，因为墙壁的凹凸不平，会导致空气流通不畅。

5.玄关屏风的选择

屏风，这个极具古典韵味的家居类型在古代十分常用，而现在已不再被列为常用家居类型，但作为装饰点缀的风水物，其地位却日渐显耀。现代人追求格调、品位，这时，屏风以它那优雅的姿态出现在我们的家居生活中，并发挥着其不可替代的作用，可以美化环境、点缀情调。

玄关区域可设置屏风，此时需要注重材质的选择，最好是选用木质屏风，且高度宜适中。

从大体上讲，玄关装修装饰分为“密闭式”和“屏风式”。前者利用隔墙使玄关在客观上阻隔、密闭，而后者实际上是屏风的变体，经常采用磨砂玻璃等半透明材料做成各种自己喜欢的艺术造型。

家居屏风的选择要注重材质优劣，最好是选用木质屏风。竹屏风和纸屏风都属木质屏风，可以放心选用。塑料和金属材质的屏风效果则比较差，尤其是金属的屏风，其本身磁场的不稳定性会干扰到人体的磁场。

再者，屏风的高度宜适中，最好不要超过一般人站立时的高度，但也

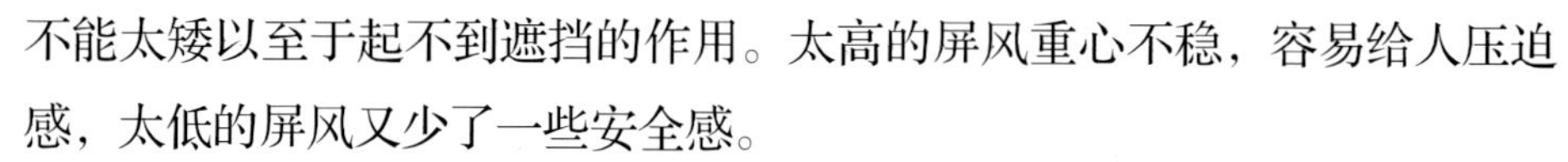

不能太矮以至于起不到遮挡的作用。太高的屏风重心不稳，容易给人压迫感，太低的屏风又少了一些安全感。

玄关屏风的选择和布置，不但需要根据不同的风水气场计算，使之有引气、间隔之功，还要根据自己的房间格局以及自己的性格合理选择。

6.玄关的地板

玄关的地板是玄关装修和装饰的第一步，也是入门的必经之地，因此必须选择耐用的材料、搭配好玄关的颜色、注意图案的花样。因为玄关功能的特殊性，地板一定要遵守易保洁、耐用、美观三个原则。

地板材料在家居装饰材料中是最应考虑的，它可以承受各种磨损和撞击，塑胶地板、瓷砖都是很好的选择，因为它们都便于清洁，也耐磨损。

玄关地板适合铺设防滑地砖或地板，过于光滑的地板则容易形成安全隐患，有可能使人一进门就摔倒，倘若已经铺上光滑的地板则可以用地毯遮盖。玄关的地板宜选用平整的材料，不仅是从安全的角度考虑，同时也利于居家风水。

玄关地板适合铺设防滑地砖或地板，过于光滑的地板则容易形成安全隐患，有可能使人一进门就摔倒而不利家运。

玄关的地板颜色宜较深沉。深色象征厚重，地板颜色深象征根基深厚，符合风水之道。如果玄关处较为黯淡，为了利用地板提高玄关的亮度，可以用深色的石料在四周包边，中间部分采用较浅的颜色。

玄关地板的图案花样繁多，但均应选择寓意吉祥的图案。玄关地板必须避免选用那些多尖角的图案。使用木料做地板时，其排列应使木纹斜向屋内，如流水斜流入屋，切忌木纹直冲大门，否则非常不吉利。

7.玄关的地毯

玄关的地毯，在形状、放置位置和颜色选择方面，应考虑到与整体设计的配合和清洁问题。

形状方面，长形地毯既长又窄，非常适合于玄关的造型。这种地毯具有灵便的特点，在必要时完全可将这些地毯撬起清洗，而且还可以将其一直朝楼梯上延伸过去，制造出双层结构，使住宅玄关区优美的动线更加明显。

颜色方面，其理亦同地板，宜选用四边颜色较深而中间颜色较浅的地毯。

在玄关处设地毯，便于居住者从外面进入居室时清理一下鞋底的灰尘。所以，最好是将地毯放在玄关外，也就是大门口。如果将地毯放在屋内，则容易将灰尘和秽气带进室内。所以，玄关处最好将地毯放置在门外，且应经常清洗。

8.玄关的天花安置

（1）天花板的高度宜高不宜低

玄关的空间是空气流通的关键，玄关的空间应宽敞。如果天花板太低，容易给人造成压迫感。为了增加玄关的亮度，有些人在天花板上安装镜子，这是风水的大忌，应该避免。因为在玄关上安装镜子会使人一抬头就看见自己的倒影，给人天旋地转的颠倒感，会损害人

在玄关区域安置天花，其高度宜高不宜低，天花的色调宜轻不宜重，且天花灯宜方圆而忌三角。

的神经。

（2）天花的色调宜轻不宜重

玄关顶上天花板的颜色不宜太深，如果天花板的颜色比地板深，这便形成上重下轻，天翻地覆的格局，给人这家人长幼失序，上下不睦的联想。而天花板的颜色较地板的颜色浅，上轻下重，这才是良好的格局。

（3）天花灯宜方圆而忌三角

玄关顶上可安装数盏筒灯或射灯来照明，但要注意，如把三盏灯布成三角形，那便会弄巧成拙，形成“三支倒插香”的局面，对家居设计效果很不利。玄关的灯最好排列成方形或圆形，以象征方正平稳与团圆。

9.玄关的灯光

玄关一般都没有窗户，自然采光很差，就要利用灯光来补充。最好在玄关处全天打开长明灯，如果玄关整天阴阴沉沉不见光线，属于阴，家人的心情也会被影响。

玄关处的灯，数量以四盏或九盏为最佳。玄关处宜采用白色灯光，不宜安装黄色灯光。白色灯光代表果决、理性的判断力，因而有利于家庭成员在处理问题时更加理性。黄色的灯光则代表感性，感性让人犹豫不决，不利于

○ 玄关处的灯数量以四盏或九盏为佳，用以吸收旺气，灯光宜采用白色灯光，能使家庭成员在使用钱财时更加理性。

判断。

由于玄关里有许多弯曲的拐角、小角落与缝隙，所以让照明设计分外困难。玄关是给人最重要的第一印象区域，而且在玄关的活动一般是换鞋与开关门等，因此它所需要的亮度不大，灯具最好以装饰为主，而且光线不要太强烈，以缓冲人在进出时由亮到暗，或由暗到亮的感觉。

玄关处有横梁会使人一进门就感觉到压力。如果因房屋结构无法避免，装修时应在横梁下安置灯，使灯光照向横梁，利用灯光效果削弱横梁对玄关设计效果的影响。

10.玄关的色彩

玄关是气息流入的通道，无论玄关的间隔是木板还是砖墙，颜色都不宜太深，如果颜色太深会显得死气沉沉，势必令空气流通不畅。如果靠近天花板的颜色浅，靠近地板的颜色深，就能较好地调和过渡天花板和地板的颜色，这是玄关间隔最好的颜色组合。

玄关忌用红、黑做主色。玄关颜色太红或太黑都会影响人的心情，使人做事冲动、极端，因此玄关作为家庭成员进出居室的主要通道，最好不要用太多的红色或黑色。

11.玄关的衣帽架

出现在玄关处的布置物件不少，所以一定要使玄关干净整齐。和谐的玄关一定离不开衣帽架。许多设计新颖的衣帽架非但不占地方，同时还提供了储藏东西的空间，可以将门前的每一件东西通通收纳在内——长靴、外套、帽子甚至是遛狗链。

玄关需要有良好的空气流通，使衣帽架上宜衣物舒展，使衣帽各得其所，衣帽架造型要体现艺术化的生活情趣，能烘托出家宅气质和旺势为佳。衣帽架上忌凌乱，衣服忌扭成团状悬挂。忌衣帽架上张冠李戴，东西应有条理地悬挂或者收纳。

12.玄关的饰物

玄关是给来访者的第一印象，少而精的饰品可以起到画龙点睛的作用。

○ 在玄关处摆放少而精的饰品可以起到画龙点睛的作用，可以是一幅精美的挂画或精致的工艺品，体现主人的品位。

一只小花瓶，一束干树枝，可给玄关增添几分灵气；一幅精美的挂画，一盆精心呵护的植物，都能体现出主人的品位与修养。

古人多摆放狮子、麒麟这些威猛而具有灵性的猛兽在门口镇守，作为住宅的守护神。现代住宅如果摆放狮子或麒麟在屋外，往往会受到诸多限制，退而求其次，则可摆入在玄关内面向大门之处，同样也可有护宅的寓意。

13.玄关的镜子

住宅在玄关安镜可作为进出时整理仪表之用，而且也可令玄关看来更加宽阔明亮。但若是镜子对着大门，则绝对不妥当，因为镜片有反射作用，会给人将财神拒之门外之感。

朝着太阳的方位摆放镜子，可以增加旺盛之气。在镜子前摆放观叶植物、鲜花等具有生气的东西，也具有同样的效果。

玄关顶上不宜张贴镜片，玄关顶上的天花若以镜片砌成，一进门举头就可见自己的倒影，便有头下脚上、乾坤颠倒之感，这是设计上的大忌，必须避免。

发现镜子破裂时，则必须马上更换，因为破裂的镜子不仅会影响到居住者的心情，还会破坏居室中的和谐气氛。

14.玄关前摆放鞋柜的注意事项

在玄关放置鞋柜，是顺理成章的事，因为主客在此处更换鞋子均十分方便。而且“鞋”与“谐”同音，有和谐、好合之意，并且鞋必是成双成对的，这是很有意义的，家庭最需要和谐好合，因此入门见鞋很吉利。但虽然如此，在玄关放置鞋柜仍要注意：

○ 在玄关处可放置鞋柜，但鞋柜宜有门且宜侧不宜中，面积宜小不宜大，宜矮不宜高。

（1）鞋子宜藏不宜露

鞋柜宜有门，倘若鞋子乱七八糟地堆放而又无门遮掩，便十分有碍观瞻。有些在玄关布置巧妙的鞋柜很典雅自然，因为有门遮掩，所以从外边看，一点也看不出它是鞋柜，这才符合归藏于密之道。鞋柜必须设法减少异味，可以放置樟脑丸一类的去除异味的物品。

（2）鞋头宜向上而不宜向下

鞋柜内的层架大多倾斜，在摆放鞋子入内时，鞋头宜向上，这有步步高升的意味。若是鞋头向下，就意味着会走下坡路。

（3）鞋柜宜侧不宜中

鞋柜虽然实用，但却难登大雅之堂，因此除了以上所提及的几点之外，还要注意宜侧不宜中，即指鞋柜不宜摆放在正中，最好把它向两旁移开一些，离开中心的焦点位置。

（4）鞋柜的面积宜小不宜大，宜低不宜高

如要在大门内外放置鞋柜，其高度只能占墙面的1/3。皆因墙壁之最上为“天”，中为“人”，下为“地”。鞋子带来灰尘及污秽，故只宜置于“地”之部位。否则，门口玄关部位污秽不堪，属不吉。鞋柜最好为五层以下，代表为五行并存，多于五层的鞋柜让属“土”的鞋无法“脚踏实地”。若高鞋柜是固定的，无法移动更改，则柜内的鞋子只可置于低层，高层放置其他干净物品。

15.玄关处摆放的植物

在玄关摆放植物，能绿化室内环境，增加生气。花、观叶植物等有生气的东西都具有引导旺盛之气的作用。盆栽的花可以使空间安定，特别适合已婚者。单身的人可以使用插花来装饰，但是切忌放置空的花瓶。

玄关处要保持整洁干净，装饰的植物、花卉、画以白色为佳，因为白色象征着吉利。在玄关处放置粉红色花卉可使人保持愉悦的心情。在玄关处的鞋柜上摆一盆红色鲜花，可以为家庭招来好运气。

玄关摆放植物能增加生气，摆在该区域的植物宜以赏叶的常绿植物为主，如铁树、发财树、黄金葛等。

摆在玄关的植物，宜以赏叶的常绿植物为主，例如铁树、发财树、黄金葛及赏叶榕等等。而有刺的植物如仙人掌类及玫瑰、杜鹃等切勿放在玄关处。且玄关植物必须保持常青，如果无法保持植物、花卉的健康，则最好不要放置。若有枯黄，就要尽快更换。尽量不要在玄关处摆放人造的假花，容易让家中减弱生气。

选购玄关处的植物时，要注意

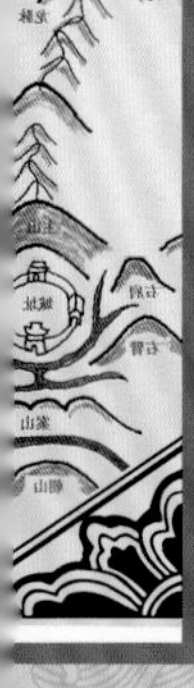

叶子的形状。选择圆状、叶茎多汁的健康植物就比较好，它们带有吸引“好兆头”的潜在能量。

16.玄关的收纳设计

玄关是住宅进门纳气的首要位置，在玄关的收纳设计上，也有一些需要注意的禁忌之处，应尽量避免以防影响住宅整体设计效果。

（1）雨伞忌放在玄关

雨伞很容易累积阴气，如果把伞架经常放置在玄关，会使玄关充满阴晦之气。所以，尽量使用吸水性好的陶器伞架或是不锈钢制的伞架。也可以安装照明灯。

（2）玄关忌杂乱无章

玄关传达着家庭给外人的第一印象信息，宜装修设计得既简洁又整齐，不宜摆放太多杂物，如玩具、废纸等，一些没有使用价值而又舍不得丢弃的东西尽量少放。否则，杂乱无章的玄关会对住宅设计效果大有影响，让居住者每次出入厅堂都心浮气躁、容易遗失重要物品。

（3）玄关忌设计成拱形

有些家庭为了追求设计上的美感，将玄关设计成拱形，殊不知这种形状实用性不强，玄关设计中最好避免拱形。

17.院落中的玄关设计

院落影壁是玄关的一部分。影壁是从院落大门进入宅院的缓冲，是院落大型玄关的组成部分。和玄关的作用一样，都是让运动的进入者静气敛神，由于它位于家宅引气入屋必经之道的特殊位置，家宅装修装饰中往往把它当成主要的部件来看待，因为它的布置好坏可直接影响到住宅的设计效果。

四合院落内常见的影壁有两种，第一种位于大门内侧，呈“一”字形的影壁。还有一种独立影壁建在一进大门的正面，多是从地面往上砌砖，下面为须弥座形，再上为墙身，用青砖大磨成柱、檩椽、瓦当等形状，组成影壁芯，影壁芯内的方砖斜向贴成。此类影壁多为离心影壁，影壁上面的各种图案多为青砖雕成，凸出于平面。而影壁上的各种砖雕图案多为吉

玄关区域的影壁与大门宜形成相互陪衬的关系，在宅院入口处起着烘云托月的作用。

祥颂言组成的松、竹、梅岁寒三友、福禄寿喜等图案。

影壁与大门宜形成相互陪衬、相互衬托的关系，在宅院入口处起着烘云托月、画龙点睛的作用。由于院落玄关的影壁有遮掩作用，给院内家小日常安坐聚首及家庭活动增添了私密性，这从家居设计来说亦是吉利的。影壁墙面宜有装饰，可以是石雕、砖雕，也可以是彩画。徽州民间信仰鬼走直路且脚不着地，因此影壁被认为能挡鬼辟邪、遮风收气。徽州稍大一些的古建筑房屋，都设有影壁。

影壁不论设在门外或门内，忌无挡风、遮蔽视线的作用；忌形成围堵之势，让庭院陷入闭塞；忌造成毫无意义的造景，其图案不宜恐怖或抽象。

第三节 客厅

别墅空间中，客厅的面积最大，空间也是开放性的，地位也最高，它是家中迎宾待客之地，是一家大小聚集、聊天、放松和休息的多功能合一之地，是增进人生八大欲求的最佳空间，还是主人的审美品位和生活情趣的最大反映。可见，客厅在别墅布局中属于战略重地，值得每一位别墅拥有者注意。

1.客厅的位置

客厅是增进人生八大欲求的最佳房间，是公用的场所，是住宅中所有功能区域的衔接点，所以位置宜开阔，最好设在住宅的中央位置。中央是屋宅的中心位，客厅设在此代表房子的心脏，坐在客厅里，能够顾及客人和家人。相反，如果客厅位置很偏，则让人感觉家里的生活不规则，没有秩序。一进宅门就能见到客厅，属于吉宅。若因客厅宽敞而隔出一部分为卧房，则是最不理想的客厅。客厅应在房前，而不宜在房后。相对于房间，客厅采光一定要好，光线要充足，讲究“光厅暗房”。

○客厅是住宅中所有功能区域的衔接点，位置宜开阔，理想的方位为东南、南、西南与西方。

另外，在方位上，客厅理想的方位为东南、南、西南与西方。东南紫气东来，明亮而有生气；南方客厅的南面要有阳台，才能采光和通风，使人充满激情，适合聚会；西南有助于创造一个安宁而舒适的气氛；西方则适于娱乐和浪漫。

2.客厅的大小及形状

总的来说客厅宜够大够深，房子要有聚财的感觉，一定要宽而阔、深而长。一般开门见厅，气聚而入，若厅堂过浅，气入即冲出大厅的窗外，气不聚则不纳，给人感觉厅房不藏财，相当于一家没有纳财的肚子。另一方面，客厅是家人休闲和客人来访的地方，要有宽敞的面积才能容纳家人的休闲和接待客人的来访。别墅的客厅面积通常够大，但极易出现家具和

客厅宜够大够深，要宽而阔。在形状上，客厅当然以方正为佳。

摆饰过多的情况，令人产生压抑感。

在形状上，客厅当然以“四隅四正”为本。所谓“四隅四正”，简单来说就是指四方形，其次是长方形。住宅内部尽量不要有太多尖角，尖角易令客厅失去和谐统一。若有此种情况出现，宜以木柜或矮柜补添在空角之处。倘若不想摆放木柜，则可把一盆高大而浓密的常绿植物摆放在尖角位。如果客厅呈“L”形，可用家具将之隔成两个方形的区域，做成两个独立的房间。

3.客厅安门的讲究

（1）客厅的门宜安在左边

客厅安门也是非常讲究的。客厅的门要开在左边，所谓左青龙右白虎，青龙在左宜动，白虎在右宜静，所以门应从左开为吉，也就是说人由里向外，门把宜设在左侧。当然，如果结构不允许在左边开门的话，就在右边开也无太大妨碍，以顺手为佳。

（2）客厅适宜安门的情况

有些客厅与卧室、餐厅区域之间存在通道或明显的区隔，从设计角度来看，如果有以下这两种情况出现，便必须在通道安门。

通道尽头是厕所：有些房屋的通道尽头是厕所，不但有碍观瞻，而且

客厅安门也是非常讲究的，有些客厅与卧室、餐厅区域之间存在通道，便可以在通道安门。

厕所的气会影响客厅。而在通道安门后，坐在客厅中既不会看见他人出入厕所的尴尬情况，亦可避免厕所的秽气流入客厅。

大门直冲房间：有些住宅的户型设计不当，会出现大门与房门成一直线的情况，而有些房中的窗也在同一直线上，这是不好的格局，而改善的办法是安门。

需要注意的是，窗少的厅不宜安门。通道装门便会令客厅的空气变得呆滞，所以客厅的窗户若是不多，屋外新鲜空气已很难进入，若再在通道装门，便会令客厅的空气无法与睡房交流，这当然不理想。

（3）客厅通道安门的好处

保护私隐：客厅与卧室的开放与私密明显分区，有门阻隔，便会令客人不会干涉卧室的私人生活领域。

保持安宁：在通道安门以后，客厅中众人的谈话声和喧闹声便不会传入睡房，令房中的人免于受扰。

节省能源：在通道安门，当家人在客厅活动时，只要把门关上，冷气便不易进入睡房，这样便可减少不必要的能源消耗。

美化家居：大多人家的客厅布置得整齐华丽，但通道及睡房则容易凌

乱，若是通道有门遮掩，则不会自暴其丑。

（4）客厅通道的门宜上虚下实

在通道安门，宜下实上虚，下半是实木而上半是玻璃的门最理想，因为它既有坚固的根基，而又不失其通透。若用全木门，密不透风，令客厅减少通透感，便会流于古板。若用全玻璃门，则令客厅太通透而失去私隐，因此并不理想。特别是有小孩的家庭，因玻璃门易碎，所以不宜选用。另外，通道的门框不可选择造型似墓碑的椭圆形。

4.客厅的天花板

客厅屋顶的天花板高高在上，它是“天”的象征，因而相当重要。天花板的装饰与布置有以下几个注意事项。

（1）客厅天花板宜有天池

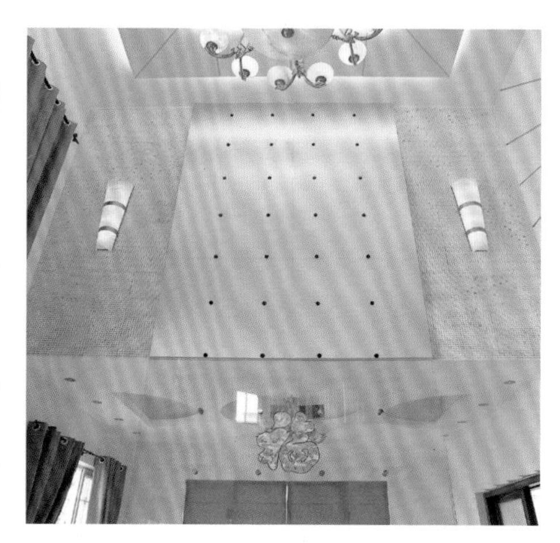

别墅客厅屋顶的天花板是设计灵感发挥的场所，客厅天花顶宜有天池，且颜色宜轻不宜重。

现代住宅普遍层高在2.8米左右，相对于国人日益增加的身高，这个标准已经略有压力，如果客厅屋顶再采用整体假天花来装饰，设计稍有不当，便会显得很压抑，有天塌下来的强烈压迫感。假天花为迁就屋顶的横梁而压得太低，无论在布局方面还是设计方面均不宜。在这种情况下，可采用四边低而中间高的假天花布置。这样一来，不但视觉较为舒服，而且天花板中间的凹位会形成聚水的天池，有吉祥的寓意。

若在这聚水的天池中央悬挂一盏金碧辉煌的水晶灯，则有画龙点睛的作用。但勿在天花板上装镜，另外，吊灯也不宜用有尖锐角钩的形状。天花板造型不要过于繁杂。在设计天花板时，应考虑造型是否会造成禁忌中的形状，如棺材、八卦、横梁等。如果天花板本来就复杂，一定要将天花板改掉，做成简单的样子。

（2）天花板颜色宜轻不宜重

上古天地初开只是混沌一片，其后分化为二气，气之清者上扬而为天，而气之重浊者下沉而为地，于是才有天地之分。客厅的天花板象征“天”，颜色当然是以浅淡为主。例如浅蓝色，象征朗朗蓝天，而白色则象征白云悠悠。天花板的颜色宜浅，而地板的颜色则宜深，以符合天轻地重之义。

（3）昏暗的客厅宜在天花板上藏日光灯

有些缺乏阳光照射的客厅，日夜皆昏暗不明，暮气沉沉，久处其中便容易情绪低落。如有这样的情况，则最好在天花板的四边木槽中暗藏日光灯来加以弥补。光线从天花板折射出来，不会太刺眼，而且日光灯所发出的光线最接近太阳光，对于缺乏天然光的客厅最为适宜。并且日光灯与水晶灯可并行不悖，白天用日光灯来照明，晚间则可点亮金碧辉煌的水晶灯。

5.客厅的地面

客厅地面意味着大地，大地承载万物，对整个住宅意义重大，其地面的装饰布置极其重要。

（1）客厅地面应平坦

客厅地面应平坦，不宜有过多的阶梯或制造高低的差别。有些客厅采用高低层次分区的设计，使地面高低有明显的变化，如此易有安全隐患，同时也不便于打扫卫生。但厨房、厕所的地板则可略低于厅室的地面，以防湿气过重逆流到厅室。

○ 室内地板就材质上以木质为最吉，相对天花而言，颜色应偏深，意为大地承载万物，所以颜色以厚重为佳。

（2）客厅地面的装饰材料以木质为佳

在规划室内地板时，如果不嫌弃木质地板的话，应以木质为最佳，或使用流行的瓷砖、刨光石英砖等，均能使客厅的温度温暖平和。

要注意的是客厅忌铺镜面瓷砖。所谓镜面瓷砖，就是那种能照见人影的光面砖，这种瓷砖会在地面上照出人和物的影子，令人感到不适。而黑色大理石是客厅地板最忌用的。因为大理石的温度较低，只要室内铺设大理石，到了冬天就会感觉特别冷。即使夏天冷气吹拂，其阴湿之气都不容

易发散。大理石的湿气过重，会导致每一石片都有不同颜色，必须要用火将其水气烤干。由于大理石的温度和湿度都极难发散，人居住在这样的空间，日积月累，湿气就会让人的身体产生病变。

另外，无论使用何种材料，客厅地板的装修一定要遵守“安全第一”的原则。客厅的地面不宜太滑，否则，对老人和孩子都不安全。

（3）客厅地面的颜色

客厅地面相对天花板而言，颜色应偏深，意为大地。大地承载万物，因此颜色以厚重为佳。如果地面颜色偏轻，可以用颜色较深的踢脚线分割，这样浅色的地面也可以用。

6.客厅颜色的要求

客厅的颜色不但影响观感，也能影响情绪。客厅的颜色搭配，虽然不一定要衬户主的五行，但必须要考虑客厅的方向，而客厅的方向，主要是以客厅窗户的面向而定。窗户若向南，便是属于向南的客厅；窗户若向北，便是属于向北的客厅。正东、正南、正西及正北在方位学上被称为“四正”，而东南、西南、西北、东北则被称为“四隅”。认准方向，便可为客厅选择合适的颜色。

（1）四正位的客厅颜色配置

东向客厅——宜以黄色为主色

东方五行属木，乃木气当旺之地。按照五行生克理论，木克土为财，这即是说土乃木之财，而黄色是“土”的代表色，故此客厅在选择油漆、墙纸、沙发时，宜选用黄色系，深浅均可

南向客厅——宜以白色为主色

南方五行属火，乃火气当旺之地。按照五行生克理论，“火克金为财”，故南向客厅选用的油漆、墙纸及沙发均宜以白色为首选，因为白色是“金”的代表色。南窗虽有南风吹拂而较清凉，但因南方始终是火旺之地，若是采用白色这类冷色来布置，则可有效消减燥热的火气。

西向客厅——宜以绿色为主色

西方五行属金，乃金气当旺之地。“金克木为财”，这即是说木乃金之财，而绿色乃是木的代表色，故此向的客厅宜以绿色作布置。且向西的客

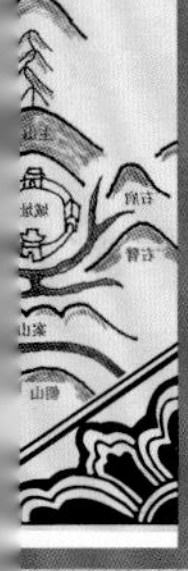

南方五行属火，乃火气当旺之地，南向客厅宜以白色为主色，使用这类冷色来布置可有效消减燥热的火气。

厅下午西照的阳光甚为强烈，不但酷热，而且刺眼，所以用较清淡而又护目养眼的绿色，十分适宜。

北向客厅——宜以红色为主色

北方五行属水，乃水气当旺之地。“水克火为财”，因此向北客厅宜选用似火的红色、紫色及粉红色。无论客厅内的墙纸、沙发椅以及地毯均以这三种颜色为首选。并且从生理角度来考虑，冬天北风凛冽，向北的客厅较为寒冷，故此不宜用蓝色、灰色及白色这些冷色。若是采用似火的红紫色，则可增添温暖的感觉。

（2）四隅位的客厅颜色配置

东南向客厅——宜用黄色为主色。

西南向客厅——宜用蓝色为主色。

西北向客厅——宜用绿色为主色。

东北向客厅——宜用蓝色为主色。

（3）客厅用色禁忌

客厅色彩偏差太大：如果客厅的用色偏差太大，色彩过渡太大，会给人的视觉带来较大的冲突，而或浓或淡的色彩也会在无形中阻碍气流。

客厅的颜色单调：单调的色彩会令人心情沉闷，缺乏积极性。客厅是家人看电视、闲聊的主要场所，而沙发是客厅中最醒目的家具之一，一定要注意色彩的搭配。现在住宅的面积都在逐渐扩大，家具的尺寸也在随之扩大，一种颜色的家具就显得有些单调了。而新潮的家具以两种颜色的搭配来体现它的秀丽活泼，如白色的家具配以天蓝色的条块或粉色的条块等，这种巧妙的彩色搭配会给人一种赏心悦目的视觉效果。如白色沙发与米黄色墙衬托，宜加点淡蓝色，会形成花团锦簇般的格调。

客厅暗色调超过四分之三：如果客厅的暗色调超过总面积的四分之三，从心理影响角度来讲，则会使居住的人反应较慢，甚至影响日常工作和生活。

室内颜色超过四种：室内装饰色彩既不要对立（黑、白色除外），也不要纷杂。在装饰色彩中，基本色彩以不超过四种比较适宜。儿童房的色彩可以相对丰富一些，可以根据具体情况“因地制宜”。但是，前面提到的大的方向不能忽略。

朝北的客厅用深色调家具：北方的采光相对其他方向要差一些。所以，朝向为北的客厅不宜摆放颜色太过于深沉的家具，应尽量让朝北的客厅空间宽敞明亮，空气流通。

7.客厅的照明

照明对于一个客厅来说相当于点睛之笔。恰到好处的照明设置能给人带来舒适安然之感，给人心灵的休憩与安慰，使人心情开朗愉悦。反之，不良的照明则会影响人的心情，还会影响住宅的视觉效果。

（1）客厅常用照明用具

吊灯：有些家庭会在客厅装上吊灯，有的吊灯甚至还附有雅致的风扇，觉得这样能突显豪华的感觉。但是要避免装设附有风扇的灯，因为这种风

○ 客厅恰到好处的照明能给人带来舒适之感，在灯具的选择上可以选择带有华丽感的吊灯。

扇在转动的时候会有黑影出现，会使人没有安全感。如果能够选择水晶吊灯，更能提升设计效果。

日光灯：需要注意日光灯安装的角度，应避免和大门成直角，也应避免直冲主卧室或床。

嵌灯：有些室内设计师为了美化客厅天花板，或是为了掩藏突出的梁柱，会将墙壁沿天花板四周做出凹陷的空间，成为藻井的状态，有的甚至会在其中嵌入投射灯。这样的设计乍看之下虽然很有艺术感，但在心理学上，这样的灯光容易使家人精神不稳定以及没有安全感，又会多耗电，应该尽量避免。

（2）客厅照明的设计要求

客厅宜光线明亮：客厅是家人活动的重要公共空间，宜宽敞舒适和有足够的光线。特别是家中若有年长者，客厅更应该光线充足。如果家里有某个地方常常缺乏灯光或阳光的照射，就会形成"暗角"，不利于居住者

的健康。要改善这种状况，最好的做法就是在固定的时间里保持灯火通明，或安装长明灯。还可以用蜡烛来调节光线，并增添浪漫气氛。

客厅灯光宜和谐：灯光服务于环境就是协调人与环境的关系，故要强调用光的协调性。如白炽灯和卤钨灯，能强化红、橙、黄等暖色饰物，并使之更鲜艳，但也能淡化几乎所有的淡色和冷色，使其变暗带灰。再如日光色的荧光灯，能淡化红、橙、黄等暖色，使一般淡浅色和黄色略带黄绿色，也能使冷色带灰，但能强化其中的绿色成分。

（3）客厅照明禁忌

客厅用直射照明：客厅宜设计成漫射照明，不宜采用直接照明。直射照明产生的光较强烈，且有一定热量散发，会令居住者不适。漫射照明是一种将光源装设在壁橱或天花板上，使灯光朝上，先照到天花板后，再利用其反射光的方法。这种光看起来具有温暖、欢乐、活跃的气氛，同时，亮度适中，也较柔和。

客厅照明呈“三支香”格局：三盏灯并列的格局，俗称“三支香”格局，是不祥之局面。客厅亮灯的数目应以单数为佳，灯盏平行排列照射时，应该注意不宜有三盏灯并列，以免形成“三支香”的局面。

8.客厅的电视背景墙

电视背景墙在客厅布置中占有举足轻重的地位，其塑造形式要十分注意。

在设置电视背景墙的时候要避免有尖角及凸出的设计，特别是三角形。尽量不要对背景墙进行毫无意义的凌乱的分割，否则会对家人造成精神紧张、心神不宁，严重时还会危害家人的身体健康。宜采用以圆形、弧形或平直无棱角的线形为主要造型，它蕴涵着美满之意，有使家庭和睦幸福、和和美美的寓意。

电视背景墙作为客厅装饰的一部分，在色彩的把握上一定要与整个空间的色调一致，因为这不但会影响观感，也会影响情绪。设置背景墙的颜色必须要考虑整个客厅的方向，而客厅的方位，主要是以客厅窗户的面向而定。

电视背景墙作为客厅装饰的一部分，其色彩的把握要与整个空间的色调一致。

9.客厅的镜子

镜子是家居设计中重要的物品，能改变和加速气能的流动，可以营造出宽敞的空间感，还可以增添明亮度。但是其摆设位置应该是非常讲究的。

①镜子并不是越多越好，要讲究摆放的位置。必须让镜子放置在能反映出赏心悦目的影像处，对增加屋内的能量才有帮助。如在镜子能够反射到的地方摆放绿色植物，在一定程度上也会缓解视觉疲劳。

②镜子应避免放在人最脆弱或最无意识之处，以免产生惊吓效果。

③避免镜子正对大门或房门。

④对角也不宜挂镜子。对角挂镜，容易让空间变得更复杂，更不完整。

10.客厅的沙发

沙发是一家人的日常坐卧用具，甚至可以说是家庭的焦点。而客厅布置的关键也是沙发的安排。所以，无论沙发的摆放方位、布置形

式，还是尺寸大小都必须进行合理的设置。

（1）沙发的摆放方位

沙发一般摆放在客厅，对东四宅而言，沙发应该摆放在客厅的正东、东南、正南及正北这四个吉利方位。对西四宅而言，沙发应该摆放在客厅的西南、正西、西北及东北这四个吉利方位。若再仔细划分，虽然同是东四宅，也有坐东、坐东南、坐南及坐北之分；而同是西四宅，也有坐西南、坐西、坐西北以及坐东北之分。根据易经的后天八卦卦象推断，摆放沙发的选择便会有所不同。

沙发的摆放方位要根据住宅的坐向来定，对东四宅而言，沙发应该摆放在客厅的正东、东南、正南及正北这四个吉利方位。

坐正东的震宅：首选正南，次选正北。

坐东南的巽宅：首选正北，次选正南。

坐正南的离宅：首选正东，次选正北。

坐正北的坎宅：首选正南，次选正东。

坐西南的坤宅：首选东北，次选正西。

坐正西的兑宅：首选西北，次选西南。

坐西北的乾宅：首选正西，次选东北。

坐东北的艮宅：首选西南，次选西北。

（2）沙发的摆放方式

家中的沙发以强调舒适自在为原则，与办公室摆设方法及目的不尽相同，客厅沙发的摆放一般要做到谈话时不仅可以注视对方，谈到较没兴趣或不想提到的话题时，也可轻易移开视线，而不会显得不礼貌甚至突兀。以下是沙发几种常见的摆设方式。

“一”字式：这种摆放方式较适用空间狭窄的客厅，唯两端的距离不宜过长，以免谈话时会较为吃力。

“L”式：“L”式适合在小面积的客厅内摆设。视听柜的布置一般在沙发对角处或陈设于沙发的正对面。“L”式布置可以充分利用室内空间，但连体沙发的转角处则不宜坐人，因这个位置会使坐着的人产生不舒服的感觉，也缺乏亲切感。

“U”式：“U”式布置是客厅中较为理想的座位摆设。它既能体现出主座位，又能营造出更为亲密而温馨的交流气氛，使人在洽谈时有轻松自在的感受。

双排式：双排式的摆设容易产生自然而亲切的聊天气氛，但对于在客厅中设立视听柜的空间来说，又不太合适。因为视听柜及视屏位置一般都在侧面，看电视时不方便，所以目前流行的做法是沙发与电视柜相对，而不是沙发与沙发相对。

家中的沙发以强调舒适自在为原则，可以是双排式，这样的摆设容易产生自然而亲切的聊天气氛。

距离过长式：这种摆放方式适用于较宽敞的客厅，由于两端的距离过长，在中间部分放置一些椅子可有效拉近彼此之间的距离。

（3）沙发的尺寸

住宅的单座位沙发一般为76厘米×76厘米，81厘米×81厘米已经足够。三座位沙发长度一般为175～198厘米。

不少人喜欢转角沙发，转角位应是角几，尺寸同样是76厘米×76厘米。如果转角位做成沙发，坐的人会占去隔邻的位置，同时坐得不舒服，因为他的双脚放在一个直角位置。要转角位坐得舒服，转角沙发的尺寸应为102厘米×102厘米。座位的最高位宜为40厘米，然后以6度的倾斜度向下倾斜，座位深53厘米左右（根据人体学原理，不能太深，太深即坐不到底）。沙发的扶手一般高56～60厘米。所以，如果沙发无扶手，而用角几、边几的话，角几、边几的高度也应为6厘米，以方便枕手、打电话、写字、放台灯等。

（4）沙发的面料

沙发面料宜回避使用硬、冷的材质，而宜采用一些棉、麻的料子。靠垫还可以使用亚麻绸缎，这样，不仅可以感受触摸后的温存，同时也可捕捉一分绸缎闪烁的感觉。

（5）沙发摆放的宜忌

背后宜有靠：所谓有靠，亦即靠山，是指沙发背后有实墙可靠。如果沙发背后是窗、门或通道，亦等于背后无靠山。从心理学方面来说，沙发背后空荡荡的，缺少安全感。倘若沙发背后确实没有实墙可靠，较为有效的改善方法是把矮柜或屏风摆放在沙发背后。

沙发宜呈方形或圆形：沙发是凝聚人气的家具之一，尽量以方正或带圆角为好。弧形的沙发弯曲凹入的那面要朝向人，不可以逆对人。

沙发不宜两两相对：别墅或复合式住宅客厅的空间一般都比较大，主人喜欢在客厅中放置一定数量的沙发。其实，客厅中的沙发不宜过多，以二三件为宜，数量过多，势必导致沙发在放置位置上的两两相对的情形，从心理学和“家相学”的角度来看，容易使居住者难以沟通，意见有分歧，

就沙发的形状来看，宜呈方形或圆形。这是因为沙发是凝聚人气的家具之一，尽量以方正或带圆角为宜。

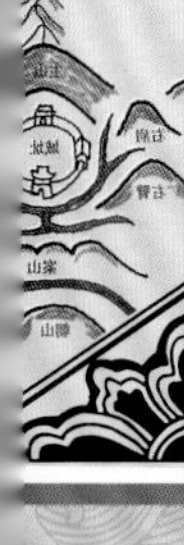

甚至导致口舌纠纷。

沙发背后忌摆鱼缸：古代风水学理论认为，以水作为背后的靠山是不妥当的，因为水性无常。因此把鱼缸摆在沙发背后，一家大小日常坐在那里，会给人安定之感。

沙发不宜正对尖角：不要把沙发正对着锐利的边角或方形的角落放置，因为那里的能量会让人感觉不舒服。

沙发背后不宜有镜：沙发背后不宜有大镜。人坐在沙发上，旁人从镜子中可清楚看到坐者的后脑，会认人感觉不自在。

沙发套数忌一套半：客厅沙发的套数是有讲究的，最忌一套半，或是方圆两种沙发拼在一起用。

沙发忌与大门对冲：沙发若是与大门成一条直线，古代风水学上称之为“对冲”，弊处颇大。遇到这种情况，最好是把沙发移开，也可在两者之间摆放屏风，这样一来，从大门流进屋内的气便不会直冲沙发。沙发若向房门则不会有什么大碍。

沙发忌横梁压顶：沙发上有横梁压顶，给人感觉很压仰，所以要尽量避免。如果确实无法避免，则可在沙发两旁的茶几上摆放开运竹。

沙发顶忌灯直射：有时沙发周围的光线较弱，不少人会在沙发顶上安放灯饰。例如，藏在天花板上的筒灯，或显露在外的射灯等。因太接近沙发，灯光往往从头顶直射下来。从环境设计来看，沙发顶有光直射，往往会令坐在沙发上的人情绪紧张，头昏目眩，坐卧不宁。如果将灯改装射向墙壁，则可缓解。

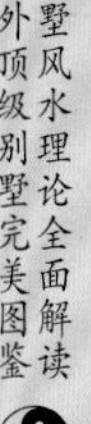

11.客厅的茶几

在客厅中的沙发旁边或前面，必定会有茶几的摆设来互相呼应。茶几是用来摆放水杯及茶壶的家具，倘若没有茶几来摆放这些东西，日常生活会极为不便，所以在客厅摆放茶几，实在是不可或缺的。

（1）茶几的摆放

茶几虽是空间的小配角，但在居家空间中若配合一些设计上的要求，往往能够塑造出多姿多彩、生动活泼的茶几空间，更能增添生活的情趣。

茶几大多摆放在客厅，与沙发相配。但茶几不一定要摆放在沙发前面

○茶几的摆放应与沙发相配，可以摆放在沙发前面的正中央处，也可以放在沙发旁。

的正中央处，也可以放在沙发旁，落地窗前，再搭配茶具、灯具、盆栽等装饰，可展现另类的居家风情。

另外，为了装饰需要，可在玻璃茶几下铺上与空间及沙发相配的小块地毯，摆上精巧小盆栽，让桌面成为一个美丽的图案。

（2）茶几的材质

玻璃材质的茶几具有明澈、清新的透明质感，经过光影的空透，富于立体效果，能够让空间变大，更有朝气。雕花玻璃和铁艺结合的茶几则适合古典风格的空间，而雕花或拼花的木茶几，则流露出华丽美感，较适合应用于古典空间。

（3）茶几的尺寸

茶几的尺寸一般是107厘米×60厘米，高度是40厘米，即平沙发座位高。这样的高度，看起来空间也显得较宽敞。中大型的茶几，有时会用120厘米×120厘米的，这时，其高度会降低至250～30厘米。茶几与沙发的距离最好为35厘米左右。茶几的高度一般与沙发坐面齐平，如果人坐在沙发中，茶几的高度以不过膝为宜。

茶几不宜过大，如果茶几面积过大，则有喧宾夺主之嫌。

（4）茶几的形状

茶几的形状以长方形及椭圆形最理想，圆形亦可。方与圆是从古至今的吉祥形状，三角形及带尖角的菱形的茶几不可选用，因为这样的茶几很容易碰伤人，日常生活很不方便。

（5）开运茶几

常见的开运茶几是用石材或玻璃制成，是稳重和权势的象征。而用金属制成的茶几不易潮湿，如果镀上金黄色则更好。

12.客厅电视机的摆放位置

一家人围坐在客厅的沙发闲聊、看电视是一件非常惬意的事情。电视机的摆放位置得当，不但让人感觉舒服、方便、美观，如果符合设计原理，还能为家庭增运。

电视机的摆放位置得当，不但让人感觉舒服、方便、美观，如果符合设计原理，还能为家庭增运。

电视机最好摆放在西方，在看电视的时候，坐东向西，或坐东南向西北。因为东方与东南方均属木，缺木的人坐在属木的方位看电视，便是理想的方位。电视一般要放在全家人容易观看的位置，这样会增加彼此间的沟通，有助于家庭和睦。

从科学的角度来说，电视机与沙发面对面放置时，距离一般在2米左右，切忌距离太近。否则，电视机屏幕在工作时发出的X射线，对人体会有影响。电视机不宜与大功率音箱和电风扇放在一起，否则，音箱和风扇将震动传给电视机，容易将机内显像管灯丝震断。而电视机旁不宜摆放花卉、盆景。因为电视机旁摆放花卉、盆景，一方面潮气对电视机有影响，另一方面电视机

的X射线会破坏植物生长的细胞正常分裂，以致花木日渐枯萎、死亡。

13.客厅的空调

空调是现代家居必不可缺的电器，客厅空调的安装位置也是非常讲究的。

在安装空调时千万要注意，客厅空调出风口不宜直吹客厅中的主椅，空调的出风口如直吹客厅中的主椅（即三人坐的沙发），这样会让坐在这的人脸被吹得很不舒服。

14.客厅的饮水机

饮水机是当代家庭重要的常用设备物品，将饮水机摆放在客厅中，可以为家人提供必需的饮用水。其物虽小，但是用处却大，其摆放的位置、方式亦要考究。

饮水机宜摆放在客厅通风处，距离地面须有15厘米左右。切忌将饮水机放在靠近贵重家具及其他家用电器的地方，以免溅水损坏物品。饮水机应该摆放在客厅没有暖气、热源和阳光照射的位置，特别是夏季，否则过热的环境温度会给一些微生物创造良好的生存环境，借助饮水机内的水进行繁殖，使桶内的水变质。饮水机放置必须平稳，否则机器会产生较大的噪音。

15.客厅的地毯

由于地毯经常覆盖大片面积，在整体效果上占有主导地位。因此，地毯的摆放方位、图案以及花色的选择也要特别讲究。

沙发前宜放地毯：很多人喜欢在沙发范围内摆放一块华丽缤纷的大地毯，既可增添美感，亦可突出沙发在客厅中的主导地位。从设计角度来说，沙发前的地毯，其重要性便如屋前的一块青草地，亦如宅前用以纳气的明堂，不可或缺。

地毯图案寓意宜吉祥：地毯上的图案千变万化，题材包罗万象，有些是以动物为主，有些是以人物为主，有些是以风景为主，有些则纯粹以图案构成。花多眼乱，到底如何作出抉择呢？其实万变不离其宗，只要记着务必选取寓意吉祥的图案便可。那些构图和谐、色彩鲜艳明快的地毯，令

人赏心悦目，给人喜气洋洋的感觉，使用这类地毯便是佳选。

地毯颜色宜缤纷忌单调：因为不同的人有不同的审美意识，所以有些人喜欢色彩缤纷的地毯，但也有些人却喜欢较素雅的地毯。但若从风水角度来看，还是选用色彩缤纷的地毯为宜。色彩太单调的地毯，不但会令客厅黯然失色，而且也难以发挥生旺的效应。因此，客厅沙发前的地毯宜以红色或金黄色为主色。

地毯是改变家居风水最简单的饰品，在摆放方位、图案以及花色的选择上也要有所讲究。

16.客厅的靠垫

靠垫是实用性的布艺装饰品，可以用来调节人体的坐卧姿势，使人体与家具的接触更为贴切舒适。其样子、图案、色彩等对室内艺术效果起到了调节与强化作用。

靠垫造型多样，有方形、圆形、心形、三角形、月牙形以及各种动物和卡通造型。其面料可选择丝绸、灯芯绒、锦缎、棉、涤棉。靠垫芯常用棉花、海绵、涤纶、中空棉、丝绵等填充。工艺上有提花、印花、喷绘、刺绣和蜡染等品种。靠垫既可放在沙发上当腰垫，又可放在床上当枕头，还可放在地上当坐垫。深色图案的靠垫雍容华贵，适合装饰豪华的家居；色彩鲜艳的靠垫，显得欢快艳丽，适合现代风格的家具。暖色调的靠垫，适合老年人使用；冷色调图案靠垫多为年轻人采用；卡通图案的靠垫则深受儿童的喜爱。

17.客厅的艺术品装饰

随着人们生活水平的不断提高，以及审美情趣的不断提升，人们在进行家居装饰时，往往会选择一些艺术品作为装饰物品，以此来体现个人的文化修养和艺术品位。需要注意的是，在选择这些艺术品做装饰的同时，

○ 对别墅进行装修时，可选择一些艺术品作为装饰物品，以此来体现个人的文化修养和艺术品位。

要考虑到居家整体效果的问题，巧妙布置方可收到良好效果，还可愉悦身心，否则会给自己带来不利影响。

因此，选择居家艺术品装饰一定要考虑周全，以兼具审美价值与陶冶情操为最佳。

（1）适宜用来装饰客厅的艺术饰品

玻璃艺术品：见识过玻璃艺术品的人都会被它的晶莹剔透和其光与影的流动所产生的神秘莫测的效果深深吸引。把它运用在家庭装饰上，会令你眼前一亮。目前市场上的玻璃饰品主要有彩绘玻璃、艺术喷砂玻璃、花岗岩玻璃等。纯粹的玻璃饰品基本上没有实用功能可言，经过加热而造型的玻璃形状多变而优美。

佛像：客厅中摆放佛像主要是用来避邪。如果事业不成功、精神不振、食欲欠佳等，摆放了佛像或观音像，有佛保佑，心理上有了寄托，容易取

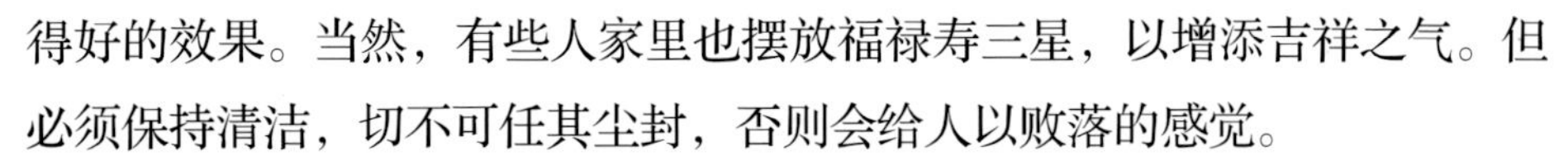

得好的效果。当然，有些人家里也摆放福禄寿三星，以增添吉祥之气。但必须保持清洁，切不可任其尘封，否则会给人以败落的感觉。

花瓶：花瓶的“瓶”字与平安的“平”字音相同，所以，在家中摆放花瓶是希望家人平安、健康。需要注意的是花瓶摆放的方位有讲究。家居利用花瓶来装饰，其形状最好是配合主人的五行所属来选取。

风铃：家居生活中可以使用风铃，当然，选择风铃必须注意方位与材质的配合，如在家里的东部和南部宜使用木制的风铃，而北部宜悬挂金属风铃，西部宜悬挂陶瓷风铃。

马：马饰品具有“捷足先登”、“马到成功”之寓意。马应该摆放在南方以及西北方。摆放在南方是因为马在十二地支中属午，而“午宫”是在南方，因此在南方摆放马匹最为适宜。此外，西北方亦适宜摆放马的塑像，原因是中国的马匹大多产自西北的新疆和蒙古，而那里的草原正是骏马驰骋纵横之地。一般来说，摆放马匹的数目以2、3、6、8、9匹较为适宜，而其中尤以六匹最为吉利。因为“六”与“禄”同音，而六匹马一起奔驰，有“禄马交驰”的好兆头。

（2）不适宜摆放在客厅的艺术饰品

古董：风水学理论认为古董是表现世事无常的最好证明，很多古董是从古墓里挖掘出来的。如果家里已经收藏了古董，最好用新毛笔将朱砂点在不影响其美观的地方，并将古董用红绒布或红纸垫底。

大型动物标本：客厅最忌悬挂大型动物标本，越凶猛的动物越忌，小型昆虫标本则没有什么影响。悬挂装饰画时，一般以离地面1.5~2米为宜，也可以按黄金分割法调整，即画中心离地面为地面至房顶距离的0.618。

不吉饰物：选择动物饰品时要选栩栩如生的，孔雀不开屏、马儿垂头丧气的饰品就不宜放在客厅。名人字画一定要选择一些有生气、欢乐的，而且要适合自己身份的才可以悬挂，悲伤的字句或肃杀的图画就不宜悬挂了。牛角适合竞争性强的行业，兽头、龟壳、巨型折扇、刀剑等装饰品，并非每个家庭都适合，要加以注意。

总之，艺术品在客厅的布置最好要有重点、主题突出，能够体现主人的文化品位，不要为了炫耀，而把客厅装饰得琳琅满目，这样反而会给人一种很庸俗的感觉。

18.客厅的挂画装饰

现代人讲求享受，布置家居更是一丝不苟。除了选择一些吉利的物品（如佛像、陶瓷、花瓶、石龟、金鸡等）做装饰外，还喜欢选择一些挂画来做装饰品，以体现自己的修养和品位，也有人是发自内心的喜欢。客厅的吉利字画，对提振家居气色、营造富贵气息有极为重要的作用。将吉利字画悬挂于客厅，以求锦上添花，旺上加旺，是良好家居的布局方法之一。

家居的吉利字画，是指寓意吉祥与美好祝愿的书法及象征荣华富贵的牡丹花画、象征年年有余的莲花锦鲤图、象征健康长寿的松鹤延年图、象征福分永存的流云百蝠图等。家中挂画，应以光明正大的内容为宜，避免孤兀之物。如有山水画挂在厅堂上，要观其水势向屋内流，不可向外流。船画要使船头向屋内，忌向屋外。适逢马年，许多人家中喜挂奔马图，也要注意马头须向内。

可适当用挂图来装饰客厅，可以是一些具有吉祥意义的画幅，也可以是柔美的风景画。

(1) 适宜客厅的吉祥挂画

九鱼图："九"取其"长长久久"之意；"鱼"则寓意"万事如意"、"年年有余"。九条可爱的鱼在嬉戏玩耍，寓意"吉祥如意"。

三羊图：可曾听说过"三阳开泰"？"羊"取其音，变成了"阳气"的"阳"，而"泰"则是《易经》中的一个招福卦象。三羊图即招来吉利的意思。

凤凰图：凤凰，雄曰凤，雌曰凰，凤凰同飞，是夫妻和谐的象征。凤凰作为一种祥瑞之鸟，它的寓意是比较丰富的。

柔美的风景画：例如日出、湖光山色、牡丹花等挂在大厅之中，当疲倦的你回到家时，它们可给你轻松、舒适的感觉。描绘了仙、佛等的图画亦可用，但切记神像容颜亲切、表情祥和方为上选。

除了以上的吉祥挂画，还可考虑“百鸟朝凤”、“青蛙戏水”、“猴王献瑞”等。客厅应以悬挂好意象的图画为宜。

（2）客厅不宜的挂画

猛兽图画：客厅不宜乱挂猛兽图画。客厅如悬挂花草、植物、山水，或是鱼、鸟、马、白鹤、凤凰等吉祥动物，通常较无禁忌。但如果喜好悬挂龙、虎、鹰等猛兽时，则需要特别留意将画中猛兽的头部朝外，以形成防卫的感觉，而千万不可将猛兽之头部向内，使人感觉威胁自己。

意境萧条的图画：有些人由于种种原因，把一些意境萧条的图画悬挂在客厅中，这从设计角度来说并不适宜。所谓意境萧条的图画，大致包括惊涛骇浪、落叶萧瑟、夕阳残照、孤身上路、隆冬荒野、恶兽相搏、枯藤老树等几类题材。中国人最讲究意念，倘若把以上几类题材的图画挂在客厅上，触目所及皆是不良景象，暮气沉沉、孤高怪僻。以此为客厅中心，艺术效果可能不错，但整个客厅会显得无精打采、暮气沉沉，居住其中，心情自然会大受影响。

红色太多的图画：红色的图画会令人容易受伤或者脾气暴躁，客厅忌挂。

（3）挂画的悬挂方式

挂画的悬挂方式很讲究，恰到好处的字画悬挂方式可以弥补房间的不足。

横向悬挂：几幅比例均衡的字画挂在一起，可使房间视野显得开阔。

垂直悬挂：几幅小型图画垂直悬挂，会使室内墙面显得高些。

对称悬挂：与室内家具陈设对称悬挂，如在茶几旁边的两张沙发的后上方各挂一幅字画，可增添气派。

此外，客厅中挂画悬挂的高度要合适。这要根据居室的高度而定，书画的中心一般离地面160厘米为宜，横幅字画可略高，但最高不宜超过室内家具的最高处

19.客厅鱼缸的选择和布置

对于别墅这种空间大的住宅，可以在客厅的适当位置摆放鱼缸加以装饰。

对于别墅这种空间大的住宅，可以在客厅的适当位置摆放鱼缸加以装饰。

（1）鱼缸的大小

太大的鱼缸会储存太多的水，水太多便会有决堤泛滥之险。从风水学的角度来说，水固然重要，但太多太深则不宜。而如果鱼缸高于成人站立的高度，眼睛看鱼缸就会累，因此，客厅中的鱼缸不宜过大过高，尤其是对面积较小的客厅更为不宜。当然，鱼缸的大小还是要结合方位和面积的大小来确定，如果客厅较大，而鱼缸过小也不合适。

（2）鱼缸的形状

据五行分析，最吉利的鱼缸形状有长方形、圆形和六角形。大家在选择鱼缸时，要多加注意。

20.客厅观赏鱼种类的选择

如果养的鱼死去会给人心理上留下阴影，给人带来一些负面的精神影响。咸水鱼要用近似海水的环境来饲养，虽然其颜色会比淡水鱼更鲜艳，但如果照料得不好就会死亡。同时，热带鱼也比较难饲养。所以在选择养鱼种类时，也要考虑到鱼的生命力和日后的照顾。鲨鱼、斗鱼等则不宜在室内饲养。以下是一些常见的适合室内饲养的鱼。

金鱼：金鱼是宋朝时由鲤鱼改良而来的观赏鱼，当时被誉为中国的国宝鱼。今天金鱼的种类极其繁多，最为常见的主要有水泡眼、红牡丹、黑珍珠等。金鱼有招财进宝、福禄双全的象征意味。饲养金鱼最忌用手捞鱼，这样容易患鱼鳞方面的疾病，要特别注意。

锦鲤鱼：锦鲤鱼在中国民间被家庭饲养的历史比金鱼长久，是有灵性的鱼类，有开运的寓意。

红龙：红龙鱼是观赏鱼中的极品，红龙原产于印尼，具有消灾解厄、趋吉避凶的美好寓意。

银带：银带鱼的全身披着银色，被视为财富的象征，它的游姿与红龙具有同样的霸气，深受企业界人士的喜爱。

鲶鱼：鲶鱼外观有豹皮鸭嘴、红尾鸭嘴、铁甲武士等形状。这类鱼的攻击性强，吞噬其他的小鱼往往一口解决，打击对手时毫不留情，象征强攻市场的好兆头。

在客厅养鱼，鱼的种类也是有讲究的，可以养金鱼、锦鲤鱼、红龙、银带等。

龙吐珠鱼：龙吐珠鱼的鱼身如刀状，其性情凶猛，适宜风险高而利润厚的偏门行业饲养。

七彩神仙鱼：七彩神仙鱼色彩斑斓，性情温和，能旺正财。

21.客厅的植物花卉装饰

在家居内摆设植物已成为一种时尚风气，客厅是家庭中最常放置室内植物的空间。在休息时看到绿意盎然、生机勃勃的植物花卉，顿时会感觉到生命的张力，心情也会随之美好起来，生活和工作的种种压力也消失于无形之中。实际上，植物花卉不只有观赏的价值，它们还象征着生命和心灵的成长与健康。从科学的角度来分析，植物能够降低人们的压力，能提供自然的屏障，让人们免受空气与噪音的污染。在特殊的情况下，植物会产生特殊的能量来与当时的环境状况相配合或相抗衡。例如，它们能刺激停滞在角落静止不动的气，使气流活络起来；可以软化因锐、尖、有角度的物品而产生的阳气。此外，将植物放置在缺乏足够能量的地方可使该方位活跃起来，空间也会显得更为宽敞。因此，植物花卉在客厅的布置中十分考究。

○ 客厅还可选用植物花卉来进行装饰，如绿萝、富贵竹、棕竹、发财树、兰花、仙客来等。

（1）客厅植物种类的选择

客厅可选用的植物花卉品种有富贵竹、蓬莱松、罗汉松、七叶莲、棕竹、发财树、君子兰、球兰、兰花、仙客来、柑橘巢蕨、龙血树等，喻吉祥如意、聚财发福。竹子贵在有节，意为有气节，视钱财如粪土，放在客厅会导致家里不会很有钱，但如果种在室外，却能够为住户带来贵人，尤其以桂竹、金丝竹效果更好。

杜鹃不宜放在家里，因为民俗认为“杜鹃泣血”，会导致家运不好，但如果非常喜爱，到了不放不可的地步，建议放在阳台等太阳可以晒到的地方。芭蕉、桑树与柳树在民俗上容易“招阴”，也不宜养在客厅。另外，枯萎凋谢的花、假花、有刺的植物、针叶类植物、根须类植物，都不宜养在客厅。

（2）客厅植物的搭配及摆放

最有视觉效果、最昂贵的植物都应该放置于客厅，客厅植物主要用来装饰家具，以高低错落的自然状态来协调家具单调的直线状态。配置植物首先应着眼于装饰美，数量不宜多，太多不仅杂乱，而且生长不好。植物的选择须注意中、小搭配，还应靠角放置，不妨碍人们的走动。除此之外，还要讲究植物自身的排列组合，如前低后高，前叶小、色明，后叶大、浓、绿等，这样一来，展示在我们眼前的是一道兼具层次美、节奏美、和谐美的迷人风景。植物比例的平衡极为重要，而对比的应用也不容忽视，客厅富丽堂皇的装潢可以用叶形大而简单的植物增强，而形态复杂、色彩多变的观叶植物可以使单调的房间变得丰富，给客厅赋予宽阔、舒畅的感觉。

（3）客厅植物的高度

一般来说，最佳的视线水平是在离地面2.1～2.3米的位置，摆放在此水平高度的植物花卉最容易被看到，人们观看时，眼睛也处于最自然、最舒适的状态。要注意的是室内的植物不可顶到天花板。

22.客厅不利布局的改善之道

（1）客厅隐于屋后

正确的客厅规划应该是一入大门即可到达。若需先经卧室或厨房才能进到客厅，则不宜。

改进之法：应重新规划，使客厅位于入门显要之处。

（2）客厅镜子正对大门

镜子不宜正对大门，镜子亦不可太大。

改进之法：将镜子移位。若镜子固定嵌在壁上，无法立刻取走，则可贴上海报或壁纸遮掩。

（3）客厅沙发背对大门

客厅内的主要家具有二，一为沙发家具，二为电视及音响等。其摆放以沙发向门为准。

改进之法：移动沙发、电视至正确位置。若背门时，可加屏风或设玄关阻隔。

（4）客厅有尖角

由于建筑设计方面的原因，许多现代住宅的客厅存在着尖角，不但观感不佳，而且对居者构成压力，这对住宅整体设计影响甚大。即使从住宅美学的角度来看，尖角会令客厅失去和谐统一，因此必须设法加以化解。化解尖角有以下几种办法：

①用木柜把尖角填平，高柜或地柜均可。

②把一盆高大而浓密的常绿植物摆放在尖角位，这也有助消减尖角对客厅整体部局的影响。

③在客厅的尖角位摆放鱼缸是很好的办法，也可以美化家居景观。

④采用以木板反尖角填平的方法，例如以木墙将尖角完全遮掩起来，然后在这堵新建的木板墙上悬挂一幅画，最好是山水画或日出图，以高山来镇压尖角位。

⑤把尖角中间的一截掏空，设置一个弧形的多层木制花台，放几盆鲜润的植物，并用射灯照明。这样，既避免了以尖锐示人，也能使家中生趣盎然，由此化弊为利，成为家中的一个观景亮点。

（5）客厅有梁柱

客厅中若有梁柱出现，在家居设计方面是需要解决的难题。直者为柱，横者为梁，梁柱均是用来承托房屋的重量，因此均不可或缺，差别只在是否出现于显眼的位置而已。倘若出现在显眼地方，便需要设法遮掩。客厅的柱主要分为两种，一种是与墙相连的柱，称为墙柱，而另一种是孤立的柱，称为独立柱，均与建筑设计有关。在目前的建筑设计中，柱位已成为一个很受关注的问题，所以独立柱已经较少见到。

因为墙柱较易处理，但独立柱稍微处理失当，便会令客厅黯然失色。一般来说，柱愈大便愈难处理，所以在选择居所时，要看清楚屋内独立柱是否大而多，倘若有这种情况出现，便应割爱而另择佳处置业为宜。

柱的上面大多会有梁，因此坐近柱边，往往会受横梁压顶，所以应尽量避免坐近柱边。有些人喜欢在两柱之间摆放沙发，以为这是善于利用空间，其实这是错误的，因为柱上大多有横梁，若在贴柱而坐，则很可能有横梁压顶之感。如果把柜子摆放在两个柱子之间并无大碍。

连墙的墙柱通常用书柜、酒柜、陈列柜等便可将它遮掩得天衣无缝，

与客厅的其他部分浑然一体。与墙柱相比，独立柱当然难处理得多，因为独立柱的存在，令人视野受阻，而活动空间又遇到障碍，要巧妙布局才可化腐朽为神奇。

如果独立柱距离墙壁不远，可用木板或矮柜把它与墙壁连成一体。柱壁板可以挂画或花草来做装饰，而矮柜则可令视野通透，增加景致，没有沉闷闭塞之感。倘若不用矮柜，选用高柜亦可，但视野自然会打折扣。此外，若用高身木板来做间墙，则墙上宜加装饰照明，以免太过单调。

独立柱如距离墙壁太远，不能以柜或板把它与墙壁相连，则必须以其作为中心来布置，以下是两个十分适宜的解决方案。

①以柱位作为分隔线：因为客厅中的独立柱很显眼，因此可以把它当成分界线，一边铺地毯，而一边则铺石材。此外亦可做成台阶，一边高一边低。这样看来，仿佛原先的设计便是以独立柱作为高低的分界线，观感便会自然得多。

②花槽绕柱：宽大的客厅中，可在独立柱的四边围上薄薄的木槽，槽里可放些易于生长的室内植物。为了节省空间，独立柱的下半部不宜设花槽，花槽应从柱的中部开始，则既美观又不累赘，并且达到了客厅立体绿化的效果。

对于客厅有梁柱的情况，可以梁的位置为分隔线，划分出一些功能区域，也可通过地面铺装进行分隔。

因为柱位遮挡了部分阳光，故在柱壁上应该装置灯光做辅助照明，既可解决客厅中光线不均的弊病，又可增加美感。

第四节 餐厅与吧台

“民以食为天”说明了进食的重要性，而且从功能区划分的角度看，餐厅因是补充体能的所在，对户主影响更大。布局成功的餐厅能产生愉悦的气氛，使用餐的人精神松弛，欣赏、喜爱食物并有彻底消化的时间，还会有益于用餐者的交流与家庭成员的和谐相处。

1.餐厅的方位格局

餐厅设计中，方位和格局非常重要。俗话说“家和万事兴”，餐厅是促进家庭成员和睦相处的关键。布置良好的餐厅，利于家庭和睦、家人身体健康。

餐厅的方位必须根据具体的情况进行选择，可将餐厅设置在住宅的东、东南、南与北方等方位。

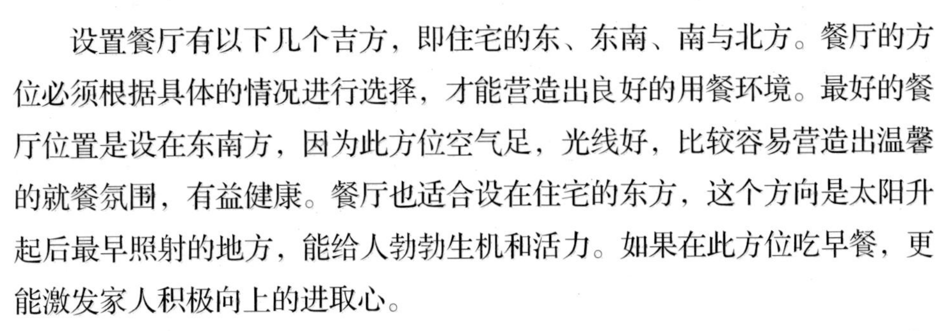

设置餐厅有以下几个吉方，即住宅的东、东南、南与北方。餐厅的方位必须根据具体的情况进行选择，才能营造出良好的用餐环境。最好的餐厅位置是设在东南方，因为此方位空气足，光线好，比较容易营造出温馨的就餐氛围，有益健康。餐厅也适合设在住宅的东方，这个方向是太阳升起后最早照射的地方，能给人勃勃生机和活力。如果在此方位吃早餐，更能激发家人积极向上的进取心。

餐厅的格局讲究方正，通常方方正正的空间格局寓意做人堂堂正正，如果再搭配上方形餐桌或圆椅子，这样方圆组合，就会别有韵味。不仅吃饭的时候起坐舒适，使人能在身心放松的情况下愉快地就餐，利于家人身体健康。如果有尖角或梁柱，则坐起来不舒服，影响就餐心情，甚至连胃口也会受到影响。

如果因为其他的原因，不得不选择餐厅有尖角的房子，那么可以考虑用橱柜来弥补缺憾。另一个方法是装设仰角照明灯，让灯光直射屋梁。此外，要避免坐在梁下。

2.餐厅不良方位的改进

餐厅的方位若布置不好就会产生不良的影响，这时就要设法改善。以下是三种不良的餐厅方位及其改进之法。

（1）餐桌正对大门

大门是纳气的地方，气流较强，所以餐桌不可正对大门。

改进之法：若真的无法避免，可利用屏风挡住，以免视觉过于通透。

（2）餐厅和厨房距离过远

餐厅和厨房的位置最好相邻，避免距离过远，因为距离远会耗费过多的置餐时间。

改进之法：一般厨房的位置是不能改变的，所以最好重新调整餐厅位置，可将客厅与餐厅位置对调。

（3）餐厅设在通道

客厅与餐厅之间都有个通道，餐厅不宜设在通道上。

改进之法：改移餐厅位置。

3.餐厅的布置

餐厅的设计风格不论是欧陆风情还是乡村风味，不论是传统简洁还是豪华气派，其风水研究都是以住家的“气场”为根据。风水之气发于阴阳五行，藏于形，而行于天地间。餐厅的形，离不开室内空间的立体结构，离不开桌、椅、柜等实物。因此，空间的合理布局、家具的科学摆设、光线的相互调和等都是餐厅布局的重点。厨房中的餐厅装饰，应注意与厨房内的设施相协调。设置在客厅中的餐厅装饰，应注意与客厅的功能和格调相统一。若餐厅为独立型，则可按照居室整体格局设计得轻松浪漫一些。相对来说，装饰独立型餐厅时，其自由度较大。

餐厅区域的家具主要是餐桌、椅和餐饮柜，其摆放与布置必须为人们在室内的活动留出合理的空间。

餐厅内部家具主要是餐桌、椅和餐饮柜，它们的摆放与布置必须为家人在室内的活动留出合理的空间。这方面的设计要依据居室的平面特点，结合餐厅家具的形状合理进行。狭长的餐厅可以靠墙或靠窗放一张长桌，将一条长凳依靠窗边摆放，桌子另一侧则摆上椅子。这样看上去，地面空间会大一些，如有必要还可安放抽拉式餐桌和折叠椅。

除此之外，还应配酒柜用以存放部分餐具，如酒杯、起盖器等，以及酒、饮料、餐巾纸等就餐辅助用品。酒柜大多高而长，是山的象征；矮而平的餐桌则是水的象征。有些不喜欢饮酒的家庭，在餐厅中不摆放装酒的酒柜，而以装放杯碟的杯柜代替。对于这种情况，杯柜就不宜太大，如果以杯柜填满整面墙壁，全无空白的余地，就会造成视觉欠佳。如果杯柜与墙壁等长，则可以改用矮柜，这样能够改善餐厅的布局效果。

另外，还可以考虑设置临时存放食品的用具，如锅、饮料罐、酒瓶、碗碟等。餐厅的陈设应尽量整齐、美观、实用，因为摆设的不同会给居家带来不同的影响。

一边听音乐，一边用餐是一种享受。但如果一边看电视一边用餐，则为不利。眼睛总是盯着电视看，不用心地去享受美味是不可取的。所以，最好不要把电视机放在餐厅，以免影响食欲和消化。在布置餐厅时，对以上因素都应有所考虑，这样才能带给你方便、惬意的生活。

4.餐厅的采光与照明

一个科学合理、舒适方便的餐厅应该是美观的、简洁的，在视觉上明亮、干净尤为重要。从设计角度来讲，餐厅光线不足对家人健康不利。因此，餐厅最好在南面开窗户，以利采光。

餐厅一般采用柔和明亮的照明。亮丽的颜色可以带来活泼的气氛，促进食欲，增添用餐的乐趣。另外，淡淡的灯光静静地映照在热气腾腾的佳肴上，可以刺激人的食欲，营造出家的温馨，也能促进身心健康。

餐厅的照明应将人们的注意力集中到餐桌上。餐桌上的照明以吊灯为佳，可用单灯罩直接配光型吊灯投射于餐桌，也可选择嵌于天花板上的照

○ 餐厅的照明应将人们的注意力集中到餐桌上，除了自然的光源外还可选择吊灯进行照明，同时辅以射灯，加强光感的层次。

明灯。灯具的造型力求简洁、线条分明、美观大方。朝天壁灯是相当好的光源，比起吊灯，它会为餐厅增添更多的戏剧性，而且光线由墙面逶迤而上，再从天花板反射而下，会让一些地方产生阴影。一般而言，最常采用的应该是胶泥制的半圆形壁灯，这种壁灯能够任意上漆。可以将壁灯漆成与墙面相同的颜色，让它隐没于墙壁中；也可以漆上不同的颜色花纹，让它成为房间里的和谐缀饰之一。此外，桌灯与立式台灯也都能创造出温馨的气氛，适合摆放在屋里的任何角落。这种照明既具有装饰性，产生的光线色调又会柔化整个餐厅氛围。

如果餐厅设有吧台或酒柜，还可以利用轨道灯或嵌入式顶灯加以照明，以突出气氛。在用玻璃柜展示精致的餐具、茶具及艺术品时，若在柜内装小射灯或小顶灯，能使整个玻璃柜玲珑剔透，美不胜收。一个人进餐时，可选用白炽灯，经反光罩反射后，以柔和的橙光映照室内，从而形成橙黄色环境，消除沉闷。冬夜，可选用烛光色彩的光源照明，或选用橙色射灯，使光线集中在餐桌上，也会产生温暖的感觉。

5.餐厅的色彩

色彩在就餐时对人们的心理影响很大，餐厅环境的色彩能影响人们就餐时的情绪。因此，餐厅墙面的装饰绝不能忽略色彩的作用。在设计中可以根据个人爱好与性格不同而有所差异，但要注意不宜选择黑色或灰色等冷色调，否则会破坏家庭用餐的气氛，降低食欲。

色彩能影响人们就餐时的情绪，所以餐厅色彩宜以明朗轻快的色调为主，最适合用的颜色是橙色系。

总的来说，餐厅色彩宜以明朗轻快的色调为主，最适合用的颜色是橙色系。这类色彩都有刺激食欲的功效，它们不仅能给人以温馨感，而且能提高进餐者的兴致。整体色彩搭配时，还应注意地面色调宜深，墙面宜用中间色调，天花板色调则宜浅，以增加稳重感。在不同的时间、季节及心理状态下，人们对色彩的感受会有所变化，这时，就可利用灯光来调节室内的色彩气氛，以达到开胃进食的目的。家具颜色较深时，可通过清新明快的淡色或蓝白、绿白、红白相间的台布来衬托，桌面再配以乳白色餐具，则更具活力。一个人进餐时，往往显得乏味，可使用红色桌布以消除孤独感。

6.餐厅的天花板

餐厅的天花板设计非常重要，因为很多餐厅与客厅，或餐厅与厨房之间是没做任何隔断的，这就需要在天花板吊板做区分，以展现多层次的空间变化，使住宅整体功能区域明显表现。

而且好的天花板设计不仅能突出强调整体住宅的风格，还能增进人的食欲，有助于家人营养的吸收。很多家庭的餐厅空间面积有限，通过适当的天花板设计，还有延伸空间深度的效果，避免视觉上空间不够的弱势。

在装饰餐厅天花板时，很多人会在餐厅的天花板贴镜子，这是一种错误的装饰方法。因为镜子会反射，使用餐者有眩晕之感，所以餐桌上方的天花板勿贴镜。

○很多餐厅与客厅、厨房之间是连接的，这就需要在天花吊板做区分，展现丰富的空间层次变化，使住宅整体功能区域明显表现。

7.餐厅的墙面

餐厅墙面上宜放置骏马图，寓意飞黄腾达。马的五行属火，春冬出生者五行均欠火，带有火气的骏马，可弥补不足。但骏马装饰画不宜放置在南方。若屋主生肖属牛，也不宜放骏马图，因为牛马生性不和。

有些人由于种种原因，把一些意境萧条的图画悬挂在餐厅内，这从设计布局角度来说并不适宜。意境萧条的图画大致包括惊涛骇浪、落叶萧瑟、夕阳残照、孤身上路、隆冬荒野、恶兽相搏、枯藤老树等几类题材。

8.餐厅的地面

随着生活节奏的加快，家人在平时相处的时间减少了，一起就餐就变成了家人联络感情的重要手段。现代人越来越重视餐厅的装修和布置。餐厅的地面装饰材料以各种耐磨、耐脏的瓷砖和复合木地板为首选材料。利用这两种地面装饰材料，可以变换出无数种装修风格和式样。而合理利用石材和地毯，又能使餐厅空间的局部地面变得丰富多彩。

餐厅的地板色调与家具色调要协调，这样人的视觉就不易疲劳。特别是大面积色块，一定要和谐。如果色彩深浅相差过大，不仅会影响整体装修效果，也会影响用餐者的食欲和心情。

9.餐厅绿化植物的选择

健康、茂盛的植物是气的汇集物，可以将生生不息的能量带进家。鲜花代表着幸运，餐桌上或餐桌的旁边放置盆栽或鲜花能使人在进餐时增强食欲，同时也可以让餐厅增添几分生气。

综合植物和餐厅的特点列出以下8种供选择的方案：

①因餐厅受各方面条件限制，如光照、温湿度、通风条件等，选择植物时首先要考虑哪些植物能够在餐厅环境里找到生存空间。其次，要考虑自己能为植物付出的劳动限度有多大。如果公务繁忙的人养一盆需要精心照料的植物，结果一定会大失所望。

②以耐阴植物为主。因餐厅内一般是封闭的空间，选择植物最好以耐阴的观叶植物或半阴生植物为主。东西向餐厅养文竹、万年青、旱伞；北向餐厅养龟背竹、棕竹、虎尾兰、印度橡皮树等。

③公务繁忙者可选择生命力较强的植物，如虎尾兰、佛肚树、万年青、竹节秋海棠、虎耳草等。

④注意避开有害的植物品种。玉丁香久闻会引起烦闷气喘，影响记忆力；夜来香夜间排出废气，使高血压、心脏病患者感到郁闷；郁金香含毒碱，连续接触两个小时以上会头昏；含羞草有毒碱，经常接触会引起毛发脱落；松柏会影响食欲。在布置餐厅绿化植物时要特别注意这些植物。

⑤植物的数量与餐厅空间大小成正比。一般来说，餐厅内绿化面积最多不得超过餐厅面积的10%，这样室内才有一种开阔感，否则会使人觉得压抑，影响用餐的心情。

⑥植物色彩与餐厅环境相和谐。一般来说，最好用对比的手法，如背景为亮色调或浅色调，选择植物时应以深沉的观叶植物或鲜丽的花卉为佳，这样能突出立体感。

⑦避免使用吊挂式花卉。蔓生花卉不宜盆钵栽植，适合悬吊式栽植。

⑧兼顾植物的性格特性，让植物的气质与主人的性格以及餐厅内的气氛相互协调。蕨类植物的羽状叶给人亲切感；铁海棠则展现出刚硬多刺的茎干，使人避而远之；文竹造型体现坚韧不拔的性格；兰花有寂静芳香、高风脱俗的性格，可选择使用。

餐桌上或餐桌的旁边放置盆栽或鲜花能使人在进餐时增强食欲。

10.餐具的颜色

餐具可供选择的颜色五彩缤纷，各种色调都有。选择颜色方面，最好配合主人五行，附下表方便查询。

餐具颜色与五行对应表

后天五行	配合色	生旺色
木	绿色	青色、黑色、灰色
火	红色	紫色、绿色、青色
土	啡色	黄色、红色、紫色
金	白色	银色、啡色、黄色
水	黑色	灰色、白色、银色

11.餐桌的选择

餐桌宜选圆形或方形，中国的传统宇宙观是天圆地方，日常用具也大多以圆形或方形为主，传统的餐桌便是最典型的例子。传统的餐桌形如满月，象征一家老少团圆，亲密无间，能够聚拢人气，营造出良好的进食气氛。方形的餐桌，小的可坐四人，称为四仙桌；大的可坐八人，又称八仙桌，象征八仙聚会，属大吉。方桌方正平稳，象征公平与稳重，因此被人们广泛采用。圆桌或方桌在家庭人口较少时适用，而椭圆桌或长方桌在人口较多时适用，设置时宜根据人口数量加以选用。

餐桌宜选圆形或方形，圆桌一般适合人多的家庭。

餐桌的形状各有不同，因此餐桌的尺寸不能一概而定，而应以具体形状来确定。餐桌可分为方桌、圆桌、开合桌等形状。

（1）方桌

方桌是一般家庭最常用的餐桌类型，一般选用76厘米×76厘米的方桌和107厘米×76厘米的长方形桌。桌高一般为71厘米，座椅的高度一般为41.5厘米。76厘米的餐桌宽度是标准尺寸，不宜小于70厘米，否则，坐时会因餐桌太窄而互相碰脚。

与之配套的餐椅的脚最好是缩在中间，这样不用时就可将椅子伸入桌底，用餐时拉出即可。

（2）圆桌

圆桌一般适合人多的家庭，只要把椅子拉离桌面远一点，就可多坐人，不存在使用方桌时坐转角位不方便的弊端。在一般中小型住宅，可定做一张直径114厘米的圆桌，刚好供8～9人用餐。如用常见的直径120厘米的餐桌，就会稍嫌过大。

（3）开合桌

开合桌又称伸展式餐桌，可由一张90厘米的方桌或直径105厘米的圆桌变成135～170厘米的长桌或椭圆桌（有各种尺寸），很适合中小型单位和客人多时使用。不过要留意它的机械构造，开合时应顺滑平稳，收合时应方便对准闭合。

12.餐桌的摆放

餐桌是餐厅最重要的家具，是家庭成员享用美食的地方，所以一定要选择最佳位置摆放。

空调不要在餐桌的上方或附近。空调吹了一段时间，难免会堆积灰尘，所以如果餐厅里的空调直吹餐桌，灰尘很有可能被吹到食物里，当然也更容易让桌上美味的餐点凉掉，所以餐厅里的空调最好不要在餐桌的上方或附近。

13.餐椅的选择与摆放

桌椅是与餐桌一起使用的家居，因此切记要与餐桌相配，以便在座位与桌子之间给膝盖留出足够大的空间。如果餐厅面积足够大，就可选用有扶手的椅子，但是它们会占据更多的空间，饭后椅子也不容易塞到桌子下面。如果空间较小，选择可以堆叠的椅子更为合理。另外，选用的餐椅一定要有靠背，寓意为

餐椅是与餐桌一起使用的家居，因此切记要与餐桌相配，其材料以木为主，而皮制和布制都可以选择。

食禄不断。餐椅不能有轮子或单脚，这样是不稳的现象。无靠的圆凳，只适合商家，家庭不宜。

餐椅的材料以木、土为主，木头制、皮制、布制都很好。摆放餐椅时，以方形摆放最好，因为方形是稳定的状况。

14.餐厅的装饰

现代人越来越重视餐厅的装饰，因为就餐已成为家人联络感情的重要手段。

餐厅的陈设既要美观，又要实用，不可随意堆砌。各类装饰用品的设置要根据不同就餐环境灵活布局。餐厅不宜放置太多的装饰品，也不宜摆放太多物品以至过于杂乱，餐厅保持简洁大方是主要的原则。

餐厅中的软织物如桌布、餐巾及窗帘等，应选用较薄的化纤类材料，因厚实的棉纺类织物极易吸附食物气味且不易散去，不利于餐厅环境卫生，进而影响健康。

在用餐区装设镜子，映照出餐桌上的食物，能给人财富加倍的心理感

○ 餐厅的陈设既要美观，又要实用，不可随意堆砌。各类装饰用品的设置要根据不同就餐环境灵活布局。

觉。这是家中唯一可以悬挂镜子映照食物的地方，其他诸如厨房绝对不能挂镜子，否则易导致意外发生。

祖先画像或古董家具等物品最好不要摆在餐厅。凤凰作为一种祥瑞之鸟，它的寓意是比较丰富的。凤凰有“鸡”的属性，夏天和秋天出生者悬挂较适宜，因为这两季食物丰富、生殖旺盛。若生肖属兔、狗，则不宜挂凤凰图。

餐厅装饰设计的目的不宜仅限于美化，而应当从中体现出居室主人的文化素养，从单纯的形式美感转向文化意识。花卉能起到美化环境、调节心理的作用，但切忌花哨过度、冷色暖色相混杂，否则会让人烦躁且影响食欲。

15.家人用餐的方位

餐桌是全家人用餐的地方，身处宁静舒适的环境才可闲适地享用美味。用餐区的布置既要避免空间过于封闭，又要显示出它的围聚性。

16.吧台的方位

吧台的位置并没有特定的规则可循，设计师通常会建议利用一些畸零空间。因吧台的水性灵活多变，不怕受压。吧台在家居中的出现通常是间隔于餐厅与客厅之间，稍高于客厅沙发或家具的一片小小平台。功能上既可用作摆放装饰品、酒柜，也可在向厅堂的一面设几个高脚座椅，让谈话的人们调剂情绪。

若吧台在南方，放置红色、紫色的装饰品或物品可以加强气场；若吧台在北方，则要用黑色或蓝色，因为黑、蓝色代表北方，五行属水，也可以放置高脚水晶杯；西方与西北方都属金，金、银色的饰品可以带来好的气场；西南方与东北方属土，可以选择黄色为主色的饰品装饰；东方与东南方属木，可放置绿色饰品或发财树。

17.吧台的设计

吧台的设计直接反映整个家庭的文化层次、生活品位，也是家人品酒休闲的空间，不宜离客厅、餐厅或厨房太远。否则，会给人孤立的感觉，日常生活也不方便。为配合家居设计上的和谐，吧台的设计应尽量贴合住宅的整体风格。

在设计吧台之前，宜事先设计好房间水路、电路的走向。如果想在吧台内使用耗电量高的电器，如电磁炉等，最好单独设计一个回路，以免电路跳闸。拥有良好的给水、排水系统以及安插电源的位置也很重要，一定要将管线安排好，以免给日后的使用增添麻烦，甚至会造成日后改装线路的局面。

吧台的设计能反映出家居的品位，吧台的位置不宜离客厅、餐厅或厨房太远，且要注意风格的搭配。

18.吧台的造型与材质

为配合家居风格上的和谐，吧台的形状千姿百态，选用的装饰材料也多姿多彩。设置吧台时，只要尽量避免出现缺角或凸出太明显的形状即可。

吧台造型灵活多变，可以根据空间的大小适当调整样式。如在不规则居室里，利用凹入部分设置酒吧，可以有效地利用室内空间，给人整齐统一的感觉。也可以利用楼梯下面的凹入空间设置酒吧，让这个特殊空间得以充分利用。还可将室内一部分干扰较小的墙面布置成贴墙的吧台，这样才能做到空间的合理运用，也避免了尖角的产生。

利用角落而筑成的吧台，操作空间至少需要90厘米，而吧台高度有两种尺寸，单层吧台110厘米上下，双层吧台则为80厘米与105厘米，其间差距至少要有25厘米，内层才能

吧台造型灵活多变，可以根据空间的大小适当调整样式，其台面最好使用耐磨材质，而不宜用贴皮材料。

置放物品。台面的深度必须视吧台的功能而定，只喝饮料与用餐所需的台面宽度是不一样的。如果台前预备有座位，台面得突出吧台本身，则台面深度至少要达到40～60厘米，这种宽度的吧台下方比较方便储物。一般来说，最小的水槽需长60厘米，操作台面60厘米，其他则按自己的需要度量即可。

考虑到吧台损耗性较大，因此其台面最好使用耐磨材质，而不宜用贴皮材料。有水槽的吧台使用的材质最好还能耐水。如果吧台使用电器，就要考虑到使用耐火的材质装修，人造石、美耐板、石材等都是理想的耐火材料。

19.吧台的灯光与色彩

灯光是营造吧台气氛的重要角色，吧台除了形态上不能太突兀外，在所选的材料颜色、灯光上也有一些考究。吧台的灯光最好采用嵌入式设计，既可以节省空间，又体现了简洁现代的风格，与吧台的氛围协调。灯光的色调则可根据需要选择，一般暖色调的光线比较适合久坐，也便于营造气氛；黄色系的照明较不伤眼，再加上射灯光线，可以穿透展示柜，让吧台呈现明亮的视觉感受。

吧台灯光的色调可根据需要选择，一般暖色调的光线比较适合久坐，也便于营造气氛。

吧台可选择较丰富的色彩装饰，但太过杂乱就会影响装修效果。如大量的金属、酒瓶、灯光会让吧台被迷离的影像萦绕。吧台的整体颜色不宜超过四种，否则就会显得色彩杂乱。

第五节 厨房

相对于普通住宅而言，别墅的各个功能空间都是“扩大版”，厨房也不例外。别墅厨房面积大，层高较高，下厨感觉完全不同于普通住宅。对于别墅业主而言，大多数是社会成功人士，平常工作压力较大，居住别墅就要求放松心情享受生活，这就要求别墅的厨房更要注重布局，以提高烹饪的质量，提升一家人的健康指数和生活质量。

1.厨房位置的选择

厨房是烹调饮食的场所，是人间烟火的代表，五行属火，以“火”为其表征，厨房方位的好坏也用这个标准来衡量，再根据方位五行与火的生克关系而定。

厨房是烹调饮食的场所，是人间烟火的代表，五行属火。

从环境卫生角度而言，厨房向南食物易腐化，不宜；厨房在西南方，空气流通不顺畅，通风不良，而且靠西边的方位下午阳光太过猛烈，“西晒”极易使食物腐烂。而西南面采光条件好，但夏季吹南风就会使厨房里烹煮的油烟和蒸气弥漫住宅，容易发生火灾且使房子脏乱潮湿，不宜。而在东南方，四季都有充足的光线，冬天不会太冷，且早晨气温低，可享受阳光的照射，中午气温高，却又变成阴凉的地方，食物新鲜易保持较久，不易腐烂，对健康有利。因此，将厨房设置在住宅的东方与东南方最佳。

2.最理想的厨房形状

厨房是整个住宅的重要组成部分，从它为家人提供营养和能量的角度而言，它的地位就更加重要。为烹饪者营造一个独立的、不受打扰的环境是很关键的，这就要求厨房不要成为过道，应有独立的空间，并且厨房中的过道也应顺畅，走道部分不可弯弯曲曲，这样能使厨房在视觉上有流畅性，使人感到舒适。厨房一般布置成“U”形、“L”形和岛形，这几种布置方法能使厨房看起来更整齐。

“U”形的厨房：“U”形的厨房适合宽度2.2米以上的接近正方形的厨房，可以将储藏柜摆放在厨房四周，炉灶摆放在其中的一面，与它相对的

另一面摆放餐具。烹饪区、配餐区、洗涤区沿“U”形的一边展开，注意不应使炉灶正对着洗涤区。

“L”形的厨房：“L”形厨房的布置比较常见，并且对面积的要求也不高。一般这类厨房的布置是将烹饪区、配餐区、洗涤区设在“L”形较长的一边，而将冰箱等电器摆在“L”形较短的一边。

一般厨房的形状可以布置成“U”形、“L”形或岛形，能使厨房看起来更整齐。

岛形厨房：岛形设计使用于面积特别大的厨房，将全家人认为比较重要的区域设在中间的一个岛上，例如可以将配餐区设在中间位置，使之成为岛，可以为家人提供一个在厨房交流的平台。在配餐时，夫妻可以聊聊工作中的趣事，父母可以和孩子谈谈心。这样能使家庭气氛融洽，增进家人之间的感情。

3.厨房的色彩

色彩作用于视觉，直接影响着个人心理和生理，色彩的明暗、对比程度，可以左右家人的食欲和情绪。选择适合家人心境的厨房色彩，让家人有一个健康快乐的生活表演空间，这是所有热爱生活的人对厨房美食制作空间的最大愿望。总的来说，橱柜色彩要求尽量表现出整洁、干净、亮丽，起到刺激食欲和使人愉悦的效果。

一般来说，浅淡而明亮的色彩可使狭小的厨房显得宽敞；纯度低的色彩，使厨房温馨、亲切、和谐；偏暖的色彩使厨房空间气氛显得活泼、热情，可增强食欲。天花板、上下壁、护墙板的上部，可使用明亮色彩，而护墙板的下部、地面使用暗色，使人感到室内重心稳定。朝北的厨房可以采用暖色来提高人心理上的室温；朝东南的房间阳光足，宜采用冷色达到降温凉爽的效果。

在确定厨房总体色调的基础之上，应把握厨房色调几大部分的亮度比例。顶棚、墙面宜浅而淡，地面要比顶棚和墙面深，这样有整体的协调感。家具的色泽可以比墙面稍重或等同于墙面，从而使整个空间环境产生和谐

○ 橱柜色彩要求尽量表现出整洁、干净、亮丽的感觉，才能起到刺激食欲和使人愉悦的效果。

生动的气氛。

此外，还可以巧妙地利用色彩的特征创造出空间的高、宽、深，以作为视觉上的调整。厨房空间过高，可以用凝重的深色处理，使之看起不那么高；太小的房间，用明亮的颜色使之产生宽敞舒适感。采光充分的厨房可以用冷色调来装饰，以免在夏日阳光强烈时变得更炎热。

4.厨房的采光与照明

厨房应该保持明亮、清洁与干燥，如常年有天然光线最理想，有阳光入内照射，即使每天只有一段时间，也可使空气清新并且有除菌的功效。

厨房里的照明一般要尽量增强亮度，同时光线有主有次，使整体和局部的光亮协调。灯光也会影响食物的外观，左右人的食欲。若厨房的灯光设置得惬意温馨，整个厨房的空间感、烹调的愉悦感也会随之增强，这样还能提高主人制作食物的热情。

家庭的厨房照明，除基本照明外，还应有局部照明。即在保证对整个厨房的照明外，还要兼顾对洗涤区、炉灶、操作台面及储藏空间局部的照明。设置灯光照射时，要使每一工作程序都不受影响，特别是不能让操作者的身影遮住工作台面。最好是在吊柜的底部安装隐蔽灯具，且有玻璃罩住，以便照亮工作台面。墙面应安装插座，以便工作时使用壁灯。厨房里的贮物柜等处可以安装小型荧光管灯或白炽泡，以便看清物件，当柜门开启时接通电源，关门时又将电源切断。

厨房应该保持明亮、清洁与干燥，如常年有天然光线最理想，同时光线有主有次，使整体和局部的光亮协调。

由于厨房蒸汽多，较潮湿，厨房灯具的造型应该尽量简洁，以便于擦洗。另外，为了安全起见，灯具要用瓷灯头和安全插座，开关内部要防锈，灯具的皮线也不能过长，更不应有暴露的接头。

5.厨房的绿化与植物

居家风水除了讲究藏风聚气之外，关键就是如何把环境调整得活起来，这时绿化就显得尤为重要。一般家庭的厨房多采用白色或淡色装潢以及不锈钢水槽，色彩丰富、造型生动的绿化措施可以柔化硬朗的线条，为厨房注入生气。在厨房的绿化过程中，实景植物要讲究阳光与水分，假景则可借用各种建材、厨具的色彩进行装饰。

在厨房内适当点缀一些绿色植物，给人带来的不仅是美的享受，同时也能带来好的风水。

在厨房内适当点缀一些绿色植物，给人带来的不仅是美的享受，更多的是生活的希望。植物出现于厨房的比率应仅次于客厅，这是因为家庭中有成员每天会花很多时间在厨房里，且环境湿度也非常适合大部分的植物生长。

通常位于窗户较少的朝北房间，用些盆栽装饰可消除寒冷感。由于阳光少，应选择喜阴的植物，如广东万年青和星点木之类。厨房是操作频繁、物品零碎的工作间，因此不宜放大型盆栽，而吊挂盆栽则较为合适。其中以吊兰为佳，居室内摆上一盆吊兰，在24小时内可将室内的一氧化碳、二氧化碳、二氧化硫、氮氧化物等有害气体吸收干净，起到空气过滤器的作用。此外，在疾病的防治上，吊兰具活血接骨、养阴清热、润肺止咳、消肿解毒的功能。

虽然天然气不至于伤到植物，但较娇弱的植物最好还是不要摆在厨房。厨房的门开开关关，加上厨房里到处都是散发高热的炉子、烤箱、冰箱等家电用品，容易导致植物干燥。摆些普通而富有色彩变化的植物是最好的选择，这要比放娇柔又昂贵的植物来得实际。适合摆放在厨房的植物有秋海棠、凤仙花、绿萝、吊竹草、天竺葵及球根花卉，这些植物虽然常见，若改用较特殊的套盆如茶盆、赤陶坛、黄铜壶等，看起来就会很不一样。

另外，也可以种些水果蔬菜，许多色彩鲜绿的青菜亦可插水养殖，以供欣赏。为了除去厨房阴暗、潮湿的呆板印象，还可以在厨房开扇窗，让阳光进入，然后再选一对盆栽为厨房提供持久的绿意。而插花就可为厨房增添绚丽缤纷的色彩。凡此种种，除了使用有机绿色外，还可使用生命的元素，例如瓷砖的图案、漆料的颜色等，都可用来绿化厨房。

6.厨房设计要重视人体尺度

橱柜设计要人性化，使用起来才省心省力。若台面过低，人要一直埋着头；台面过高，手又使不上劲。因此，实用橱柜台面的高度要根据家里最常烧菜的人的身高来定，通常橱柜台面的高度宜在0.8～0.85米之间；台面与吊柜底的距离约需0.5～0.6米；放炉灶的台面高度最好不超过0.6米；吊柜门的门柄以最常使用者的高度为标准。方便取存的地方最好用来放置常用品。

此外，厨房柜橱或其他设备相互之间的通行间距，头顶上或案台下的贮存柜高低以及适当的光线都是要考虑的问题。这些距离尺寸必须与人体尺寸相联系，才能保证使用时操作方便。在设计厨房时，还有一个很重要的人体

尺寸往往被忽视，那就是人的眼睛高度。关于这一点要注意的是，在确定炉灶面的排烟罩底边的高度时，要保证使用者能看到炉灶后部的火眼。

7.打造个性化的次厨房

很多家庭可能还没有打造次厨房这方面的考虑，然而对于钟情于饮食文化的家庭来说是很有必要的。尤其是随着中西方饮食的交流融合，在家中制作西餐已经不是件新鲜事了。由于中西方的烹饪习惯不同，表现在厨具、电器的使用，甚至是餐具的选用方面也有很多不同。别墅空间完全有条件将中西餐的制作分开，使厨房的功能更趋合理与便利，这样还能使烹制食物时更加得心应手。

别墅空间完全有条件在住宅中靠近餐厅的一处空置的地方，设计出一个开放式的“次厨房”，以满足家人个性化的需求。

西餐的制作相对中餐的制作产生的油烟少，并且制作西餐更讲究调配，因此不会有很多烟熏火燎的情况出现，对房间方位的要求就低很多。在住宅中靠近餐厅的一处空置的地方，也许仅仅是一块面积很小的地方，还不能称其为房间，就可以打造出富有个性的开放式厨房。次厨房主要是用于制作西餐，因此可以仅设置配餐区和洗涤区，夏天时还能在此为家人调制爽口的饮料，冬天时能为家人冲上一杯暖暖的咖啡。有闲情逸致时还能为家人制作别样风味的西餐，这些都将是次厨房带给您的便利。

次厨房的通风状况很重要，最好能有一扇窗户以方便通风，如果由于住宅格局的原因没有窗户，那么最好在次厨房附近有窗户，只要能起到通风效果就可以。所选用的橱柜厨具等也应参照厨房的要求来布置，应保持厨房的卫生条件，进而有利于家人的健康。次厨房的色调宜清新，给人舒适放松的感觉，因为现代生活，在厨房中更多的是享受制作美食的过程，而不是感受痛苦的劳动过程。

8.炉具的选择与使用

炉具是厨房最重要的器具，最好选择产生明火的炉具。

炉具是厨房最重要的器具，最好选择产生自然明火的炉具，如煤气灶，尽量避免使用会释出磁力的电炉和微波炉作为主炉，而炉具的表面材料是不锈钢的较好。

煤气灶是现在使用相当普遍的炉具，因为它便捷，易控制火力，能于最短时间提供最大火力。但考虑到煤气灶的危险性，为了保证其安全，使用时以下三点要注意：

首先，炉具须避水。这有两层含意，首先因为炉具与洗碗池各自代表了五行中的火和水，勿把它们紧贴而放，中间要隔切菜台等缓冲带，以避免不协调。如可能，也应令其他水性的用具，如冰箱、洗碗碟机与洗衣机等不紧临炉具。其次，炉具不要坐南向北，由于北面属水，应避免水火攻心。最后，炉具也须避风。炉具不宜正对门口和窗口，如在风口上，易引起火势逆流而导致家居危险。炉灶不可设在下水道上方，排水系统要由住宅的前方排向后方，厕所污水不可从厨房下方流过。

9.橱柜的选择与规划

锅碗瓢盆、刀叉勺筷等，厨房内需要收纳的物品简直数不胜数，一不小心厨房可能就变得杂乱无章、面目全非。因此，我们需要仔细挑选收纳用的橱柜，并规划好收纳空间，让厨房变得干净整洁。

在挑选橱柜款式时，应该以确保收纳功能为前提，其次再考虑美观。如果过多考虑美观，很可能浪费空间，给今后的使用带来诸多不便。收纳柜的款式、材质有很多，有镀锌钢板烤漆的收纳柜，有三段式高度可调整的收纳柜，还有带2个小抽屉、3个大抽屉等款式的收纳柜。也可以选用抽拉式的收纳柜，附带有专门的保鲜设计，除了放厨房用具，也可以放蔬菜、水果。总之，在挑选收纳用的橱柜时，主要从自己的需要和审美出发，同

时考虑厨房的整体性，使整个厨房协调有序即可。橱柜颜色的选择可根据居住者对某种生活的追求和态度来定位。

在挑选橱柜款式时，应确保其收纳功能和美观，可以选择有三段式高度可调整的收纳柜，也可选用抽拉式的收纳柜。

在规划橱柜的收纳空间时，应从置放物品的使用频率出发，将较常使用的物品放置在显眼顺手的地方。拉篮内物品的摆放也要遵循收纳的“最称手原则”——最常用的餐器、厨具、调料和原材料等，集中摆放在双眼到双膝之间的范围，很少用到的物品则可收纳在吊柜最高层和地柜最底层。这样厨房内的所有物品就可一目了然，方便易寻。

此外，可在厨房所有空白墙面和橱柜外壁装置层架、杯架或吊篮等，充分利用所有可利用的角落，提高厨房的空间利用率。如将电饭煲等放在固定的置物板上，就可让台面的可用“地盘”更大。自己也可以亲自动手尝试做一个简单的置物柜架，找几块好看的小木板钉在墙上就可以。

10.高压锅的摆放与使用

高压锅又叫压力锅，以它独特的高温高压功能，能大大缩短做饭的时间，节约能源。但若因不恰当地摆放和使用高压锅引发高压锅爆炸，后果会很严重。

高压锅与电饭煲相同，属于工作时会产生大量蒸汽的器具，摆放原则应遵循电饭煲的摆放原则。其次，当高压锅加热物品时，比电饭煲更危险。因此，摆放高压锅时，还要注意一些生活小细则。如不要将其随意放在地上，否则家里有小孩的话就很容易误伤；不要将其放在台面边缘，以防不小心碰倒造成伤害；不要将其放在炒锅旁，以免碰到误伤等。

为了保护您自己及家人的安全，使用高压锅定时一定要注意几个安全事项，以免发生爆炸。第一，在使用前要仔细检查锅盖的阀座气孔是否畅通，安全塞是否完好；第二，锅内食物不要超过容量的4/5；第三，加盖合拢时，应必须旋入卡槽内，使上下手柄对齐；第四，烹煮时，当蒸汽从气孔中开始排出后再扣上限压阀；第五，当加温至限压阀发出较大的嘶嘶响声时，要立即调火降温；第六，烹煮时如发现安全塞排气，要及时更换新的易熔片，切不可用布条、木棍等东西堵塞。

11.干粮柜和冰箱的摆放

厨房中需要摆设干粮储柜，这代表着帮助一家人储蓄、聚宝，在紧急时候有所备用。而摆放的位置，如能在厨房开门对角，收纳、收气的位置是最好的。冰箱也有着储藏食物的功能，所以跟干粮柜一样都不能摆在厨房门开后的对口，这样会有食物外泄的表征。此外，不宜将照片、广告等贴在干粮柜和冰箱门上，因为按传统风水观念，门是幸运的入口，门上贴多余的东西，幸运就会避开。

冰箱也有着储藏食物的功能，所以不能摆在厨房门开后的对口，这样会有食物外泄的表征。

冰箱需要遵循干粮储柜的摆放原则外，根据其“金”属性，还应遵循厨房五行的方位原则。一般家庭，冰箱大多放在厨房里，厨房是火旺之地，根据五行相克原理，火克金，冰箱放在厨房里，其实是平衡了厨房的火性。

冰箱置于厨房内时，不能太靠近或正对炉灶，因炉灶油烟太多，容易使冰箱被污染，影响主人的健康。

为了有效延长冰箱的使用时间，提高它的使用效率，在摆放问题上，还要遵循让冰箱远离热源，充分散热的科学原则。比如，用户在摆放冰箱时，一般应该在冰箱两侧预留5～10厘米，上方预留10厘米，后侧预留10厘米的空间，以便冰箱充分散热。另外，冰箱的周围要有通风口，或者在不远处有可以与冰箱的散热通道构成回流的通风口，让冰箱的热量能够到达通风口。否则的话，冰箱的热量将囤积在冰箱后方或两侧，增加冰

箱的能耗，降低其使用寿命。除了保证其散热外，还要让冰箱远离其他热源，如音响、电视、微波炉等家电，炉火、太阳光等自然热源，这些热源产生的热量都会增加冰箱的负担，增加耗电量。

此外，正确的摆放还能有效降低噪音，避免影响家人的睡眠与健康。放置时，宜将冰箱放置在地面平坦牢固的地方，使底部四角平衡，使其处在一个平面上；也可将冰箱垫高3～6厘米，并调整四角平衡，使箱体底部空气对流空间增大，减少噪音，此外还要检查各个部件是否松动，避免发生共振。

12.厨房内刀具的收纳

厨房里的刀是切菜的工具，生活中应注意对其收纳。首要注意的是不能“明摆”，很多人将刀挂在墙上，这是相当不妥的摆法。刀具的收纳最好是悬吊在柜子里，因为刀具平放，久而久之会产生不锐利的现象，无法发挥好力的切、削功能。也可将收纳刀具的柜放在瓦斯炉的下面，会让刀具便于使用。如果习惯将刀具挂于墙上，除了有掉下来的危险外，如家中犯了贼盗，容易成为贼盗攻击的利器，或者是家人将它拿来当做争执的凶器，这就成了很不好的收纳效果。

第六节 卧房

卧房设计布局的好坏关系着夫妻感情、家庭和睦、身体健康等因素。卧房布局得法，则夫妻生活和谐甜蜜，享乐又健康；布局失当，则轻者精神不振，夫妻生活单调乏味，影响夫妻感情，重者说不定还会对后代造成不利影响。因此，对于注重居家生活品质的现代家庭而言，应仔细考虑卧房坐落的位置、朝向、大小、通风、采光、色彩、装饰等风水情况。此外，睡床、灯、梳妆台、衣柜等家具的配置、摆设，色彩的搭配、装饰美化的效果、电器安装的位置都可能影响卧房布局，也需加以关注。

1.卧房的形状

卧房的形状至关重要，从布局角度讲，正方形的卧房是最理想的卧房，不仅有利于家具的摆放，看上去也美观大方。而狭长或多边形的房子则不宜

作为卧房，因为不方正的形状本是一种动态的能量，与卧房要求稳定、静谧、安详的主旨相冲突。从科学上说，是因为狭长的卧房不易通风，容易生潮，影响主人的健康。而多边形的卧房则易加重主人的精神负担，使神经有些敏感的人产生很多幻觉，导致疾病或意外的发生。

正方形的卧房是最理想的卧房，不仅有利于“藏风聚气”，也便于家具的摆放，看上去也美观大方。

此外，有些人为了追求视觉上的新奇，把卧房装修成斜边、凸角的形式。这些也都是不好的布局，因为奇形怪状和损位缺角的住宅，其内部之气便会停滞或流动无规律，能量场的分布也很不均衡，且会对人的身心健康及日常生活造成影响。如斜边容易造成视线上的错觉，多角容易造成压迫，从而增加人的精神负担，长期下来容易使人患疾病及发生意外。通过适当的调整可以让卧房变得理想，如将卧床的方向调整到顺着卧房长度的方向，然后在卧房的中间用矮柜隔断，使卧房分成大致呈正方形的两个区域。简洁、方正、平稳、安静才是理想适宜的卧房。

2.卧房的大小

现代社会物质丰富，越来越多的人选择大开间的卧房。但大未必是好事，俗话说“室雅何须大，花喷鼻不须多”，通常卧房面积为15平方米即可，最大不要超过20平方米。北京故宫中雍正皇帝的寝宫也不过10平方米。

别墅的各个空间通常偏大，但卧房的空间一定不要过大，15～20平方米大小的卧房最佳。

卧房大又叫“房大人小”，难以藏风聚气。人在休息睡眠时，各项生理指标都降到了最低点，自我保护能力也降到最低点。当房子不能藏风聚气，就易耗费人的元气，且易受到邪气的侵袭，心灵便得不到很好的滋养，进而保证不了睡眠质量，影响人体健康。

此外，居室中卧房有大有小，那么大间的卧房宜做主卧房，相对小一点的做客卧或儿童房。如果将小面积卧房做主卧房的话，就很不方便主人的生活，而且有主次不分、喧宾夺主之嫌。

3.卧房的装饰色调

卧房的装饰很大程度上取决于色彩的搭配，一般居室大致可分为5大色彩块：窗帘、墙面、地板、家具与床上用品。若将软、硬板块的色彩有机地结合，便能取得相应的装饰效果。

卧房颜色的选择应以柔和为主，要具有温馨感，才能使人感觉平静，才有助于休息。

卧房颜色的选择应以柔和为主，要具有温馨感，才能使人感觉平静，才有助于休息。绿色是稳定而均衡的颜色，男女老少皆宜。卧房的墙壁选用暖色调有助姻缘和增进夫妻感情。卧房的墙面尽量不要用玻璃、金属等会产生反射的材料，否则容易干扰睡眠。油漆有利于墙体呼吸，还能避免睡觉时能量被反射，最适宜作为卧房颜色的涂料。卧房也不宜采用白色大理石，容易给人空虚和不实在的感觉，也会令人产生寒冷的感觉。

未婚女性的卧房，以清爽的暖色系（粉红、鹅黄、橙、浅咖啡）为佳。

另外，卧房整体色彩的选择还要以卧房门的方位而定。根据五行的原理，卧房颜色与方位有以下对应关系，可根据方位来选择适宜的颜色。

东与东南：绿色、蓝色。

南：淡紫色、黄色、黑色。

西：粉红色、白色、米色、灰色。

北：灰白、米色、粉红与红色。

西北：灰色、白色、粉红色、黄色、棕色、黑色。

东北：淡黄色、铁锈色。

西南：黄色、棕色。

4.卧房家具的选择

卧房的家具种类繁多，从大的分类看，一般有单件家具、折叠式家具、组合式家具、多功能家具等。单件家具虽有很大的灵活性，但不利于室内空间的利用，放在一起也很难协调，所以，近年来有很多人采用折叠式、组合式、多功能式家具。

别墅的卧房内家具通常比普通住宅多，一定要注意它们的摆放，以加强卧房这个小空间的气流流动。

家具的色彩在整个卧房色调中的地位很重要，对卧房内的装饰效果起着决定性作用，因此不能忽视。家具色彩一般既要符合个人爱好，又要注意与房间的大小、室内光线的明暗结合，并且要与墙、地面的色彩协调，但又不能太相近，否则不但不能相互衬托，还可能产生单调乏味的效果。

卧房家具以方正的造型为佳，不宜选用太多的圆形。这是因为，“方”代表稳定，能让家庭保持安稳平和的氛围。而圆形主“动”，卧房若以圆形为主，给人不稳定、不安宁的感觉，对心理健康尤为不利。从心理角度看，方比圆要稳重。

5.卧房家具的摆放

现代生活处处以方便为原则，为了争取时效，现代住宅大部分把衣柜、化妆台、婴儿摇篮等放在同一室内。但放置时要尽可能将衣柜、化妆台等排成一列，这样，既有效利用了空间，也符合设计学原则。而衣柜等家具

最好靠西边或北边的墙壁摆放，让门扇或抽屉朝东或南开。床头柜要定期打开透透气，因为墙壁在夏天会吸收水气，冬天则会放出寒气。可以用床头板或抱枕来隔离水气和寒气。床头柜虽然兼具隔离与收纳的功能，但如果长期不打开透气，空气得不到流通，就会有一股怪味，久而久之反而对身体不好。

6.卧房中床的选择

床是卧房内最重要的家具，对人休息的质量和身体的健康影响最大。选用床具时，一定要从人体力学出发，选择最有益健康的床。

床是卧房内最重要的家具，是人们休息睡眠的场所，而且又与子孙繁衍生育息息相关。李笠翁在《闲情偶寄》里说过一段很精辟的话："人生百年所历之时，日居其半，夜居其半。日间所处之地，或堂或庑，舟或车，总无一定所在，而夜间所处，则止有一床。是床也者，乃我半生相共之物，较之结发糟糠犹分先后者也，人之待物其最厚者莫过此。"现代床的种类很多，有沙发床、弹簧床、绷子床、竹床、木板床，近年来还出现了水床、消声床、气垫床、音乐床、按摩保健床、风调环境床等。床作为传统的单一型休息工具，现在已向着集休息、享受与理疗保健于一体的多功能卧具方向发展。

对于床本身，要考虑的是其长度、宽度是否足够，床体是否平整，并且是否具有良好的支撑性和舒适性。至于床的高低，一般以略高于就寝者的膝盖为宜。太高则上下吃力，太低则总是弯腰不方便。切记床不可贴地，床底宜空，勿堆放杂物，否则不通风，易藏湿气，会导致腰酸背痛。

7.卧房中床的摆放

床位最好选择南北朝向，顺合地球引力。头朝南或北睡眠，有益于健康，因为人体的血液循环系统中，主动脉和大静脉最为重要，其走向与人体的头脚方向一致。人体处于南北睡向时，主动脉和大静脉朝向、人体睡向和地球南北的磁力线方向三者一致，这时人就最容易入睡，睡眠质量也最高，因此南北睡向具有一定的防病和保健功能。

卧房中床宜与地球南北磁力方向一致，有益夫妻身体健康。

此外，要注意，床向忌为正北、正南、正东或正西，这主要是为了不与地球的磁力相冲突。床向也可以根据自己的五行进行调整。如果缺木，可以朝东或朝东南；如果缺火，可以朝南；如果缺土，可以朝西南或东北；如果缺金，可以朝西或西北；如果缺水，可以朝北。

8.卧房中梳妆台的摆放

在人们的印象里，梳妆台一直都是女性专用的，其实从功能上来讲，梳妆台本身并没有性别的差异，也没有刻板的造型。

卧房中梳妆台的摆放也是有讲究的，注意以下事项：

首先，梳妆镜不宜冲门，否则人在进入睡房时容易被镜子的反影吓坏。

其次，梳妆镜不要正对床头，否则容易做噩梦或精神欠佳。有些梳妆台在镜子部分有两扇门作装饰，在不需要使用镜子时，可将其关闭，使用时才打开。这类梳妆台无论怎样安放，都不应冲门或照在床头。

再次，需要注意的是，梳妆台最好设在卧房内。现代社会，很多人为了节省空间或使用方便，会把梳妆台设置在卫浴间或其他空间内，其实这并不是最佳方案。应尽量将梳妆台摆放于卧房中。

9.卧房中物品的收纳

许多家庭的卧房都设有壁柜或衣柜，以便于物品的收纳。

在收纳衣服时，套装或夹克等挂入衣橱时，基本上是色彩较淡的挂在右边，颜色由右向左渐深。当然，也可以按衣服的价格来收纳衣服。衬衫类等则可收入抽屉，面对抽屉的右边或上层放白色衬衫，左侧或下层收入有色彩花纹的衬衫。这个方法同样也可应用在领带或是手帕上。依季节分类时，夏天衣物如T恤等放在上层，冬天的毛衣等放在下层。当然，最好将衬衫类挂起来，这样会比较容易拿取。还有，即使是不会皱的衬衫，也应挂起。

而棉被等大件物件则适合收纳在橱柜里，收纳前最好利用阳光充分晒干，保留棉被的阳气。最好用一个专用的柜子收纳棉被，这样通风条件会好一些，以免受潮影响使用。鞋子的收纳也一样，在收纳前先洗净晒干，而不是在使用前才做这些事情。现在还有很多家庭喜欢用真空袋收棉被，这也是比较方便实用的做法，大大节省了收纳空间。

10.卧房的采光照明

卧房内的光线必须适中和谐，因为床是静息之所，强光会使人心境不宁，弱光则不利于眼睛的健康。柔和的光线才能使居住者的身体和精神均保持良好的状态。

卧房内的光线必须适中和谐，这样才有利于人的休息，使居住者的身体和精神均保持良好的状态。

白天太阳不能长时间照射室内，否则会令室内温度上升。但也不能长期不见阳光，否则会使人意志消沉，也会影响身体的健康。夜间最好用柔和的白炽灯来照明，而少用日光灯。卧房照明最好采用天花板半间接和间接照明，这种装饰在天花板上的照明灯，其背面的上方会有一圈较明亮的地方，愈往下愈暗，这种照明非常柔和，有利于休息，同时也比较省电。

睡觉时要将灯熄灭，但床头要保证能随时提供照明。这样不仅能满足阅读等需求，还能营造卧房的氛围。一点局部的光照往往能产生温馨的氛围。

卧房的装饰要避免反射光线的东西，所挂书画，以山水花草为宜。

此外，卧房的装饰要避免悬挂反射光线的东西，如刀剑、神像、神位等。床头所挂书画，以山水花草为佳，忌以老虎、虫兽为背景。床的上方忌吊兰花、缎带花及大吊灯，否则会影响居住者的健康。

11.卧房的植物

卧房追求雅洁、宁静、舒适的气氛，在卧房放置植物有助于提高睡眠的质量。由于卧房中摆放了床铺，余下的面积往往有限，所以植物摆设应以中小盆或吊盆植物为主。在宽敞的卧房里，可选用站立式的大型盆栽；小一点的卧房，则可选择吊挂式的盆栽，或将植物套上精美的套盆后摆放在窗台或化妆台上。

卧房内植物的数量应与空间大小相适应，房间内也不宜摆放过多植物。

茉莉花、风信子等能散发香甜气味的植物，可令人在自然的芬芳气息中酣然入睡；而君子兰、黄金葛、文竹等植物具有柔软感，能松弛神经。卧房植物的培养基可用水苔取代土壤，以保持室内清洁。但要注意，卧房不宜摆放有刺的植物，如仙人掌、玫瑰等。

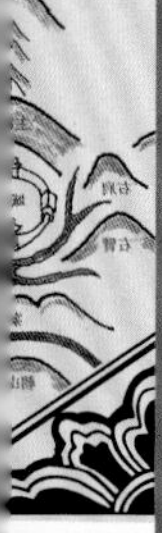

12.卧房的窗户与阳台

○卧房内阳台不宜过大，否则极易消耗人体能量，影响人体健康。

卧室带阳台及低飘窗是时下十分流行的建筑形式。设计师认为这样的建筑结构能让光线充足，通风透气，为住户带来健康，而购买者也趋之若鹜。但这样的设计，事实上是适得其反，会给人体带来种种危害。

人体是一个充满着各种能量的躯体，在中国医学里被称为“气”。在朝东或朝西的房间，如果窗户过大，早上或下午强烈的阳光透过窗户照射到室内，会导致卧房内光线过强而影响休息，还会极大耗散人体能量，极易造成睡眠不足、疲惫、赖床等现象。窗口太小又会影响采光和空气的流通。建议选择窗口大小适中的房间作为卧房。如果窗口过大无法改变，最好是采用较厚的落地窗帘进行遮挡。

曾有科学家通过特殊的摄影方法拍下人体的能量场光谱，发现睡在带有阳台的卧房里的能量场要弱一些，而睡在不带阳台的卧房里的能量场要强一些。原因在于，带有阳台或落地窗的卧房聚集能量的能力弱，在这种卧房睡觉的人就会消耗掉更多的能量，早晨醒来会觉得很累，并且这种房间的隔音效果也相对差一些。

13.卧房中有卫生间的布局

现代家庭设计中经常将卫浴空间安排在主卧房内，这样虽然方便、时尚，但从生活环境学的角度讲，并不是好的设计。卫生间大多具有两种功能，即洗浴和排泄。即使卫生间中有高质量的抽水马桶和完善的洗浴设施，卫生间的功能也并没有改变。卫生间里常常会使用到水，会产生很多湿气。我们有这样的经验，在冬天洗浴的时候，会发现卫生间里雾气腾腾。这里的湿气很容易进入到卧房中，会使床褥变得潮湿。长时间睡在潮湿的床褥上，会使人容易疲倦，腰背酸疼，严重的还会引发疾病。

因此，一定要注意采用各种设计手段做好卫生间的防水和干湿分区处理。将床远离卫生间摆放，不宜正对着卫生间的门口。如果主卧房有足够的空间，

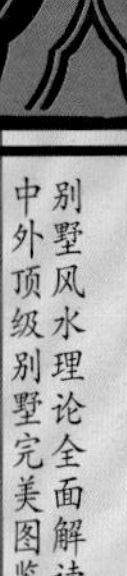

就可在卫生间的门口摆放屏风，并且尽可能在不使用卫生间时关上门。还可以在卫生间里放上两盆泥栽的观叶植物，它们能吸收一部分湿气，使卫生间干爽一些。这些方法的目标都是尽量减少卫生间里的湿气进入到卧房中。

14.婚房的方位布局

“有情人终成眷属”，这是天地间的大喜事。当人与人一起走向红地毯，建立一个温暖的新家之时，经过精心设计的婚房，是每一对伴侣的心灵归宿。好的婚房风水能让新婚夫妇生活得幸福、甜蜜，为以后的婚姻生活打下坚实的基础。婚房不仅是睡眠、休息的私密空间，更是新人培养感情的场所，所以一定要精心布置。

婚房宜设置在东方，摆放一些红色装饰品，象征使夫妻感情和睦，有利事业和感情。

由于新婚，夫妇会尽情享受鱼水之欢，那么在床位上的讲究可以参考《洞玄子》的意见：“交接所向，时日吉利，益损顺时，效此大吉，春首向东，夏首向南，秋首向西，冬首向北。”简单来说就是，婚房的位置最好在阳光充足的地方，并且空气要畅通。婚房墙壁及家具、窗帘尽可能不要用粉红色，否则会使人神经衰弱、心绪不宁，而吵架之事必然常常发生。婚房色调如果太阴暗，如主调为深蓝、深绿、深红、深灰色等，容易使夫妻心情不佳。

15.婚房中的家具选择与摆设

作为新婚夫妇的卧房，婚房的布置除了要注意卧房的相关事项之外，还要特别注意家具的选择。在选择家具时，以中性色或浅色为宜，避免深色调家具进入新房，这样可增加室内亮度，给人以明快、欢乐、温暖感。

婚房的床前不可被电视机正冲，谨防脑神经衰弱。婚房的床头上方，最好不要悬挂新婚大照片，避免压迫感过重。婚房的床位脚部侧面，不可对厕所门。

16.婚房的装饰布置

结婚是人生中的一件大喜事，新房自然要能够充分体现这种喜庆，中国民间传统是很讲究婚房布置的。现代人的生活与以往相比，虽然有了很大的改变，但在新婚志喜上，依然不离传统。

可剪一个大红的“喜”字贴在婚房的窗户或墙上，表示喜庆，象征幸福美满。这种美好而纯朴的古老形式并无损于新居淡雅高洁的格调，反而在反差中可以取得突出的效果，给人造成强烈印象。

还可在新房拉起五颜六色的纸制花环，有条件的还可充分利用现代灯具的装饰效果，挂五彩缤纷的彩灯，烘托室内的热烈气氛和喜庆之情。床上用品及其他室内装饰物要选用暖色调的、艳丽的，比如可以放置大红玫瑰等，也能衬托出新婚美景。还可以预备两座烛台和大红蜡烛，于夜深人散时点燃于卧房中，让新人体味“银镜台前人似玉，金莺枕侧语如花”的美妙感受。

在新房的装饰中，蜡烛的巧妙点缀往往能取得意想不到的效果。玫瑰花形的高脚杯、热烈瑰丽的红蜡烛，置于床前，充满温情、神秘与唯美。精致可人、晶莹剔透的心形花烛，有着水果颜色的果形花烛，或温暖亲切，或清凉宜人。

要想现代风情浓一点，婚房布置可以花篮、花瓶为主，选择款型美丽的花篮和花瓶，插上象征爱情、婚姻美满的百合、玫瑰、红掌、蝴蝶兰等鲜花，会使婚房内充满甜蜜和温馨。还可以挂一些千纸鹤，渲染一股浪漫的情调，再在醒目的地方放上一对玩具新郎和新娘，并在一些器物上贴上小小的“喜”字，此时，结婚的喜气就无处不在了。

17.婚房床上用品的选购

床上用品最基本的就是我们常说的四件套：床单或床罩、被套和两个枕套。选购床单、床罩时应结合床的款式，席梦思床可选大尺寸的西式床单；如果两边有床头的，还是应选中式床单。床单的质地以纯棉为最佳，柔软舒适，吸湿性强。床单不宜用太粗厚的布料，否则睡在上面有粗糙感，洗涤也会比较困难；太疏松的布料也不宜选用，因为尘土会通过织眼沉积在褥垫上。床单和枕头套应避免使用三角形或箭头图案。因为三角形和箭

头的图案阳气过盛，会给视觉上带来不舒适的感觉，破坏婚房祥和的气氛，令居住者缺乏安全感。

婚房床上用品的选购还应考虑它的装饰效果，并和居室的整体布置、色调一致，尽可能与家具、帐幔、窗帘、桌布等的色彩和风格相协调，在和谐中体现美。但需注意，婚房地毯、床单、窗帘如果都是红色，则生女孩的机会较多。被子，民间称“喜被”，既是新婚用的，被面自然以绸缎为好，显得富贵华丽，也更喜庆。绸缎被面品种很多，主要有提花、印花、绣花三大类，花色图案也很丰富，像“二龙戏珠"、“喜鹊登梅”、“龙凤朝阳”，以及一些大花和带有“喜”字的被面喜庆气氛都很浓郁。而被子应以吸湿性好的棉织品为首选。

中国人结婚一般都偏爱红色，选用红色的床上用品可倍增喜庆气氛。

枕头一般由枕芯和枕套组成，现在的枕芯多为泡沫塑料、木棉、羽绒等构成。枕套的种类很多，材料上可分为的确良枕套、尼龙纱枕套、绸缎枕套、棉布枕套等，式样和花色也很多，可根据自己的喜好结合其他物品选择。不过枕套以及枕巾均以棉制品为好，这样使用起来枕巾不至于老是滑落。富有传统意味的一对红色丝绸抱枕，在婚房也可以起到点睛的作用。

18.婚房饰物的选购

卧房是家中最重要的房间之一，承载了主人最隐私的部分，在这里可以享受最放松的个人时光。在婚房里摆放一些饰物，既可增加舒适感，更多了几许情趣。

例如在床头柜上可放置夫妻双方的生肖水晶或音乐盒，有助于夫妻感情融洽，但切记，生肖不可相克。在婚房中放置成双成对的图画、蜡烛与柜灯，象征亲密。帐内悬挂葫芦、连心结等饰品，象征夫妻同心，早得贵子。在床上放置两个温馨典雅的靠垫，或放上一只玩具毛绒狗，都会使房

间生动活泼起来，并且产生浓郁的新婚生活气氛。

良好的卧房设计可带来健康的身心和美满的婚姻，维持其赏心悦目与整洁干净是非常有必要的。在婚房摆放饰物时需注意东西的归纳，面对卧房里繁多的小东西，必须做好分类，再利用空间分割，将大盒收小盒、大箱藏小箱，大的收纳空间里再分成小格利用，如此才能让卧房给人有条不紊的感觉。

第七节 儿童房

儿童房最重要的功能就是给孩子一个自由安全的小天地。孩子们在自己的小天地里学习、玩乐、睡眠，家长在为孩子选择和装修房间时，在布局上必须充分考虑儿童房的这些独特功能的要求。尤其是借助于装修的技巧，通过色彩、采光、家具、窗户、窗帘和饰品，寻求各种能量的支援，使孩子学习时能借力上进，玩乐时想象力丰富、天真活泼，睡眠时能宁静安详。

1.儿童房的位置

在中国，孩子被称作是早晨七八点钟的太阳，因此在黎明时能最早接受阳光能量的房间是最理想的儿童房。所以，儿童房首选设在住宅的东部或东南部，这两个方向能刺激孩子健康成长，预示着儿童天天向上、活泼可爱、稳步成长。而住宅的西向，下午会接收阳光，也可以用作儿童房，但是此方位更适合于儿童睡眠，不利于儿童房的游戏功能。

儿童房的位置首选住宅的东部或东南部，这两个方向能刺激孩子健康成长，预示着儿童天天向上、活泼可爱、稳步成长。

此外，儿童房的位置还应按照其年龄决定。在孩子年纪尚小时，儿童房应紧邻父母的房间。等到孩子10岁以后，房间最好与父母的卧房保持一定的距离，以便各自拥有独立

的生活空间。另外，儿童房不宜设在房屋中心，因为房屋中心是住宅的重点所在，倘若将一屋的重点用作儿童房，便有轻重失调之弊。

2.儿童房的形状

儿童房的形状宜方正。方正的儿童房，象征孩子堂堂正正、规规矩矩做人。儿童房的形状忌讳奇形怪状，如三角形或菱形等不规则形状会影响到儿童的人格发展，长期居住在这样的房间，容易使孩子脾气暴躁、性格偏激。如果已经选用了不规则形状的房间做儿童房，解决的方法就是将房间改作其他功能区域，或者采用装修的办法，将其改成方正的空间。

3.儿童房的空间布置

儿童房是孩子童年的一个独立的小天地，其重要功能是能够满足孩子在自己的小天地里自由地学习、玩乐、睡眠，家长在为孩子选择和装修房间时，除了要避免成人卧室所遇到的问题，还必须充分考虑儿童房的独特功能。比如，儿童房需要空间，不可装潢得太复杂，家具也不宜太庞大，要使房间无阻塞与局促之感。

儿童房的空间布置应以能满足孩子学习、玩耍、休息为标准，其中，书桌是必不可少的。

儿童房是儿童私有的空间，要令儿童健康成长且能够独立，减少依赖性。可在房间里设置充足的储物柜或箱子，地面的箱子最理想，以便让他们自由组织内部的物品，培养他们的动手能力，做家长的不要去干预。充足的储物柜还有助于使房间保持整洁。儿童房的家具尽量多用圆形，忌用玻璃制品，避免尖角和降低磕碰的危险。并且教导他们玩耍后要立即将玩具等物品收拾好，培养有始有终的习惯。

此外，对于儿童的空间要适当留白。随着孩子年龄的增长，接受越来越多的新东西，他喜欢的东西会变化，儿童房也要实现从游乐场到良好读书环境的转变。给空间适当留白，即给孩子留下活动的空间，也方便改动，为孩子的成长增添新的设置。

4.儿童房的床位

儿童床的摆放位置很重要，除了要参考成人房的相关忌讳外，还要注意其他一些特有事项。具体来说，儿童床的床头朝向以东及东南位较好。这样，利于成长，对小孩身高和健康很有益处。但如果小孩夜间难以入眠，则可选较为平静的西部及北部。

儿童床的摆放很重要，床头朝向以东及东南位较好，这样对小孩身体发育和健康很有益处。

孩子如果是家中的独生子女，儿童床的床位应与父母的床位放于同一方向，这会有助于父母与孩子感情的融洽。如果家中有两个或两个以上的小孩合用一个房间，将他们的床放于同一方向，也有助于减少他们之间的摩擦和矛盾。

此外还应注意：床位面向窗户的，阳光不宜太强，否则易心烦；床位不可在阳台上（即私自扩建后，小孩床位全部或一部分位于阳台上），更不宜靠近阳台的落地窗；床位也不可在厨房灶台上下、厕所上下，否则易患皮肤病；床头不可以放录音机，否则会导致脑神经衰弱；床头乃至床位、书桌右方均不可有马达转动；床的脚部不可正对门和马桶；头部不可正对房门，头上不可有冷气机、抽风机转动。

5.儿童房的颜色

儿童房的最大特色是拥有艳丽多变的色彩和生动活泼的造型。儿童有丰富的想象力，各种不同的颜色能吸引儿童的目光，还能刺激儿童的视觉神经，训练儿童对于色彩的敏锐度，并提高儿童的创造力。

环境的颜色对于孩子成长具有深远的影响，可从颜色的影响作用出发，选择适宜的颜色。如蓝色、紫色可塑造孩子安静的性格；粉色、淡黄色可以塑造女孩温柔、乖巧的性格；橙色及黄色带来欢乐和谐；而粉红色则带来安静；绿色与海蓝系列最为接近大自然，能让人拥有自由、开阔的心灵空间，且绿色对儿童的视力有益；红、棕等暖色能让人变得热情、时尚、有效率。而单调的灰色、蓝色、黑色、深咖啡色等，均不适宜用做儿童房的主色。

儿童房的颜色对孩子的个性、心态等有深远的影响，不同的颜色能刺激儿童的视觉神经，促进视力的发育，还可促进儿童想象力的发展。

此外，在选择儿童房色彩时，还要切合孩子的性格。家长平时可多留心孩子对色彩的不同反应，选择孩子感到平静、舒适的色彩。单调深沉的色彩易让孩子变得孤僻、反应迟钝。对于性格软弱、内向的儿童，就应采用对比强烈的颜色，刺激神经的发育。对于好动的孩子，就应选用浅淡的蓝色或紫色，这样能使孩子变得安静些。而性格暴躁的儿童则宜选用淡雅的色调，这样有助于塑造孩子健康的心态。

儿童房色彩还应符合孩子的性别，如男孩儿房的色彩要男子气，女孩儿的色彩要淑女化。一般男孩子的色彩是青色系列（青绿、青、青紫），女孩子喜欢的色彩是红色系列（红、紫红、橙），无色、黄色系列的色彩则不拘性别，男孩和女孩都能接受。

6.儿童房的采光与照明

在儿童房设计的各种因素中，“光”的作用可不小，用好了，对孩子的视力、情绪都有好处；光用得不好，就变成了光污染。对儿童来说，自然光最健康自然，合适且充足的光照能让房间温暖、有安全感，有利于孩子的健康成长。因此，儿童房最好选择采光好、向阳、通风的房间，白天应打开窗户、窗帘，尽可能让阳光进入室内。

直射照明容易刺激孩子的眼睛，影响视力。因此，儿童房的灯光照明最好采用漫射照明。漫射照明是一种将光源安装在壁橱或天花板上，使灯

光朝上照到天花板，再利用天花板反射光的照明方法。这种光给人温暖、欢乐、祥和的感觉，同时亮度适中，比较柔和，适宜儿童使用。还可以在书桌上放置不闪烁的护眼台灯，这样，不仅可以减小视力变弱的可能性，更能让孩子集中精力学习，达到事半功倍的效果。

在布置儿童房时，要考虑阳光是否充足，空气是否流畅等问题，对儿童来说，自然光最健康自然，有利于孩子的健康成长。

此外，儿童房的灯光要与房间的整体风格相协调，同一房间的多种灯具，其色彩和款式应保持一致。儿童房是一个丰富多彩的空间，宜选用色彩艳丽、款式富于变化的灯具，才能与整体风格相协调。

需要注意的是，长期使用人造光照明会扰乱人体的生物钟和生理模式，不但使眼睛疲劳，还会降低儿童对钙质的吸收能力。长时间灯光照射，还容易使孩子变得精神萎靡，注意力不集中。因此，白天儿童房的采光建议多利用自然光，夜间照明也要科学合理安排，培养孩子早睡早起的好习惯。

7.儿童房的天花板

造型有趣的天花板，既能协调儿童房的整体美观，还能引发联想，激起孩子变幻无端的想象力。比如把天花做成蓝天白云或者璀璨星空，可激发孩子的想象力。因此，装修儿童房时，天花顶面一定不能忽视。

造型别致有趣的天花板能激发儿童的想象力，启发孩子的灵感，促进儿童大脑发育。

适当的天花板造型，还有助于做出柔和光线，从而保证儿童房的光线充足又不太刺眼，给孩子营造一种安全、温馨的感觉。天花板上有大的横梁穿过时，如果孩子的床位与横梁形成“十”字形，就可能影响孩子的思考力和决断力，时间长了还会压抑孩子的个性，不利于感性思维的正常发育。如果巧妙地对天花加以造型，不仅能轻松避免这一问题，还可启发孩子的灵感，促进儿童大脑发育。

8.儿童房的地板

儿童最喜欢在地板上摸、爬、躺、滚、打，地板可以说是孩子接触最多的地方，也是他们最自由的空间。要杜绝地板材料可能对孩子造成的伤害，选用何种地面材料，如何对地面进行装饰，都是父母在装修时需要着重考虑的问题。

孩子最喜欢在地板上玩耍，因此儿童房的地面材料要能为孩子的活动提供保护，采用木板等相对较软的材料，再铺上柔柔的地毯可为孩子提供直接的保护。

根据地面装饰材料的安全性和孩子成长阶段的不同，对于儿童房中地面材料的选择，给出以下建议：

①1~2岁时以孩子的健康最重要，这个年龄段的儿童身体与心理都处于急速生长发育期，少量的污染物对他们都会造成严重的影响。因此地板材料以实木地板为佳，既安全又方便清洁。

②2~6岁时以降低地面对孩子的伤害最为重要，这个年龄段的孩子喜欢四处探索，容易发生意外。因此，地面材料能够为孩子的活动提供保护成为最高原则，柔柔的地毯最能在孩子摔倒时提供直接的保护。不过，父母应对地毯定时进行清洗，因为地毯容易滋生各类细菌及螨虫，如果卫生工作做得不到位，反而会给孩子造成意想不到的危害。

③6~12岁时地板则应以耐磨为重点，学龄期的孩子精力充沛，对地板的磨损较大，因此耐磨成为地面材料选择的重要考虑因素。耐磨又好打理的强化地板，环保性能仍然较佳，比其他的材质更安全。

此外，儿童房的地板忌有凹凸不平的花纹、接缝等容易磕绊孩子的东

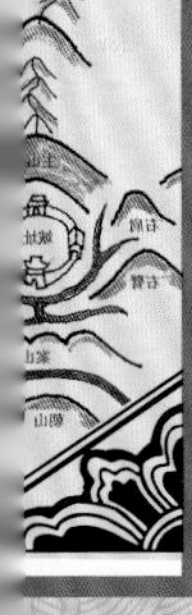

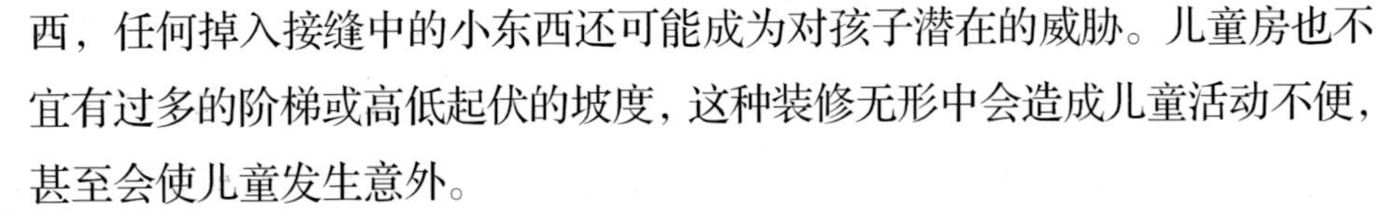

西，任何掉入接缝中的小东西还可能成为对孩子潜在的威胁。儿童房也不宜有过多的阶梯或高低起伏的坡度，这种装修无形中会造成儿童活动不便，甚至会使儿童发生意外。

9.儿童房的墙壁装修

儿童房的装修推崇简单，不需进行过于复杂的硬装修，以减少装修材料叠加造成的污染。木器漆、墙面漆、胶水、天然石材等墙面装修材料都不同程度地含有苯、甲醛、辐射等一些对健康不利的因素，儿童房中要尽量少用这些东西。

因此，在儿童房的墙壁装修上，一定要选择合乎安全标准的产品，比如可用儿童房专用的艺术涂料或者液体壁纸。艺术涂料可以做出比墙面漆更丰富的效果，也比较环保。而专门供儿童房使用的环保壁纸，有害物质较少，脏了也很容易擦洗。但即便使用的是非常环保的材料，在装修后的2个月仍需大开门窗，每天通风四个小时以上，从而让污染物尽快扩散。

此外，还可用墙绘对儿童房墙壁进行装修。墙绘是现代住宅比较流行的一种装饰手段，具有美化生活环境、陶冶人情操的作用。千变万化的图案还可激发儿童对整个世界的想象。美国儿童心理学家詹姆斯·米勒经过多年研究发现，在儿童房内根据孩子的个性需求绘制壁画，有助于孩子的思维发展，有助于培养他们的创造能力和想象力。

因为所有的孩子都喜欢在墙面随便涂鸦，父母还可以适当留白一块墙面，或者挂一块黑板，让孩子有一处可任意描绘、自由张贴的天地，这样既能丰富整体空间，还能激发孩子的创造力。

10.儿童房的窗帘选择

窗帘对于儿童房的作用可不一般，它不仅对家居装饰起着画龙点睛的作用，更重要的是它还影响到孩子的生理与心理健康。在挑选儿童房窗帘时，以下几点必须要注意：

①注意窗户的朝向，朝向不同屋内的光照强度也不相同，要根据阳光的强度选择窗帘。东边的房间早晨阳光最充足，但不刺眼，可用丝柔百叶

儿童房的光线不宜过暗，也不宜过亮，需根据阳光的强度选择窗帘，调整房内的光线强度。

帘和垂直帘来调节光线强度，让宝宝在醒来的第一眼，就有一个好心情。南窗是向阳的窗口，光线含有大量的热量和紫外线，应该选择防晒、防紫外线功效较强的双层窗帘，它能将强烈的日光散发变成柔和的光线，给宝宝舒适的生活环境。西窗光照最强，百叶帘、百褶帘、木帘和经过特殊处理的布艺窗帘都是不错的选择，它们都能有效减弱光照强度，给宝宝提供保护。北窗光线温和均匀，适合选择一些蛋黄色或者是半透明的素色窗帘，给人生机盎然的感觉。

②注意窗帘的色彩，儿童房的装饰要力求明快、活泼，古旧成熟、色调深沉的窗帘是不适用于儿童房的，它容易使孩子变得忧郁、深沉。因此，儿童房最好选择色彩柔和、充满童趣的窗帘。此外，窗帘色彩的选择还可根据季节的变换而有所区别，夏天色宜淡，冬天色宜深，以便调整心理上的“热”与“冷”的感觉。

③注意窗帘的图案。窗帘的图案，可以从儿童的心理出发进行选择，比如选择星星和月亮图案的窗帘，能让宝宝情绪安静。还可以从孩子的喜好出发，选择各种卡通图案，如喜羊羊、米老鼠等。此外，在同一房间内，

最好选用同一色彩和图案的窗帘，以保持整体美，预防杂乱之感。

④注意窗帘的材质。常见的窗帘材质有棉质、麻质、纱质、绸缎、植绒、竹质、人造纤维等，其中棉、麻柔软舒适，易于洗涤和更换；纱质窗帘透光性好，装饰性较强；绸缎、植绒窗帘遮光隔音效果好，质地细腻；竹帘采光效果好，纹理清晰，且耐磨、防潮、防霉，最适合南方的潮湿环境；百叶窗调整方便，在选择时应检查叶片是否平滑、翻转是否自如。

11.儿童房的床和床垫

床过大或者过小，孩子都容易翻出床外，因此，在选择儿童床时以带有护栏的床为佳。护栏每个柱的间隙最好控制在7厘米，因为床栏间隙过大，容易卡住头；床栏间隙过小，容易卡住手和脚，造成不必要的伤害，7厘米的间距最佳。

很多家长为了让孩子睡得舒服，选择床垫时，认为越软越好，其实这是错误的。因为孩子正处在成长发育的好动时期，骨骼和脊椎都没有完全发育成熟，床垫过软容易造成骨骼变形。而且这样还会让孩子养成爱享受、缺乏斗志的坏习惯。

太软的床垫不利于儿童健康，太硬的床垫也不可取。具体来说，选择儿童床以木板床和较硬的弹簧床为宜，不宜选择过于松软的弹性垫。此外，建议不要选用5厘米至10厘米厚的海绵垫，孩子新陈代谢旺盛，汗水、尿液容易累积在海绵垫内无法挥发，从而导致儿童生痱子、皮炎等。

12.儿童房的书桌

适宜的书桌能给儿童一种浓郁的学习氛围，学习区域的书桌摆放应该注意下面几个方面。

书桌大小要合适。书桌过大会使儿童感到学习有压力，甚至会觉得学习是一种负担，即使对成人来讲也会如此。书桌过小，容易使儿童产生学习不重要的心理暗示，轻视学习或忽视学习的重要作用。通常书桌以长方形为首选，正方形和圆形也可，但其他多角形状的书桌不宜选用。书桌上不宜放过高的书架，书架的高度最好不要超过三本书，否则会给使用书桌的儿童一种压抑的感觉。

书桌最适合摆放在面前空旷而侧面靠墙的位置。面前是一处空白，可以给人遐想的空间，激发人的创造力，而侧面靠墙则给人安稳的感觉，很适合专心读书。书桌不宜面向卫浴间、厨房的灶台，这两处都是不利于专心学习的方位。窗口冲着巷口、路口时，书桌不宜摆在窗口下。从窗口看到路人频繁走动，看到车水马龙，这些运动的景物会使在窗口学习的儿童分散注意力，不利于培养儿童专心学习的习惯。

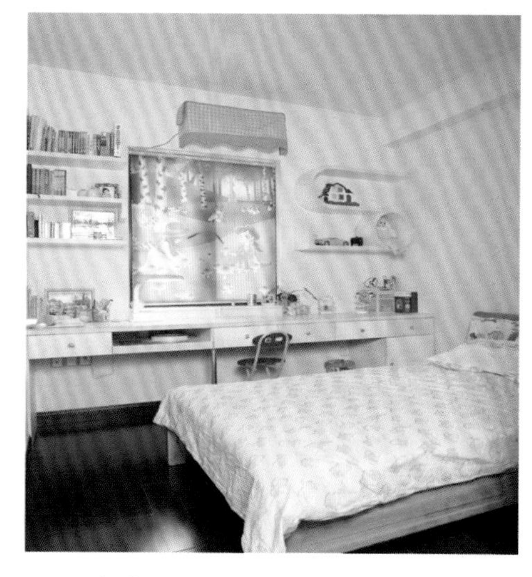

○ 儿童房摆放书桌，能满足孩子的求知欲，还能极大地开拓儿童的智力和创造力。

13.儿童房的绿化

在儿童房摆放一两盆花卉，可以使空间充满生机，增添自然、亲切的氛围，还可以在一定程度上净化空气、美化居室。但也不能在儿童房内摆放过多的植物，否则会给孩子带来危害。原因有两点：一是从风水学的观点来说，儿童是成长中的幼苗，如果把过多植物放在儿童房内，植物会跟儿童争抢空气，不利儿童成长；二是从生理卫生方面来说，植物的花粉可能会刺激儿童稚嫩的皮肤以及呼吸系统的器官，从而产生过敏反应。另外，植物的泥土及枝叶容易滋生蚊虫，对儿童的健康也不适宜。而带刺的植物如仙人掌、玫瑰等，绝不适宜摆放在儿童房中。在儿童房中摆放这类植物，无论在风水方面或是家居安全方面均是犯了禁忌。

适合摆放在儿童房的植物主要有：芦荟、吊兰、虎尾兰、非洲菊、金绿萝、紫菀属、鸡冠花、常青藤、蔷薇、万年青、铁树、菊花、龙舌兰、桉树、天门冬、无花果、蓬莱蕉、龟背竹等。不适宜摆放在儿童房中的植物主要有：兰花、紫荆花、含羞草、月季花、百合花、夜来香、松柏、仙人掌、仙人球、洋绣球花、郁金香、黄花杜鹃等。

儿童房的绿化还要符合孩子快乐的审美情趣，如用椰壳、竹筒、金鱼缸等作为器皿来种植各种盆景、缸景。在家里养上一缸金鱼或几只鸣虫，

儿童房内适宜摆放一两盆花卉，可使空间充满生机，增添自然、亲切的氛围，还可以在一定程度上净化空气、美化居室。

也会为这绿色世界增添几分乐趣。

14.儿童房玩具的收纳

现代的玩具五花八门，玩具放在家里，最容易制造安全陷阱。因此，最安全的做法是将所有玩具用储物柜或储物箱摆放好。若将玩具散满全屋，一来不美观；二来易造成危险，小孩子容易绊倒。因此，玩具要经常收拾，千万不要堆置在小孩子的书桌及睡床上，这样会导致小孩子读书时不专心，也会影响睡眠质量。

儿童房内一定要预留收纳玩具的地方，以免遍地都是玩具对孩子产生不利影响。

15.儿童房的安全事项

大部分家庭在装潢、设计房子时，都是以大人的需求进行。因此当宝宝降临时，很多家庭的环境不一定能为孩子的成长提供足够的安全性能。而孩子还没有足够的自我保护能力，因此大人在对住宅进行设计调整时，一定要从安全方面来考虑装潢设计的方方面面。

①地板不要打蜡，以免引发宝宝意外跌伤。地板上最好铺设安全地垫，这样即使孩子不小心跌倒，也不会受伤。

②将高桌子、高椅子收到孩子不会去的地方，无法避免时，也不要让孩子有机会单独爬到高桌子、高椅子上。

③将家具的边缘、尖角等处加装防护设施（圆弧角防护棉垫），以免孩子跌倒时受伤。

④收拾好布料、衣物、玩具等软装饰物品，以免孩子绊倒。

⑤处理好插座和灯具设计，避免发生电击。2～3岁的儿童对钥匙孔、螺丝、纽扣等小突起或小凹陷表现出强烈的兴趣，小孩的小指头刚好能够伸进电路插板，所以采用安全插座是非常必要的。房间中最好不要有裸露的电线，以防孩子绊倒和触电。裸露在外的电线，如电视和电脑等的电源线就尽量收短，并将其隐蔽或设在孩子碰不到的地方，以免孩子接触到电线。

16.婴儿房的布置

婴儿房的位置和布局，会对婴儿的健康成长产生很大的影响。

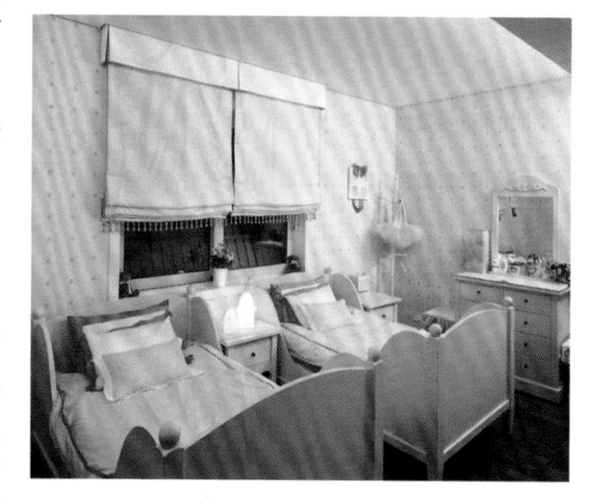

婴儿房的床最好摆放在房子的中间，这样可以促进婴儿发展自我意识，快快成长。

婴儿的居住环境不一定要是高级住宅，只要用心布置，因陋就简，同样会使小宝宝有一个良好的环境。婴儿房内最好保持适宜的温度和湿度，夏季室温在24～28℃为宜，冬季在18～22℃为宜，湿度在40%~50%最佳。冬天可用暖气、红外线炉取暖，但一定要经常通风，保持室内空气新鲜，通风时注意风

不要直接对着婴儿吹，外面风太大时应暂不开窗。为了保持居室空气新鲜，还可用湿布擦桌面，用拖把拖地，不要干扫，以免尘土飞扬。

婴儿房的方位在东方为好，因为光的能量能够充分进入室内，白昼与黑夜的体现较为完善。婴儿的房间向阳，阳光中的紫外线可以促进维生素D的形成，防止婴儿患小儿佝偻病，但应注意避免阳光直接照射婴儿脸面。而如果在室内，则不要直接隔着玻璃晒太阳，因为玻璃能够阻挡紫外线，起不到促进钙质吸收的作用。此外，婴儿和母亲的被褥要经常在阳光下翻晒，这样可以杀菌，防止婴儿皮肤和呼吸道发炎。

由于婴儿一出生后几乎都在睡觉，并且婴儿的身体机能均很稚嫩，因此绝对不能让婴儿住在刚装修好的房子里。婴儿房应尽量避免外人来往，更不要在屋里吸烟，以减少空气污染。还要避免噪音和油烟，绝不能与厨房相对。

婴儿的居室及周围应避免噪音，因为婴儿的耳膜十分脆弱，持续的噪音会破坏婴儿的听力，严重的还会影响婴儿的智力发育。

婴儿床应该是独立的，放置在房间的中央，体现以其为尊的思想，也利于大人在周围呵护，这样有利于婴儿的成长，其中头北脚南的位置特别适合初生婴儿。

17.婴儿房的颜色

婴儿房间的装饰色彩以清爽、明朗、欢快、柔和为宜，不宜用深色。研究证明婴儿喜欢自然的颜色，如淡蓝色、粉红、柠檬黄、明亮的苹果色或是草绿色，用原色喷出的图画也会使房间显得明亮、活泼，同时对婴儿的中枢神经系统有良好的镇定作用。建议婴儿房的墙面使用柔和清爽的浅色，家具选用乳白色或原木色，同时根据宝宝的年龄增长和喜好变换不同色彩的装饰画或墙绘，给宝宝一个多姿多彩的环境。

婴儿视力还没发育完全，大的彩色几何图形比较容易吸引婴儿的注意力，还可促进宝宝的视力发展。因此，可在婴儿房或婴儿床上挂些彩色气球、彩色吹塑玩具等，让宝宝感受并学习不同的色彩。

第八节 老人房

三代同堂的家庭非常多，一方面是因为中国传统文化精神“孝道”的影响，另一方面也是为了方便照顾老人或老人照顾小孩。因此，在别墅的布局中，要充分考虑三代人的不同需求，以便满足家庭中每一个人的需求，实现家庭的和谐美满。

1.老人房的位置选择

老人房宜设于住宅南方或东南方，这个方位容易受到太阳光的照射，太阳光对老年人的健康有很好的作用。此外，老人在家里的时间最多，要特别注意防寒、防暑、通风，这样，老人长期留在家里就不会因为空气不流通而中暑或受风寒而伤及身体。

老人宜选择较小的卧房。别墅往往把卧房设计得很大，有些还配有非常宽大的玻璃窗，使之成为一间宽敞亮堂的豪华大卧房，殊不知这正是错误的做法。根据中医和气功理论，人体白天体内能量和外部空间能量是一

老人房宜设于住宅的南方或东南方，这个方位容易受到太阳光的照射，有益于老人的身体健康。

个内外交换的过程，人体通过呼吸、吸收阳光、摄入食物等随时补充运动、用脑所消耗的能量，而一旦当人体进入睡眠状态，则只有通过呼吸摄入能量。当人处于睡眠状态时，人体能量付出得多，吸收得少，如果房间过大很容易引起精气的耗费，引发疾病。在睡眠过程中，建议最好给老人选择较小的次卧房作为睡眠的安乐窝，减少精气的耗费。

此外，在选择老人房位置的时候，要注意不可离其他家庭成员的卧房太远，否则不方便照顾老人；也不可太吵闹，以免影响老人休息。最好将老人房安置于别墅的楼下，以免老人上下楼不方便。

2.老人房的窗户

老人卧房窗户的位置、大小，以及地板材质的选用均会影响室内气流的速度，这些与老人的健康密切相关。空气流动速度过快对人也不好，如一个人睡觉休息时，血液流动很慢，毛孔张开，过快的空气流动会使人中风、感冒。当空气不流动时，外面新鲜的空气进不来，长时间的空气淤积，会使空气变污浊，也会影响人体的健康。

老人房宜有窗，但应及时根据外部环境的变化开关窗，以保持室内空气新鲜度与舒适度。

老人房也不宜安置落地窗，老人较年轻人体质会差一些，卧房如带有落地窗，就会增加睡眠过程中的能量消耗，容易使人疲劳、失眠。因为玻璃结构无法保存人体能量，这和露天睡觉易生病是一样的道理。如果老人房设有落地窗，就要挂深色的厚窗帘遮挡。

此外，窗户的位置和开闭还应考虑住宅的位置和角度等外部环境的影响，外部环境的变化与开窗不同，户外风进入室内便会形成旋转气流或分流，因此都要列入老人房选用的考虑因素。

3.老人房温度的保持

老人房的温度对健康的作用非常明显。在寒冷的冬天和炎热的夏天，人体会消耗大量的能量弥补温度带来的消耗。为了避免身体能量的过度消耗，老人房的温度应尽量达到冬暖夏凉。冬天时，老人房的温度应在16～20℃；夏天时，老人房的温度应在22～28℃，这个温度范围比较合适。当太阳出来后，浑浊的空气消散了，此时很适合打开窗户，使新鲜空气流进房间，调节室内的温度。

4.老人房的色彩选择

老年人最大的特点是喜欢回忆过去的事情，所以在居室色彩的选择上，应偏重于古朴、平和、淡雅，以契合他们的怀旧心理，同时平静老人的心神，有助于老人休息。而过于鲜艳的颜色则会刺激老人的神经，使他们在自己的房间中享受不到安静，引起神经衰弱。过于阴冷的颜色也不适合老人房，因为在阴冷色调的房间中生活，会加深老人心中的孤独感，长时间在这样孤独抑郁的心理状态中生活，会严重影响老人的健康。

老人的眼睛对颜色的敏感性减弱，如果色彩太轻，就容易产生轻飘、看物体不准确等感觉，宜选择稳重、沉着、典雅的深咖啡色、深橄榄色，

老人房的色彩应偏重于古朴、平和、素雅，不能过于沉暗，这样才有利于老人静心，同时保持积极乐观的心态。

以及让人感觉单纯平和的茶色系。另一方面，如果老人的心情有些郁闷，则可考虑用少量橘黄色作为点缀，帮助老人调节心情。

5.老人房的采光照明

老人房照明要营造出宁静、温馨的气氛，使人有一种安全感。白天最好能有充足的阳光，夜晚老人房应像主卧房一样，采用柔和光线的照明灯具。由于老人的视力一般不是很好，最好能有明亮的日光灯与柔和光线的灯具相互补充，这样搭配比较理想。

老人房的主体照明可选用乳白色白炽吊灯，安装在卧房的中央。另在床头距地约1.8米的墙上安装一盏壁灯，如果不装壁灯，利用床头柜灯照明也可以。灯具的金属部分不宜有太强的反光，灯光也不需太强，以营造一种平和的气氛。

另外，最好在床头柜上或者写字台上摆放一盏能调节亮度的台灯。当老人在夜晚阅读时，可以用它来提供明亮的灯光；当躺在床上休息时，将台灯的灯光调暗些，柔美昏暗的灯光有助于老人安稳地入睡。

随着年龄的增长，老人的视力会逐渐衰退，因此老人室内采光一定要好，照明应该充足。特别是老人夜间入厕次数会有所增加，如果照明不好，易发生意外。

6.老人房的家具选择

在挑选老人房家具时，要注意环保、安全、轻便，并且要符合老年人的身体特点。因为老人房装修除了要制造安全的家居环境以外，最主要的是要方便老人的起居住行。除了体质下降，老年人身体的协调能力也会下降，因此在为老年人选择家具时，要尽量避免年轻人喜欢的抽象的几何造型。要多选圆形、椭圆形的家具，减少屋中菱形、三角形等带有尖角形体的家具，以减少磕碰、擦伤等意外情况的发生，在心理上给老年人以安全感。

古朴的暗红实木家具，透露出古典的味道。在这样的环境中休息，老人能得到全身心的放松。

此外，老人房家居的选择还要考虑到老人的生理和心理需求，尽量满足老人的个人喜好。如返璞归真的藤制家具深得老年人的喜爱，特别是一些藤制摇椅、藤制沙发、藤制休闲桌等，都可以为家中的老年人配备一两件，让他们更充分地接近自然，尽享愉悦的晚年生活。

7.老人房的家具摆放

老年人的睡眠质量一般不太高，为了能使他们有高质量的睡眠，应注意家居的摆设方式。首先，床位应按照卧房床位的法则摆放正确。另外应根据老人的需要，增添家具，并合理摆放。如衣柜不适合摆在床头，尤其是紧挨床头，那样会给老人造成压迫感，影响老人的睡眠。

此外，写字台在老人房中也是很重要的家具。有阅读、学习习惯的老人常会把卧房当作书房使用，因此需要一张大小适中的写字台。在房间面积有限的情况下，写字台的摆放不容易达到理想的状态，但应方便使用。很多老人并不会整天坐在写字台前阅读书写，所以，可

以将写字台与床头摆放在同一方向。在写字台上不应摆放超过两层高的小书架，如果有很多书需要摆放，可以在写字台的侧面设置一个书架。如果这些书并不常翻阅，最好选择一款带有轮子的小型书柜，将它们收藏起来，放在床下或者写字台下，既节约空间又使房间看起来简洁整齐。

8.老人房的植物选择

老人居室以栽培观叶植物为佳，这些植物不必吸收大量水分，可省却不少劳力。比如可放些万年青、蜘蛛叶兰、宝珠百合等常青植物，象征老人长寿。

老人房内适合摆放万年青、蜘蛛叶兰、宝珠百合等常青植物，既能净化空气，还是老人长寿的象征。

桌上可放置季节性的球类及适宜用水栽培的植物，容易观察其发根生长，可使老人在关心植株生长中打发空闲时间。还可从医药卫生和心理学角度出发，恰当摆放有益于人体身心健康的花卉。如仙人球、令箭荷花和兰科花卉等，在夜间能吸收二氧化碳，释放出大量氧气；米兰、茉莉、月季等则有净化空气的功效；秋海棠能除去家具和绝缘物品散发的挥发油和甲醛；兰花的香气沁人心脾，能迅速消除疲劳；茉莉和菊花的香气可使人头晕、感冒、鼻塞等症状减轻。

9.老人房的装饰布置

健康长寿、能享清福是每一位老人的心愿。所以，老人房的装饰布置，最适宜选用平安益寿和招福纳祥的装饰画。

老人房不宜挂镶嵌画、丙烯画、玻璃画，因这些画颜色鲜艳而刺激，对于老人的视觉系统是一种负担，会造成紧张情绪，不利于休息调养。

第九节 书房

随着居住条件的不断改善，越来越多的住宅都拥有一间独立不受外界干扰的书房。书房作为一个独立的空间，功能越来越丰富，同时兼有工作与生活的双重性，书房既有家庭办公严肃的一面，也有浓浓的生活气息，一个人和一个家庭的文化素养都在这个空间里做出了充分的展示。在书房中，我们可以学习、工作、娱乐、社交、放松身心，书房是开启智慧、凝神静气的重要场所，书房的风水一定要好好设计，仔细考量。

1.书房在住宅中的总体格局

书房在住宅的总体格局中归属于工作区域，但比普通的办公室更具私密性，是学习思考、运筹帷幄的场所。独立的书房可以是父亲拥有的独立的领域，同时也可以是孩子们做功课玩游戏的重要场所。因此，在设定书房的位置上，应该注意：

书房在住宅的总体格局中归属于工作区域，但与普通的办公室比，更具私密性，是学习、运筹帷幄的场所，最好选择一个较为宁静的房间作为书房。

①书房宜选择宁静之处。书房是陶冶情操的地方，为了创造出静心阅读和学习的空间，书房要尽可能远离客厅、厨房、餐厅、卫浴间，最好选择一个较为宁静的房间作为书房。宁静的环境可以提高学习效率，使人保持清醒的头脑。

②书房不宜过大或形状不规则。在居家风水中，任何房间宁可小而雅致，忌大而无当。别墅的空间较大，书房一般也设计得比较大，但在较大的书房里看书或者写作是很难聚气的，会让书房中的人精神分散，注意力落在房间中的其他地方。而且如果房间主人本身处在管理者的位置上，在过于空荡的书房里运筹帷幄，无法很快地理清思绪，对事业的发展有极大的妨碍。还有一些不规则的房间，也不适宜做书房，因为不规则的环境会使人产生不稳定的感觉，容易使人分散注意力。

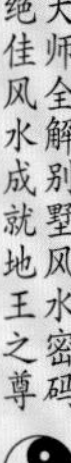

③书房不可以设置于主卧室内部。将书房设置于主卧室内，会造成看书和休息、睡眠错位，职能的区分不明显将使书房不能很好地发挥作用。另外，如果有深夜看书工作的情况，也会影响别人的睡眠。

2.书房宜设置在住宅的文昌位

“文昌”是天上二十八星宿之一，又称文曲星，被古人认为，专司天下读书人的功名利禄。文昌位即是文昌星飞临入宅的方位，书房最好设置在住宅的文昌位。

房子的文昌位该如何界定？这要由住宅的坐向，也要由八宅的方向来确定。依照风水学理论，文昌位依房子坐向决定，文昌位也会依流年而变化，但大体格局如下：

书房最好设置在住宅的文昌位，这样对家庭成员筹划、读书考试、写作均会有利。

（1）坐北朝南的房子（坎宅）

坐北朝南的房子其文昌位是在宅中的东北方卦位，东北方的45°线内，也就是文昌星所能照临宅屋内的位置。

（2）坐南朝北的房子（离宅）

坐南朝北的房子其文昌位是在宅中的正南方卦位，正南方的45°线内，也就是文昌星所能照临宅屋内的位置。

（3）坐东朝西的房子（震宅）

坐东朝西的房子其文昌位是在宅中的西北方卦位，西北方的45°线内，也就是文昌星所能照临宅屋内的位置。

（4）坐西朝东的房子（兑宅）

坐西朝东的房子其文昌位是在宅中的西南方卦位，西南方的45°线内，也就是文昌星所能照临宅屋内的位置。

（5）坐东北朝西南的房子（艮宅）

坐东北朝西南的房子其文昌位是在宅中的正北方卦位，正北方的45°线内，也就是文昌星所能照临宅屋内的位置。

（6）坐西南朝东北的房子（坤宅）

坐西南朝东北的房子其文昌位是在宅中的正西方卦位，正西方的45°线内，也就是文昌星所能照临宅屋内的位置。

（7）坐西北朝东南的房子（乾宅）

坐西北朝东南的房子其文昌位是在宅中的正东方卦位，正东方的45°线内，也就是文昌星所能照临宅屋内的位置。

（8）坐东南朝西北的房子（巽宅）

坐东南朝西北的房子其文昌位是在宅中的东南方卦位，若能在东南方的45°线内，也就是文昌星所能照临宅屋内的位置。

如果由于房子的先天结构问题，若文昌位不能做书房，则只能退而求其次，将书桌的位置放于书房的文昌位。

3.根据房主的出生年份设定书房方位

如果书房不能够依据文昌位来设定方向，也可依自己的出生年份定书房位置。

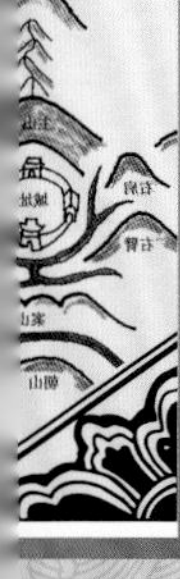

凡是逢零年出生的，如1950、1960、1970、1980、1990、2000年出生的人，书房宜设在西北方。

凡是逢一年出生的，如1951、1961、1971、1981、1991、2001年出生的人，书房宜设在正北方。

凡是逢二年出生的，如1952、1962、1972、1982、1992、2002年出生的人，书房宜设在东北方。

凡是逢三年出生的，如1953、1963、1973、1983、1993、2003年出生的人，书房宜设在正东方。

凡是逢四年出生的，如1954、1964、1974、1984、1994、2004年出生的人，书房宜设在东南方。

凡是逢五年出生的，如1955、1965、1975、1985、1995、2005年出生的人，书房宜设在正南方。

凡是逢六年出生的或逢八年出生的，如1956、1958、1966、1968、1976、1978、1986、1988、1996、1998、2006、2008年出生的人，书房宜设在西南方。

凡是逢七年出生的或逢九年出生的，如1957、1959、1967、1969、1977、1979、1987、1989、1997、1999、2007、2009年出生的人，书房宜设在正西方。

如果选择的房型与房主出生年不配，可以从房子里居住的成员的生年来考虑房间的设置。在房间设置上，不应完全从房主的角度来考虑问题，最好让居住的每一个人都感到舒适，让家庭气氛和谐有序，这才是住宅设计中的终极目标。

4.书房各方位的优劣辨析

书房设置在东南方能令人集中精神，读书、工作的效率高，并能学以致用，充分发挥聪明才智。若这个方位的阳光过于充足，可在别墅外面用树木遮挡，让视野变得略狭小。

西北方最适合设置书房，因为这个方位阳光照射的时间短，能使人心情稳定、头脑清晰，让宅主获得拥有名誉、地位的运气。

北方也是做书房的有利方位，适合阅读有一定深度的书籍。但是这个方位由于太封闭，室内的色彩最好选择浅淡的暖色。

南方不适宜作为书房的首选方位。有人认为南方含有艺术和文学的意味，又是住宅中最向阳的方位，适合用来做书房。但实际上，阅读和写作最需要心平气和地进行思考，南方阳气过于旺盛，对人的思维和情绪会造成很大的干扰。另外，南方有强烈的阳光照射，长时间待在这个方位的书房中，容易引起神经系统过敏，使人心绪不宁，容易产生疲劳感。

5.书房的颜色

在家居环境里，书房的颜色也会对工作和学习的效率产生很大的影响，应好好设计主色。在工作比较紧张的书房里，宜采用浅色调来缓解压力；而在工作比较轻松的书房里，宜采用强烈的色彩以振奋精神。

就方位来看，颜色应该按照各人不同的命卦和各个套宅不同的宅相来配。书房在住宅东部，宜用绿色与蓝色作为主色调；南部的书房宜用紫色；西北方位宜用灰色或浅咖啡色。

总体来说，书房属木，墙壁颜色以绿色、蓝色为佳。浅绿色给人清爽、开阔的感觉。文昌星属木，如果想要扶旺文昌位，属木的绿色是较好的选择。而且绿色也有助于缓解视觉疲劳，可以有效防止近视和其他的眼部疾病产生。蓝色具有调节神经的作用，利于人安心学习、工作，在某种程度上还可以隐藏其他色彩的不足之处，是一种容易搭配的颜色。但患有忧郁症的人则不宜接触蓝色。

○ 书房的颜色对工作和学习的效率会产生很大的影响，如书房天花板采用白色，通过反光可使四壁变得明亮，有益学习工作。

在进行书房装饰时，切忌大面积使用粉红色。粉红色是红与白混合的色彩，非常明朗而亮丽，孤独症、精神压抑者可以试着多接触粉红色。但书房是让人看书思考问题的特殊场所，粉红色的优点在书房就成了缺点。粉红色使人的肾上腺激素分泌减少，产生脑神经衰弱、惶恐、不安、易发脾气等症状，影响在书房中看书学习的状态，因此不宜在书房中大面积地使用粉红色。

书房中的色彩调和。书房中的色彩，可以选取五行的代表色，再根据木生火、火生土、土生金、金生水、水生木的原则进行搭配。比如，地面使用的是暗红色实木地板，五行属火，则书房的墙面就应该使用五行属土的淡黄色进行搭配。

书房是长时间使用的场所，应避免大红、大绿或是五颜六色带来强烈的色彩刺激，宜多用灰棕色等中性色。为了达到统一，家具和摆设的颜色可以与墙壁的颜色使用同一个色调，并在其中点缀一些色彩。各种色调不可过多，以恰到好处为原则。一般书房的地面颜色较深，所以，地毯也应选择一些亮度较低、彩度较高的色彩。天花的处理应考虑室内的照明效果，一般用白色，以便通过反光使四壁明亮。门窗的色彩要在室内整体色彩的基础上稍加突出，让其成为室内的重点。书房中的家具宜用深色，如栗色、深褐色、铁红色等端庄、凝练、厚重、质朴的颜色，有利于思考而不流于世俗花哨。

6.书房的装修

书房天花板的装潢线条宜简洁明朗，不宜有较多的弧线，最好不用吊灯，并避免对天花板进行过多的装饰，否则会给人意乱神离的感觉。

书房的装修不宜过于追求豪华，以实用、简洁为宜，这样能营造出安静、雅致的感觉，提高学习工作的效率。

作为阅读和学习的场所，安静的环境对于书房来说十分重要。在装修书房时要选用那些隔音、吸音效果好的装饰材料。天棚可采用吸音石膏板吊顶，墙壁可采用JPVC吸音板或软包装饰布等装饰，地面可采用吸音效果佳的地毯，窗帘要选择较厚的材料，以阻隔窗外的噪音。

7.书房的采光

书房作为主人读书写字的场所，对于采光的要求很高。所以写字台最好放在阳光充足，但不受直射的窗边。书房的采光要充足但不可过于强烈。

书房的采光以阳光充足为宜，但不宜过强，否则在书房中学习、工作容易受到干扰。

书房作为主人读书写字的场所，对于照明和采光的要求很高，因为在过强或过弱的光线中工作，会对视力产生很大的影响。因此，书房应有充足的照明与采光，相对于卧室，它的自然采光更重要，最好在书房内有一扇能够让房间充满阳光的窗户。不过，西晒阳光猛烈，令人烦躁而无法潜心学习，书房中的窗户要尽量避开西晒。

8.书房的通风

书房的通风要顺畅。长时间读书需要很好地保持头脑的清醒、清晰，新鲜的空气十分重要，所以书房要选择通风良好的房间，而且要经常开门、开窗、通风换气。流动的空气也利于书籍的保存。如果通风不畅，将不利于房间内电脑、打印机等办公设备的散热，而这些办公设备所产生的热量和辐射，会污染室内的空气，长时间在有辐射和空气质量不好的房间中工作和学习，对健康极为不利。

书房要选择通风良好的房间，而且要经常开门、开窗、通风换气，这样才能保持书房内空气的清新，提高看书的效率。

在利用窗户通风时应该注意窗外是否有噪音，如果有噪音要随时

拉上窗帘。如果窗外有巨大噪音，如楼下店铺持续、大声的叫卖声，或马路上传来尖利的汽车喇叭声等，则最好关上窗户，改用空调进行通风。

9.书房的窗帘

书房的窗帘也应配合采光和通风来装饰书房。

书房的窗帘宜采用较为轻薄的浅色窗帘，既可以让充足的光线进入，又能遮住窗外的干扰，还可以减弱过分强烈的阳光带来的不利影响，有利于开展学习和工作。阳光十分强烈的书房，可以使用高级柔和的百叶帘，强烈的日照通过窗幔折射会变得温暖舒适。

书房的窗帘忌用复杂的花帘。书房的主要功能是看书，花样复杂的窗帘会分散注意力，与典雅、明净、高雅、脱俗的气氛不相宜，书房的窗帘以素雅为佳。

10.书房的灯光照明

书房照明主要以满足阅读、写作和学习之用，以明亮、均匀、自然、柔和为原则。不加任何色彩的灯光，可以减少疲劳。

光线要均匀地照射在读书写字的地方，可以选择落地式或是桌式的台灯，但不能离人太近，也不能直照后脑勺，最好与人的视线有一定角度，避免强烈的灯光对人眼造成伤害。长臂台灯特别适合书房照明。书柜可以用书柜的专用射灯，便于阅读和查找书籍。壁灯和吸顶灯最好使用乳白色或是淡黄色的，可以营造出温馨的氛围。

为了便于阅读、学习和查阅书籍，除了必备的吊灯、壁灯以外，台灯、床头灯和书柜用的射灯也是书房的必备灯具。

总而言之，书房的灯光照明以日光灯和白炽灯交织布局为佳，以收动静自如之效。需要注意的是杂乱的灯光让人觉得疲惫，书房的灯光不宜过于花哨。

11.书房的空间布局

一般来说，对于面积足够的书房，通常可以划分为日常使用的工作区、摆放传真机等设备的辅助区，以及用来调节神经的休闲区三大部分。合理地安排书房的空间，不仅有利于提高日常学习效率，使工作处理得更加得心应手，也有助于书房气流的通畅，营造书房温馨舒适的感觉。

在居家设计中，有8平方米以上的房间单独作为书房的话，是最合适不过的了。在专用书房中，除了设置写字台、书柜外，还可摆放其他家电，如休息、娱乐性的电器。诸如电话、电脑、传真机、打印机、扫描仪等事务性的机器的位置摆设，应根据个人的操作习惯来作平面上的安排；一些常用的物品要放在人手容易够得到的地方；网络、电话以及强电插座的预留也要仔细考虑，以免以后使用中觉得不方便。

专门给孩子准备的书房，应该注重文昌位，无论是书房的设置还是书桌的摆放，都应该尽量位于文昌方位。在此基础上再通过装饰对孩子的五行进行补充，可以使孩子头脑清醒、注意力集中。如果书房给大人使用，则应该注重财位，将书房和书桌设置在财位，将电话、电脑设置在利于事业的方位上，以布置一个利于事业和旺财的书房。

书房的门向是需要注意的地方。书房的门向不能正对厕所、厨房，否则会导致精神不佳。除此之外，坐椅切记不要被横梁压顶，及类似横梁的物件如空调、吊灯等压在头上，如有这样的情形，则给人处处受制，难以舒展的感觉。

书房的另一个墙面或角落里，则可安排一排书柜，书柜附近可放一张软椅或沙发，便于随时坐下阅读、休息。软椅或沙发边要配上光源，可用落地式柱灯，也可以用壁灯，使阅读时的光线不至于太暗。

书房空间布局宜根据主人的生活、工作需求来布置，如果主人是爱好阅读的人，则宜摆放一些大的书架，以方便摆放书籍。

在书房里，一定要注意建立优雅的视觉环境和听觉环境。因而有必要在书架上留出一些位置放一两盆散发着清香的花草，在写字台边上贴几张充满乡土气息的风景照片。当然，也可以根据自己的职业、兴趣爱好在墙上挂设玩具、水晶等，使学习环境显得有个性。但是，工艺品不要摆挂得太多，否则会分散人们在学习时的注意力。另外，巧妙精心地排列书架上的各种书籍杂志同样能得到好的装饰效果。

12.书桌的形状与质地

书桌的形状与质地对家庭办公会有很大的影响，在通常情况下，大的办公书桌体现着使用者的权力和地位，使用时令人极有快意，而小桌子则会令人倍感拘束和压力。

在形状上，椭圆桌较长方形桌更佳，椭圆形的书桌有利于长时间的工作，并且避免了磕磕碰碰的情况。办公桌质地方面，如短时间的工作宜用玻璃桌，可有助于刺激工作迅速完成，而如需要长时间伏案工作，则宜用木桌。

13.书桌的摆放

除了文昌位须注意确定之外，每个书房都必须布下“仁智之局”。何谓仁智？即“仁者乐山，智者乐水。”

（1）书桌最好的摆放方式

摆放书桌时，前面应尽量有空间，面对的明堂要宽广；书桌的座位应背后有靠。

书房的摆放必须后有靠山。背后靠墙，既有安全感，又不易背后受扰，因为人耳能听八方，但眼只观六路，背后有靠，即谓有靠山。但凡能够成功出人头地的人士，除了自我的努力、智慧、机遇外，万万不可没有靠山。古代从事文书类工作的人员除了讲究靠山之外，为了避免终日案牍劳形而一无所获，还将座椅后背镶上天然呈群山状的大理石为靠山，以加强倚靠的效果，美其名曰“乐山”。所以书桌的座位后背应以不靠窗、不靠门等虚空为要，除了风水上的讲究之外，也缘于办公桌背后有人来去走动，则坐不安稳，难以集中注意力。

书桌前面应尽量有空间，面对的明堂要宽广。有人认为一般书房的位置本来就不太宽敞，如何能够有明堂？其实以门口为向，则外部就可成明堂，这给人前途宽敞之感。在书房的案头前方可以摆上富贵竹之类的水种植物，支数以单支为佳，达到生机盎然、赏心悦目的效果，利于启迪智慧。

（2）书桌摆放的注意事项

首先，书桌面对窗时，窗外不可正对旗杆或电线杆、烟囱等，如果面对的旗杆或电杆、烟囱等不利之物无法避免，则可在书桌上放置一块稳稳当当的镇纸。

其次，书桌不能摆在房间正中位，否则给人四方孤立无援、前后左右均无依无靠之感。

第三，书桌不能正对门，因为如正对门，读书、学习等就易受到干扰，不易集中精神，效率降低，容易犯错。

第四，书桌不宜面对卫生间，也不宜背靠卫生间的墙壁。主人办公桌位或座位不宜前后左右冲柜角，主人办公桌前后不宜冲屋外他人之屋角。

第五，书桌的座位后背不应靠窗、靠门、靠玻璃幕墙。背后有人来去走动，伏案工作的人就不能聚精会神。将书桌、座椅靠着玻璃幕墙摆放，也会形成背后无靠的格局，使人产生无依靠的联系。书桌不要正对窗户，因为这样会给人一种“望空”的感觉。书桌正对窗户，人便容易被窗外的景物吸引，或被外面的事物干扰而分神，还容易受到窗外其他噪音的影响，难以专心致志地学习。因此，为了提高工作和学习的效率，摆放书桌时应该避免把书桌正对窗户，如果无法避免，就要摆放在离窗户稍偏一点的位置。

第六，书房要避免横梁压顶。如果将书桌摆放在横梁底下，或者是人坐在横梁下，给人压仰的感觉，长时间会影响人的精神状态和身体健康。为了避免横梁产生的不利影响，要尽量避免在横梁下安放书桌和座椅。或者，在进行书房装修时，采用吊顶的方式将横梁挡住，减少横梁带给人们视觉和心理上的压迫感。

第七，书桌不要紧贴着墙摆放。书桌紧贴墙壁摆放，容易让使用书桌的人精神紧张。因为人体有很多感应磁场的部位，其中后脑的脑波放射区最为敏感，如果贴墙摆放书桌，人眼的视线所及范围就是墙壁，无法捕捉到有效的信息，人就会将注意力转移到脑后，时间长了会影响工作和学习的效率。

第八，从居家环境中隔离一块读书办公的地方时，书桌要避免放在床边。读书的时候最怕看见床铺，因为一见到床就会让人想睡觉，觉得疲劳，自然提不起精神专心看书学习，这点对活泼多动的小孩影响尤其大。

第九，书桌忌正对镜子。因为书桌上一般都放有台灯，如果灯与镜子太接近，会产生灯光从头顶直射下来的感觉，令人情绪紧张、头昏目眩。同时，镜子里照射出的影像还会分散人的注意力，影响人的工作和学习。儿童的书桌尤其要避免正对镜子。

（3）书房的座椅最好与书桌和个人习惯相匹配

坐在书桌前学习、工作时，常常要从书柜中找一些相关书籍。使用带轮子的转椅和可移动的轻便藤椅可以节约不少时间，带来很多方便。根据人体工程学设计的转椅能有效承托背部曲线，应为首选。

椅子坐面高度应适宜，使膝盖微微弯曲而脚很自然、舒适地放在地板上，使用键盘时，应保持手、腕和小手臂处于同一高度。椅子还应有一定的灵活性，可在一定范围内根据个人的需要调节其高度和转向，这样身体既可以前倾来取放桌面上的物品，又可以后仰让身体自由伸展放松。

14.生肖与家居办公桌吉方位的对应关系

为能让读者简明地找出自己的办公桌吉位，现以十二生肖分类，只要依自己的生肖，便可对照个人的家居办公桌坐向吉方位。

（1）生肖为鼠

1912年出生宜坐东南向西北。

1924年出生宜坐东南向西北。

1936年出生宜坐西向东。

1948年出生宜坐北向南。

1960年出生宜坐东向西。

1972年出生宜坐东南向西北。

1984年出生宜坐东南向西北。

○ 鼠

（2）生肖为牛

1913年出生宜坐南向北。

1925年出生宜坐东南向西北。

1937年出生宜坐西向东。

1949年出生宜坐北向南。

1961年出生宜坐东北向西南。

1973年出生宜坐南向北。

1985年出生宜坐东南向西北。

○ 牛

（3）生肖为虎

1914年出生宜坐东南向西北。

1926年出生宜坐西向东。

1938年出生宜坐东向西。

1950年出生宜坐东南向西北。

1962年出生宜坐西向东。

1974年出生宜坐东南向西北。

1986年出生宜坐西向东。

○ 虎

（4）生肖为兔

1915年出生宜坐东南向西北。

1927年出生宜坐西南向东北。

1939年出生宜坐北向南。

1951年出生宜坐东向西。

1963年出生宜坐南向北。

1975年出生宜坐东南向西北。

1987年出生宜坐西南向西北。

○ 兔

(5) 生肖为龙

1916年出生宜坐北向南。

1928年出生宜坐北向南。

1940年出生宜坐东向西。

1952年出生宜坐东南向西北。

1964年出生宜坐东向西。

1976年出生宜坐北向南。

1988年出生宜坐北向南。

○ 龙

(6) 生肖为蛇

1917年出生宜坐西向东。

1929年出生宜坐北向南。

1941年出生宜坐东南向西北。

1953年出生宜坐南向北。

1965年出生宜坐东南向西北。

1977年出生宜坐西向东。

1989年出生宜坐北向南。

○ 蛇

(7) 生肖为马

1918年出生宜坐北向南。

1930年出生宜坐东向西。

1942年出生宜坐南向北。

1954年出生宜坐东南向西北。

1966年出生宜坐西向东。

1978年出生宜坐北向南。

1990年出生宜坐东向西。

○ 马

（8）生肖为羊

1919年出生宜坐北向南。

1931年出生宜坐南向北。

1943年出生宜坐南向北。

1955年出生宜坐东南向西北。

1967年出生宜坐西北向东南。

1979年出生宜坐北向南。

1991年出生宜坐南向北。

羊

（9）生肖为猴

1920年出生宜坐东向西。

1932年出生宜坐东南向西北。

1944年出生宜坐东南向西北。

1956年出生宜坐西向东。

1968年出生宜坐北向南。

1980年出生宜坐东向西。

1992年出生宜坐东南向西北。

猴

（10）生肖为鸡

1921年出生宜坐东南向西北。

1933年出生宜坐南向北。

1945年出生宜坐东南向西北。

1957年出生宜坐西向东。

1969年出生宜坐北向南。

1981年出生宜坐东南向西北。

1993年出生宜坐南向北。

鸡

（11）生肖为狗

1922年出生宜坐南向北。

1934年出生宜坐东南向西北。

1946年出生宜坐西向东。

1958年出生宜坐北向南。

1970年出生宜坐东南向西北。

1982年出生宜坐南向北。

1994年出生宜坐南向北。

狗

（12）生肖为猪

1911出生宜坐东向西。

1923年出生宜坐南向北。

1935年出生宜坐东南向西北。

1947年出生宜坐西北向东南。

1959年出生宜坐北向南。

1971年出生宜坐东向西。

1983年出生宜坐南向北。

1995年出生宜坐东南向西北。

猪

15.家居办公的行业与坐向法

家居办公还要注意的是，行业与坐向也有一定的联系，现将其列举如下，供读者综合参考。

五行属金的行业：五金首饰、珠宝金行、汽车交通、金融银行、机械挖掘、鉴定开采，司法律师、政府官员、职业经理、体育运动等，宜坐西向东、坐东南向西北、坐东向西、坐西北向东南。

五行属木的行业：文化出版、文学艺术、演艺事业、文体用品、辅导教育、花卉种植、蔬菜水果、木材制品，医疗用品、医生、宗教人士、纺

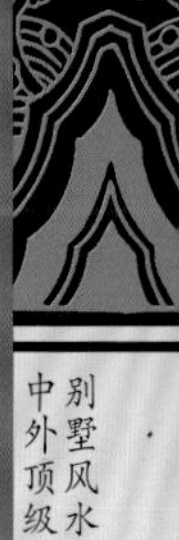

织制衣、时装设计、文职会计等，宜坐西向东、坐西北向东南、坐东北向西南、坐西南向东北。

五行属水的行业：保险推销、航海船务、冷冻食品、水产养殖、旅游导购、清洁卫生、马戏魔术、编辑记者、钓鱼器材、灭火消防、贸易运输、餐饮酒楼等，宜坐南向北、坐北向南。

五行属火的行业：易燃物品、食用油类、热饮熟食、维修技术、电脑电器、电子烟花、光学眼镜、广告摄录、装饰化妆、灯饰炉具、玩具美容等，宜坐北向南、坐东向西、坐东南向西北。

五行属土的行业：地产建筑、土产畜牧、玉石瓷器、顾问经纪、建筑材料、装饰装修、皮革制品、肉类加工、酒店经营、娱乐场所等，宜坐南向北、坐东北向西南、坐西南向东北。

16.共享型书房的注意事项

如果两个人都在家办公，设计上的优先布置就会发生转变。当坐在这样一个两人的书房办公时，务必牢记以下几点：

①侧方向上能看到你的同伴。尽管能否看到门很重要，但保证你的座位不直接面对你的同伴也同等重要。如果你坐在位置上，越过自己的桌子就能看到另外一个人，你会发现要把自己的事务与那个人分离会变得十分困难。你自然而然地就被牵扯进他（她）的电话交谈、翻动书页和叹息声中去。同样，如果你们背靠背而坐，你会感到没有安全感、完全被暴露在外，似乎正处于他人的攻击之下。

②使用耳机。很少有两个人会同时被同一种音乐感动，并从中获得灵感。如果你在有音乐的情况下工作得更好，不妨戴上耳机，这样你的工作伴侣就会因你的选择而不受影响。压低打电话的声音。在共享一个办公室时，最难以面对的情况就是对方电话中的交谈声不断地对你造成干扰。最好起身到屋外打你的电话。如果你实在走不开，转动椅子不直接面对你的工作伴侣。对着墙打电话能在一定程度上将声音削弱，不至于干扰对方集中精神工作。

17.书桌的桌面布置

书桌用品的摆放各有讲究，一定要有山高水低的格局。书桌两边的物品不能摆放得高于头部，因为人不能够伸展出头部，是设计上的忌讳之处。对于男性使用者来说，左手青龙位宜高、宜动，左手位可放茶杯和未看完的书、报、刊物、记事本或文件夹等；右手白虎位宜低、宜静，有能量通过的物品如电话机、传真机、台灯等均应放在左方，才较为有利。如果是女性使用者，则应加强右方白虎位，重要的物品可放置在右方。

书桌用品的摆放也要讲究，书桌的东西南北面宜摆放电话、台历、笔记、笔墨等办公用具。

书桌宜保持整齐、清洁，每次学习或工作后要将书桌收拾干净，保持书桌整齐清洁，文具用品放置有序，这样才有利于下一次的学习与工作，有益于大脑机器及思维保持灵活清晰，体现一个人办事井井有条的风格和良好的品位。

方位与桌面放置物件对应表

方位	物件
东面	金钱
东南	电话
南面	台灯
西南	台历
西面	印章
东北	笔记
北面	植物
西北	笔墨

①家中的书桌若是为读书的学生准备，要选一张大一点的书桌，同时桌面要平整，不能有破损或缺角。另外为小孩准备一个书架，桌上除了该念的书本以外，其余的东西最好能放置在书架上，这样能够让孩子在念书的时候不会因为桌上的物品而分心。

②家庭中的办公环境不仅受桌子方位的影响，也与书桌桌面上的摆设有着莫大的关系。如果桌面上物品摆设正确，会产生强烈的创造力，而如摆设错误，则易使工作陷入困境。

18.书房中电脑的摆放

在使用电脑时，建议在电脑旁放一杯水或者放一盆水养植物，以减少电脑的辐射。

电脑会放射辐射磁场，因此书房电脑旁宜干净、整洁，忌杂乱。

电脑桌面的颜色和图画也可以灵活设置。经常使用电脑的人会火气过旺，可以根据自身情况设置电脑桌面。

电脑属于电器产品，在家庭中会影响每位家庭成员，放置的时候，要分外小心。首先要留意，坏掉的电脑绝不适宜放在家中，因为坏的电脑会放射辐射磁场，干扰及伤害家人健康，所以旧电脑要马上进行维修或者弃置。

电脑旁边可以摆放以下物件来改善：用玻璃碗或玻璃瓶盛载清水，每天更换，放在电脑旁边；在电脑上放石春，或摆放白色圆形水晶，挂一铜钟或海洋画于电脑附近，都是可行的方法。

还得注意的是，电脑的荧屏能产生一种叫溴化二苯并呋喃的致癌物质。所以，放置电脑的房间最好能安装换气扇，倘若没有，上网时尤其要注意通风。

电脑承载着人们越来越多的活动，相应地，电脑桌旁也摆放了越来越多的杂物。乱七八糟的环境会让人思绪紊乱，如果想改变这个困境，就要善用电脑周边的小道具。在电脑桌下附带一个可以抽拉的键盘架，即可防

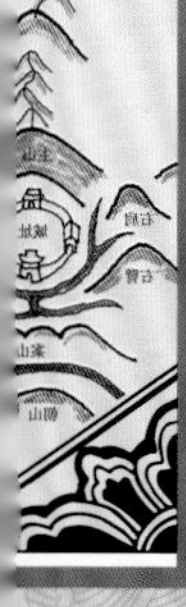

尘，又使桌子表面的空间更加有序。

19.书柜的选择与摆放

书柜是书房中不可或缺的一部分，是贮藏和收纳的好帮手。

（1）选择合适的书柜

书柜要与书房内的环境相互融合，才能打造良好的书房氛围。书房应该给人质朴的感觉，这样才有利于静心阅读和学习。书柜在材料选择上以木质材料为佳，最好是开放式的深色橱柜。书柜是书房的主要储物空间，在设计上要保持灵活，除了有效放置书籍的格子，还应设计一些带门的壁橱，可以增加藏书的空间，也能储藏其他物品。但要避免装饰得过于华丽，否则会给人浮躁感，不利于学习和工作。

书柜在材料选择上以木质材料为佳，最好是开放式的深色橱柜，这样既方便取用物品，还有展示的作用。

书柜的高度不宜过高。对于藏书较多的家庭来说，高大的书柜更有利于书籍的存放。但书柜并不是越高越好，太高的书柜不利于取书阅读，可能会导致放置书籍时发生危险。而且书柜太高容易形成压迫书桌的格局，长期在这种氛围下学习，会导致人心神不宁、劳心头晕。

书柜的尺寸有标准，层间高度不应小于22厘米。小于这个尺寸，就放不进32开本的普通书籍。考虑到摆放杂志、影集等规格较大的物品，搁板层间高一般选择在30～35厘米。书房里的书籍随着时光的推移，必然会逐渐增多，所以还必须要注意收纳的功能的重要。

（2）书柜的位置应该依据书桌和书房格局来安排

书桌应该是属阳的，而放置书籍的书柜则是静的，属阴。古人讲求阴阳平衡，并且认为阴阳是宇宙的规律所在，万事万物都可分出阴阳来。为了平衡阴阳，书柜与书桌应摆放在对应的方位，两者之间还要隔开一段距离。书柜的位置要避开阳光直射，既保持了其阴性的属性，同时也有利于

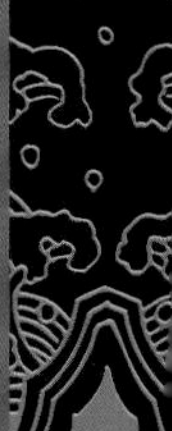

书籍的收藏和保存。书柜内部的书籍要摆放整齐，尽量不要挤得太满，留下一些空间，保持书柜内部气流的畅通。

依据“左青龙、右白虎”的规则来看，主人是男性的话，书柜最好放置在左边的墙侧，而书桌的右方则放置客椅，利于交流沟通。

20.书房中的书架

如今，款式多样的书架不仅仅只局限在书房的空间里，也不局限于大而笨重的书柜中。在没有专门书房的居室里，都可以根据个人需要与喜好，隔成读书区域的空间，放置各色各异的书架。

书架除了可以收纳物品外，还可代替屏风起到分隔空间的作用，既能美化空间，还能抵挡冲门的煞气。

书架的布置主要根据主人的职业及喜好而定。比如，在音乐家的书房中，音响设备及弹奏乐器应占据最佳位置，书架中唱片、磁带、乐谱的特点也不同于一般的书籍，应做特别设计；作家的藏书量大，书架往往会占据整面墙，显得庄重而气派；科技工作者有一些特别的设备，在布置书房时，首先要将小型工具架、简易的实验设备等安置妥当。但一定要记住，杂乱的房间会影响一个人的心情，书房作为学习空间，如果不加以良好的收纳，也会给好的心情带来负面的影响。书房中如果无法摆放下专门的书柜，可以用灵活方便的书架来代替。

21.书籍与报纸杂志的摆放

书房中的报刊和杂志，都有各自特定的属性，也有不同于其他物品的作用。

书籍摆放应在有序中增加一些活力

喜欢读书的人，大多都有理性的一面，讲究秩序。面对众多的藏书，要做到藏而不乱，最有效的方法是将书柜分成很多个格子，将所有的藏书分门别类，然后各归其位，待要看的时候就可以依据分类进行查找，这样就省去了到处找书的时间。如果藏书比较多，不妨将书柜做得高一些，高处的书可以借助小扶梯拿取。不过，要注意的是，应将常看的书放在伸手可及的地方，不常看的则安排在高处或偏远一点的位置。

家里的书房毕竟不是图书馆，美观与风格都不容忽视。所以，在书的摆放形式上，不妨活泼生动一些，书格里也不一定都得放书，可以穿插一些富有情趣的小饰品，可为书房增添生气，也实现了居家对美观的追求。

22.书房中的空调

空调让人凉爽，所以有凝聚思考、提高读书效率的功能。空调若摆在书房的北方，文昌位的好运就会被空调机运转时产生的能量带动，使人冷静思考，提高学习效率，尤其有利于那些正要参加考试的人。要取得好的效果，空调的出风口应该朝上，冷气吹出后由上到下流动，能避免冷风对人直吹引起的头痛、头晕的问题。

不过，要切记勿将出风口朝脸或头部吹，以免发生头痛或是面部中风等疾病。

23.书房中的植物

书房中的植物，能清新空气，营造“仁智之局”。但在书房摆放植物时，那些会破坏良好氛围的事项要注意避免。

（1）适宜摆放在书房的植物

书房与卧房不同，一般情况下，夜间没有人在此睡觉，因此在书房中摆放一两盆观叶的绿色植物，不会影响家人的健康。白天时，由于这些植物进行光合作用，吸入二氧化碳释放氧气，还能令在书房中工作学习的人有充足的氧气，感到脑清目明。绿色能让眼睛得到放松，对保护视力有很大的帮助。要注意的是，书房一般都有大量的书，书架和书柜也相对较大，因此所选的植物最好是矮小、短枝的，以盆景这样的小规格形式最佳。形状上，摆放在书房的植物最好是圆形的阔叶常绿植物，诸如海芋、富贵竹、黄金葛等。

常绿的盆栽植物、观赏类植物，如万年青、橡胶树、松柏、铁树等都属于旺气类的植物，不仅容易栽养，还可以增强书房中的观感。花石榴、山茶花、小桂花等属于吸纳类植物，除了可调节书房内的气氛以外，还可以将书房内的有害气体吸掉，有利于人体健康。

水种植物最适合摆放在书桌上，例如富贵竹、水仙等，可以形成“智者乐水”的格局，同时起到美化环境、启迪智慧的作用，数量上以一枝、三枝、五枝、七枝为佳。

（2）不适宜摆放在书房的植物

在书房摆放的植物不宜选择那些有刺激性气味的花。虽然它们颜色艳丽，花香甜美，但长时间闻这些花的香味，会影响人的学习和工作的情绪，并能引发很多呼吸系统的疾病。

书房内不宜摆放藤类植物。藤类植物大多具有较强的生长性，其攀爬生长也会导致虫害的产生，还会造成书房潮湿，对书籍的保存十分不利。

书房植物忌枯萎、凋谢。枯萎、凋谢的花没有活力，衰败和死亡的气息影响书房使用者的情绪与健康。如果插花枯萎或凋谢，就要及时清理，以免破坏家居氛围。

书房中的植物以叶大肉厚为佳，调节书房气场的同时还给人赏心悦目之感。

24.书房中的挂画

书房悬挂的字画应根据主人的文化修养与情趣来选择，中国画、书法、油画、木刻以及重彩、磨漆画等作品都可用于装饰墙面，但应与家具的配

置协调一致。字画不仅能显示主人的文化品位、心境和格调，还可以渲染居室内的气氛，陶冶性情，愉悦身心。如果书房中的挂画是一幅山水作品，则宜与室内盆景互相呼应，相映成趣。在字画的一侧放一株万年青，可使字画的格调更为高雅。字画挂在射灯上方，也可因灯光照射使其更具清新感。

书房中悬挂的字画既可对墙壁起到装饰作用，又能给书房增添艺术气息。

（1）书房宜悬挂寓意吉祥的字画

书房的挂画宜讲究平衡。如果主人是一个积极好动的人，想一进书房就获得一种安宁的气氛，可以选择一些“安静”的挂画，如色调比较沉稳的画面。对于一个性格比较安静的人来说，就可以选择画面比较“热烈”的装饰挂画。平衡挂画既能起到较好的装饰效果，又能提高人的工作、学习效率，还能给人带来好心情与健康。

挂“九如鱼图”，九是“久”的谐音，是长久的意思，释为长时间的称心如意，具有很好的寓意。还有“年年有鱼图”也是好的选择。

那些河流、湖海画，溪水曲折，弯曲有情，湖水平静，微波荡漾，则象征事业顺利、钱财积聚，是非常合适的吉祥图画。

瀑布图也为许多人喜欢，不过瀑布虽有气势，但来水过急，不适宜挂在书房及卧室内，可以挂在客厅，水流向内，同时宜在图下摆一个聚宝盆，意在装水接财。一些波涛汹涌、湍流急射的海浪图，不宜挂在住宅书房内。

不同的画，寓义是不同的。如果是想开展智慧，可以用“聪明伶俐图”、“魁星踢斗图”；想要考试高中的话可以用“三元及第图”、“状元及第图”、“连中三元图”、“一甲一名图”、“一帆风顺图”；想要开通官运或事业运的时候可以用“官居一品图”、“加官晋爵图”、“平升三级图”、“官上加官图”、“翎顶辉煌图”、“尚书红杏图”、“青云得路图”等等。

（2）字画悬挂的位置要正确

水最宜屋前，也就是要在朱雀明堂见水。如果书桌是对房门的话，房门左右的位置以及门外的走道就是明堂了。在明堂的地方挂山水画最吉利。

字画悬挂要高度适中，不能过高或过低。人的正常视觉区域是在头不转动时与眼睛水平视线成60° 的范围内。平视线约为1.7～1.8米，因此挂画的高度也应在距地面1.5～2.0米处为宜。

字画悬挂位置宜选在室内与窗成90° 的墙壁处，可使自然光源与画面和谐统一。挂字画宜疏不宜密，同一室中的字画应保持在同一水平高度。画框可平贴墙，也可稍前倾（一般前倾15°～30°）。

（3）书房挂画的禁忌

悬挂在书房的字画不宜太多，一两幅较为适宜，摆放的字画应该与书房的氛围一致，比如雅致的字幅和文人画作。字态狂的字幅、灰暗萧瑟或颜色鲜艳的画作，这些都会使人心情烦躁，产生或亢奋或消沉的结果，不利于人在书房学习、工作。

25.各种职业的书房设计

不同职业的人，需要的书房的功能、书房的方位、书房用具的选择、装饰的要点等也应该有所不同，选择最适合的布置方式，方能起到最大的利好作用。

（1）从事营销、企划职业者的书房

有营销、企划、规划设计方面才能的人，喜欢留驻在阳光充足之处。因此，书房最好用木制书桌、布制沙发、椅子。颜色以绿色系、茶色系或灰棕色系为佳。

漂亮的大家具靠墙摆好，书桌面东或面南。书房内可以摆放电视、音响、扬声器、书籍、陈设品等，但尽量避免阳光的直射。

家中为学生和儿童准备的书房，设计不宜古板，也不宜过于花哨，应当符合相应年龄段的特点。

若书房为大窗户，窗帘的色调需与地板搭配，颜色最好深些，不要过于明亮，营业者窗帘采用蓝色系，技术业者采用绿色系。植物摆放在窗户附近。

（2）财务人员的书房

无法照到阳光或西晒的书房，可发挥会议方面或处理电脑等方面的才能。这种朝向的书房，很适合财务人员。

财务人员的书房整体宜采用浅色调，地面、墙壁、天花板使用褪色感的色调。地面铺地毯、墙壁、天花板贴布制壁纸。可用白色花朵、以白色为基调的图画等装饰。森林或湖的图画亦能使居住者的才能得到发挥。

（3）文艺工作者的书房

对从事美术、音乐、写作等职业的人来说，应以方便工作为出发点。所以，书房的布置要保持相对的独立性，并配以相应的工作室家具设备，诸如电脑、绘图桌等，以满足使用要求。设计应以舒适宁静为原则，在色彩方面使用冷色调为宜，将有助于人的心境平稳、气血通畅。

日照不佳的书房会埋没音乐、绘画等艺术或运动方面的才能，文艺工作者的书房照明亮度要强。将书桌移到日照佳的方位，电器用品摆在北侧。书房要常保舒适宁静，报纸、杂志、衣服不宜随意散乱。窗帘可以选用简洁的纵条纹图案，可用鲜艳的图画或花朵做装饰。

（4）学生的书房

学生书房的装饰不宜古板，要适合青少年的特点。书架可以做成楼梯形，取民间“脚踏楼梯步步高”之意。

儿童书房最好不要摆置高大的书柜，也不宜让书架闲置，可设计成书架和衣橱两用款式，这样，既可合理利用空间，又不会因为儿童用书少而显得室内空泛。儿童书房可以张贴一些富有生气的动物图画，不过不宜有老虎、狮子、豹子等猛兽的图案，否则会给孩子带来精神压力。

家中为初中生设置的书房宜清爽明朗。设计以米色为主要色彩，简洁、明朗的色彩给人温馨自在的感觉。初中生书房必须考虑安静、采光充足的因素，可用色彩、照明、饰物来营造。色彩上以白色墙面和灰棕色书柜、书桌、椅子的搭配为主，再通过少量的饰品对书房进行点缀，简单而又不

会显得沉闷。避免摆放过多的装饰品，以免分散注意力。

第十节 卫浴间

提到卫浴间，人们想到的往往是舒适享受、洁净美观，抑或“香薰泡澡”等等，很少有人知道，卫浴间在整个家庭布局中非常重要。我国古代风水学理论中非常注重“水”的方位走向，而现代居所中，无论是普通公寓还是豪华别墅，卫浴间都是水气聚集之地，其地位可谓非比寻常。

1.卫浴间的格局

现代别墅中，卫浴间的位置与安排十分讲究。判断一套别墅的优劣，卫浴间的设计合理与否，是极为重要的衡量指标。

（1）卫浴间的门不宜直对别墅大门或卧室、厨房、餐厅、客厅的门

卫浴间的门对着任何一个房间的门，都是不理想的，要尽量避免。如果实在无法避免，可在卫浴间与别墅房门间设立屏风或隔断，以此化解此种情形所带来的不利影响。在一些别墅建筑中，业主往往只考虑了整体楼层平面各房间的搭配，忽视了上下层，造成浴厕压在卧室之上，这就是非常糟糕的设计，应尽量避免。

卫浴间格局设计是否合理，是衡量一套别墅优劣的一个极为重要的指标，因此，在卫浴间的设计上，不能忽略方位格局上的整齐划一。

（2）卫浴间不宜设在别墅走廊的尽头

从卫浴间流出的潮湿污秽之气会沿着门廊扩散到相邻的房间，且卫浴间设在门廊的尽头，若本身没有良好的抽湿系统及朝外的明窗，则这种气味就会愈加明显。

此外，卫浴间门不宜与厨房门正对，也最好不与书桌正对。

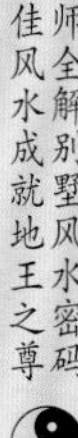

2.厕所与浴室

由于卫浴间水汽较重，因此，为了使排水与冲洗对家中其余部分的影响减至最小，卫浴间内的洗浴部分应与卫浴间其他部分隔开，让厕具与浴室门保持恰当的距离，并且，卫浴间的地面应低于其他房间的地面，令卫浴间与其他的功能区域做到“干湿分区”。在使用完毕之后，浴室的门应关上，特别是别墅中套房的浴室。

需要注意的是，卫浴间装修时要注意地面及四面墙壁底部的防水层，在土建施工后期一定要将防水层做好，如果装修时动了防水层，自行修好后要做24小时盛水试验，再敲定结果。

如果别墅卫浴间本来已安排好洗手盆、坐便器、淋浴间这三大项的位置，各种排污管也相应固定了，除非安装不了选购的用品，否则不要轻易改动。特别是坐便器，千万不要为了有大洗手台或宽淋浴间而把坐便器位置放在远离原排污管的地方。

○ 厕所与浴室统称为卫浴，二者之间的协调，既要符合设计需求又要契合使用习惯，其实，只要做到统一就好。

3.卫浴间的颜色

卫浴间的色调选择也是有讲究的，卫浴间的整体色调应保持一致，最好能体现出别墅高贵、大方、奢华的气质。当然每个人对颜色都有自己的偏好，下面介绍一些卫浴间颜色给人的感觉。

黄色的卫浴，在冬天看起来温暖明亮，在夏天看起来清爽干净，既能使人精神百倍，又可以提升人体活力。

白色可产生明亮、洁净感，最具反射效果，空间感强。若担心纯白过于清冷，不妨使用乳白色替代，可为空间增添几分暖意。

淡粉色和淡桃红色非常柔和，能营造柔软温馨的甜美，特别受小孩和年轻女性的欢迎。

黄色象征阳光，它的高明度可以振奋精神，使人充满活力，可为空间增添暖意。

红色是饱和、高彩度、高透明的颜色，易营造热情强烈的空间感，不足之处是会让人感到不安，但它本身又散发热情的魔力，是其他颜色力所不及的，特别适合宽敞的卫浴间。

深紫色带来的浪漫气氛，是神秘且沉重的，人沉浸在阴郁的氛围中，可以享受典雅的浪漫感觉。这种颜色需慎重选择，设计不当会让空间显得忧郁暗淡，一般很少用。

黑白是永恒的时尚，这种经典搭配，是个性家装中的借鉴方式之一。其实由黑白两色所构建的洗浴空间，是另类表达的古典。

绿色让人联想到植物的清香及祥和，置身其中仿佛嗅到屋外嫩草的清新味道，徜徉在花园绿茵里，使你心神宁静、全身放松。因此，绿色也是普遍用到的色彩。

蓝色可以让人感受到一份悠闲与平静，尤其是夏天，蓝色能让身心在暑夏的燥热中独享冰凉。

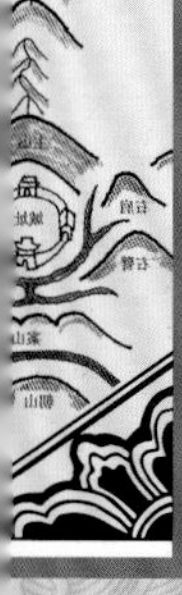

各色交杂，五彩斑斓的色彩构成的卫浴极具童稚乐趣，最讨小孩欢心，也能让成年人保持难得的童心。

4卫浴间的照明

别墅因为采光好，所以卫浴间的整体照明宜选择日光灯，只要柔和的亮度就足够了。

洗漱区域需要亮度大一些的照明灯具，尤其在梳妆镜的上方，最适宜有重点照明。卫浴间是使用水最频繁的地方，因此，在卫浴间灯具的选择上，应以具有可靠的防水性与安全性的玻璃或塑料密封灯具为宜。

在灯饰的造型上，可根据自己的兴趣与爱好选择，但灯饰不宜过多，不可太低，以免发生溅水、碰撞等意外。有些人喜欢在梳妆镜的周围布置射灯，认为这样能产生很好的灯光效果，但射灯的防水性较差，尤其卫浴间中水气相对较多，因此安全性就差一些。比较适合的照明灯具是壁灯，它的防水相对较好，也可以在梳妆镜附近形成强烈的灯光效果，便于使用梳妆镜梳洗打扮外，还可以增加温暖、宽敞、清新的感觉。

洗浴区域适合布置一盏光线柔和的灯具，用来加强此处的照明，以弥补整体日光灯在此处照明时亮度不足。应该格外注意的是，最好不要使日光灯正对着头顶照射，这个角度照射的光线会使人觉得很不舒服。最好能

卫浴间的整体照明宜选择普通的日光灯，柔和的亮度就足够了。

洗漱区域，在梳妆镜的上方安装亮度大一些的照明灯具，用来加强光照。

偏离这个位置，使灯光从侧面照射，这样光线就不会使人产生紧张感。

5.卫浴间的地面

别墅的卫浴间通常少不了浴缸，在处理墙面时，与浴缸相邻的墙面，防水涂料的高度要比浴缸上沿高出一些。

别墅卫浴间地面先要铺平，地漏、管根、墙角这几个地方由于接口较多，容易出现裂缝渗水。所以，在铺地砖之前，一定要用水泥砂浆将地面整平，再做防水处理。

卫浴间的湿气较大，所以瓷砖的选择与使用也特别有讲究。一般地面材质采用防滑的大理石、花岗石较好，也可覆盖一层塑胶垫，这样对浴室有益。哑光面或者带着浅浅的凹凸造型的地砖很适合浴后湿滑的地面，保护人们不会滑倒受伤。在铺设瓷砖时要考虑地漏的位置与尺寸配合，通常地砖的铺设保留1%的漏水坡度，这样地漏就会最低，以便于排水。

卫浴区还应该采取“干湿分区”，这是目前国外较为流行的设计理念，即淋浴区与坐便、面盆区分开。一般干区与湿区可以通过不同的瓷砖材质与花色品种进行划分，两者互不干扰。

卫浴间的地面可以放置地毯等一些防滑的地垫，但必须时常清洗或更换，以免藏污纳垢。

当然，别墅卫浴区所用的物品必须时常清洗更换，避免藏污纳垢。

6.马桶的方位

在古代风水学中，马桶属于“秽器”，厕所是不洁之地，一般是开在凶方来镇压凶星的。所以马桶的位置摆放也很有讲究。

马桶坐向最好和卫浴间门垂直或错开，也不宜坐南朝北。

一般别墅的卫浴间设置都远离中堂，故很少出现睡在马桶下面的情况。在设计之道中，马桶首先不能与大门同向，比如别墅大门的方向朝南，那么人坐在马桶上，也会面朝南方，这是一种典型的失败格局。马桶不可在四正线和四隅线上，也不要和卫浴间门相向，亦即蹲在马桶上正好对着门，十分不雅观，马桶坐向最好是和卫浴间门垂直或错开。马桶不可明冲床位、暗冲灶位。在方向上，最重要的一点是马桶不宜坐北朝南。

如果卫浴间较大，则可将马桶安排在自浴室门口处望不到的位置，隐于矮墙、屏风或布帘之后，当然还要确保从任何镜子上都看不见它。平时应该尽量把马桶盖闭合。

7.卫浴间的洗手台

洗手台区是卫浴间的主体，要依据浴室大小来设计，切不可贪图宽大而放弃原本的完整。

卫浴间中洗手盆、坐便器、淋浴间这三大项最浪费空间，而对卫浴设计影响最大的也是这三大项。基本的布置方法是由低到高设置，即从浴室门口开始，最理想的是洗手台向着卫浴间门，而坐便器紧靠其侧，把淋浴间设置在最内端。这样，无论从功能还是美观角度考虑都是最理想的。

洗手台最忌讳直接正对着别墅卧室大门。洗手台的设计需依浴室的大小来定夺，洗手台区是卫浴间的主体，但千万不要贪图宽大的洗手台，这只会给往后的生活及维护造成麻烦。洗手盆可选择面盆或底盆，二者的使用效果差不多。

别墅因为空间足够，有些业主喜欢在庭院角落或者阳台放置洗手盆，如果某栋别墅正巧是傍水型别墅，可以阳台中见江，原本是有吉祥寓意的，但是阳台的洗手盆，却给人财来财去的联想，故这也是大忌。

8.卫浴间的镜子

在整个住宅当中，卫浴间是最适合放镜子的地方。在家居设计理论上，镜子乃“神物”，具有能收能放的功能，是非常重要的物品。卫浴间的镜子可以用来梳妆理容，还可以用来增大视觉面积和拓展空间，但是不能这样就以为镜子越多越好，一定要放得其所，收得自然。

镜子代表了事业的发展，所以要时刻保持干净，随时擦干镜面上的水渍和雾气，镜子越清晰越好。

如果人在照镜子时，头部上方还有一大片空间，寓意为事业的发展一片光明。不过也要适当，因为过多的空间会使人流于想象。考虑到容易清洁及美观的因素，镜子一般设计成与洗手台同宽即可。

卫浴间的镜子一般以方形最佳，因为它本身代表了平衡和有序，但切忌不能有尖锐的棱角。圆形和椭圆形的镜子也适用，只是不能使用菱形和多边形的镜子。

通常主卧中都带有卫浴间，所以一定要注意卫浴间镜子的位置。镜子不宜正对着卧房床的任何一边，尤其是镜子不能正对着床尾的位置，要不然这块镜子穿过浴室门，就像一块“摄魂镜”，令房内的人情绪不安。

同时，也要注意镜子和马桶不要正对。马桶作为排泄秽物之地，不必

去“照镜子”，只要在马桶上看不到镜子，照镜子的时候看不到马桶就是合理的布局了。

另外，因为镜子代表了事业的发展，购买别墅的人通常都事业有成，所以镜子要时刻保持干净，要随时擦干镜面上的水渍和雾气，一定要越清晰越好。

9.卫浴间的植物

绿色属于健康色系，在居家设计学中也是非常吉利的色彩。

由于卫浴间湿气大，选择绿色植物时一定要注意，用盆栽装饰可增添自然情趣。而且在湿度过大的地方摆设一些绿色植物，有助于维持平衡。还可种植有耐湿性的观赏绿色植物，如蕨类植物、垂榕、黄金葛等。当然如果卫浴间既宽敞又明亮且有空调的话，则可以培植观叶凤梨、竹芋、蕙兰等较艳丽的植物，把卫浴间装点得如同迷你花园，让人更加肆意地享受排泄与冲洗的乐趣。需要注意的是，摆放植物的位置，要避免肥皂泡沫飞溅玷污。另外，至少每隔1～2天需将盆栽移至通风明亮处透气和补光。

绿色属于健康色系，在居家设计中也是非常吉利的色彩。

注意植物的摆放位置，要避免肥皂泡沫飞溅玷污。

10.卫浴间的收纳风水

在卫浴间里，可以将浴室用的转角架、三脚架之类的吊架固定在壁面上，放置每日都需要使用的瓶瓶罐罐等洗浴用品，或是用合乎尺寸的细缝柜收藏一些浴室用品、清洁用品。

在卫浴间放置较大的储物箱，不会显得拥挤。这是充分利用卫浴间的空间，为你带来洁净整齐的感觉。

可用浴室专用的置物架增加马桶上方的置物空间，放置毛巾及保养用品等。还可在面盆下面放一个较大的储物箱，但是要注意储物箱的密封效果，并且需要卫浴间有较好的干湿分区。

将洗漱台做成一个开放式的抽屉，收纳毛巾、浴巾、洗漱用品和护肤品，在拥有良好的透气性的同时，还可以成为一个展示空间。

在去味方面，芳香剂有效但不环保，所以最好选用一些香花或香草。可选取含有让心情平静的香味和有治疗失眠功效的香花或香草，它同样可以减弱卫浴间的难闻之气。

拖鞋、鞋垫可以选用与墙体颜色反差较大的色彩，如柠檬、海蓝、浅粉红、象牙色等清淡的颜色，会为卫浴间带来洁净感。

香皂、洗发液应整齐摆放，但不必封闭于柜内，因为美好的香味能使空气清新，有利于放松心身。清扫用具不宜露在外面。

毛巾、卫生纸等用品，用多少摆多少，牙刷不宜放在漱口杯上，应放在专用的牙刷架上。电吹风属火，用后应收入柜内。

总之，这些都是很好的空间创造法，可以让别墅的卫浴间更井然有序。充分利用卫浴间的闲置空间作为得力的“收纳助手”，让空间看起来既整洁又大方。

11.卫浴间要有清气

在卫浴间中，无论是排便、洗澡、洗脸或是漱口、刷牙都会留有细菌

或给细菌提供了有利的滋生环境，从而产生浊气，因此卫浴间一定要有效排除浊气，让清气漫游其中。如果达不到这点，浴厕内的布局再好，也算不上是好设计。

卫浴间的一切活动，都会留下细菌或给细菌提供有利的生长环境，因此，要保持卫浴间空气清新、干爽。

卫浴间要有清气，最好就是有阳光从窗户照进卫浴间。由于阳光能够杀菌，所以被阳光照射的房间，都会一室芬芳，霉味大减，湿气也必然大减，使卫浴间拥有最有利人体健康的干湿度。因此，卫浴间最宜设有窗户。卫浴间窗户大小应适中，过大过小都不合适，过小难免通风不良，阳光较难照入卫浴间之中。然而过大也不理想，毕竟卫浴间是一个私人空间，即使外面没有人偷窥，也往往会缺乏安全感，所以最好使用大小适中、非透明的玻璃窗。别墅的卫浴间一般都有窗户，但如果卫浴间没有窗户，就要安装排气扇，这可保持卫浴间内的空气清新、干爽。

卫浴间若较大，不妨在里面摆放一些绿叶盆栽，以带来更清新的气息，建议摆放万年青或黄金葛。

使用完浴厕以后，不妨喷一喷空气清新剂，但应使用那些吸味除臭的，而非用人工香气，企图掩盖臭气。

此外，保持卫浴间的清洁也很重要。卫浴间一定要经常清扫，否则容易滋生细菌和散发出异味，不利于家人健康。有的新型铺设材料容易藏污纳垢，对卫浴间的气能会产生负面的影响，所以应该经常更换清洗。

12.卫浴间改造的诀窍

卫浴间通常免不了有些潮湿，而且卫生死角多，窗小或无窗，采光及通风条件均较差。清洁干爽、空气流通是关键，因此必须勤开窗户，勤打扫。如果没有窗，必须有良好的通风换气设备，并摆放绿色植物，以求净化空气。同时，室内光线必须明亮柔和，可在正确的方位上摆放彩色的香

皂、毛巾或小摆设，会创造出既明快又优雅的理想空间。

北方适宜用浅粉红、白色、金色；东北方适宜用黄色、绿色、黑色；东方适宜用蓝色、绿色；东南方适宜用绿色、浅橘色；南方适宜用紫色、红色；西南方适宜用褐色、黄色、红色；西方适宜用白色、橘色、金色；西北方适宜用褐色、米黄色、黑色。

清洁干爽、空气流通是关键，因此必须勤开窗户、勤打扫。

13.卫浴间的设计四忌

卫浴间设计还要注意以下四忌：

（1）忌卫浴间地面高于卧室地面

卫浴间的地面不能高于卧室的地面，尤其是浴盆的位置不能有一种高高在上的感觉。否则卫生间一旦发生跑水，就容易使卧室进水。

（2）卫浴间改成卧室

从环境卫生的角度来说亦不适宜，因为虽然把自己那层楼的卫浴间改作卧室，但楼上楼下却依然如故，而自己夹在上下两层的卫浴间之间，颇为滑稽、难堪。此外，楼上的卫浴间若有污水渗漏，睡在下面的人便会首当其冲，极不卫生。

（3）卫浴间有尖角的构件

卫浴间的装修应以安全、简洁为原则。强调安全，是因为人们在浴室里活动时皮肤裸露较多。因此，要选择表面光滑，无突起、尖角的构件作为卫浴设施，以避免擦伤、划破皮肤。

在浴室活动的时候，皮肤裸露得比较多，所以要避免尖角构造对人体造成伤害。

（4）卫浴间有电吹风

卫浴间有较重的湿气，会影响电吹风的使用效果和寿命，尽量不要将其放在卫浴间，可将其放在柜子里，或者放在其他房间，要使用时才拿出来。

14.卫浴间不良布局及改善方法

在布置卫浴间时，如果不懂得卫浴设计，就会触犯设计学上的禁忌。下面列举一些卫浴间的不良设计及改善方法。

（1）卫浴间在房屋的中央

卫浴间在房屋中央会使整个住宅都会受卫浴间秽气的影响，对住宅设计效果极为不利，而且还有损健康。

改善方法：

①将卫浴间移位。

②停止使用该卫浴间。

③卫浴间内种植绿色植物，并用灯光照射，以光合作用改善磁场。

（2）卫浴间在大门青龙位

卫浴间位于青龙方，不吉利。

改善方法：

①卫浴间移位或者不用。

②在卫浴间与大门之间用水族箱隔开。

（3）大门正对卫浴间

改善方法：

①在大门与卫浴间之间，以屏风阻隔。

②在卫浴间放置海盐，净化卫浴间内部的气场。

大门是别墅风水的关键所在，切忌大门正对卫浴间。

（4）卫浴间与厨房同出一个门

改善方法：

①将卫浴间与厨房分别设立一个门。

②将厨房移位。

（5）马桶正对卫浴间门

改善方法：

①改变马桶或是卫浴间门的方向。

②将马桶或卫浴间门移位。

（6）卫浴间使用玻璃门

卫浴间是沐浴与排泄之地，是很私密的地方，倘若使用玻璃门便会降低其隐秘性，造成使用者心理负担，长此以往，使用者容易得便秘、膀胱发炎等消化系统的疾病。但浴室和厕所之间可用玻璃门隔开。

改善方法：改换成塑料门，既美观又便于清洁。

第十一节 阳台

自然界中，光是一切动力的源泉。别墅的阳台通常大而阔，所以更易与大自然接近，是吸收户外的阳光、空气以及风雨之地，还可作为饮茶、休息的场所。别墅的阳台多是敞开式，或者仅仅用玻璃门隔开，也极易受外界影响，若窗外有不利因素，阳台都是一道屏障，所以对整栋住宅来说，阳台设计相当重要。

阳台是接纳阳光，感受大自然的最佳场所。家人可以在阳台上呼吸新鲜空气、锻炼、纳凉、饮茶、交谈，阳台对人们的生活起着举足轻重的作用。

日出东方，阳台选择东方就意味着祥瑞之气一早就光临，既明亮又温暖，古人说“紫气东来”即在此体现。

1.阳台的方位选择

在日常生活中，由于阳台多是开放式的，所以极易受外界影响，因此阳台的方位不容忽视。现今，阳台朝东或朝南的住宅售价一般都贵一些，可见大家都知道阳台朝南或朝东更好一些。

阳台朝向东方。古人说“紫气东来”，所谓“紫气”，就是祥瑞之气。

在阳台放置一些植物花草，不仅起到了美化的作用，更能杜绝引起不良格局所带来的不好影响。

而且日出东方，太阳一早就能照射进阳台，使整个家显得既光亮又温暖，全家人也会精力充沛。

阳台朝向南方。有道是“熏风南来”，“熏风”和暖宜人，令人陶醉，是极好的。

阳台朝向北方。北向的阳台最大的缺点是冬季寒风入室，会影响人的情绪，再加上若是保暖设备不足，就极容易使人生病。

阳台朝向西方。阳台朝向西方更不妥，每日均受太阳西晒，热气到夜晚仍未能消散，全家健康都会受到影响。

2.阳台的格局

目前一般的别墅都有两个或三个阳台。在家居设计中，双阳台一定要分出主次，切忌“一视同仁”。与客厅、主卧室相邻的阳台是主阳台。次阳台要么与厨房相邻，要么与客厅、主卧室外的房间相通。如果主阳台在东面或北面，最宜露天种植花木及摆放盛水的器具。相反，如果主阳台在南面或西面，宜用棚和大的器皿阻止过大的气流。

（1）阳台不宜正对大门

气流穿堂而过，不利健康。

避免方法：可在门口设玄关或屏风；做玄关柜阻隔在大门和阳台之间；在大门入口处放置鱼缸；在阳台养盆栽及爬藤植物；窗帘长时间拉上也是可行的方法。

（2）阳台也不宜正对厨房

厨房忌气流拂动。

避免方法：做一个花架种满爬藤植物或放置盆栽，使其内外隔绝；阳台落地门的窗帘尽量拉上或是在阳台和厨房之间的动线上，以不影响居住者行动为原则，以柜子或屏风为遮掩。总之，就是不要让阳台直通厨房即可。

3.阳台的形状

阳台关系到整栋别墅的空气流通，若阳台形状方正，空间宽阔，屋子的气流自然顺畅，业主会感到舒适、愉快。相反，若阳台形状歪斜，空间狭小，整间房子就会变得窒息凝固，业主往往会受到影响，小则情绪容易郁闷，大则攸关事业的起伏，因此购买别墅的时候需要特别注意阳台形状。

4.阳台的布置

装修布置阳台时要注意以下几个方面：

（1）排水

阳台要有顺畅的排水功能。阳台一般都是开放的，如果下雨就会大量进水，所以地面装修时要考虑水平倾斜度，保证水能流向排水孔。注意，千万不能让水对着房间流，否则就“泛滥成灾”了。

阳台可以进行的活动很多，看书、聊天、听音乐等等，每一种休闲方式都会带来不一样的意境。

（2）预留插座

阳台要有预留的插座，如果想在阳台上读书，或者听音乐、看电视等，那么在装修时就要留好电源插座。

（3）设置遮阳篷

为了防止日晒雨淋，一定要用比较坚实的纺织品做成遮阳篷来遮挡风雨。遮阳篷也可用竹帘、窗帘来制作，建议做成可以上下卷动的或可伸缩的形式，以便按需要调节阳光照射的面积、部位和角度。

（4）选择合适的灯具

夏日，家人夜间喜欢在阳台上乘凉，灯具是必不可少的。灯具可以选择壁灯和草坪灯之类的专用室外照明灯。如果喜欢凉爽的感觉，可以选择冷色调的灯；如果喜欢温暖的感觉则可用紫色、黄色、粉红色的照明灯。

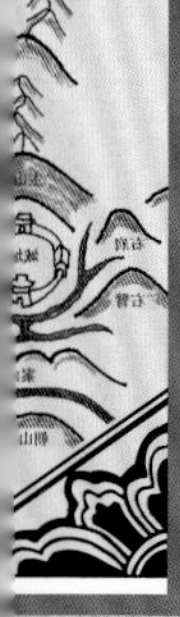

5.阳台上神位的摆放

现代有不少家庭为了避免香烛把屋内熏得烟雾弥漫，而把神位摆放在阳台上，有些家庭即使把神台摆放在屋内，也会把一部分神祇如天官等供奉在阳台上，以期吸纳周围的生气。

如果神柜摆放在阳台，则有以下两个注意事项：

（1）神柜慎防风吹雨打

阳台因空旷而少遮挡，因此很容易受大自然变化的影响，神柜宜摆放在背风向阳的位置。阳台上的神柜若不安排妥当，往往免不了日晒雨淋，这对被供奉的神向西北或正北的阳台，因冬天西北风及北风猛烈，往往会把神台的香炉灰吹得四处飞扬，那便大为不妙。

除了要防风之外，神柜还要注意防雨。如果神柜经常被雨水淋湿，那也不妥，即使单独把天官供奉在阳台，亦须慎防风雨。

（2）神台之上忌挂内衣

一般阳台上都会晾晒衣服，倘若又在那里摆放神位，便很容易出现衣服高高挂在神台之上的尴尬情况。倘若挂在神台之上的是女性内裤，那便更会给人亵渎神灵之感。

解决之法很简单，只要把神台摆放在一边，而晾晒的衣服移至另一边，只要神台之前不被衣服遮挡，就没有问题。

6.阳台的植物

由于阳台较为空旷，日光照射充足，因此适合种植各种色彩鲜艳的花卉和常绿植物。还可采用悬挂吊盆、栏杆摆放开花植物、靠墙放观赏盆栽的组合形式来装点阳台。在阳台摆放一些花草，除了可美化环境之外，还有风水方面的良好效应。

万年青：属天南星科，干茎粗壮，树叶厚大，颜色苍翠，极具强盛的生命力。大叶万年青的片片大叶伸展开来，便似一只只肥厚的手掌伸出，寓意为向外纳气接福，所以万年青的叶越大越好，并应保持长绿长青。

金钱树：学名艳姿，叶片圆厚丰满，易于生长，生命力旺盛。

铁树：又名龙血树，市面上最受欢迎的是泥种的巴西铁树。铁树的叶子下扬，中央有黄斑，铁树寓意坚强，衬住宅之气血，是重要的吉祥植物

之一。

棕竹：其干茎较瘦，而树叶窄长。因树干似棕榈，而叶如竹而得名，棕竹种在阳台，寓意为住宅平安。

橡胶树：印度橡胶树，树干伸直挺拔。叶片厚，而富光泽，繁殖力强而易种植，户外户内种植均宜。

发财树：又称花生树，它的特点是干茎粗壮，树叶尖长而苍绿，充满活力朝气。

摇钱树：叶片颀长，色泽墨绿，属阴生植物，极有富贵气息。

一般来说，有旺宅寓意的阳台植物均高大而粗壮，叶愈厚愈青绿则愈佳，例如以上所提及的万年青、金钱树、巴西铁树、橡胶树、棕竹以及发财树等均是很典型的例子。

阳台摆放五颜六色的植物，不仅美化环境，更能陶冶情操。

阳台摆放植物，既能产生良好的设计效果，也能改善居住者的心情。

仙人掌：仙人掌茎部粗厚多肉，往往布满坚硬的茸毛和针刺，高大的仙人掌适合摆放在阳台。

龙骨：龙骨的外形很独特，干茎挺拔向上生长，形似直立的龙脊骨，充满力量。

玉麒麟：龙骨向上生长，而玉麒麟则横向伸展，其形似石山，有镇宅

的寓意。

玫瑰：玫瑰艳丽多姿，虽美但有刺，凛然不可侵犯，可点缀装饰阳台的风景，特别适合女性较多的家庭使用。

杜鹃：即九重葛，花色艳丽，花叶茂密而有尖刺，易于种植，也是上佳的阳台植物。

7.阳台的吉祥饰物

在阳台除了摆放植物外，还可放置各类饰物，这样既美化了阳台，又能调节情绪的功效，但一定要以“利己而不伤人”为原则。有以下几种温和的饰物对家居有益，但切记不可滥用。

（1）石狮

石狮自有阳刚之气，有镇宅的寓意。古代的大宅门口都会摆放一对雄狮，狮口必须向外。若是阳台面对气势压过本宅的建筑物，例如大型银行、办公大楼等，则可在阳台的两旁摆放一对石狮。

若阳台正对阴气较重的建筑物如庙宇、道观、医院、殡仪馆、坟场，以及大片阴森丛林，或形状丑恶的山冈，亦可摆一对石狮。

（2）铜龟

龟是极阴极柔之物，擅长以柔克刚，又是逢凶化吉的象征。摆放铜龟或石龟，两龟的头部必须相对。

什么情况下需要摆铜龟呢？在以下这五种情况下，建议用铜龟。

①阳台面对天斩煞。

②阳台面对街道直冲。

③阳台面对尖角冲射。

④阳台面对锯齿形建筑物。

⑤阳台面对反弓路。

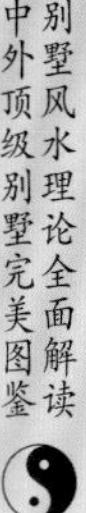

（3）石龟

石龟与铜龟虽然同是龟类，但各有不同的用处。倘若阳台面对高大的烟囱、红色的高楼大厦及油库等建筑物，便宜摆石龟。

（4）石龙

根据不同动物的特性，向海或向水的阳台应该摆放一对石龙，头部必须向着前面的海或水，采其“双龙出海”之义，但如果户主的生肖属狗，便不宜在阳台摆放石龙，用龙龟或麒麟来代替，因这两种瑞兽均喜水，有引财入室的寓意。

（5）麒麟

麒麟与龙、凤及龟合称为四灵，即是四种最有灵气的动物。麒麟被视为仁兽，因为它重礼而守信。古人认为麒麟的出现，是吉利降临的先兆。麒麟外形独特，共有鹿头、龙身、牛尾、马蹄四种特征。中国自古有“麒麟送子”的说法，因此求生贵子心切的人家，往往会在向海的阳台上摆放一对麒麟，希望能早得麟儿。

（6）石鹰

如果恰巧别墅周围高楼林立，此时的别墅就有点鸡立鹤群了，从阳台外远望似是被重重包围而不见出路，这被称为“困局”。若想扭转形势，可在阳台的栏杆上摆放一只昂首向天、奋翅高飞的石鹰。鹰头必须向外，但双翼切勿下垂。但倘若户主的生肖属鸡，则不宜在阳台摆放石鹰。

8.阳台空间的灵活变化

阳台可分为内阳台和外阳台。内阳台一般指与卧室相通的阳台，而外阳台则更倾向于是一个独立的空间。在传统的观念中，外阳台仅能晒衣服、种植花鸟，其实不然，外阳台还能成为人们与外界自然环境接触的场所和重要途径。在重视安全性的基础上，外阳台能为住宅增添一处风景。

（1）将阳台改成客厅

有些人家为了要把室内的实用面积扩大，往往把阳台进行改建，把客厅向外推移，使阳台成为室内的一部分，这样能使客厅变得更宽大明亮，原则上这并无不妥，但必须注意以下几个要点：

①保证楼宇结构安全。由于阳台是突出房外的部位，承重力有限，因此在改建时，要仔细测算，并且不要把大柜、沙发及假山等重物摆放在原来阳台的位置，因为这些高大沉重的物品会让阳台负荷过重，从而威胁到楼宇结构安全。阳台改建后，把较轻的物品摆放在那里，既不影响楼宇安全，同时还可以保持阳台原来的空旷通爽。

阳台改造，可以按照自己的想法改造成喜欢的类型，但是不要触犯设计禁忌，既要实用又要符合美观要求。

②阳台外墙不宜过矮。阳台改建成客厅后，其外墙也不宜过矮，有些人喜欢用落地玻璃作为外墙，认为这样外景较佳，却不知正犯了大忌。较为可取的方法，是下面的1/3是实墙，而上面的2/3是玻璃窗，这便不会有“膝下虚空”之感。

倘若阳台本来便是以落地玻璃为外墙，难做更改，那么，最有效的弥补方法是把一个长低柜摆放在落地玻璃前，作为矮墙的替代品。低柜若是太短，可在两旁摆放植物来填补空间，这既美观，又符合实用之道。

③隐藏阳台横梁。一般的房屋建筑结构，阳台与客厅之间会有一条横梁，在改建后，当两者结合为一时，这条横梁便会有碍观瞻。横梁可用假天花填平，把它巧妙地遮掩起来。如要加强效果，可在阳台的天花板上安置射灯或光管来照明。

（2）将阳台改成健身室

在阳台的地面铺设纯天然材料的地板或是地毯，营造出一处宁静氛围的空间，这里可以是自己的私人健身室。配上一副哑铃，一个拉力器，或者仅仅是一块地毯，就可以用它来进行锻炼。在这样简洁布置的空间中，

抛开令人烦恼的工作、郁闷的心情，将整个身心放松下来。还可以在此摆放一台迷你音箱，一边锻炼身体，做一些简单的运动，一边听听舒缓情绪、使人放松的音乐，如此美妙的环境，会使人的心情非常愉悦。

（3）密闭阳台的利与弊

将阳台密封有利也有弊，现分述如下。

①将阳台密封的好处：阳台封闭后可起到遮尘、隔音、保暖的作用。阳台封闭后，多了一层阻挡尘埃和噪音的窗户，有利于阻挡风沙、灰尘、雨水、噪音，可以使相邻居室更加干净、安静。阳台封闭后，在北方冬季可以起到保暖作用。

将阳台封闭，还可起到安全防护的作用。阳台封闭后，房屋又多了一层保护，能够更好地防盗，起到安全防范的作用。

②将阳台密封的缺点：将阳台密封有违设计之道——关闭了纳气之门，这对人体健康极为不利。阳台被封，就会造成居室内通风不良，使室内空气难以保持新鲜，氧气的含量也随之下降。

其次，居室内家人的呼吸、咳嗽、排汗等会造成人自身污染，加之炉具、烹饪、热水器等物品散发出的诸多有害气体，都会因阳台被封而困于室内。久居其中，易使人出现恶心、头晕、疲劳等症状。

再次，阳光中的紫外线能减少室内病菌的密度，健康人享受阳光也可以振奋精神，而封闭阳台则减少了室内阳光的照射，不仅容易造成病菌的泛滥，还可能会造成婴幼儿生长发育不良和出现佝偻病。

第十二节 楼梯与过道设计

在很多的复式楼和别墅都有设置楼梯、过道，这些地方都是家人经常走动的地方。所以，楼梯、过道的设计不容忽视。

楼梯，是人经常走动的地方，因此，楼梯、过道的设计不容忽视。

1.楼梯进气口的判断

所有的生物都是由地向天，楼

梯也是由下往上走，所以一切的布局都是在下而不在上。

楼梯的气一定要顺气，不可拗气。顺时针之气谓之“顺气”，逆时针之气谓之“逆气”。如果楼梯有转折，先顺气后逆气，称之为“拗气”。

楼梯进气口宜向一家人聚集的地方，能在无形中产生聚合的力量。也能潜移默化地顺气。

如果家中楼梯是逆气，可以选择要上楼梯的位置于吉祥位，才可以把好的气带到楼上，也会把好的气在家中聚集。楼梯进气口要注意：

①进气口不面对厕所，楼梯口对着厕所不吉。

②进气口不面对走出去的门或落地窗。楼梯口如果对着走出去的门或落地窗，会让住在楼上卧房的人不想回家。

③进气口不宜对灶口。如果楼梯口对着厨房，厨房一开门就看到灶口，不吉。

④进气口不宜正对大门。当楼梯迎大门而立时，不利家人健康。出现这种格局，可在梯级与大门对面之处放一面凹镜。

⑤进气口宜向客厅、餐厅、起居室。客厅、餐厅、起居室都是一家人聚集的地方，楼梯对向这些地方，就能产生聚合的力量。但是对着餐厅时，不宜冲着餐桌，这样会令在这里用餐的人很不安定。

2.楼梯的方位选择

楼梯的坐落位置是以房子的坐向来判断的，就是以房子的靠山来选择楼梯，因为楼梯是转折的地方，而房子的靠山是营气的地方。

东南坐向的房子楼梯的吉祥位为：南方、北方、东方。

西南坐向的房子楼梯的吉祥位为：西北方、东北方、西方。

西坐向的房子楼梯的吉祥位为：西北方、东北方、西南方。

北坐向的房子楼梯的吉祥位为：南方、东方、东南方。

南坐向的房子楼梯的吉祥位为：东方、北方、东南方。

东坐向的房子楼梯的吉祥位为：南方、北方、东南方。

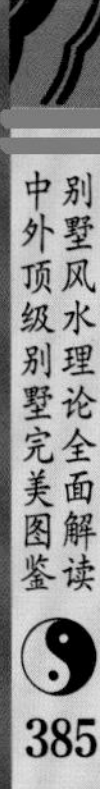

东北坐向的房子楼梯的吉祥位为：西南方、西方、西北方。

西北坐向的房子楼梯的吉祥位为：南方、东南方、西方。

3.楼梯的位置

楼梯的理想位置是靠墙而立。总的来说，设置楼梯时要注意以下事项：

①楼梯设置要注意与整个住宅空间环境总体风格相一致。和谐、统一是家居风水最主要的原则，如果楼梯的设置过于突兀，装饰过于哗众取宠，必然会让居住在其中的人觉得不适。

靠墙而立是楼梯最为理想的位置，自然，讲究与住宅整体环境风格的一致也是最为基本的。

②楼梯宜隐蔽，不宜一进门就看见楼梯。设计楼梯时，应尽量做到不让楼梯口正对着大门，当楼梯迎大门而立时，可在楼梯于大门对面处，放一面凸镜。不让楼梯正对大门的方法有三种：一是把正对着大门楼梯的方向反转设计，即把楼梯的形状设计成弧形，使得梯口反转背对大门；二是把楼梯隐藏起来，最好就藏在墙壁的后面，用两面墙把楼梯夹住，这样还可以增强上下楼梯时的安全感，而楼梯地下的空间，完全可以设计成储藏室或者厕所；三是在大门和楼梯之间放置一个屏风，使气能顺着楼梯进入家门。

③楼梯不可设在房屋的中心。

④楼梯口不可正对大门。大门正对着楼梯口分为两种情况：一种是大门对着的楼梯是向下的，另一种是大门对着的楼梯是向上的。大门对着的楼梯如果是向上的，可在门口加一条门槛；而向下的楼梯，可在门楣挂一块凹镜。

⑤楼梯口及楼梯角不可正对厨房、卧房门，特别是不宜正对新婚夫妇的新房门。

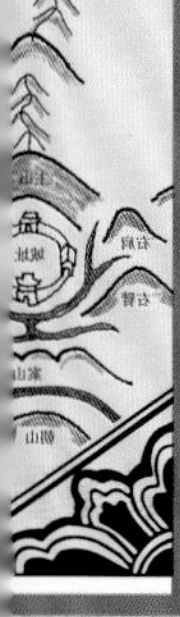

⑥房间里面不要有楼梯的设置。有些住宅为了节省空间，就在卧室内做了楼梯通往楼上的小孩房间，这是不好的设计方案。

⑦楼梯的转台或最后一级不能压在房屋的几何中心点。

⑧楼梯地下可以摆放植物或者储物柜，但不宜做餐厅、厨房、卧室等。

恰如其分地安排楼梯位置，就能轻易地避免不利于居家生活的麻烦。

4.楼梯的形状

楼梯是快速移“气”的通道，能让“气”从一个层面向另一个层面迅速移动。当人在楼梯上下移动时，便会搅动气能，促使其沿楼梯快速地移动。楼梯的坡度应以缓和较好，在形状上，以螺旋梯和弧形梯为首选。另外，要注意的是最好用接气与送气较缓的木制梯级，少用石材与金属制成的梯级。

家居楼梯一般有三种类型：螺旋梯、折梯、弧形梯。就折梯和弧形梯来说，当楼梯的第一个台阶位置在房屋中心时，如果到达楼梯尽头的平台是房屋中心，就是极不利的格局。当然，具体做何种楼梯还要根据实际情况而定，如房型、空间、装修风格以及屋主的个人爱好。从实用与美观角度来说，这几种楼梯各有其优缺点。

螺旋梯：这种楼梯的优点是对空间的占用最小。螺旋梯在室内应用中，以旋转270°为佳。如果旋转角度太小，上楼梯时可能不存在什么问题，但下梯时就会让人感觉太陡，走路不方便。旋梯虽美但不太实用，如果家中有老人和小孩的话，建议不要使用。这种楼梯多用于顶层阁楼小复式，

螺旋楼梯营造了更好的立体空间感，空间美感十足。

大复式用得较少。

折梯：这种楼梯目前在室内应用较多，其形式也多样，有180°的螺旋形折梯，也有二折梯（进出各有一个90°折形）。这种楼梯的优点在于简洁，易于造型。缺点和弧形梯一样，需要有较大的空间

弧形梯：以一条曲线来实现上下楼的连接，不仅美观，而且可以做得很宽，行走起来没有直梯拐角那种生硬的感觉，是最为理想的梯形。但一定要有足够的空间，才能达到最好的效果，是大复式与独立别墅的首选。

弧线楼梯增加了住宅的线条美。

5.楼梯的材料

楼梯的材料有木制、铁制（有锻打和铸铁两种）、大理石、玻璃和不锈钢等。楼梯是整个室内装修的一部分，选择什么样的材料做楼梯，必须与整个装修风格协调一致，否则会显得格格不入。

木制品楼梯：这是市场占有率最大的一种。消费者喜欢的主要原因是木材本身就会给人温暖感，加之与地板的材质和色彩较容易搭配，施工也相对方便。选择木制品做楼梯的消费者要注意在选择地板时对楼梯地板尺寸的配置。目前市场上地板的尺寸以90厘米长、10厘米宽为最多，但楼梯地板可以配120厘米长、15厘米宽的地板，这样的楼梯只要两块就够了，可少一道接缝，也易于施工和保养。对柱子和扶手的选择，应做到木材和款式尽量般配。

木质楼梯赋予的温暖感觉，是家庭和睦美的体现，加之较好的材质和颜色搭配，身居其中更是一种美的享受。

铁制品楼梯：这实际上是木制品和铁制品的复合楼梯。有的楼梯扶手

和护栏是铁制品，而楼梯板仍为木制品，也有的是护栏为铁制品，扶手和楼梯板采用木制品。这种楼梯比纯木制品楼梯多了一份活泼的情趣。现在，楼梯护栏中锻打的花纹选择余地较大，有柱式的，也有各类花纹组成的图案。色彩有仿古的，也有以铜和铁的本色出现的。这类楼梯扶手都是量身定制的，加工复杂，价格较高。铸铁的楼梯相对来说款式单调一点，一般厂商有固定的制造款式。色彩可以根据要求灵活选择。比起锻打楼梯，铸铁楼梯会显得稳重些。

大理石楼梯：已在地面铺设大理石的居室，为保持室内色彩和材料的统一性，最好继续用大理石铺设楼梯。但在扶手的选择上大多采用木制品，可使空间增加一点温暖的感觉。

玻璃楼梯：这是最近流行的新款式，比较适合现代派的年轻人。玻璃大都采用磨砂不全透明的，厚度在1厘米以上。玻璃楼梯也宜用木制材料做扶手。

不锈钢楼梯：这款楼梯在材料的表面喷涂亚光的颜料，就不会有闪闪发光的感觉。这类楼梯材料和加工费都较高。

除上述材料外，还有用钢丝、麻绳等做楼梯护栏的，配上木制品楼板和扶手，看上去感觉也不错。这类既新潮又有点回归自然的装饰价格也不高，不失为时尚的选择。

6.楼梯的坡度

一般在选择房子的时候，空间的尺度、层高的尺寸就已经定型，而且很难改变。为了上下楼的方便与舒适，楼梯需要一个合理的坡度，楼梯的坡度过陡，不方便行走，就会给人一种不安全的感觉。

楼梯的坡度需要根据家中成员状况来决定。家庭中老人和孩子最需要照顾，因此楼梯的坡度要缓一些，踏步板要宽一些，级梯要矮一些，楼梯的旋转不要太强烈，这样在上下楼的时候心里才会感到踏实。一般步梯宽度要有1米以上，阶高两倍与踏面的和在60～64厘米，是行走时感觉舒适的楼梯坡度。

仔细观察楼梯首、末步的高度差。所谓楼梯的首、末步，就是与地面相接的第一级踏步，与楼板相接的最后一级踏步。这两步不仅是上下空间的连接点，还是楼梯的支持点，它们还是整段楼梯中最关键的地方。在这

合适的楼梯坡度，方便上下行走，也更加方便与舒适。

无论是何种楼梯，每一个踏步的高度和宽度都应当保持一致。

两级上，最容易出现的问题就是踏步高度与楼梯中间其他级的高度不一致。

7.楼梯的阶数

楼梯的阶数以奇数为佳。民间流传数字有阴阳之分，而奇数代表阳，偶数代表阴。遇到阶数为偶数的楼梯，改变方式十分简单，只需在底层铺上一层瓷砖即可增加一级，变成奇数阶。

奇数为阳，偶数为阴，阴阳之分，用法也不一样，住宅所用楼梯都是奇数。

8.楼梯的装饰

楼梯的细节美化是十分重要的，可在楼梯转弯处随着楼梯的形状摆放不规则的装饰挂画，再配上一些比较有新意的装饰品，如金属质地的雕塑、艺术相框、手工烟灰缸等，在细节上与装饰画相呼应。如果一上楼梯，正对的墙面面积很大，那么可以根据自己的想法直接在墙面上画图案装饰。当然，图案最好请专业人士完成。

楼梯处植物的摆设要根据实际情况来定。如果楼梯较窄，使用频率又高，在选择植物时宜选用小型盆花，如袖珍椰子、蕨类植物、凤梨等。还可根据壁面的颜色选择不同的植物。如果壁面为白、黄等浅色，最好选择颜色深的植物；如果壁面为深色，则选择颜色淡的植物。若楼梯较宽，每隔一段阶梯可以放置一些小型观叶植物或四季小品花卉。在扶手位置可放些绿萝或蕨类植物。平台较宽阔的话，可放置印度橡皮树等。

在楼梯的拐弯处随着楼梯的形状摆上一些装饰画、盆景植物等，能起到很好的美化装饰效果。

9.楼梯的下部空间

楼梯的造型千变万化，大多数人所采用的造型，都会在楼梯下面留一个空间。这样的空间若能合理地规划，则能起到很好的收藏和展示作用，甚至还有其他的妙用。可根据楼梯下部空间的形状，将其设计成储藏间和展示柜。

千变万化的楼梯风格和造型，也就造就了各种可以利用的楼梯下部空间。

储藏间：楼梯因为外形而占用了不少室内的有用空间，多数家庭通常都将其下方的空间作为储物间。例如，可以加装一扇门，里面摆上几个储物箱分门别类地收藏东西。还可以根据楼梯台阶的高低错落，制作大小不同的抽屉式柜子，直接嵌在里面，用来摆放不同物品。楼梯踏板也可以做成活动板，利用台阶做成抽屉，作为储藏柜用。另外，那些不常用的东西以及孩子们所丢弃的玩具，或是那些等着回收的报刊废纸，都可以放置在这个地方，而且可以被遮掩得严严实实。

展示柜：活用不起眼的死角，往往会收到出乎意料的效果。楼梯间亦

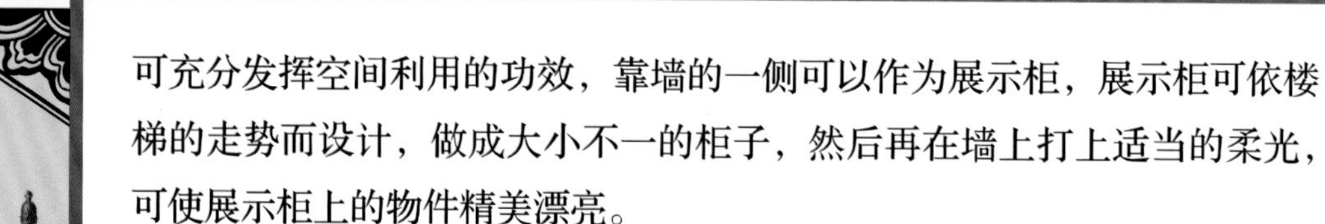

可充分发挥空间利用的功效，靠墙的一侧可以作为展示柜，展示柜可依楼梯的走势而设计，做成大小不一的柜子，然后再在墙上打上适当的柔光，可使展示柜上的物件精美漂亮。

10.过道的方位格局

在设计很多人会忽略过道，实际上过道是家居的重要组成部分，不可忽视。过道宽度应保持在1.9米以上，而且应有栏杆、屋顶，并有数根支柱支撑以突出个性。若能如此，则过道无论在任何方位均为吉相。居室入口处的过道常起门斗的作用，既是交通要道，又是更衣、换鞋和临时搁置物品的场所，还是搬运大型家具的必经之路。在大型家具中，沙发、餐桌、钢琴等的尺度较大，在一般情况下，过道净宽不宜小于1.2米。通往卧室、起居室的过道要考虑搬运写字台、大衣柜等物品的宽度，尤其在入口处有拐弯时，门的两侧应有一定余地，故该过道宽度不应小于1米。通往厨房、卫浴间、贮藏室的过道净宽可适当减小，但也不应小于0.9米。各种过道在拐弯处应考虑搬运家具的路线，方便搬运。

最不好的过道是把房子一分为二。如果只考虑人走动时的动线，那过道改造的重点就要求不要超过房子长度的三分之二。

由于别墅的过道比较宽敞，应该多开几条过道。

11.过道的灯光

住宅内过道要光亮，不可太阴暗。有的住宅在过道天花板上安了五盏光管并倾斜地排列着，而且光管还是紫、蓝、绿等缤纷色彩，然后在光管下又安装了一块透明玻璃。当人站在小过道内向天花板望时，犹如五把箭扣在天花板上，给人提心吊胆的感觉，这便会造成家人的情绪波动。所以，最好改用其他灯饰或只用一两支光管，虽简单，但

过道的灯光应明亮、大方，以简单和实用灯饰为主。

却大方、明亮。

12.过道的绿化

居室的过道是玄关通过客厅或者客厅通往各房间的必经之道，大多光线较暗。此处的绿化装饰大多选择体态规整或攀附为柱状的植物，如巴西铁、一叶兰、黄金葛等；也常选用小型盆花，如袖珍椰子、鸭跖草类、凤梨等，或者吊兰、蕨类植物等，采用吊挂的形式，这样既可节省空间，又能活泼空间气氛。还可根据壁面的颜色选择不同的植物。假如壁面为白、黄等浅色，则应选择带颜色的植物；如果壁面为深色，则选择颜色淡的植物。总之，该处绿化装饰选配的植物以叶形纤细、枝茎柔软为宜，以缓和空间视线。

绿色植物不仅丰富了过道，又活泼了空间气氛，还可以缓和空间视线，一举多得。

13.过道的装修

在室内装修设计中，过道的设计起着体现装饰风格、表达使用功能的重要作用。过道装修设计应以下几个方面着手：

（1）天花板

一般来说，过道天花板横梁可采用假天花板，否则有碍观瞻，也会使人心里有压迫感。过道的天花板装饰可利用原顶结构刷乳胶漆稍作处理，也可以采用石膏板做艺术吊顶，外侧用乳胶漆，收口采用木质或石膏阴角线，这样既能丰富天花板造型，又利于过道的灯光设计。天花板的灯光设计应与相邻的客厅相协调，可采用射灯、筒灯、串灯等样式。

（2）地面

作为室内“交通线”，过道的地面应平整，易于清洁，地面饰材以硬质、耐腐蚀、防潮、防滑材料为宜，多用全瓷地砖，优质大理石或者实木

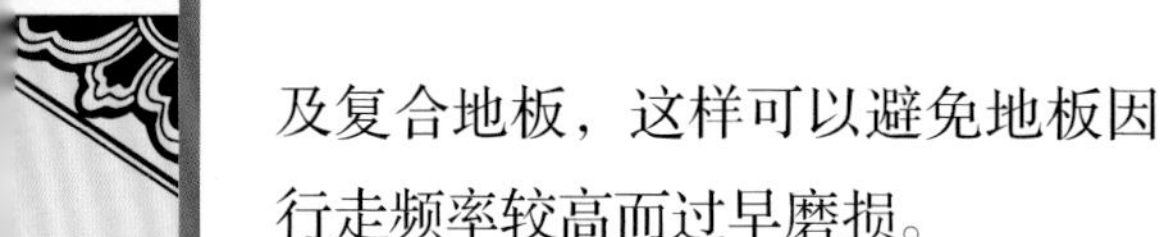

及复合地板，这样可以避免地板因行走频率较高而过早磨损。

（3）墙面

墙面一般采用与居室颜色相同的乳胶漆或壁纸，如果与过道沟通的两个空间色彩不同，原则上过道墙壁的色彩应与面积较大的空间的色彩相同。墙面底部可用踢脚线加以处理。家庭装饰过道一般不做墙裙（内墙下部用线脚装饰或用其他特殊装饰的部分）。

把过道的空间装饰起来，既能利用每一寸空间，又能美化空间环境。

（4）空间利用

因为现今是寸金尺土的时代，大家为了尽量利用家居中的每一寸空间，于是便想到了在屋内小过道做假天花板，并在天花板上开一个柜的位置，天花板自然就变成了一个储物柜。

过道本身比较狭窄，但设计好有限的空间，也可以达到装饰和实用的双重目的。可以利用过道的上部空间位置吊柜，利用过道入口处安装衣镜、梳妆台、挂衣架，或放置杂物柜、鞋柜等。但必须注意的是不宜摆放利器，以免出现不必要的伤害。

（5）墙饰

过道装饰的美观和变化主要反映在墙饰上，要按照“占天不占地”的原则，设计好过道的墙面装饰。常用的过道墙饰有以下几种：

①可在过道一侧墙壁面积较大处或吊柜旁边空余出来的墙面挂上几幅尺度适宜的装饰画，起到装饰美化的作用。

②过道一侧墙面上，可做一排高度适宜的玻璃门吊柜，内部设多层架板，用于摆设艺术品等物件；也可将过道墙做成壁龛，架板上摆设玻璃器皿小雕塑、小盆栽，以增加居室的生活氛围。

③用有自然纹理的大理石或有图案花纹的内墙釉面瓷铺贴墙面，也可起到良好的装饰作用。

④还可在过道的一面墙壁上镶嵌镜子，给人宽敞的感觉。

第十三节 庭院布局

庭院是住宅的外围部分，我国自古以来就非常重视庭院设计和庭院美化。好的庭院设计善于通过巧妙的组合，让其中的建筑、山、水、花、木能够自然和谐地糅合在一起，让一山一水、一草一木营造出深远的意境，使人徜徉其中能够得到心灵的陶冶和美的享受。

1.庭院的方位选择

庭院要选择一个最适当的方位，合适的方位能形成一个上佳的气场。

（1）庭院应置于吉方位

庭院方位的好坏，也会受到树木高低、数量、种类的影响。

南方位的庭院，日光充足，使人心旷神怡，又可以做日光浴。不过，从景观上来说，不一定是吉相，受到阳光照射的树木虽然很美，但阳光最好是从背面照射比较好。

北方位的庭院，除非很靠近房子，其影子不会影响到房子，才能使人享受到美丽的景致。设计时应该以树木的位置为主体来考虑，且配合一定

设置在南方位的庭院，阳光充足，景色宜人，植物生机蓬勃勃、绿意盎然，令人心驰神往、疲累尽消。

的空地，这样的设置才不会出差错。

（2）庭院各方位适宜种植的植物

北：北方是具有水气的方位。在这个方位可以安装具有流水感的灯，将植物高低不齐地摆放。这个方位与喜水的植物和粉色系的花有良好的相性，且小花比大花更适合。

东：东方是具有木气的方位。这个方位与玫瑰有着良好的相性，所以，庭院在这个方位上的家庭可以多种玫瑰。除此之外，这个方位还可以栽种竹子等节节伸展的植物。

南：南方是具有火气的方位。在这个方位上，如果放置两个同样的盆栽，可以使得到的运气增加两倍。观叶植物和白色的花有着净化气的作用，特别是熏衣草、桔梗等。因为这是个具有很强火气的方位，所以最好不要种红色的花。

西：西方是具有金气的方位。在这里，只需要放置一种高大的植物就可以使运气得到平衡，花卉宜选择黄色、白色或乳白色的，具有浓淡程度效果的最佳。

东北：东北方是具有土气的方位。在这个方位种植白色的花最佳，红色和橙色的混合色也行。花盆要选择四角形的，用于装饰时要高低不齐地摆放。

东南：东南方是具有木气的方位。这个方位适合西洋风格的装饰，可选择格子图案，所以，选择带有方格的花盆最佳。如果要养花，最好选择四色混合的花卉。

西南：西南方是具有土气的方位。因为这个方位略低，有助于运气的流通，所以，应选择略低的盆栽植物。这个方位与金盏草和波斯菊有良好的相性。另外，这个方位也适合栽培水果和作为家庭菜园使用。

西北：西北方是具有金气的方位。这个方位使用纵向的线形装饰有助运气的提升，比较适合常春藤类植物，白花与绿叶混杂的植物最好，花盆宜选择圆形的。

此外，庭院门前的通道不宜设有水池，不宜以大型庭石挡住门前庭院的通道。庭院门前通道两旁若设假山流水，高度不宜太高。庭院门前的通道不宜铺设太宽，庭院门前通道两旁最好种植树木，利用树篱把庭院和门前通道划分清楚。

2.庭院可种植果树

○ 庭院改造，不仅仅改变了环境，也改变了居住者的心情。

别墅业主可以利用庭院种植果树或蔬菜，不同的树木寓意都不相同。例如考虑健康时，可在东方的庭院种植橘红色果实的柿树，或是种植能够得到子嗣的石榴树等。

此外，如果希望儿子运气好，能够继承家业，则可以在东方种植苹果树，有的人会种植奇异果。想要更多财富的人，可在西方种植橘树。

3.庭院中水体的形式

○ 水是生命之源，是庭院布局最重要的元素之一，既能滋养生命、提升活力，更能启迪智慧。

构成庭院布局的元素中，水是最重要的元素之一。无论是滋养生命、提升活力，还是启迪智慧，水的作用都是不可替代的。

水的力量极为强大，寓刚于柔，既有观赏价值也有环保作用，甚至可以调控温度。《黄帝宅经》指出："宅以泉水为血脉。"因此，完美的庭院里必须有水来画龙点睛。庭院里的水体形式多种多样，如池塘、泳池、喷泉等，均有壮旺宅气的寓意。

需要注意的是，无论是设计池塘、游泳池还是设计喷泉，都要把这些水体的形状设计成类似于圆形的形状，这是因为：

①圆形能藏风聚气。喷水池、游泳池、池塘等水池要设计成圆形，四面水浅，并要向住宅建筑物的方向微微倾斜（圆方朝前）。此种设计，方能藏风聚气，增加居住空间的清新感和舒适感。

②圆形便于清洁。如果将喷水池、游泳池、池塘设计成长沟深水型，则水质不易清洁，容易积聚秽气。古书上对这种设计称为“深水痨病”。因此，池塘、喷水池要设计成形状圆满、圆心微微突起的样式，污垢才不易隐藏，也便于清洁。

③圆形有利于安全。如果将喷水池、游泳池、池塘设计成方形、梯形、沟形，则容易形成深不见底的格局，在水中嬉戏的人容易发生危险，尤其是儿童，而圆形的设计则十分安全。

④圆形利于健康。如果喷水池、游泳池、池塘的外形设计有尖角，又正对大门，则会因光的作用即水面反光射进住宅内，风水学上认为这样的反射不好。

4.庭院中的泳池

游泳是最好的健身运动之一。常与水接触，能为身心注入水的特质，有助于提高思维的柔韧性。游泳池最好设在透过窗户可以看到的地方，让居住者可以欣赏到水的灵动。同时也是借泳池的点缀，让居所充满诗意与浪漫，散发出动人心弦的灵气。人的心情舒畅了，好运自然会来。

为了感受生命的能量和繁荣的内涵，别墅业主不妨扩大庭院，使游泳池稍稍远离房间。或者把池子的边缘设计成曲线形，看上去无穷尽地延展了水面。

泳池不宜设在屋后。还有，有的住所庭院不大，却有一个游泳池也是不太吉利的，这样会显得整个后宅是空的，给人感觉没有依靠。

而在宅前安置两个泳池，或是两个看似连接实则分离的泳池，仿佛和整座住宅形成一个“哭”字形，也是不太吉利的。

住宅的中心是重要之处，是不易被污染的。在住所的中庭，开游泳池或植大树，都不太合适。

一般认为，任何形式的屋顶一旦漏水都不好。由此不难联想到，居家住宅如果在平坦的屋顶建个游泳池，必然也是不吉利的。

此外，最重要的是庭院中的泳池最好不要干，至少要八分满。游泳池没有水，古人认为对家里的幼者不利。

5.庭院中的喷泉

○ 无论是喷泉还是人工瀑布，都有助于活跃家居气流。

“问渠哪得清如许，为有源头活水来。”泳池、池塘中央的喷泉，或者人工瀑布，都是家居中的活水，均有助于活跃家居气流。

瀑布或者喷泉的活水发出的声音，亲切而自然，也能对人产生积极的影响，“润万物者莫润乎水”，流水至柔而善，可轻易流过路径上各处的障碍，而涓涓细流的汩汩之声很具抚慰性，有助于令住户度过漫长人生路里的崎岖坎坷。

在布局庭院里的喷泉时，一定要注意的是应让水以柔和的曲线朝住宅门前流来而不是流去。

6.庭院的山景

○ 如果住宅靠山，那就是大吉之象。庭院中的山石，使整个住宅看上去沉稳、大气，充满了自然的气息。

古代风水学理论上常说住宅靠山而居是大吉之象，但是随着社会的发展，可用空间越来越小，“山景住宅”已经很难实现。于是，在庭院中设置假山成了住宅设计中常用的手法。庭院中有山石，能使整个住宅看上去沉稳、充满自然之气。但是，其方位设置要得当。

西方设置假山很不错，如果能配以树木防止日晒那就再好不过了。

西北方设置假山为大吉，因为西北方会带来稳定感，寓有不屈不挠之意。但最好要配有树木。

北方、东北方设置假山也很吉利，而且适当地种植一些树木会更加美观，但是树木不要太靠近房子。

7.庭院的石块

石块本来是庭院中的点缀品，在庭院中适当摆放一些庭石，对增添庭院的景致大有帮助。但如果庭院中的石块数量过多、形状怪异，则会使住宅成为衰败寂寥的地方。无论是从设计学的角度考虑，还是从实用角度出发，庭院中不能铺设过多的石块大致原因有以下几方面：

庭院中的石块不仅起到了点缀的作用，还能增添景致的美观。

①传统的风水学认为，如果铺设过多石块，庭院的泥土气息会因此而消失，从而使石块充满阴气，使阳气受损。

②在实际生活中，炎热的夏天，石块受日照后会保留与反射相当的热量，庭院如果铺满石块，离地面1米的温度几乎会达到50℃的高温，何况石块吸收的热量多且不容易散热，连夜间都会觉得燥热异常，让人有窒息、烦闷的不适感觉。

③在寒冷的冬季里，石块吸收白天的暖气，使周围更加寒冷。

④在阴天下雨时，石块也会阻碍水分蒸发，加重住宅的阴湿之气。

⑤庭院的石头中如果混有奇异的怪石，如形状像人或禽兽，或者住宅的大门前有长石挡道，都会给人的心理造成影响。根据医学验证，有的石头上会附有很复杂的磁场，对人的精神和生理产生不良反应。

⑥庭院中铺设过多石块，人经过时脚板的感觉也不舒服，因此硌脚或扭伤实在太不值得。

总而言之，庭院铺设过多石头有很多不利，最好能考虑用其他方法修饰、美化庭院。如果真是很喜欢用石头来装饰庭院，有两条建议仅供参考：

一是庭院的石头设计应多采用人工材料的硬质景观，如雕塑、石刻、木刻、盆景、喷泉、假山等，再利用绿化、水体造型的软质景观相互兼顾，透过整个庭院景观来体现深厚的文化内涵。

二是如果没有条件设置假山、喷泉等，最好在设石块的时候注意一定要从庭院的实用性与范围大小来做选择。

8.十四种庭院吉祥植物

植物作为庭院里的重要装饰物品之一，起着非常特殊的作用。植物通常都具有非常旺盛的生命力，种植大量的健康植物，会创造一个清新、充满活力的环境，能减少现代家居中各类用品产生的辐射和静电。植物能通过光合作用，释放氧气，为居室提供新鲜的空气。而许多植物因其特殊的质地和功能，具有灵性，对家居会起到保护作用，对人类的生活倍加呵护，可称之为住宅的守护神。

（1）棕榈

棕榈又名棕树，具有观赏价值、实用价值和药用价值。有生财、护财的寓意。

（2）橘树

橘树即“桔树”，“桔”与“吉”谐音，象征吉祥。果实色泽红黄相间，充满喜庆。盆栽柑橘是新春时节家庭的重要摆设。橘叶具有疏肝解郁功能，能够为家中带来欢乐。

（3）竹

苏东坡云：“宁可食无肉，不可居无竹。”竹是高雅脱俗的象征，无惧东南西北风，可以成为家居布置中的防护林。

（4）椿树

庄子的《逍遥游》云：“上古有大椿者，以八千岁为春，八千岁为秋。”因此椿树有长寿之意，后世又以之为父亲的代名词，有护宅及祈寿的寓意。

（5）槐树

槐树木质坚硬，可为绿化树、行道树等。古代风水学认为，槐树代表“禄”，在众树之中品位最高，有镇宅的寓意。古代朝廷种三槐九棘，“公卿大夫坐于其下，面对三槐者为三公”，由此可见一斑。

（6）桂树

相传月中有桂树，桂花即木樨，桂枝可入药，有祛风邪、调和之功效。

宋之问有诗云："桂子月中落，天香云外飘。"桂花象征着高洁，夏季桂花芳香四溢，是天然的空气清新剂。

（7）灵芝

灵芝性温味甘，益精气，强筋骨，既具观赏作用，亦有长寿之兆，自古被视为吉祥物。鹿口或鹤嘴衔灵芝祝寿，是吉祥图的常见题材。

（8）梅

梅树对土壤的适应性强，花开五瓣，清高富贵。其五片花瓣有"梅开五福"之意，对于家居的福气有提升作用。

低矮植物与高大树木相互呼应，形成错落有致的绝美景观，为家庭带来和谐与美好。

（9）榕树

榕树含"有容乃大，无欲则刚"之意。居者以此自勉，有助于提高人的涵养。

（10）枣树

在庭院中种植枣树，寓意为早得贵子，凡事"早"人一步。

（11）石榴

含有多子（籽）多福的吉祥意义。

（12）葡萄

葡萄藤缠藤，象征亲密，自古有葡萄架下七夕相会之说。而夏季在葡萄荫下纳凉消暑，亦是人生一大快事。

（13）海棠

花开鲜艳，富贵满堂。而棠棣之华，象征兄弟和睦，其乐融融。

（14）莲

莲是盘根植物，并且枝、叶、花茂盛，代表家庭世代绵延、家道昌盛。此外，"荷"是"合"的谐音，也代表家中"和谐平安"。莲有同心并蒂之态，藕有不偶不生之性，莲藕也象征婚姻幸福美满。莲花最早有君子的意象，宋代理学家周敦颐的《爱莲说》最后的结论便是："莲，花之君子者也。"

9.庭院里树的布局作用

庭院里树的布局作用主要从树相和树的方位两方面来考虑。

（1）树相

人有人相，物有物相。对于一般家宅来说，树对宅，就犹如人对衣。树木为衣，是借以庇护生机。树木茂盛，宅气旺兴；树木枯萎，则宅气衰败，这个道理鲜有不应。所以，树木长得高壮整齐，被视为吉利，若树木弯曲畸形，则被视为不利。

树的生长有它本身的气势，气势过于旺盛也不是好事，因树木太茂盛会阻挡阳光，使日光不能穿透，这样一来，积聚的湿气太重，就不利于人体健康。

（2）树的方位

这里的树，是指屋宅范围以外近距离环境中自然生长且比较茁壮的树木。

东方有树，吉利；

南方有树，不利；

西方有树，而且还不只是一株两株，不利；

北方有树，吉利；

东南方有树，吉利；

西南方有树，不利；

西北方有树，吉利。

10.庭院的花卉

花草树木是庭院的“活物”，有选择性地栽种可以让庭院充满旺盛生命力，营造一个清新、充满活力的环境。花草怡人，繁茂的枝叶可让空气中的阴离子增多，能调节人的神经系统，促进血液循环，增强免疫力和机体活力。但是庭院的花卉要注意以下几个方面：

（1）忌种植有毒植物

有些花草含有毒素或有毒的生物碱，即使形态上能赏心悦目也不能栽种，以免影响健康。

（2）不宜亲近的四种花卉

夜来香：夜来香晚间会散播大量强烈刺激嗅觉的微粒，对高血压和心

脏病患者危害很大。

松柏类花卉：松柏类花卉散发油香，会令人感到恶心。

夹竹桃：夹竹桃的花朵有毒性，花香容易使人昏睡，降低智力。

郁金香：郁金香的花有毒碱，过多接触毛发容易脱落。

（3）宜种植有美好意向的花卉

中国传统名花不但有着优美的造型，还被人们寄予很多情怀。在庭院种植花卉，可以进化空气、抑制噪音、美化环境、陶冶情操、修身养性。

花的清香，使得庭院香气满溢，置身其中，飘飘然如遗世独立，卸下了所有的包袱，身心都很轻松。

梅花：傲雪怒放、群芳领袖，代表情操高尚、忠贞高洁。

牡丹：花中之王、国色天香，代表富贵荣华、吉祥如意。

菊花：千姿百态、花开深秋，代表超凡脱俗、高风亮节。

兰花：花中君子、幽香清远，代表品质高洁、空谷佳人。

月季；色彩艳丽、芳香蓊郁，代表四季平安、月月火红。

杜鹃：花大色艳、五彩夺目，代表锦绣山河、前程万里。

茶花：树形美观、姿色俱佳，代表英雄之花、健康如意。

荷花：色泽清丽、翠盖佳人，代表家庭和睦、夫妻恩爱。

桂花：芬芳扑鼻、香气逼人，代表香飘万里、荣华富贵。

水仙：凌波仙子、冰清玉洁，代表金盏银台、幸福吉祥。

11.养花容器的形状与摆放的方位

养花的容器，因其外形和质地的不同，会对住宅产生不同的效应。

玻璃花瓶宜用于庭院的北部，球形的花瓶宜用于庭院的西或西北部，高身木瓶宜用于庭院的东或东南，锥状花瓶宜用于庭院的南部，陶罐宜用于庭院的西南或东北。

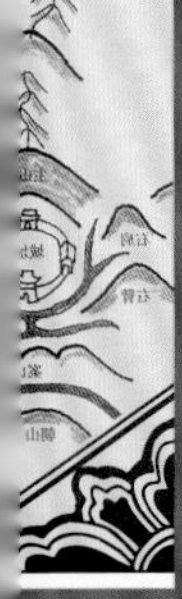

第十四节 车库布局

由于人们的生活水平越来越高，有车族也越来越多。然而有很多人不知道，有车也会带来很多的困扰，其停放的车库设计很重要，因此对其装修设计不可忽略。

现代文明带来了财富，有车一族也成了必然，方便了生活的同时，也带来了很多困扰，车库设计的知识不可忽略。

1.车库的格局

最适宜的车库格局是长方形，并且从节约车库面积的角度考虑，长方形也是比较经济实惠的。如果车库带有很多尖角，不仅浪费了空间，而且在车子进入车库时，还容易碰撞到尖角，损害车子。长方形与大部分车子的形状是吻合的，因此车子可以自由地进出。

车库的选择还要考虑汽车的高度。现在家庭选择的比较实用的车型，高度通常在1～2米之间，因此在选择车库时，尤其对于那些车身高度较高

车库的格局，长方形是最适宜的，不仅节省了空间，而且也美观，进出时也方便。

的汽车来说，应该格外留心。

2.车库的光线

车库需要明亮的照明，这样才能方便车子进出车库。尤其是在晚上使用车库时，仅仅凭借车子自身的照明是不够的，因此应该在车库中设置明亮的日光灯，最好设置两盏。

在车库中设置明亮的日光灯还有很大的好处——夜间驾车的人总会有一种昏昏欲睡的感觉，明亮的灯光能刺激驾车人的视觉神经，使其能清醒一些，从而也使汽车顺利地进出车库。

3.车库的通风

汽车发动时所产生的尾气和汽油蒸气，对人的身体是有害的。如果车库的通风条件很差，很容易使这些有害的气体滞留在车库中，造成车库中空气的污染，最终危害到车主。因此，应采用有效的方法来

在条件允许的情况下，应当保持车库门敞开或在车库中放置排风扇，使得车库中空气清新。

解决通风问题。

车库的通风条件是非常重要的。人生总是有许多意外的情况发生，如果由于某种原因而被困在车库中，如果没有良好的通风条件，车库无疑将变成一个密闭的空间，如果被困时间较长，很容易威胁到生命安全。

在有时间的条件下，车库的门最好是敞开着的，这样能最有效地更换车库中被污染的空气。如果没有足够的时间使车库的门保持敞开，可以在车库中放置一个排风扇，在一定程度上也能起到较好的效果。

4.汽车的颜色与五行的搭配

我国古代先哲将宇宙生命万物分为五种基本构成要素，座驾中的“五行”也为金、木、水、火、土。对应五行的汽车同样有着最适合车主的形和色。

木：瘦长形元素座驾(例兰博基尼)，对应颜色为青、碧、绿色系列。

火：尖形元素座驾(例部分流线型跑车)，对应颜色为红、紫色系列。

土：方形元素座驾(例越野、切诺基)，对应颜色为黄、土黄色系列。

金：棱角形元素座驾(例凯迪拉克)，对应颜色为白、乳白色系列。

水：圆形元素座驾(例甲壳虫系列)，对应颜色为黑、蓝色系列。

很多车都属“混合型”，即融多种元素于一车，这样则需具体考虑哪“行”为主，再选择对应颜色为佳。其他的中间色可依主色系分别归类，但该颜色会在主色所具的属性之外，兼具辅色所具的属性。

每一个对色彩较为敏感的人都有他所喜欢的颜色，人对某种颜色的好恶心态是随着不同时间段和不同心情而有所改变的，而这种变化是吻合五行规律自然变化的。但要注意协调地配搭，尽量避免违背自然规律。五行间相生相克的基本关系如下。

相生：木生火、火生土、土生金、金生水、水生木。

相克：木克土、土克水、水克火、火克金、金克木。

第十五节 围墙设计

围墙是一道安全的屏障，私人别墅一般都带有围墙。围墙分为好几种形式，包括铁栅栏、铁篱笆、水泥砖墙、树篱，是用来界定私有土地与外面公共空间的界限。

围墙是保护房屋的一道安全屏障，是用来界定私有土地和外面公共空间的界限。

1.不要先盖好围墙再盖房屋

若从科学的角度来看这件事，盖房子时，卡车载着材料在工地进进出出，如果先盖好围墙，那么卡车进出就很不方便，也会发生很多危险，因为车子后退与搬运物料时会经过很多死角，容易有意外发生。

2.围墙的地基

墙不能不打地基直接从地面砌起来，因为这样墙会不坚固，稍遇到地震就会倾倒。筑墙一定要挖道深沟，否则，墙就容易倒下。

别墅内的地基，一定要高于围墙的地基，或者是与围墙地基平齐。千万不能比围墙地基低。因为围墙地基高于别墅地基，就会像凹陷的碗一样，给人不顺之感。

3.围墙不能过低

若以峦头而论，可以将外墙看作案山。而外墙的高度到底该有多高呢？这里有个标准可以依循：远案齐眉近应心。

“远案齐眉”说的是，如果屋前空地够大，庭院的外围墙离房子还有段距离，那么围墙不妨做得高一些。从客厅里望出去，这道围墙看起来就跟屋子大门一样高（并不是真的等齐，而是眼睛的高度低于围墙和大门造成的错觉。）

墙高有一定的适度范围，最低不要低于肚脐，最高不要高过手摸不到之处。至于最适合的高度，就得视墙垣离屋子的距离而定，距离越近，墙就应该越低。如果庭院很大却把屋墙做得很低，那么这道墙就根本没有起到屏障的作用，室内的景象会被路人一览无遗，外人要跳进来也很容易，住在屋内一点安全感也没有。而且，屋里的人要走出去也很随便，家庭成员因为没有约束感，也会放荡不羁，不安于室。

4.围墙不能过高

如果墙与房屋的距离很近，而墙头又高过大门的门楣，一来产生压迫感，二来光线会不好。光线若是不好，会造成人的个性保守，使居住者变得没有胆量。加上对外的视野小，看不到外面，视线只拘泥于有限的空间，心情自然变得郁闷，进而影响人际关系与事业前途。

此外，墙高若靠近房屋，会让室内空气的对流不佳，也会造成湿气过重，房间变得死气沉沉。住在这样的房子里，也很容易发生肾脏病、高血压、呼吸道疾病等病变，这些病变全都是空气潮湿引起的。所以围墙不能盖得太高，不然会让里面的人感觉像是在坐牢一样。

5.围墙不可左高右低

别墅的围墙，要有一个“顺势”。屋后的围墙可以高一些，作为后山（靠山），左右两边则稍矮，充当青龙与白虎。至于屋前的围墙，高度则要低一点。

围墙的四面高度要么建得一样高，要么由后往前渐次变低矮。一道围墙从屋后绕到屋前，高度要平滑地从高往低降下，这种围墙就很好；千万不要忽高忽低或做得参差不齐。还有，屋前的围墙千万不要高过屋后，因为这样象征一个人两手被反绑。

但是，倘若墙头做成波浪起伏的形状是不错的设计。波浪象征水，水即是财，在设计上来说为吉象，重点是波浪高度要整齐。

6.围墙上不能有刺

有的人为了防盗，在墙头镶嵌玻璃碎片、箭状或者锯齿状的金属片，或是围上铁蒺藜、扎了铁钉的蛇笼等等，非但不能防盗，反而对自家的设计效果有很坏的影响。从室内看出去，眼前一片荆棘，房屋周遭也被荆棘围绕，这使人联想到住在里面的人前途充满荆棘与坎坷。高墙、墙头刺只是消极的应对之道，别墅一般都装有报警器，所以大可不必在围墙上设置多刺状物品。

7.围墙不能有尖角

很多业主喜欢将自家的围墙立面故意做出角度，或者在墙头上做出

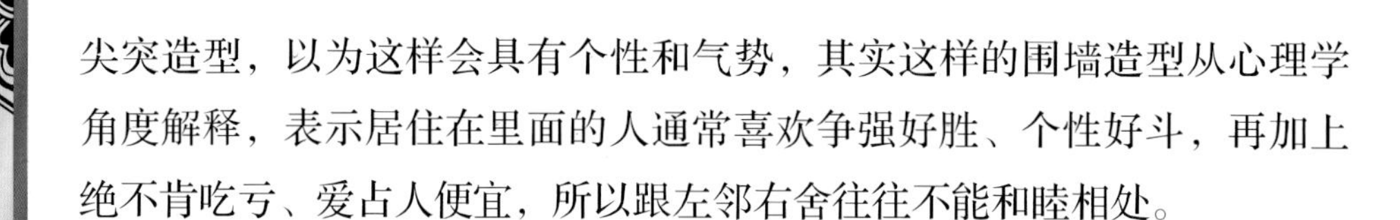

尖突造型，以为这样会具有个性和气势，其实这样的围墙造型从心理学角度解释，表示居住在里面的人通常喜欢争强好胜、个性好斗，再加上绝不肯吃亏、爱占人便宜，所以跟左邻右舍往往不能和睦相处。

8.围墙上不能长花草

若不好好照顾住家内外的环境，让墙脚长出杂草，蔓藤爬满整面墙，或是风化颓废的围墙长出杂草，甚至有很多人刻意让花草爬满墙，这都是不好的。

9.围墙要干净整齐

围墙因为长期遭受风吹日晒，难免会出现裂缝、脱落、风化的情况，这时候就需要补好墙壁。但是有些人补墙壁，补得乱七八糟，在裂缝处或者脱落处随意修补，使墙面像人长了头疮般难看。还有人喜欢用石头砌墙，又砌得杂乱不齐，故意东一块西一块地凸出来，心理学认为，这种人通常个性固执，往往成为“顽固孤索”。

围墙的每一个细节，都注定了家宅的平安，应当引起足够的重视。

第十六节 别墅阁楼：小空间大乾坤

别墅的阁楼，一般带斜屋顶窗，所以采光要好于普通公寓阁楼。但一般的别墅阁楼采光条件不是很好。这里所说的采光不是很好，不是只光线不足，也有可能光线过强。

别墅的阁楼是不宜作卧室的。因为无论是别墅还是普通住宅，形状方正是卧室最基本的要求，不能是多边形或有斜边出现。如果将阁楼作为卧室，屋顶的斜边很容易造成视觉上的错觉，而由此斜边构成的多边形卧室格局，也会使人精神负担增加，因此使居住此屋者发生疾病或意外。

1.阁楼的采光和照明

别墅阁楼的采光略差于其他房间，所以就要在照明和装修上来

阁楼不宜用来做卧室，一般用来放置一些闲置的物品或者当做休闲场所。

改善。

对于阁楼窗户较小的情况，在不破坏阁楼原有结构的前提下，可以将窗户改大或者再造一扇窗户。若窗户过多，可将其中的几扇窗户封起来，以改善阁楼中的光照强度。

对于阁楼的夜间照明，可根据阁楼的功能来设计，以基本照明为主。例如，将阁楼设计成一间书房，那么基本照明以白炽灯的照明为宜，而局部照明以明亮的台灯为宜。

2.阁楼的通风与温度

由于别墅阁楼所处的位置在屋顶，因此阁楼的整个空间都会处于阳光暴晒下，温度一般会高于其他房间。如在夏季，人在阁楼就会感到很炎热，如果通风条件不好，阁楼就会闷热，人极易中暑。故在装修时，阁楼应该采用隔热效果好的材料。若在冬季气温极低的地方，阁楼还要重视保温措施。

通风的条件也很重要，人若在空气不流通的房间停留过长时间，会因为缺氧而昏昏沉沉，甚至会出现气短、胸闷乃至休克状态。

3.阁楼的地面与天花板

别墅风格的不同，会造成阁楼空间大小不一。比如有些阁楼的斜屋顶离地面还有一段距离，作为阁楼的墙壁，这种阁楼通常较为宽松。而有些阁楼的斜屋顶直接连接地面，阁楼高度较低，空间也就显得窄小。

对于空间宽松的阁楼，可根据业主的喜好进行设计。若阁楼高度较低，此时地面装修可要好好设计。一般会将地面设计成日式地板，在地面铺上榻榻米，这样不仅能节省出桌椅的空间，还能使阁楼看起来更高，不会给人压迫感和局促感。

阁楼的天花板通常会有纵横交错的横梁。人看到头顶上这么多横梁，通常会产生不安的感觉，故阁楼的天花板也要精心设计。

因阁楼高度较低，所以不能像普通房间那样做假天花板，否则只会显得更压抑。若没有明显的横梁，可用装饰或者采用弧形设计将横梁巧妙隐藏。天花板颜色以浅色为主，灯具以简洁造型为佳。

阁楼不同于其他房间，又处于别墅的屋顶，所以要加强采光、通风。

4.阁楼的家具设置

阁楼的家具设置，与其他房间不同。因为阁楼的形状通常是不规整的，有很多三角形状，有的甚至缺少墙壁，所以家具的摆设，一定要根据阁楼的整体环境来作调整。

最好是量身定做家具，如利用阁楼的零碎空间，根据具体形状，制作出相同形状的柜子、书架、整理箱等。家具以制作精美、造型简洁为主，尽量选择小型家具，装饰出富有个性的阁楼。这样可使阁楼显得小巧精致，给人赏心悦目的感觉。

5.阁楼作为工作间

因为阁楼的私密性，所以可以将阁楼作为私人工作间，使工作环境和生活环境区分开，方便业主在两个环境中自由转换。

作为工作间的阁楼，采光和通风条件都很重要。若太过于昏暗狭小，

会使人感觉疲劳，不利于长时间工作，降低了办公效率。而空间通透的阁楼，工作劳累时，还可站在窗边欣赏风景，缓冲视觉疲劳。

6.阁楼作为次客厅

别墅中都会有主客厅，为招待亲友提供了畅谈场所。对于追求高质量精神生活的别墅业主来说，如果有一处私密的空间，能与自己最亲密的朋友静静谈话，那是最完美的。

将阁楼设置为次客厅就非常合适，适用于主人与亲密朋友秉烛夜谈。这样的次客厅不需要多大面积，只要容纳两张舒适的沙发或椅子就行了，最多加一张造型别致的茶几或小书架。

同样这种次客厅应该拥有良好的采光条件，最好地面上铺设地板或地毯，这样营造出的氛围更加舒适和谐。

阁楼的改造，可以根据个人的喜好来定，满足个人日常生活所需即可。

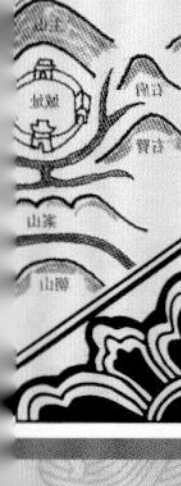

7.作为儿童房的阁楼

若将阁楼设计成充满童趣的儿童乐园，是不错的选择。大部分的孩子都喜欢充满幻想的斜屋顶，不规则的空间更符合儿童活泼的天性，而阁楼的窗户给整个室内带来了明媚的阳光和新鲜的空气，这对孩子的健康成长有很大益处。从安全角度考虑，阁楼斜屋顶的设计可以保证孩子的安全，由于孩子个子不高，无法伸手够到窗户，只需要加一个伸缩控制杆，就可让孩子们在房间中玩耍，而不必担心任何安全问题。

作为儿童房的阁楼通风条件要佳，采光要好。整体色调以柔和简单为主，如果将墙面或屋顶刷成不同颜色，尤其颜色对比强烈时，会使处于多动状态的孩子兴奋过度，容易出现焦躁不安的情绪。作为儿童房的面积应在10平方米左右为宜，房间中零散的玩具不宜太多，如果玩具太多，可备一个大篮子收纳玩具，以保证整体环境的整洁。

8.作为客房的阁楼

若别墅的阁楼面积宽阔，还可将其设计为客房。若很多好友来家中做客，停留时间过久，可邀请朋友留宿，若家中客房不够，此时阁楼的客房就是很恰当的选择，比将朋友安排在酒店要好得多。虽然阁楼是住宅的一部分，却有相对独立的一面，做客房很恰当，可使留宿的朋友感到舒服，不会产生强烈的拘束感。

除了在阁楼安排一张床之外，还可利用剩余的空间，设计相似的衣柜，为储放物品提供足够空间，以方便留宿一两天的客人。另外还可放置一张小书桌，方便有阅读和记日记习惯的朋友使用。

9.作为浴室的阁楼

若阁楼面积非常有限，可在其中放置大浴缸，将阁楼设计成小巧精致的浴室。躺在斜屋顶窗下的浴缸，抬头可望见漫天的繁星，就可忘记白天工作的辛苦和疲劳，体验融入夜色的美妙感觉。

10.作为储藏室的阁楼

如果阁楼昏暗狭小，那么最好的设计就是将其作为储藏室。储藏室可

昏暗狭小的阁楼改造后，可以富丽堂皇，也可以温柔沉静，但最好的还是当做储藏室。

根据储藏物品的使用频率分为两类。一是储藏常用品，二是储藏不常使用物品。昏暗狭小的阁楼，非常适合作为不常使用物品的储藏室。如孩子们玩过的玩具、一些曾经摆放在房间的画等，分门别类整理好，装在储藏箱里，放进储藏室，做好标记，以便日后查找。

这样的储藏室最好装一盏亮度较高的灯，以便于查找物品，最好是冷光源，以免烤坏物品。

11.阁楼的注意事项

建议在阁楼养花草，墙壁宜悬挂黄色玉石。

阁楼楼梯一定要稳健，通常不用直梯。

阁楼家具颜色宜浅不宜深，要从视觉上扩放空间。

有条件的话尽量开窗，保证光线充足，气流通畅。

另外，还要注意以下几点：

老人和体弱之人不宜长居阁楼。

单身女性不宜长居阁楼。

财神不宜放在阁楼。

桶装液体不宜存放在阁楼。

第十七节 健身室的布局

很多别墅主人，事业成功，前途无限，但是身体却处于亚健康状态。这种情况大多是因为缺少适量的运动造成的。在别墅中设计一个私人健身室，每天清早或者傍晚，在健身室中尽情享受健康和休闲好时光，让身体强壮起来，让心情舒爽起来，让运气旺起来。

1.健身室的格局与布置

健身室的格局以方正规整为最佳选择。如果房间的格局有很多角，最好能用一些量身定做的家具将其遮掩，使房间看起来方正，这对健

身体处于亚健康的人越来越多，即使是事业成功的别墅主人，因此日常的锻炼不可缺少。

身的人来说，是一种舒适的享受，而不会因为房间有很多尖角，使人感受冲撞或者压抑。健身室不宜与卧室相邻，这样能使家人获得安静的休息空间。

健身室中的摆设以简洁为宜，如果没有特殊的需求，有一个存放毛巾、摆放饮水机的柜子就足够了。健身室主要功能是健身，所以要留出足够空间摆放健身器材，如跑步机和其他有氧健身器材。健身室中摆放的家具和健身器材，以最大限度满足人的活动空间为最重要原则，不应使人感觉活动空间很狭小，否则就本末倒置了。

2.健身室的通风、采光、照明

健身室的通风条件非常重要。因为在健身室做运动时，需要大量新鲜的氧气。在家里进行有氧活动是非常适合的，一般多选跑步。因此房间中的通风条件应该优良，最好有一扇窗，两扇窗更佳。

健身室对采光要求不高，一般一扇窗户即可满足基本采光需要。很多别墅业主喜欢在傍晚或者晚上做运动，故健身房最好设置两盏日光灯，以满足照明需要。

3.健身室的减震隔音

减震隔音对于健身室很重要，应该放在第一位考虑。因为运动时会产生较大的声音，如果减震隔音的工作做不好，会给家人和邻居带来很多烦恼。所以最好在健身室的墙壁和地面做特殊处理，以到达最好的减震隔音效果。

健身房的墙壁的隔音材质可选择隔音毯、吸音棉或是壁纸，这样能起到良好的隔音效果。地面的隔音材料适合选择软木地板、厚地毯。厚地毯吸音效果较好。

4.健身室的色调

健身室的色调不宜显眼、刺激，而应选择柔和的颜色。因为健身的目的不是使人兴奋，而是让人保持身体健康。鲜艳的颜色很容易让人过度兴奋，反而会消耗过多的体力，体力消耗过度就相当于暴饮暴食。因此健身

○从每一个角度和每一个细节考究健身室的格局，既能使你身体健康，也能使你精神倍增。

室适宜选择杏黄色、米色等暖色调。

5.健身室避免放置镜子

研究发现，面对镜子锻炼会产生一些消极的影响：感觉失去力量，无法放松以及不够积极。因此，健身房要避免放置镜子，以免造成煅练时人无法放松。

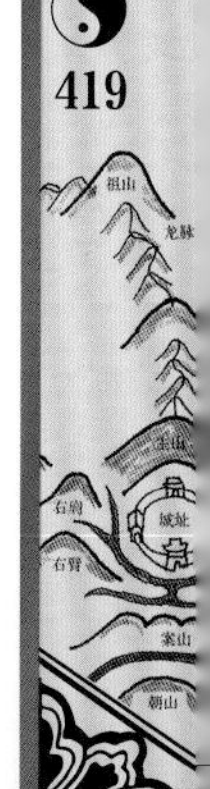

第七章 如何购买别墅

随着中国房地产业的日益发展，各种风格与设计的别墅可谓层出不穷，人们购买别墅除了居住的目的外，还可能用来投资或休闲。为了让更多的消费者购买到称心如意的好别墅，本章详细论述选购别墅的原则，判断别墅品质的好坏、选购别墅的秘诀、如何保障别墅业主的权益，真正达到为消费者提供参考的目的。

第一节 选购别墅要考虑的八大因素

如今一般工薪阶层花几十万元去买一套商品房之前，还得综合考虑地段、交通、价位、楼盘品质、周边配套等诸多因素，更不用说置业者买别墅了。别墅，体现的是主人的生活品位，是最具个性特征的居所，从这一角度来说，别墅不应有一套标准来限定，但无论是开发商和购买者、还是建筑专家，或者是社会学者，他们无不认为别墅应有起码的标准，那么购买别墅需要注意哪些问题呢？归纳起来有八大原则：

1.产权状况

一栋房子的主人是谁，谁能拿出产权证，谁就是法律上的主人。所以首先要了解别墅项目的产权状况，这是最重要的一个原则。要确保别墅开发商已完全缴纳土地出让金，并能够公开提供物业销售许可证和开工证，因为大多数的别墅建于城郊，其占用土地的性质远比商品房交易中复杂。就比如商品房，有很多小产权房，没有合法的手续，业主没有房产证，无法上市交易，更无法受到法律保护。有的别墅开发商也会钻空子，根本没有履行合法征地手续，也未向国家缴纳土地出让金，其土地成本很低，这样的别墅可能会比较便宜，但无法上市交易，产权也不受保护，而开发商很可能利用置业者的不知情或者使用其他手段进行虚假宣传，所以置业者千万不要贪图便宜去购买这种别墅。

2.位置与交通

从位置上看目前的别墅有三种类型：第一种是早期建在城市边缘、现已被城市包围的项目，第二种是建在近郊、毗邻城市快速路的项目，第三种是建在远郊风景区的项目。别墅的位置，要根据自己的生活节奏和居住要求来选择。对于仍处在创业期而经济实力没有完全稳固的人士来说，住市区别墅经济负担过重，远不如住公寓实惠；住远郊别墅又远离城区，过于离群索居，最为明智的选择就应该是既与城市保持一定距离、又有交通纽带相连的近郊别墅。

一般别墅业主都会有私家车，但并不代表周边交通状况就不重要了，相反，公路交通和公共交通两方面仍然非常重要。置业专家一般

这样建议：城郊新干线附近的别墅由于出行方便，居住环境也比较好，但最好不要选择离市区太远的，因为路上的成本和花费的时间必须考虑在内。业主可根据自己和家人上班上学的地点，以花去的时间和费用最优组合方案作为考虑依据，因为家人不可能人手一车都以私家车作为交通工具，小区公交车的线路、频次对于他们来说，是息息相关的，所以这点也是需要了解的。

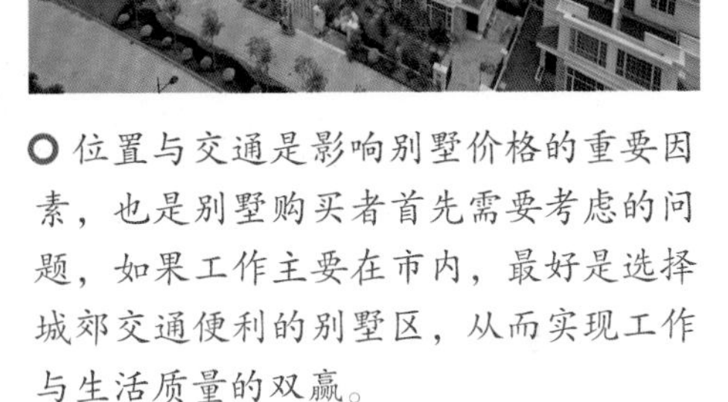

○ 位置与交通是影响别墅价格的重要因素，也是别墅购买者首先需要考虑的问题，如果工作主要在市内，最好是选择城郊交通便利的别墅区，从而实现工作与生活质量的双赢。

3.市政状况

目前别墅大多数都是建在郊区，因此，在选房时一定要看别墅区的市政设施如何，这点非常重要。例如：水是市政水还是开发商自己打的深井水，水是否消毒，有无检验，能否保证。电是市政供电还是郊县或邻近村落供电，会不会出现电压不稳等状况。煤气是罐装还是管道，是否存在安全隐患等等，很多业主经验不足，被低价吸引，而这种低价引人的项目，通常在市政上偷工减料，业主入住后经常会遇到三天停电、两天停水等麻烦事，住别墅的轻松感觉已经荡然无存。

4.配套设施

现代人注重生活享受，期望服务周到，现在的商品房一般都会配备完善的配套服务设施，如餐饮、购物、锻炼、娱乐、休闲等等。但由于别墅发展还不是很成熟，且大多别墅项目与市区有一定的距离，很多别墅的配套服务设施并不是很完善。要想生活得舒适自在，就一定要观察别墅的配套设施，如购物、休闲、锻炼、餐饮、娱乐等是否完善，否则生活起来会处处不便，反而有种住进农村的感觉。此外，别墅的人口密度本来就偏低，若公共活动的场所设施不完善，业主之间无法进行必要的交流，也不利于

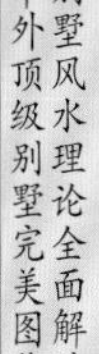

营造融洽的社区环境，不利于人际圈的打开。

5.环境规划

一栋别墅的豪华程度，通常与建筑面积大小相关，但买别墅的人若仅仅只看别墅建筑本身的面积大小和环境规划就以此来判定其价值，那就大错特错了。因为，除了别墅本身的环境规划外，整个别墅项目的环境规划也是单栋别墅价值高低的重要影响因素。别墅社区一定要有好的环境，有丰富的景观和充足的绿化面积，而且别墅的建筑风格、社区的规划风貌要和周边的环境完全融入，互相匹配。在欧美发达国家，兴建别墅项目都非常重视建筑与自然环境的协调，往往建筑本身可以成为环境的有机组成部分，与环境融为一体。在中国，因为各种不同设计风格的盛行，且受国家规划限制的影响，能做到和区域环境特点相符的别墅还不是很多。所以选购独栋别墅，一定要注意观察别墅项目的整体环境规划。

购买别墅时，除了考虑别墅本身的环境规划外，还要考虑整个别墅社区的环境规划，看别墅与周围的环境是否协调。

6.建筑质量

作为比商品房更昂贵的私人财产，别墅的建筑质量更重于普通住宅。

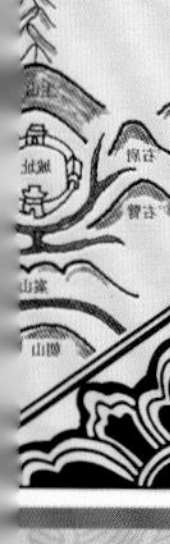

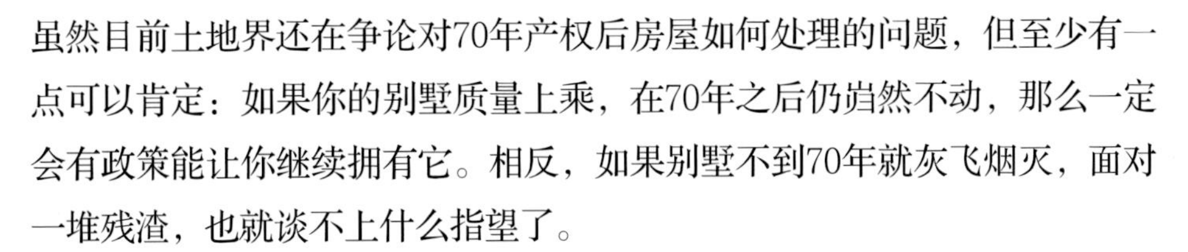

虽然目前土地界还在争论对70年产权后房屋如何处理的问题，但至少有一点可以肯定：如果你的别墅质量上乘，在70年之后仍岿然不动，那么一定会有政策能让你继续拥有它。相反，如果别墅不到70年就灰飞烟灭，面对一堆残渣，也就谈不上什么指望了。

7.私家绿地

没有私家绿地的别墅，肯定不能称之为好别墅。就像商品房是以中心绿地的面积衡量品质一样，别墅的品质也是以私家绿地来衡量的。别墅的消费群，一般都讲究居住空间的私密性，重视对私人空间的占有。所以好的别墅，一定会有私家绿地。

8.物业管理

别墅的物业管理关系着业主的生活品质。物业管理水平高低对别墅未来升值空间也产生直接影响，好别墅品质的维系要看物业管理的水平。有些几年前落成的别墅，交房之后投资价值就迅速下降，物业管理往往就是那出现差错的一环。

当然，还有一种另类营销得到市场认可的表现。比如，在广州、深圳等地，很多业主把不愁卖的别墅拿来出租，除了追求更高利润外，更重要的是看到了市场的盲点，并把它转化为生产力，但所有的条件都必须以较高的物业管理水平为前提。

第二节 如何判断别墅品质的好坏

庭院深深、绿荫葱葱、私密空间、湖泊美景……只需要翻看别墅楼盘广告，你就可以想象，开发商已读懂了你的心思，为你勾画出了一幅家住别墅的美好画面。透过这些美丽的辞藻，作为购买者，要如何判断出别墅品质的高下呢？

1.别墅品质首看五大要素

毋庸置之，好别墅应当具备以下五要素：流水、运动、阳光、草木和风景。而这五大要素也是别墅这个舶来品在国外的通行理论。

流水：仁者乐山智者乐水，从古至今，中华民族对于水的依恋就特别浓厚，而且北方地区多缺水，因此，若能在家门口感受潺潺流水，岂不美哉？所以，许多别墅的宣传语尽是依山傍水、湖景别墅之类的文字。当然，所谓的依山傍水，并不是真的傍在江湖河流边上，家家开门见水，而是，指别墅要靠水景方能让整个小区灵动起来，如果园区内的水景能够设计得颇具灵性当然更好。

○ 要判断一栋别墅的好坏，可观察它是否具有灵动的水流、良好的采光、繁盛的草木、优美的风景和运动设施，具备这5个要素的别墅必然是一座品质优良的别墅。

阳光：没有阳光的别墅，那就成了吸血鬼电影中的“古堡”了，所以一般都要求别墅有较好的朝向，室内户型设计都规划成两层或三层。不过目前来看多数别墅两排之间距离都较远，因此，很多消费者并不会把采光问题单独“提炼”出来。但是，需要注意，一套合格的别墅需要有良好的朝向，室内户型设计要合理，每一个房间都要尽量沐浴在阳光下。

草木：一套漂亮的大别墅，如果没有一草一木围绕那就是最大的败笔。好的别墅不但要绿树成荫，而且草木设计还应该具有主题思想，小区内要有一条“绿肺”贯穿始终，园区内一年常绿、四季如春，这方是别墅建筑

的上品。

运动：俗话说，生命不息，运动不止。别墅区肯定需要配有运动场所和运动设施。有人说住别墅的都是有“钱”有“闲”的人，同时，也更注重自己的养生，所以近几年很多的别墅项目都把高档运动高尔夫融入园区当中，如沈阳的别墅市场。其实，运动并不是单单指有形的运动设施，更主要的是要能唤起别墅业主的运动欲望，这才是别墅设计的高手。

风景：别墅的风景应该是多数消费者指定考核目标，“推窗即景”对于别墅项目来说其实也不算过分。远眺青山绿水，近看亭台楼阁，这是上等别墅的必备元素。

2.从指标看别墅的品质

通常购买别墅的人，都希望自己的别墅最有品位，最能彰显自己的身份和气质，但什么才能反映自己的别墅品质上乘呢？有些什么指标可供参考呢？

一栋房子的绿化率、容积率、占地面积、户型套数、物管等指标在不同程度上都能反映别墅的状况，其中容积率是最重要的指标，最能反映别墅的品质。容积率直接反映的是楼盘的建筑密度，在别墅楼盘中，它还影响着每个业主私家庭院的大小、享有绿化面积的多寡、户型是否私密、环境是否幽静。据了解，目前重庆顶级别墅的容积率在0.5至0.6之间，每户可享绿地近一亩，次级别墅的容积率也不到1。

很多公寓的置业者，常常会忽视的总户数这一指标，但是选别墅时可千万要注意，总户数会影响别墅生活的品质。对别墅而言，户数过多就意味着人员太杂太乱，业主们所追求的物以类聚、人以群分则不可能实现，而且人多，相对的整个别墅的私密性也降低了。但是总户数太少也不好，这样的小区一来太冷清，不利于邻里交往，二来物管成本也太高。

据了解，一个优秀的别墅小区，最佳的户数应在300户左右，这样的小区人员一般不会太杂，小区内也不会缺乏人气，物管成本也相对合理。

你请谁当“管家”？物管收费标准如何？也是选别墅的大事。一般来说，好物管是别墅增值、保值的保证，好的别墅小区应当请有经验的物管公司来为你管家。如果一个别墅楼盘的物管公司名不见经传，收费

又相当“优惠”，对这样的别墅则一定要多个心眼，买了它也许麻烦不断，后患无穷。

第三节 选购别墅的秘诀

别墅的品质决定它是作为一种房地产奢侈品出现的，所以别墅是一种较大的投资，不仅仅是生活形态的变化，同时也是生活圈的抉择，它将改变家人的作息及成长环境，该如何选择别墅？仅仅只是看价钱是否昂贵、周边环境是否良好吗？置业者们该关注什么呢？这节我们重点阐述如何选购独栋别墅、联排别墅、小独栋别墅。

1.如何选择独栋别墅

其实，这里所说的独栋别墅其实就是“Villa”。这类别墅私密性强，市场价格较高，定位多为高端品质，其实是一种豪宅型别墅，后面我们还将提到一种经济型小独栋别墅，应与此区别开来。下面几点可作为独栋别墅选择的重要指标，提供以备参考。

（1）天然景观

好的天然景观自然不论是山还是水，是公园或是河滨，即使不是知名景观，都可为别墅提供“远景”。因为别墅密度小，所以视野能远眺，因为距离会产生空间美感，同时也能衬托出人造景观的“近景”，给人一种美不胜收的感觉。

（2）景观规划

别墅区的景观设计，可不仅仅是绿化植栽如此简单。好的景观设计除了视觉上、环境美化上、小区微气候、休闲活动各方面都会统筹考量，一举多得，既能创造景观，又解决人车分道问题、停车位问题、安全问题、噪音问题等等，因此好的景观规划，对别墅的品质影响极大。

（3）建筑风格

选购别墅还要注意看别墅的建筑风格，因为它决定了整个别墅项目内建筑的协调与风貌。目前流行的就有庄园式、城堡式、地中海式、西班牙式、现代式、简约主义式。如何在种类繁多的别墅风格里选中自己心仪并且适合自己的风格，并不是一件容易的事。通常，我们该从以下两个方面去选择：第一，看别墅的整体外观造型是否具有美感，各项比例是否正确？好的别墅造型不仅赏心悦目，还可提高其房产价值。第二，看建筑风格是否为你所喜爱。所谓“物以类聚人以群分”，喜爱同样建筑风格的人群必然在喜好、志趣等方面有共同语言，以后的邻居很可能就是与你志同道合的人，这样就有助于社交圈的拓展。

选择独栋别墅的建筑风格时，首先看它的造型，是否具有美感，所选的别墅风格一定要是自己喜欢的。

（4）保全与私密性

安全，一直是置业者所关注的重点，别墅区因为人口密度低，安全措施更要完善。别墅区的安全性可从两方面来谈。一是以高墙、夜间照明、电子安全设备等硬件配套设施来做防患。二是加强人员的门禁管制、巡逻及紧急反应训练，来确保对居民、财产的安全保障。私密性与密度、景观设计有关，访客过滤也是基本确保手法。好的别墅区内看不到闲杂人，也看不到来路不明的车辆。

（5）物业管理

别墅区的居住品质好与坏，除了与环境、建筑、景观等硬件因素有关之外，与管理团队、管理制度、维护与修缮的执行效率等软件因素也有重要关联。一般来说，国外物业管理公司的管理制度与执行效能均较完善，也较可信赖。好的物业管理能提高房产价值，当然付出的费用也相对较高。然而对高档别墅社区而言，这是绝对必要的条件，许多别墅区常因没有好的管理而造成各住户违章横行，私自占领“根据地”，庭院各自设立围篱，没有好的维护而造成公共设施毁损及环境破落，这些结果都会造成房价下滑。

（6）建蔽率与容积率

建蔽率是指单层建筑面积与建筑基地面积的比值。容积率是指一个小区的总建筑面积与用地面积的比率。建蔽率与容积率的外在表现是别墅的栋距与空地量。对住户来说，建蔽率与容积率越低，栋距越宽，空地比愈高，居住也越舒适。对发展商而言，单位土地面积愈大，空地比例愈高，成本就愈高。以上海郊区别墅为例，目前上海郊区的地价，若非500万以上的别墅，根本就无法有令人满意的栋距，一般前后栋距20米，左右栋距10米的别墅已属难得。

除了每栋别墅的私有庭院外，别墅项目的空地还须提供公共设施、道路、公共绿地、景观等用地，因此从公共面积来平均，单栋别墅用地1.5亩到2.0亩（即900平方米~1350平方米），品质才佳。

（7）建材及设备

目前国内别墅皆为毛坯房，主要建材考虑为外墙材质与门窗等级，设备包括中央空调，水处理设备（净水、软水、纯水）、中央吸尘系统、保全系统等。有地下室的别墅则应配备自动抽汲水井。

（8）交通便捷

不同房产价格，不同的区位条件，也会造成不同的生活方式。市区的或郊区的，大众交通网络上的或偏远疏离的地区，有无社区巴士行驶，附近有无区域性小型商业区，这些居住方便性及工作便捷性的考量因素事实上也影响别墅区入住意愿。一个成熟的社区入住率高，周边生活机能健全、交通方便、管理完善，自然房屋价格也居高不下。

（9）房型平面设计

通常情况下，别墅的平面设计是业主关注的重点，可通过以下条件来判断选择房型。

①物尽其用才有价值，别墅若空在哪里，肯定不会是好的设计，所以要看别墅有无过多无用或不好安排的平面空间。

②人的五官要比例协调才美观，别墅也一样，需要关注有无出现空间大小配比不良的现象。如主卧房的小空间能否满足各种功能需求大小。

③家是最舒适最放松的地方，若想生活品质好，肯定要注意别墅的朝向与房间的景观、通风、采光等方面。选择适合自己的方位，不论从风水或物理环境角度都是很重要的。

（10）公共设施

好的别墅项目都会积极利用项目的资源优势，建造与别墅相应的公共设施，提升项目的价值和居住者的生活品质。别墅区的公共设施一般可分为室内活动与户外活动两大类。室内活动为社区中心，一般以会所方式经营，内部包含健身房、咖啡厅、宴会餐厅、舞蹈室、桑拿、会议室等空间的经营管理。户外活动则主要是根据其环境资源优势建造的，如水资源丰富的地区，就可创办游艇观光、游泳池、钓鱼台、水榭餐厅等水上游乐设施。土地丰富的地区，则可能建造网球场、高尔夫球场等各类运动场地。根据公共设施的主要使用人群，别墅的公共设施还可进一步分为纯粹对内开放和对外社会人士开放的两种。

完善的公共设施是衡量别墅品质高低的重要标准，它不仅可以给别墅居住者提供独一无二的生活便利，还能有效提升别墅的品质与价值。

（11）特点主题

不论是别墅还是一件产品，有卖点才会销售好。譬如，有的别墅区的卖点是天然条件，如临湖、临球场、临公园、临山。有的是标榜如名人雅士聚居之地，人文荟萃。或是有新的设计理念之完美体现为特色，这些具有主题特色的别墅的确对房产有加分效果，不论自住或投资，日后的增值便指日可待。

（12）长期规划

这可分两方面来说：都市长期计划与社区内长期规划。未来三到五年，甚至十年后，政府都市规划建设是否将对此别墅造成好的或坏的影响，不一定所有的公共建设都是正面的影响。对生活品质而言，大型卖场或商业区太近，利害是可以预见的。通常别墅区要的是安全、方便、独立，在市区要能闹中取静，在郊区要能自成一方，不受干扰。

别墅区内部的开发，往往会分期分区销售，要了解在长期全面发展之后，是否会产生居住品质下降，当社区住户满载之后，公共绿地、道路、设施是否依然充分，有时发展商的利益考量与住户是不相符的，但是有远见的发展商通常都能权衡全局，做好长期完整规划。

在上述12项指标评比中，如果8项以上的项目你觉得满意，那么它是一个不错的别墅区，10项以上合格则是很好的别墅区，至少是适合你个人喜好及专业考核的，若低于6项，那么你应该好好考虑了，购买别墅是超高消费，应有要求提供完整证明资料的权利。

2.如何选购联排别墅

目前中国市场上最流行最具市场潜力的应该是联排别墅。其实早在五六十年前，中国就出现了类似联排别墅的大楼，那就是部队大院自建“将军楼”，这类楼通常高二层，门前门后围上篱笆，种上蔬菜瓜果或者植物，很有都市田园风情。而现在的联排别墅则发展更成熟，层数增高，功能增强，并且增设了顶层露台、地下室等，整体品质有了很大的提高。

据了解，目前市场上联排别墅供需相对比较稳定。对于具备一定经济实力的购房者来说，他们渴望摆脱公寓的拥挤生活，但同时无法承受独栋别墅昂贵的价格，联排别墅比较完美地结合了经济与舒适两大特性，所以成为市场上最受欢迎的一种产品。所以本节就购买联排别墅的选择要点进行重点阐述。

（1）购买联排别墅注意要点

在购买联排别墅之前，购买者需要注意以下几个方面。

购买联排别墅的大多为中产阶级，要兼顾生活与工作的方便，因此在购买联排别墅时应重点考虑别墅的位置、配套设施和其升值潜力。

第一是别墅位置：选购联排别墅的多为中产阶级，购买它是为了将其作为第一居所。因此联排别墅所处的位置就非常重要，最好是选择有便捷的交通，开车至市区最好不超过半小时。否则以牺牲时间来换取这种非独立性居住模式和较高的土地代价，是非常不划算的。

第二是别墅的配套设施：联排别墅首先应该有完备的城镇生活设施。成熟的配套及各种设施是居住舒适度的重要保证，因此除了社区内的会所等设施外，尽可能地依托成熟居住区，因为此类住宅的业主多是上班族，而他们的下一代也往往处在就学的年龄，不希望因衣食住行而耗费过多的时间。

第三是要注意实用价值：联排别墅毕竟不是独立式别墅，所以选择时主要看重其经济、实用的价值，对它应该有理性的预期。一般在国外，这类住宅的业主主要是中产阶级以下的人士。所以开发商会在设计、建造上尽可能降低成本，避免过分追求奢华，造成它的总价过高，使客户转而选择独栋别墅、叠拼别墅等其他类型的别墅。但因此也形成了许多弊端：如因联排设计，所以布局乏味，全是直线“兵营式”排列；相对之间排间距小，视野不开阔；因开间狭长，户型设计比较单调等等。

（2）如何挑选联排别墅的房型

选择联排别墅房型，与独栋别墅和公寓有着诸多不同。别墅生活讲究的是舒适，购买联排别墅，除了关注地段等因素外，还要关注住宅本身的品质，尤其要注重对房型的选择，以及房型设计等。那么如何挑选房型呢？可根据以下几个要素来判断。

第一，看功能空间分配是否合理。分配不合理的别墅，就像一件剪裁不得体的大衣，让人无法喜欢。一般的别墅一层为起居室、餐厨区，因为一层空间富裕，有必要时可增加一个佣人房或客卧。二层通常是老人房和儿童房等，这是因为低层上下方便。三层基本为主卧、家庭起居室、书房，以及宽大的露台，这是因为顶层容易配备完善，并且相对安静，舒适度高。若有地下室，一般为娱乐厅及储藏间、家庭影院、洗衣房等对阳光要求不是太高的功能空间。最好每层都有卫生间，这样使用起来比较方便。

第二，看楼梯露台设置是否合理。目前的Townhouse多是三层，个别带地下室的可达四层，整体面积比起普通公寓要多，因此，如何设计楼梯和走廊，就显得至关重要：既要在合理的前提下节约面积，又不能太局促而影响舒适度。目前，很多项目的露台都是赠送的，这在一定程度上减轻了购房负担，增加了功能空间，但“天上掉馅饼”的事，往往不那么美好，过多、过大的露台，相对于对于北方来说未必适用，而且多数设计呈退台形式，这样不仅影响楼下的保温，还阻挡了该层观景的视角。

第三，看面宽进深比例是否合理。因建筑样式所限，每层的面宽为5~7米左右，通常一层前侧起居室为整开间，后侧的餐厨区按比例分割开间，问题不是很大；楼上的次卧室常常两间分配开间，而主卧设置在整开间中，容易造成比例悬殊；楼梯、卫生间和储藏间等对采光要求不高的功能空间基本位于中段，起着衔接前后的作用。因此，能选择好比例和谐、特点鲜明、均好性强的户型并非易事。

（3）选择合适的联排别墅

如何才能选择到合适的联排别墅，需要把握以下五个方面的度：

第一，容积率不能过高。容积率是低密度的重要标志，若别墅区居住人群像普通公寓那般拥挤，也就失去了舒适宁静的环境，所以必须要通过降低社区建筑密度，减少居住人口，并留出足够的绿化空间，保证较高的舒适度。一般来说，Townhouse为0.6~0.9。

第二，户型进深不能过大。对于两面采光的City House 、Townhouse类别墅，进深不能超过15米，这样才会有良好的采光、通风，若是三面和四面都能采光的Two family house和House类别墅，则可以适当加大进深。

第三，面宽应满足两个居室的并列。像City House 、Townhouse类别墅，面宽控制在6米之外。因为这两类住宅为联排模式，基本在相等的开间中划分户型，而次要的居室基本是两个并列，如果是卧室的话，小于3米的开间对于别墅来说就有些局促了。

第四，各类型的面积要适当。一般来说，Townhouse为180~260平方米。不同的低密度建筑样式应有面积指标限定，这样才能发挥其最佳匹配的优势。面积过小，则很难发挥出别墅的优势。

第五，低密度的配套要求。比如作为华润置地“新市镇”计划No.1作品的万人小镇翡翠城，不仅依托大兴黄村卫星城新区，与周边成熟项目相呼应，还从占地120公顷的总面积中划出10%建设多种服务性商业网点及各类生活设施。

因为这种低密度住宅大多处于市政配套稀少的郊区，即便是依托卫星城、开发区和城镇等，生活文化娱乐设施也极为有限。一般来说，居住者对社区生活配套的需求依次为：超市、购物中心、医院、银行和邮局、幼儿园和小学；对文化娱乐设施的需求依次为：运动场、游泳池、健身房、图书室、酒吧和茶室。因此，选House更要注意选Town。

3.如何选购经济型小独栋别墅

开发商在建造时，小独栋在面积上的控制遵循适度原理，因此总价与单价都比其他类型别墅普遍偏低，因此这种小独栋别墅在国内又有“经济型别墅”之称。受市场、国情等多个方面因素的影响，小独栋住宅这种住宅形式越来越受到中国市场的欢迎，钟情于小别墅的购房者也越来越多。有专家认为，小独栋这种经济型别墅市场是个大众化的市场，因为有很好的性能价格比，具有非常大的增长潜力。随着人们财富的增长，会有更多的人能够拥有别墅。那么究竟怎样才能选购到适合自己生活居住和适合自己经济实力的小独栋呢？通常我们需要考虑以下三个方面：

首先，选购小独栋时要看它的交通位置是否便捷，这与购买商品房需要关注的要点是一样的，比如是否在高速路附近，离市区是否很近，这样对于购买者来说可以节省时间、油耗等各项开支。

其次，一般意义上小独栋是以长期居住为主，选购时面积大都应控制在两三百平方米之内，价格多在两三百万元上下，这样凭借按揭或其他银行贷款方式许多白领也买得起。

此外，通常我们经常听到“别墅生活对相当一部分人来说还是一个“期货”的说法。通常考虑要购买小独栋的大都是一些经营实体或贸易人、从事保险业、金融、证券等的高收入人士等。因此，这些购买小独栋的消费者在选购前要考察所要购买的别墅其日常的各种收费标准是多少，是否经济实惠，或者说要符合正常的收费标准，像物业费、相应的生活配套等等，是否符合自己的消费水平。要考虑到买得起别墅，也能住得起别墅这种状况。

小独栋的优势在于价格偏低，选购时除了看重价格因素外，还要注意观察它的交通、面积、设施等情况，以保证生活的舒适度和工作的便利性。

第四节 如何保障别墅业主的权益

别墅业主跟所有的业主一样，都期望自己的家和谐安定。相对于普通住宅，别墅在空间设计、装修材料等方面对装修装饰工程质量的要求更高，出现问题的可能性也更大，因此对别墅的投诉也呈增多趋势，别墅的品质问题更是成为各方关注的焦点。那么，消费者在购买别墅时需要注意哪些事项，又该如何保障自己的权益呢？本节将为您一一道来。

1.购买别墅的注意事项

买别墅与买普通商品住宅一样，签订的是同一个预售和销售合同、办理手续的方法和程序也一模一样。但是，别墅终究有一些特殊的地方，所以对以下几个方面加以关注，才能更好地保障业主自己的权益。

第一，签订合同时，要控制建筑的暂测面积和实测面积的具体数据。特别是独立式别墅，在面积计算上更容易出差错，比如阳台、平台、外廊、露台、汽车房乃至前后花园面积等，而普通住宅就不存在这些问题。

第二，别墅土地面积的分摊尤为重要。尽管与普通住宅一样，在合同中不一定把分摊面积另外列出，但是其分摊面积大小、界面如何界定、具体位置等等都应当明显地在合同图例中标明，以便一旦发生纠纷有书面依据，可以维护业主的合法权益。

第三，关注土地使用权。购买了别墅，并不代表就拥有了建筑物和土地。别墅一般由建筑物和土地两者构成，出售房价应当包括建筑物本身和土地两者内容，因此当开发商说“奉送花园”时不能把它当回事。因为土地使用权是不能“奉送”的，一定要“白纸黑字”规定清楚，否则今后打官司也不算数的。

第四，要注意别墅地块的性质。就像商品房一样，有些商品房是居委会或者村委在集体土地上建造的，这种房子被称为“小产权房”，同理，有的别墅是造在农村集体土地上的，买这种别墅今后是办不了产权证的，因此事先要请开发商出示土地出让证明，表明开发商确实已经获得了土地使用权。

第五，关注别墅的重塑性。买别墅最重要的是土地，因为只有土地的使用权是你的，即使建筑物被折旧和损坏，只要该土地使用权是属于你的，就可以在地块上再造房子，这种现象称为“别墅的重塑性”，关注其重塑性就能使别墅保值升值。

2.别墅买卖中的权益保障

业主在购买别墅时，一定要用合同明确规定买卖双方需要承担的责任和所享受的权益，以免在购买过程中上当受骗，下面为你讲述在别墅买卖中不可不知的要点。

（1）交易前：开好证明

【卖方】

房产证证明：这个表明房产证是交易中心开出的，真实、有效。

身份证明：就是说你的身份证不是伪造的，而且要与房产证上的名字一致，这样你才有权利出售这栋别墅。如果出售的别墅带有租赁合同，那么你还要让你的房客写一个放弃优先购买权的证明书。已婚人士出售别墅还需要配偶的同意出售证明。

【买方】

身份证明书是必不可少的。如果需要贷款则还要从所在单位开出收入证明。根据06年出台的一系列政策，外籍人士在购买前还要出示该房屋为在此地购买的第一套居所以及在华居住、工作满一年的证明。

【买卖双方】

双方做一个别墅产权的调查以表明房屋买卖的真实、合法性。

签订协议，协议主要包括明确双方在交易过程中所产生的费用由谁支付；物业费、水、电、煤等费用如何结算和交付；别墅内原有的家具的品牌、数量以及家具如何处理；买方如何付款，几天到账以及到账几天后可以拥有房屋的使用权等都要在协议中明确的规定，这样就可以在后期的交易中避免许多不必要的麻烦，使交易简单化。

（2）交易后：做好交接工作

【买方】

与卖方一起去将电话、水、电、煤等做更名以免以后产生纠纷。

去别墅小区的物业管理公司做登记，证明这套别墅的主人是你，物业以后所有和别墅相关的事务都要将你负责，和你联络。

第八章

中国和外国著名别墅

本章对国内的十大海滨别墅、十大度假别墅、十大豪华别墅、十大山水别墅、十大中式别墅、国内亿元别墅以及国外的知名别墅进行详细的介绍，其知识内容包括别墅的地理位置、建筑面积、建筑类型、设计特色等各个方面，同时并配以相应的插图，让读者能对这些著名别墅有一个详尽的了解。

第一节 国内十大海滨别墅

所谓海滨别墅，从字面我们可以理解为“濒临大海的别墅”，这样的房子面朝大海，背靠大山，是为好风水的典型格局，也是不可多的的风水宝地。下面分别对国内比较著名的海滨别墅进行介绍。

1.福建——百亿新城度假村

“百亿新城度假村”位于福建省东山县，该县地处福建省南端，四面环海，东濒台湾海峡，南距香港约389千米。全县由33个岛屿组成，主岛面积194平方公里，因其状若翩翩彩蝶，故称“蝶岛”。该地区属亚热带海洋气候，岛上绿树成荫，素有“东海绿洲”之称。这里风光秀丽，极具南国海滨特色，天蓝、水碧、林茂、海滨美、岛礁奇，被国内外影视家又冠之以“天然影棚”的美誉。

“百亿新城度假村”隶属新城房地产集团（福建）有限公司，系天鹅国际（香港）酒店管理有限公司成员单位。度假村于1999年6月正式对外

“百亿新城度假村”位于福建省东山县，隶属新城房产公司。

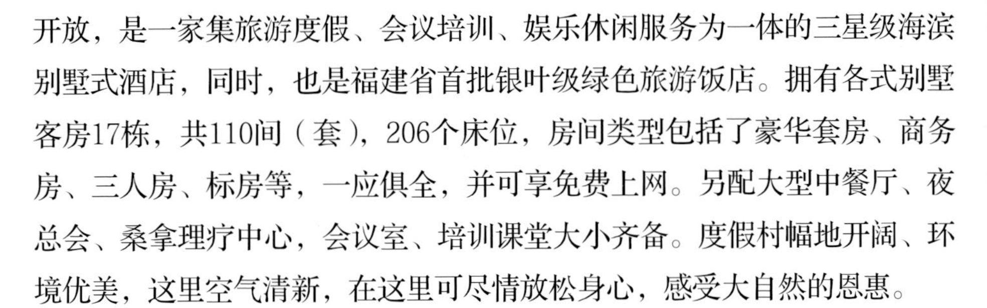

开放，是一家集旅游度假、会议培训、娱乐休闲服务为一体的三星级海滨别墅式酒店，同时，也是福建省首批银叶级绿色旅游饭店。拥有各式别墅客房17栋，共110间（套），206个床位，房间类型包括了豪华套房、商务房、三人房、标房等，一应俱全，并可享免费上网。另配大型中餐厅、夜总会、桑拿理疗中心，会议室、培训课堂大小齐备。度假村幅地开阔、环境优美，这里空气清新，在这里可尽情放松身心，感受大自然的恩惠。

2.福建——海景国际花园

“海景国际花园”位于福建省泉州市，地处泉州“半小时经济圈”的核心位置，整个项目占地3万平方米，总投资20多亿元人民币。商业街位于海景国际花园交通最便捷的金爵大桥头，与江滨路、沿海大通道、宝洲路、云鹿路仅一桥之隔，交通便利。

海景国际花园的户型配比为：别墅347户，高层832户，东部高层1915户（其中二房：52户，小三房：172户，三房：1492户，四房：166户，楼中楼：35户）。该项目主推115~162平方米之间的三房和四房户型，别墅的价格大多在1000万以上。

“海景国际花园”位于福建省泉州市，地处泉州“半小时经济圈”的核心位置。

“海景国际花园”在开发过程中，在锻造高品质精品住宅的同时，把握住落实CEPA协议与建设海峡西岸经济区的发展良机，引入了国际超前理念——总部经济中央商务区，以期将海景国际花园建设成集豪华别墅、五星酒店、高级写字楼、高级公寓、海丝风情商业街与别墅式企业会所为一体的大型综合社区。

在规划上由著名的美国龙安建筑规划设计顾问公司，使用国际最先进的“新市镇主义”手法，将泉州最珍贵的江心岛规划成集五星级酒店、直升飞机停机坪、游艇码头、海丝商业街的千亩绿岛新水别墅区，并创造性地利用潮汐原理将江水引入岛内，形成“水中水、岛中岛”的奇特景观。而就景观而言，首先占据中国少有的江景、海景资源，四面晋江环绕，远眺浩瀚东海，岛内玉龙河波光粼粼，精心呵护着世纪门、星贝桥、星贝湾叠水、郁金香广场、雅典娜广场、新水平台、新水栈道……优美景观为成功阶层擘画出返璞归真的动人画卷。

3.深圳——半山海景别墅

“半山海景别墅”坐落在广东省深圳市美丽的南山脚下，地处蛇口沿

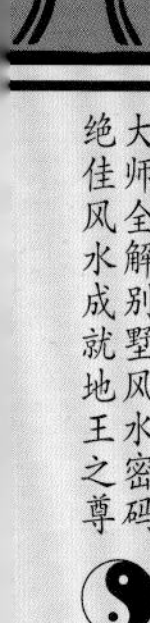

“半山海景别墅”的设计思路在于保证道路、建筑与山势的完美融合，采山水之灵气，成永恒之建筑。

山路与大南山之间，总占地面积为2.4万平方米，建筑覆盖面积逾1.2万平方米，容积率仅0.28，建筑覆盖率仅17.33%，是深圳屈指可数的一流别墅区之一。

“半山海景别墅”的设计思路在于保证道路、建筑与山势的完美融合，采山水之灵气，成永恒之建筑。由于该别墅项目的建地高差起伏较大，该别墅区为典型的山地建筑，沿山路、山坡的山势分布着47幢独栋别墅和40余户双拼及叠加别墅，每幢建筑均依照地形坡度、山景、海景视线条件设计以确保对自然资源的充分利用以及对南山山体景观的优化改造。

该项目的开发商是深圳招商房地产有限公司，为求得建筑立面的美观大方，招商地产在业界首先采用了建筑立面国际招标的方式；结构上，较多地采用吊脚楼的形式处理复杂多变的地形；景观设计方面巧借自然之景，精心雕琢，体现出“幽、游、劲、趣”四大特色，峰回路转、曲径通幽、小桥流水、山野奇趣，建筑融入环境，环境融入花园，花园景色流入室内。每栋别墅都有独立的花园和室内车位，别墅区内特别设计两条上山步道连通中央花园和多个景点，清晨黄昏可漫步于林荫道中，体味山水清新之气。

招商地产历时五年，潜心规划设计，力臻完美，其中7幢大面积别墅更是根据买家文化背景、生活习惯量身设计，其中某别墅还曾荣登美国《福布斯》杂志封面。

4.深圳——万科17英里

“万科17英里”项目获得了2003中国建筑艺术奖住宅类优秀奖。该项目位于深圳市龙岗区溪涌镇，用地面积为67571.1平方米，容积率0.75，总建筑面积5.1万平方米，其中住宅4.8万平方米。该项目用地属于海边坡地类型，三面环海，背靠青山，用地海景线长约662米，高差约50米。地块形状呈面向西南方向的内弧形状，由此在西向和南向形成两个犄角状半岛，伸入溪涌湾和大鹏湾，直接接触海面处多为礁石。

其名“17英里”更取自美国加州蒙特里半岛(Monterey Peninsula)著名的17-miles Drive。该项目是一个近距离接触海扶摸山，和山海紧密结合的

项目。住宅是融入到山海自然中的点缀，大自然永远是美丽的主角。建筑、自然、人之间的和谐，便构成了“17英里”乐章的韵律，海边的伊甸园。

“万科17英里”该项目提供了“多拼并联”、“双拼并联”以及“高层公寓”等住宅形式，总套数为324，其中单房53套、一房复式82套、二房复式184套、顶层复式6套。

而据户型面积来看，分为A户型（95~103平方米）、B户型（57~69平方米）、C户型（38~44平方米）、和D户型（140~180平方米）四种，同时还根据每种住宅单位的不同条件，如所处位置的不同，住宅面积的不同分别赋予其独特的设计处理手法。

项目在设计初期确定了“营造具有鲜明海边坡地特征和休闲度假特性的高档居住小区，保护原有地貌及区域生态”的规划设计理念。由于“溪涌”独特而罕有地理位置，处于沿海山坡上，大鹏湾景致尽入眼帘，在此自然环境下，住宅组群的规划尽量利用基地本身沿着海岸线迂回弯曲的地形及由高而下的天然山势，营造建筑与自然的整体协调氛围。以高低错落有序的几何立体组合，从而创作出一个富时代感的海岸建筑群。为了体现资源的合理分配，面积越大住宅越高档，其位置越靠近海岸线，同时要做到不遮挡后面住宅的景观，体现海滨住宅特色。

“万科17英里”项目获得了2003中国建筑艺术奖住宅类优秀奖。

5.广州——香堤半岛水岸别墅

“香堤半岛水岸别墅”是整个“广州后花园”项目的二期工程，广州后花园则是集“度假、休闲、养生、社交”四大理念为一体的国际级尺度休闲度假别墅社区，它位于广州花都区与清远市交界处，距广州市区约42公里，与广州新机场距离也仅约30公里。其总占地面积过万亩，坐落于667万平方米天然山林与200万平方米的浩荡湖泊环绕之中，天然资源优势无可比拟。生活于此可享受50万平方米的百果庄园，盛产20多种水果，天天新鲜，四季不断；50多种的休闲娱乐配套，引领休闲度假新生活。

长远来看，新机场板块将成为广州房地产市场的又一个热点区域。而土地资源的稀缺也为已取得用地发展的楼盘提供了一个可期待的升值空间。在这其中，广州后花园以建设“一个原生态的真正别墅”的理念脱颖而出，成为新机场板块中的一个佼佼者。而“香堤半岛水岸别墅”的买家有七成来自广州，其中大多数是企业的高层人士，这些买家在购买之前曾看过广园东和华南板块的别墅，这也充分说明了该项目的市场竞争力。而随着04年广州新机场的正式启用，当年仅需55~150万就能拥

“香堤半岛水岸别墅”是整个“广州后花园”项目的二期工程，集“度假、休闲、养生、社交”四大理念为一体。

有的600~1500平方米私家花园的别墅也在持续升值中，其潜力也在逐渐爆发。

“香堤半岛水岸别墅”项目推出了70多栋别墅，该楼盘的主力户型与附近的别墅有所区别。本次的主力户型的建筑面积为300多平方米，而花园面积大多数达到100平方米或以上。最为特别的是，这些别墅设置了独立主人层和湖景主人浴室，增设了按摩和SPA等功能。在不影响整体风格的情况下，业主还可以对户型进行DIY式的设计，而开发商将提供专业设计师进行全程的跟踪服务。让人置身于此，享受“离尘不离城”的悠然生活。

6.天津——海逸长洲

“海逸长洲”片区是天津市近几年城市环境建设重点地区之一。该区域北起珠江道，南至外环线，东邻友谊南路、水渠，西至陈塘庄铁路。区域总用地面积为422.4万平方米，其中绿化、水面的景区用地面积为300万平方米，占总用地的71%。在规划上，以世界都会罕见的浩大“城市中央群岛版图、环渤海经济圈、世界第七大都市圈”的顶级富人区，雄居“中

“海逸长洲”片区是天津市近几年城市环境建设重点地区之一。

国北方华尔街、天津2008奥运第一迎宾大道”友谊路沿线金钻地段，是城市中心战略南移的目标区块，是地价升值的中心地带。

“海逸长洲”集合了纽约中央公园、卡碧宁静群岛、安大略湖畔豪宅、温哥华城市湾岸等顶端富人区的“豪宅血统”，超大外湖环抱，80000平方米浩瀚内湖相拥，通过不同的交通路网、水体规划和园林景观融合，打造不同主题的高层临湖豪宅岛、码头商业岛、生态景观岛、娱乐休闲岛、环湖单体别墅岛。

目前海逸长洲在售楼盘为“海逸长洲第六期——海逸王座”，是该项目的最后一期高层，作为收官之作，海逸王座旨在打造一个纯大户型低密度的社区。户型分为230平方米、270平方米、320平方米。该楼盘的特点如下：

地理位置：海逸王座基址天津传统富人区——梅江板块，簇拥新迁市政府、天津电视台等重量级城市资源，承继友谊南路城市新文化中心定位，有便利的交通网。

岛居品味：绝版岛状土地上，结合梅江丰沛的水资源，海逸王座于岛中建居，三面环水，环岛而居。

极致景观：五座豪宅各携各景，永远向前保持270°视野无遮挡，展现出超广角帝景岛屿。

绝版低密：1.3容积率，比肩纯别墅社区的绝版低密，将更多土地密植翠绿，70%全岛绿化，享受低密度高层品味。

奢适尺度：230~320平方米纯大户型社区，“双主卧+套房”设计、4.9~5.9米浩瀚起居、私家专属电梯平层别墅。

极致层高：3.3米是平层住宅历史上能够给予居住者自由控制室内居住气场的最佳承载高度。第一层3.6米，二层及以上为3.3米，远远高于天津市高层住宅的普通层高。

散步岛屿：海逸王座地上不设任何车行道，做到100%人车分流，保证园林景观的完整统一，给闲情逸步者创造一个全散步式的岛屿。

收官之作：八年海逸告竣梅江之作，海逸王座尽收梅江十年发展所得，圆满了以大梅江为中心绘制的城市富人区版图，成为梅江无法复制的收官豪宅。

7.上海——浅水湾别墅

“浅水湾别墅”位于上海市莘松路，临近青春路，是松江新桥别墅板块内生态环境优越的经济型别墅。新桥别墅板块是上海目前为止中档别墅现房最为集中的区域，开发比较早且较为典型的高档别墅是新桥镇的绿洲比华利花园，经济型别墅如浅水湾花园、阳光爱琴海、桃花源田庄、同润家园、乔爱别墅等十余个项目在新桥地区星罗棋布。

“浅水湾别墅”项目总占地面积17.7万平方米，建筑面积8万平方米，共有别墅266栋，其形态为联排和独栋别墅形式。独栋别墅158栋，联排别墅108栋，同时还拥有一个5万平方米的共享私家花园，一年四季享受绿色，且所有设计均采用开放型功能布置，使其更贴近自然。同时还在小区内引入了天然河道北竹港，河道两旁绿树成荫、鸟语花香，田园风光的园林造景和建筑相得益彰。小区通过景观湖和私家园林构成动静分明的区内环境。且独栋别墅以欧式风格为主，每栋都有自己的特色。最后，小区内有会所设施，设有壁球、游泳等项目。小区北面为中型社区上海康城，周边有巴比伦生活广场、乐购等商业设施，生活氛围较为浓厚。

“浅水湾别墅”位于上海市莘松路，临近青春路，是松江新桥别墅板块内生态环境优越的经济型别墅。

8.上海——天马花园

“天马花园”位于上海市佘山风景区，进可享受都市繁华，退可归隐宁静乡村。整个区域占地面积很大，包括一个27洞的国际标准高尔夫球场和十余个面积大小不一的湖泊，由众多河流相连，分割着蜿蜒排列的球场，自然环境十分优越。

该盘为纯独栋别墅盘，每户别墅面积在470~840平方米之间（含155~300平方米阳光地下室），风格上偏向西班牙别墅的风格，别具艺术风情。别墅建筑根据河道和湖泊的走势来分布，基本做到了户户临水，从二区的别墅向南面看出去，隔着大面积湖泊的对岸是数片高尔夫球场，球场后面是天马山，视线十分开阔。

从小区环境上看，天马高尔夫别墅远可眺望天马山、恒云山的峰峦叠翠，近可赏38.4万平方米大湖的碧波荡漾，天马高尔夫球场更是社区独享的生态美景。别墅与天马高尔夫球场比邻而居，是业主家门口的休闲好场所。天马高尔夫球场已经成功经营十年，深受大批高尔夫爱好者的青睐。27洞的高尔夫球场拥有国际化的标准，专业的服务团队给人专业而亲切的

“天马花园”位于上海市佘山风景区，进可享受都市繁华，退可归隐宁静乡村，该盘为纯独栋别墅盘。

服务品质；成熟的会员来自欧美、日本、香港等世界各地。

同时，该小区配套齐全，小区内部配有会所、室内温水游泳池、儿童嬉水池、全新SPA、健身中心、有氧体操房、西餐厅、咖啡厅、烤肉区、高尔夫会所、休闲会所、休闲农庄以及运动公园等，周边学校有上海对外贸易学院、上海外国语大学、东华大学等，同时周边还配有天马镇菜场、农工商超市、吉盛伟邦国际家具村等场所，这些场所在很大程度上增加了小区业主生活的方便性。

9.大连——圣美利加庄园

"圣美利加庄园"位于大连市旅顺口区橡树湾，是由大连圣北房地产开发有限公司开发的东北高档别墅区。该项目是由日本综合计画研究所和美国EDSA公司共同规划设计的，占地约10万平方米，总建筑面积26000平方米，其中别墅建筑面积约22000平方米，建有37幢独立别墅，项目容积率仅0.28，绿化率达60%以上，别墅最小面积为350平方米，最大面积为1000平方米，是具有网络房屋功能在内的全智能化别墅区。

"圣美利加庄园"位于大连市旅顺口区橡树湾，是由大连圣北房地产开发有限公司开发的东北高档别墅区。

“圣美利加庄园”拥有长达800米的私家海滩，700米长专用山间道路，集山地别墅和滨海别墅的世界高尚建筑形式于一身，原始植被层峦叠嶂，花草树木郁郁葱葱，是国内不可多得的高品质庄园式度假别墅区。庄园目前已建成并投入使用的配套设施有蓝鲸阁餐厅、白马居宾馆和金爵轩会所，总建筑面积3650平方米。

“圣美利加庄园”在销售方式上采用的是量身订造的方式，在建筑设计上由国内外著名设计大师提供方案，与客户进行互动式沟通，最终确定别墅的建筑形式和建筑立面，为豪宅打造个性化、风格化的建筑精品。

圣美利加别墅在设计上，将北美风情和山林海景进行了完美的结合，打造出轻灵飘逸的庄园式别墅生活区。在包容性强、多元化并存的北美文化背景下形成的各种建筑风格，互相融合影响，呈现了丰富多彩的国际倾向。同时，这里的北美风情也体现了崇尚自由与个性的生活方式，它的包容性可以超越建筑风格的地域限制，使得建筑设计更加富有想象空间，可以将业主的个性和项目的个性通过建筑得到完美的结合，将纯正的北美风情带到中国，倡导一种自由、开放的美式别墅文化。

同时，小区内配有高级会所、室内泳池、壁球馆、桌球馆、网球场、棋牌室、阅览室、健身房、桑拿房、风情餐厅等，建立起了完备的生活要素。一个度假城堡，一种生活意境，一如自然天地的宽广。在圣美利加庄园，可以感受书中无法完全记载的不可言说的澄静，会有一种似曾相识的幻觉，引领你寻找通往心灵深处的花径。

10.大连——维多利亚庄园

“维多利亚庄园”位于大连市南部海滨风景区仲夏路东侧，离风景区海滨10分钟步行距离，南有海滨大道及著名的傅家庄海滨浴场，东接著名的旅游胜地老虎滩，西连星海国际会展中心。这里三面环山一面临景观路，项目选址在风景秀丽的山凹内的千顷山林深处，绿树成荫，群山环抱，环境幽雅，气候宜人。这里远离城市繁华商业区的喧嚣与污染，空气清新，富含氧离子，依山傍海，别墅群落掩映在青山绿水间，既能呼吸到海浪潮汐的清新，又能卧床聆听到山鸟云雀的啼鸣。规划用地原是坡谷起伏的苹果园区，呈金元宝状，东南、东北两侧山脉绵长，常年小溪流水。为了体现别墅风格，基本保持原地形地貌，把生态环境与造就居住环境紧密相连，自然而得体。

项目基地占地面积8.1万平方米，建筑面积为2.4万平方米，建筑容积率为0.29，建筑覆盖率31%，基地绿化率为61%。庄园整体规划由九个组团及综合配套建筑构架而成，每个组团由六栋单体别墅组成，独立的组团道路，构成小团队的私密空间，亲密有节。园区内共建有单体别墅53栋，面积353~700平方米不等；双联别墅9栋（18户），面积261平方米和315平方米两种。整个园区充分利用项目基地山林、坡地的自然地理优势营造大连首座纯美式园林景观和美式乡间风情山景、海景园林式度假、休闲别墅群落。

园区入口设有大型综合会馆（白宫会馆），经红杉大道直达园区的中心景区（乔治湖景区）。大面积的湖水、高大乔木带及水面景观，层叠相映，随坡坐落风格均不相同的欧美款别墅，给人一种气势上的震撼，层次分明、景致深厚、耳目一新。别墅内部却采用当今最前卫的法国环保建材和国内外一流的厨具、浴室、车库设备、空调、保安设施，使维多利亚庄

○“维多利亚庄园”位于大连市南部海滨风景区仲夏路东侧，离风景区海滨10分钟步行距离。

园在古典魅力中透着现代，在昨天中透着今天、明天。使大连人不必远走美利坚合纵国，就可在家乡的土地上，尽情享受到美国本土乡情与原版正宗的纯美式维多利亚庄园乡间别墅的无限风情。

第二节 国内十大度假别墅

度假类别墅与其他类型的别墅相比，就居住功能上更偏向于“酒店化”，多以能提供更好的“舒适生活空间”为装修设计的主题，为人们能拥有“休闲、放松、自在”的假期生活提供一个良好的载体。下面分别对国内比较著名的度假别墅进行介绍。

1.北戴河——名人别墅

“北戴河名人别墅”是中国近代四大别墅群之一。由英国人史德华于1893年首开其端，在北戴河兴建别墅。到1898年，清政府正式宣布北戴河为避暑区之后，中外名流，富商大贾，各国传教士更是大量涌入，购地筑

北戴河别墅，当地百姓称为“老房子”，包括近代建筑、教会建筑、公共建筑和商务建筑等，都是19世纪末、20世纪初建造的。

屋兴建别墅，到1949年建成别墅达700余幢，从而形成了风格不同各具特色的一幢幢别墅。

北戴河别墅，当地百姓称为“老房子”，包括近代建筑、教会建筑、公共建筑和商务建筑等，都是19世纪末、20世纪初建造的。对外开放的有10多座，康有为、张学良、徐志摩、梅兰芳等都在别墅住过，这些别墅多为单层建筑，少部分为两、三层建筑，大都以红顶、素墙、大阳台和小巧玲珑见长。门、窗、墙、顶、台阶也都通过艺术造型和点缀，显露出鲜明的异国格调和建筑流派，与庐山、厦门和青岛并称为“中国四大别墅群”。近年来，北戴河不断从这些“老房子”中挖掘深厚的历史文化内涵，建立名人别墅旅游开发公司，开发名人别墅游等旅游资源，让已有百余年的北戴河近代建筑向广大市民和普通游客开放。如今，曾经“藏在深闺人未识”的名人别墅正在成为北戴河自然景观，吸引着越来越多游客前来约会名人，寻访历史，踏上一段不同寻常的人文之旅。

北戴河别墅历经沧桑百余年，现存老别墅仅150余幢，在这其中选取了建筑风格、历史意义等方面具有代表性的一些别墅作为了今天的北戴河名人别墅。

其中最古老的别墅当属始建于1898年的东领会教堂，它可以算作北戴河最古老的别墅式建筑之一。它是纯美式的建筑，由花岗岩为墙，自然的颜色古朴大方。最有特色的要算是屋顶上的灰绿色石片瓦，完全由天然颜色的石片磨制而成，别墅建筑面积250平方米，分上下两层，100多年过去了，石头楼风貌并无大变，一派淳朴之风。

最保持原貌的别墅当属傅作义别墅，建于1900年，是此处别墅群中保持最为完好、最有遗风的一座。这座充满维多利亚式风格的建筑，拥有北戴河建筑中非常典型的三面回廊，夏日的傍晚坐在回廊中，可以尽情享受习习海风。红顶、素墙除了绿树掩映之外，前面还有大片的草坪，独立的围墙造就了独立的度假空间。

最东方的别墅当属何香凝别墅，建于1942年，整栋别墅完全用木楔楔成，没用一颗钉子。它是日本风格与中式建筑的结晶，表面上看起来和一般的中式建筑没什么不同，坐北朝南，典型的仿唐代建筑，红柱挑檐青瓦，充满对称的美感。其实波浪式的双层屋顶和回廊外落地的中式窗棂是它最

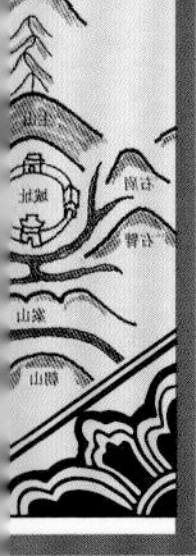

与众不同的特色，让整个房子显得新奇俏丽。

最统一的别墅当属五凤楼，它是五座风格统一又略有不同的别墅的统称。这五座欧式建筑堂前有廊，近可听松涛阵阵，远可观海潮滔滔。别墅是著名的民族企业家周学熙之侄、全国政协副主席周叔韬在解放前任启新洋灰公司总经理时为五个女儿分别建造的。三女儿最受父亲宠爱，所以她的别墅比其他的四座要大，建筑也略有不同。五座建筑一字排开，颇有气势。

目前，北戴河的名人别墅可供参观的有8栋，50家可以接待住宿，但多半是单间租用，按床位收费。可以按栋整租的只有属于友谊宾馆的傅作义别墅和位于中海滩一号的顾维钧别墅。

2.北戴河——联峰度假别墅

“联峰度假别墅”位于河北省旅游避暑胜地北戴河中心。东望天然湿地的鸽子窝公园，南临碧波金沙的老虎石海边浴场，西倚松涛万顷的联峰

“联峰度假别墅”位于河北省旅游避暑胜地北戴河中心。

山。门前的联峰北路是进出北戴河海滨的主干道，交通便利，与水利宾馆、长海大酒店相邻。

“联峰度假别墅”是2008年重新改造装修的独栋、独门、独院花园别墅。建筑面积400余平方米，多套空调标间、套间别墅客房，两栋别墅可接待30名游客。分别设有三人间、标准间、情侣间。双人间豪华舒适，三人间整洁大方，会客厅宽敞舒适，整体厨房、洗手间设施完备，具有不亚于三星级宾馆的舒适。宽带入室，液晶电视、空调、独立卫生间、太阳能热水器、闭路电视、宽带接口一应俱全。整体厨房、餐桌设备齐全、豪华。入住别墅即可享受四星级宾馆的舒适、安静、幽雅，院内有专用停车场，安全方便。

别墅还提供了星级宾馆所不具备的宽阔的休闲度假私密活动空间。宽敞的客厅、豪华自助厨房，冰箱、厨具一应俱全，别墅南北西及东侧2楼顶层设有4个风格各异的超大型阳台（露台总面积达80平方米），别墅独门独院——私属花园绿地，大型露台、亭榭、秋千、吊床，院内专用停车场，方便安全，凡住别墅的客人，可以免门票参观生态养殖基地，消费特价优惠。

此别墅适宜公司、旅行社暑期办公、旅游接待；企事业单位培训、会议、学术交流、旅游度假；自驾游、家庭自助游、成功人士暑期度假（可短期包租、分租）。在这里能感受清风的吹拂，又能享受富氧空气的环绕。

3.南戴河——碧海蓝天别墅度假村

“碧海蓝天别墅度假村”位于美丽的避暑胜地——秦皇岛市南戴河海滨，地处南戴河仙螺岛景区和黄金海岸景区之间，与海岸咫尺相依，地理位置优越。是北方唯一获得中国旅游房地产博览会《全国优秀旅游房地产项目大奖》的项目，是集旅游、居住、投资于一体，拥有交换式产权的酒店。酒店开业时间为2002年4月，2008年3月局部装修，楼高3层，客房总数316间（套）。

“碧海蓝天别墅度假村”占地面积约54万平方米，自然环境优美，度假村内河流环绕、树木葱郁，更拥有800米长的私家沙滩，海水清澈、沙质纯净，海鸥翔集，构成了“蓝天、碧海、绿林、金沙”的天然画卷。度

“碧海蓝天别墅度假村”占地面积约54万平方米，自然环境优美，度假村内河流环绕、树木葱郁。

假村全部客房为独体别墅式公寓，独具欧陆风情，均以四星级酒店标准建造。建筑风格多样，主要有地中海式公寓、联排公寓、美式别墅，游客在此可享受各种优质的服务，同时，酒店还专为青年学生开放经济实惠的青年公寓。餐厅经营特色为海鲜、川菜、家常菜、芦荟餐等，另有海边自助烧烤、大排档等多种用餐形式，能容纳500人同时住宿及用餐。海边活动更是丰富多彩：海上游艇、海上垂钓、海边放风筝、沙滩排球、足球等，晚上海边有篝火、烤全羊等活动。度假村可为各大公司提供会议、培训的服务，大、中、小会议室可满足不同的需要；同时也可满足游客用车的要求。入住这精致的别墅与自然为邻，邀碧波共舞。葱郁的树木、碧蓝的海水、金色的沙滩、清幽的曲径、恬静的氛围，无论简约、奢华、保健、养生，还是贴近自然，尽情呼吸，都能在碧海蓝天找到一方天地。

4.广东——帝苑别墅度假村

“帝苑别墅度假村”位于青山翠绿、椰树婆娑、风景秀丽、碧海连天、气候宜人的台山市下川岛王府洲旅游区，步行十几分钟可到海边，是挂牌

"帝苑别墅度假村"位于青山翠绿、椰树婆娑、风景秀丽、碧海连天、气候宜人的台山市下川岛王府洲旅游区。

三星级度假酒店。该度假村采用园林式的设计，共有10幢别墅90个房间，村内配套齐备，设有中餐厅、茶艺馆、自选超市等，并有可容纳近100人的多功能会议室。

各幢别墅分别坐落于幽静清雅、树木婆娑、绿草如茵的环境中，每幢别墅均有独立小厅，此时可约上三五知己于别墅内的小厅中共同感受品茶、谈笑的乐趣。豪华舒适的客房均各自独立，互不干扰，打造出一个完全的私人空间，部分房间更带有厨房。

度假村环境幽静，与海岛特色相辉映。在这里——晨曦可感受花儿的清香、鸟儿的歌唱，可暂别都市的喧嚣，工作的压力，尽情享受大自然的海岛风情。朝沐岛上晨曦，晚赏日落彩霞，或漫步沙滩拾贝，或搏击海水冲浪，晚上可享受星夜的宁静，下川的魅力。海风吹来，椰树婆娑，令人心旷神怡，乐而忘返。

5.海南——东山高尔夫度假别墅

"东山高尔夫渡假别墅"位于海南省海口市秀英区东山高尔夫球球场

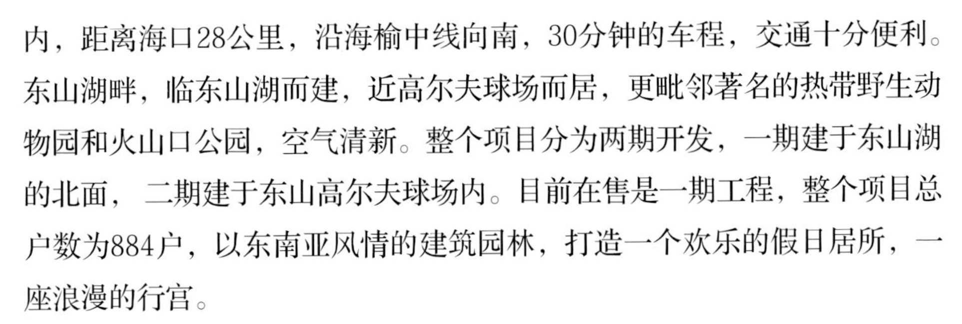

内，距离海口28公里，沿海榆中线向南，30分钟的车程，交通十分便利。东山湖畔，临东山湖而建，近高尔夫球场而居，更毗邻著名的热带野生动物园和火山口公园，空气清新。整个项目分为两期开发，一期建于东山湖的北面， 二期建于东山高尔夫球场内。目前在售是一期工程，整个项目总户数为884户，以东南亚风情的建筑园林，打造一个欢乐的假日居所，一座浪漫的行宫。

考虑到居住者休闲度假生活的需求，东山湖畔一期主推近500套LOFT精装公寓。5米的挑高空间，豪华落地大玻璃窗，表达对阳光的慷慨接纳，LOFT特有的高大灵活、可重组结构的大型自由空间打破传统住宅空间的格局。高大而开敞的空间，大尺度地让居住者纵横驰骋自己的想象力，根据个性化的生活习惯和喜好，自由分隔，打造出全新的复式空间。同期亦推出200余套联排别墅(106~127平方米)及38套独栋别墅，三大产品构成了丰富的产品台阶，成就度假别墅区。

东山高夫球场占地约120万平方米，环境幽深宁静，地势平缓起伏，湖水清澈。它拥有全长6992码18洞72杆的国际标准球道，以其国际化的一

"东山高尔夫渡假别墅"位于海南省海口市秀英区东山高尔夫球球场内，更毗邻著名的热带野生动物园和火山口公园，生态视野，空气清新。

流设施和特色的风格，备有完善的配套设施，提供优质高档的服务。吸引了海内外众多的高尔夫球爱好者来此观光打球，洽谈生意，休闲度假，娱乐健身。顺着绿茵球场一个个缓坡曲线看过去，呼吸着淡淡青草味,看着那些人们有节奏的挥动着球杆,脸上的表情或是得意或是随意或是一种失落，每一杆就像是人生的一个选择……不仅是一道自然风情的生态景观，更是一道精彩的人文景观，其尊贵的景色资源在当前的别墅市场可谓罕见。千亩翠绿草坪与别墅浑然一体，高低错落的美宅，家家户户都能豪享美景，最大化满足业主审美需求。

绝佳的自然美景是东山湖畔的大亮点，也是最能吸引客户的一大因素。与高尔夫球场相依相伴是面积约150万平方米的天然湖泊——东山湖，这样的豪奢尺度，与各大城市以湖著称的楼盘相比，可谓天地之别。其曼妙湖景，无论是朝日夕落、粼粼微波、霞光潋滟，构成有一幅旖旎的风光画卷。

6.海南——南山休闲度假别墅

南山休闲度假别墅的全名叫“南山休闲会馆”，位于海南省著名的热带海滨城市三亚市西南角的国家5A旅游区——南山佛教文化苑旅游景区内，距市区42公里，距凤凰国际机场20公里，临接海南省西线环岛高速公路，背靠四季常青的南山，面向波澜壮阔的南海和庄严伟岸的108米海上观音。掩映在南山山麓半腰，椰树沙滩、幽径小亭、红花绿叶的自然生态环境，使酒店与景区和谐统一，建筑与环境完美融合。

“南山休闲度假别墅”馆拥有5种不同风格、7种房态的客房234间，其中明清苏州园林式风格的四星花园客房52间，180度海景俯视108米观音的五星海景客房144间，“中国十大度假别墅”的竹林拼装别墅6幢（25间客房），天人合一的生态鸟巢夏威夷树屋3幢（9床位），教海观澜国宾馆1幢（10间客房）。是典型的“景中景”、“园中园”。更于2003年12月，被建设部授予南山“中国人居环境范例奖”。

南山休闲会馆餐厅以绿色、健康、清谈为主题的素斋食品，结合当代饮食主流，推出官府菜、海鲜菜、正宗岭南粤菜、铁板料理、寿司料理、日餐料理、各地家常菜、私房菜等等，使游客在幽雅的用餐环境品味美食

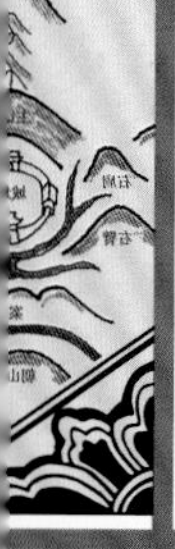

南山休闲度假别墅的全名叫“南山休闲会馆”，位于海南省著名的热带海滨城市三亚市西南角的国家5A旅游区——南山佛教文化苑旅游景区内。

意犹未尽。

南山具备了天然“场景”。住在南山，或凭窗凝望云林深翠、祥云缭绕的南山，远眺碧波千叠、晴光万重的南海；或着一身兼具热带风情和青春活力的岛服，步出房门，攀爬长寿谷、徜徉紫竹林、饲龟放生池、踏浪沙滩上、听涛南海边；更选择在夕阳西下前，租一辆单车，迎着丝丝海风，沿着南山脚下、南海之滨的月湾路一路骑去，来一次十多公里的海滨“自驾游”，欣赏沿岸的奇石怪礁和南海落日最后一抹夕阳……如果沿途偶遇仙鹤腾空起飞，松鼠匆匆过道，那一定是你惊扰了它们的宁静。如果说这种“场景”只是外部环境的组合，还不能达到人们心灵中渴望的意境的话，那么，体验文化，感受“意境”就是人们选择“南山休闲会馆”的绝对理由。

7.海南——博鳌蓝色海岸

“博鳌蓝色海岸”项目位于海南岛琼海市博鳌镇，西南方与东屿岛隔万泉河相望，东临博鳌金海岸大酒店。这里自然风光秀美，既有烟波浩渺、潮汐起落的南中国海，也有湖光山色、明净如镜的万泉河，加上众多椰林葱郁，植物茂盛的小岛点缀其间，宛如一处人间仙境。博鳌是博鳌亚洲论坛年会的永久会址，在论坛规划区内，五星级酒店、别墅度假村、高尔夫球场、高科技智能化通讯设施、高速公路等设施一应俱全。

该项目是海南红石实业有限责任公司在海南岛的博鳌投资开发的大型现代风格的别墅群。整个项目占地61万余平方米，总建筑面积13.8万平方米，容积率为0.199，建筑高度为2至4层，树林覆盖率为21%，由香港许李严建筑师事务所设计。共建有别墅500幢。分两期建设，一期别墅110幢，于2002年2月底交付使用；二期390幢于2002年10月底完工，同时将建成辅助商店、会所、游泳池及其他配套设施。

“博鳌蓝色海岸”沿河而建，通过加开河道增加了向河用地，所有别

○“博鳌蓝色海岸”项目位于海南岛琼海市博鳌镇，西南方与东屿岛隔万泉河相望，东临博鳌金海岸大酒店。

墅以排屋或单体建筑的不同方式营造了一个错落有致的河景，整个建设用地河道交错、地势平坦、椰林密布，是一个具有独特优美风光的休闲度假胜地。

小区配套设施包括了游泳池、超市、网球场及其他娱乐设施、光纤卫星电视系统，博鳌蓝色海岸共设有5个卫星地面天线站，可以接收亚洲五大卫星的信号。为保证信号及画面的清晰，采用了德国进口的WISI核心设计，更利用光纤及HFC传送系统。

8.成都——维也纳森林别墅

"维也纳森林别墅"位于四川省成都市南郊双流县的牧马山上。牧马山距成都市中心13公里，拥有一片约135万平方米的美丽原生松林，全部是树龄30年以上的美国湿地松，树高超过20米，其中20万平方米完全纳入项目规划。每到春秋两季，成千上万只白鹭就在松林里翩翩起舞。放眼望去，锦缎一般墨绿的松针层上织缀着数不清的白点。人在林中，犹在画中。而蜿蜒松林中，不时伸出的红色或赭色的欧式建筑尖顶的，便是牧马山板

"维也纳森林别墅"位于四川省成都市南郊双流县的牧马山上。

块首个顶级别墅项目——“维也纳森林别墅”。

该项目占地52万平方米，由排名“四川首届房地产企业综合50强排行榜”第4名的双流森宇集团倾力打造，分别于2003~2007年共分为5期进行开发。该项目北面临四川国际高尔夫球场，西面临一大片原生态休闲松树森林，东面临约27万平方米的人工湖泊，小区内部修建了很多小型的湖泊，给别墅增加了另一番山水景色。小区的绿化基本上都是原生态树木，这些自然景观给居住在这里人们真正的回归大自然的感受。小区内拥有452户纯北美欧式风格独栋别墅，绿化率69%，容积率0.39。每栋别墅均享两亩地，是一般别墅楼盘难以遇见的。而且每户的花园都比较大，基本都是400到600平方米之间，完全适合居住。在设计风格上，该项目采用北美风格，也独具特色。华丽的外观，添加了中国特色的露台或观景阳台；真实的壁炉；部分电梯井的设置；超大的车库、可以搭建阁楼，增加使用的面积，而且阁楼宽敞，方便使用，独具风格；红色的屋顶，完美地体现了欧洲风情的浪漫。

从别墅户型上来看，该项目的别墅从260平方米的经典小户型到638平方米的超大器户型，涉及的户型广，为客户提供了更多的选择空间。别墅在朝向上也很有风水讲究，符合了中国人坐南朝北的理念，同时还带有一个超大的车库或者双车库，这些都是该项目的优势。同时，“维也纳森林别墅”是牧马山地块最早的别墅项目，经过短短数年时间，如今牧马山板块已经是成都市级风景名胜区和成都市一级森林保护区，具备西南第一别墅区的气势，成为继北京西山、上海佘山、广州二沙岛之后全国闻名的西部顶级别墅区。

9.北京——紫霞谷

“紫霞谷”是位于北京密云县城东9公里的穆家峪镇羊山村，毗邻京城水源之地的“密云水库”，这是一个庄园内的别墅，处于密云红酒庄园内，是京城别墅市场上推出的最具特色的产品之一。

整庄园占地88平方公里，气势恢弘，更有2万余亩郁郁葱葱的次生林，紫霞谷的37席美式独栋别墅便坐落其中。该项目拥有376~624平方米共5种户型，纯美式的建筑风格不仅使产品外观独具特色，在空间功能的分配上也充满新意。每户拥有500~1000平方米的私家庭院及666平方米的私家果林，建于150米坡地之上，逾50米超阔极致楼距，0.09的超低容积率，却拥有150000平方米的庄园配套，12500平方米的高尔夫练习场，5000平方米的赛马场，1000余倾葡萄园，25米标准室内泳池及雄踞于山顶的室外泳池，2个会议中心。庄园内还有赛艇俱乐部、主题公园、户外运动场，让人时刻感受激情迸发的爽快与刺激。密云红酒庄园紫霞谷别墅，150000平方米的庄园配套，仅服务于37位尊贵主人。

此外，本案开发商考虑客户贴近自然的要求，为先期认购客户提供一亩果林的 10 年使用权，使业主有机会体验田园生活的快意。本案社区业主将自动成为红酒庄园的会员，享受园区内各种配套的最低优惠措施。

京郊密云是京城的水源重地，又是众多旅游景点的汇集地，拥有保存完好的自然植被，宛然一个天然氧吧，历来受到政府的高度重视。“紫霞谷”别墅项目依附得天独厚的自然条件，为客户打造了全新的生活方式，屏弃了原有平地别墅的居住概念，使业主与健康休闲生活亲密接触。春天您可以和家人携手踏青，在自己的山地上种一棵幸福树，在自己的庭院里听闻鸟语花香；夏天可以在水上乐园荡漾轻舟，在沙滩浴场一展身手；秋天可以和家人体验收获的喜悦，喝一杯自酿的美酒；冬日可以在滑雪场上

“紫霞谷”是位于北京密云县城东9公里的穆家峪镇羊山村，是京城别墅市场上推出的最具特色的产品之一。

小试锋芒，在跑马场上奔驰飞扬。紫霞谷别墅迎合了客户追求健康生活的理念，把现代田园生活展现得淋漓尽致。

10.天津——上京别墅

“上京别墅”又称“京津新城·上京别墅”，该项目位于天津市宝坻区周良庄镇，整个小区占地面积1500万平方米，容积率为0.2，绿化率为48%。该区域是连接京津市区和唐山的枢纽地段，辐射东北、华北大部分地区。这里北依燕山，东近渤海，不仅拥有“蓟界云山”、“石幢金顶”、“潮白飞练”、“朝霞望日”等自然和人文景观，而且周围有着众多中外驰名的旅游景点，如北戴河、清东陵、承德避暑山庄、古蓟州黄崖关长城，以及被清代乾隆皇帝誉为“早知有盘山，何必下江南”的盘山。

和几年前的海南博鳌一样，这里的宁静安详已经延续了多年，有着保护得近乎完美的自然生态，东邻千米水面、烟波浩渺的潮白新河，与城内水系曲折相通生趣盎然。而今，在这块沉寂已久的土地上，崛起了一座撼世的新

“上京别墅”又称“京津新城·上京别墅”，该项目位于天津市宝坻区周良庄镇，是连接京津市区和唐山的枢纽地段，辐射东北、华北大部分地区。

城——京津新城·上京别墅，其建设速度之快，规模之广，风格之新，无不让人为之惊叹！京津新城正在中国创造出一个全新的城市运营模式，媲美海南博鳌，堪称“天津模式”。

“京津新城·上京别墅”为了在中国北方建造最好的别墅，聘请了世界知名的别墅设计大师，汇集世界经典别墅之精华，形成了上京别墅独有的高端品质。在经过了第一波热销后，其一期680栋别墅已经售罄。

“京津新城·上京别墅”作为国内乃至亚洲罕有的复合型地产大项目，在初期规划上就引起了市场和业内的极大关注，合生创展集团务实、大气、敢为人先的作派在业界独树一帜。在天津市及宝坻区政府的大力支持下，合生、珠江集团充分整合政府资源，主导了京津新城的运营、规划、开发全过程。

同时，京津新城的旅游休闲功能是京津新城目前最为成熟的板块，由建筑、生态、知识与人四大核心元素构成，是当今中国首个完整实现建筑、生态、知识与人四者有机融合与高频互动的高尚居住旅游区。

第三节 国内十大豪华别墅

“豪华”一词多用于建筑、器物设备等的形容和描述上，多指富丽堂皇，以富裕、奢侈为特征。“豪华别墅”自然就是指的那些不管是在功能的设计还是装修的定位上都比较讲究的住所。下面分别对国内比较著名的豪华别墅进行介绍。

1.北京——玫瑰园（爵世三期）

“玫瑰园”座落于北京市昌平区沙河镇北，这里依傍着北京文化旅游高教园区，三面环山，名迹云集，景色怡人。北京的豪宅大多集中在昌平与顺义，从北京城长远规划的角度看，昌平地区在北京的上风口，又有燕山山脉、太行山余脉、西山环绕着北京的北部地区，自然地势、地貌、植被生态条件以及空气指标在京城始终是最佳标准，极适宜居住，这里是天生的豪宅土壤。交通便利，城市规划轻轨将直达昌平及八达岭。玫瑰园别墅爵世家族恰巧就座落在这环绕的平原地带，周边名校林立、国际级历史遗迹、旅游名胜众多，一直以来为历代皇室首选的宝地。玫瑰园新推出的号称爵世双娇的王座别墅在这片土地的坐轴心点，以他壮丽的景观又一次引起世人的关注，演绎出又一段玫瑰园的故事。

该别墅园区毗邻八达岭高速公路，居京城与长城之间，四通八达，轻轨、六环顺捷可至。规划面积54.6万平方米，占地49.93万平方米，建筑面积17.6万平方米，容积率0.35，该别墅区域内建有加拿大式、欧式、日式、美式等各类别墅400多套，同时还建有3万平方米大功能高档会所，其外，大学城之大型文体、娱乐、运动、购物中心等近在咫尺。宜动宜养，宜闹宜静。生活之适宜，更甚于都市。

“玫瑰园”前两期开发的别墅合称“五洲别墅区”。包括美国区、欧陆区、日本区、太空区，散落于美丽的维多利亚公园四周。三期新品“爵世王座”别墅区占地32万平方米，户型面积380~1340平方米，湖区面积为16000平方米，花园面积为32000平方米。又分为渥太华区、温哥华区、多伦多区、纽芬兰区，依劳伦逊湖与枫叶大道因势因景而建，为玫瑰园杰作。园内另有四个会所和一条商业街，它们分别是位于美国区内的“蒙大拿俱

○“玫瑰园”座落于北京市昌平区沙河镇北，三面环山，名迹云集，景色怡人。

乐部”，位于日本区内的“名古屋料理部”，位于欧陆区的“加勒比浴馆”，位于太空区的“布勒斯堡健康馆”，以及一条“密苏里小步街”。

玫瑰园爵世家族里极为突出的专属167号别墅王座，拥有高技术和智能化控制，完全区别于园区其他宅院，极富人性化的居住空间，使业主的生活增添了北美式传统生活的意味。可遥控的窗子，智能化灯光场景的按钮，连泳池地面也采用地板送暖的方式，使居住者的生活达到尊贵极至。

2.北京——东山墅

“东山墅”位于北京市朝阳东四环东风桥外，该项目占地100万平方米，整体规划为11大半岛组团，155席独栋别墅点缀在森林、河流、湖泊、溪谷之间，以80万平方米的绿化面积、4.5万平方米水面、0.32低容积率，创造出都市中的自然奇迹。

该别墅项目由太合控股、三元集团组合投资，北京太合嘉园房地产开发有限责任公司开发，从设计到施工会集众多世界顶级专业公司，其中美国著名建筑师道格拉斯·道林先生亲自主持设计6款经典户型，面积从400平方米至1150平方米，运用国际前瞻的建筑设计理念，使东山墅成为真正的世界级建筑。

○“东山墅”位于北京市朝阳东四环东风桥外，别墅点缀在森林、河流、湖泊、溪谷之间，创造出都市中的自然奇迹。

"东山墅"被誉为北京市第一豪宅，1150平方米户型的二手房挂牌价格已高达2.5亿人民币，里面住户非富即贵，都是社会金字塔的顶尖群体，称为"一般百姓看不见的阶层"。很多影视明星都在此置业，虽然是位于城市核心区的别墅，但环境优美，在一弯湖水之畔，感受不到一丝城市的喧嚣。

3.北京——财富公馆

"财富公馆"地处北京朝阳区苇沟村机场高速苇沟出口左转800米，位置得天独厚，位于北京罕见不冻河温榆河南岸，天然环境优良，风水上佳。交通四通八达，天竺第一别墅区，驾车至首都国际机场5分钟，至国贸只需15分钟。该别墅项目形式为独栋别墅，总占地面积319141.3平方米，总建筑面积263550平方米，项目规划建筑别墅172栋，总建筑面积177550 平方米，绿化率约42%。I期开盘面积约45000平方米，其中会所面积10000平方米，别墅建筑面积35000平方米。

项目定位为顶级豪宅别墅，房屋平均面积在1400平方米左右，每栋别墅配有京城独有豪华双楼梯,为成功人士量身定制。目前在市场上绝无同类产品，独树一帜。每户别墅均可配备独立室内电梯和室内游泳池，尽显豪

"财富公馆"地处北京朝阳区苇沟村，位置得天独厚，风水上佳。

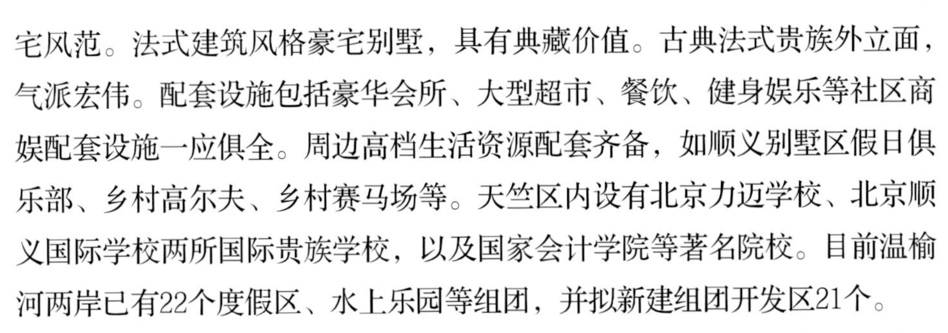

宅风范。法式建筑风格豪宅别墅，具有典藏价值。古典法式贵族外立面，气派宏伟。配套设施包括豪华会所、大型超市、餐饮、健身娱乐等社区商娱配套设施一应俱全。周边高档生活资源配套齐备，如顺义别墅区假日俱乐部、乡村高尔夫、乡村赛马场等。天竺区内设有北京力迈学校、北京顺义国际学校两所国际贵族学校，以及国家会计学院等著名院校。目前温榆河两岸已有22个度假区、水上乐园等组团，并拟新建组团开发区21个。

财富公馆是以法式古典贵族风格著称的顶级别墅。公馆四周为千亩以上生态绿化带簇拥，形成天然氧吧生活区。附近有多个高标准高尔夫俱乐部、马术俱乐部，国际学校、诊所等配套设施一应俱全。小户型建筑面积将近1500平方米，每套售价2000万元起，并不包括最起码500万元以上的装修费，更有3000多平方米的超大户型打造别墅中的楼王，为至尊客户量身定做。室内功能布局气派豪华，由美国知名建筑设计公司倾力打造。

4.北京——碧海方舟

典藏一方碧野，释放心性的悠然天籁之间，这方碧野，衔接着繁华与宁静，能在此悠然生活，才是当代贵族之所系。“碧海方舟”别墅项目位于北京市北四环与京承高速路的黄金交叉点，南望燕莎、CBD中央商务区，掌控商务版图；向东，畅达直通首都国际机场，令往来于国际间的业主尽享便利；西线，则由北四环连接奥运村与中关村。

“碧海方舟”别墅项目独到规划，塑造古典气魄。整体建筑布局贴合地势规划设计，建筑排列纵深舒展、迤逦委婉，独具匠心塑造出古典生活情境。独特组团设计，户型包括F1、E1、E2、C1、C2、C3户型，计为1～6组团，各组团间以富有层次变化的绿化带贯穿，保障每栋别墅均能充分领略GOLF绿野美景，围合出温柔敦厚的邻里关系。结合带状基地一端的中央环岛，设计出独具个性的F２、F３、C５户型，环岛拔出地面近２米的落差，道路与庭院之间安置跌宕的叠水，兼顾情趣的同时，别样生活超然而起，自有一种雍容气度。直面中国湖的B１、B２户型，邀细柳与清波为伴，汇聚浩然之气。 藏锋，城市GOLF碧海选择碧海方舟作为城中大隐生活的所在，正是为了敛藏锋芒，在一方境地之中细细品味生活的醇浓与从

○“碧海方舟”别墅项目独到规划，颇具古典气魄。

容。碧海方舟位于62万平方米、18洞国际标准的的姜庄湖高尔夫球场之中，与鸿华、馨叶高尔夫球场相连。撷取北京难得一遇的自然资源，为业主打造城中大隐之地。雍容、深邃，多少新贵遥望之处，正是层峰者专属的静谧乐园。

碧海方舟传承贵胄世家风范，量身打造55席巅峰别墅，为时代风云人物所独享。除非名列尊位，否则无缘这一城中大隐的生活。豪阔的建筑尺度，释放出层峰的豪情。碧海方舟以千余平方米旷世魄力，将经典的北美折衷主义建筑风格赋予新的生机，为创造时事格局的英雄开辟一方兼顾生活与社交功能的私人使馆。流行于１９世纪北美洲的折衷主义建筑，用简洁利落的建筑语汇，调和现代生活的居住理念，演绎着融合意大利文艺复兴风格、都铎风格、亚当风格和乔治风格的完美建筑风范，在姜庄湖高尔夫碧海之上，坚守着传统至真、至善、至美的精神旗帜。

5.北京——紫玉山庄

“紫玉山庄”也是位于北京市的别墅项目，该项目位于朝阳区紫玉东路1号，距亚运村正北一公里处，别墅形态为独栋别墅和联排别墅。“紫玉

山庄”总占地面积为60.2万平方米，总建筑面积为146080平方米，容积率为0.33，绿化率为80%，是北京罕有的坐拥大面积绿化的别墅区。

该别墅项目由紫玉山庄开发公司进行开发，该公司成立于1992年，主要开发项目为高档别墅，是迄今为止北京市规模最大的台资企业。经过10余年的精心建设，山庄内已建成俱乐部、康体中心、综合运动馆、百鸟园、鹿岛、森林小屋、网球场、儿童游乐场、湖畔缓跑径、垂钓会所、水禽观赏区及各类花果园等。为了兑现与大自然融为一体的承诺，山庄内还有6万平方米的人工湖，3万平方米的中央草场，近100种异鸟珍禽栖息其间，10多万株奇花异卉点缀了整个山庄。

此外，山庄还注册成立了北京集祥物业管理有限公司和北京大自然康体俱乐部有限公司，分别从事专业的物业服务和相关的餐饮、娱乐、健身等娱乐项目。紫玉山庄从房地产开发公司、物业管理公司到俱乐部管理公司都采用国际化专业管理理念，聘用各领域的管理精英进行经营管理，使紫玉山庄成为北京城中具有盛名的别墅项目。

在紫玉山庄，独栋别墅和连排别墅已经算不上是风景了，别墅前后的绿化和景观那才是风景，每一家的风格各异，特色鲜明，院子里

“紫玉山庄”也是位于北京市的别墅项目，该项目坐拥大面积的绿化区域。

的游泳池和花房彰显着尊贵。而更加让人心旷神怡的是园中的中心广场和一个3万多平方米的人工湖，湖里放养着鸭子和鹅，广场配以精心布局的奇花异卉及多达十六万株的树木，异鸟珍禽栖息其间，别有一番风韵。“明星云集”是紫玉山庄的一大亮点，很多国内知名影视明星都住在紫玉山庄。

6.上海——紫园

“紫园”位于上海市西佘山南侧佘山南麓，占地面积约92.6万平方米，近100公顷的土地，总占地面积等同于北京紫禁城。上海紫园总共打造了以欧式皇家风范别墅为主的268幢别墅建筑，园内园外约35万平方米水域蜿蜒贯穿，十数个生态岛屿精工细琢，临水私家码头，别墅在山与水之间水乳交融。上海紫园规划容积率0.2不到，共植有包括728棵百年香樟等共70500棵大小树木。

“紫园”别墅项目秉承国际居住理念，在依山傍水的92.6万平方米土地上缔造世界级居住品质生活。由8公里护城河将其围绕，充分体现皇家吉

“紫园”位于上海市西佘山南侧佘山南麓，占地面积等同于北京紫禁城。

脉的尊贵性及私密性。其中约35万平方米水域蜿蜒贯穿，组成13个岛和1个半岛，岛与岛之间由欧式彩色钢桥相连，临水别墅均配有私家码头，游艇或小舟可畅游于内，美轮美奂。社区四面环水，传承优秀别墅的经典神韵，集“山景、水景、鸟景、林景、园景”多重自然景观，环境优美怡人、尊贵大气而又极具私密性，皇家大宅风范极致显现。

根据总体规划，小区河道为自然水系，90%的别墅临水，可坐船在小区游览，小区共建有11座欧式彩色拱形桥梁，设计采用特殊钢结构。为了极大限度达到建筑与自然、建筑与居室、建筑与人的和谐，房型设计以正、大、光、明为基调，从人性化、舒适感、自由度的角度出发，私密布局，动静分明，功能划分合理。社区设置红外报警系统，社区主要路口设置全天候摄像监控系统，电子巡更系统，BPT可视对讲系统，紧急求助系统。车库配置电动门。

7.上海——檀宫

“檀宫”位于上海市虹桥路西郊宾馆的西侧，东临青溪路，南靠可乐路，西临林泉路，北靠淮阴路。小区离虹桥路交通主干道仅800米，交通十分方便，沿虹桥向西车行5分钟可达虹桥国际机场，向东车行10分钟左右可达徐家汇、淮海路商圈，20分钟可达人民广场、南京路、外滩等市中心区域。

该别墅项目建筑面积为3.12万平方米，总占地面积为4.7万平方米，绿化率为40%，容积率为0.30。别墅区内仅建18幢建筑，风格以英国、法国、意大利、西班牙的经典建筑为蓝本，并由世界顶尖的WATG建筑设计事务所在境外设计。富含8种风格——英伦皇式、英伦庄园式、英伦乔治式、法国枫丹白露式、法国里维埃拉式、意大利佛罗伦萨式、意大利托斯卡尼式、西班牙马尔贝拉式。8种风格与8种房型组合衍生成十八种完全不同的建筑个性。每幢建筑面积为1500~1800平方米，占地面积2500平方米左右。

“檀宫”景观优美，在中国的顶级豪宅中，全面并且高品质地引进了国际豪宅通行的FF&E（Furniture, Finishing & Equipment）模式。HBA和WA两家知名的FF&E设计事务所为檀宫精心营造了展现完美豪宅生活感受的居住空间——从家具、家饰到装修，再到电器设备，HBA和WA充分听取业主个人对居住空

"檀宫"位于上海市虹桥路西郊宾馆的西侧，由世界顶尖的WATG建筑设计事务所在境外设计。

间的极致追求，再以专业的设计和施工将业主的梦想尽善尽美地变为现实。

8.上海——西郊庄园

"西郊庄园"位于上海市闵行区北部，置身于西郊顶级国际别墅社区，北邻保乐路，南靠蟠龙港，西以金光路为界，东依双鹤浦。上海西郊不仅是上海市空气质量和生态环境最好的区域之一，同时快捷的交通拉近了宁谧幽静的别墅天地与繁华热闹市中心的距离。由北青公路10分钟到虹桥国际机场，由延安路高架20分钟可至人民广场（市中心），30分钟到外滩，由外环线20分钟可到徐家汇。

"西郊庄园"别墅项目占地面积70万平方米，每户有车位或车库，配套设施有净水、可视对讲、卫星电视、红外线报警、室内游泳池和二大会所。该别墅区以欧美经典城堡为母本，以岛屿与海洋的相互关系为生态主题，设计了18座精巧岛屿及半岛、3条自然河和覆盖全区的若干支流，整座庄园像一座世外桃源。高绿化率和树木覆盖率是整个小区的一大亮点，800~3800平方米的花园能最大程度地满足业主的需求。3万平方米的双俱乐部（三会所）设计在上海地区也是首屈一指的。同时，庄园传承欧美经

“西郊庄园”别墅在设计上以欧美经典城堡为母本，以岛屿与海洋的相互关系为生态主题。

典城堡庄园文化，融合欧洲新古典主义和文艺复兴时期的建筑特色，细腻、隽永，充满艺术感，内部功能与平面布局上，功能完备，区划分明，主仆动线清晰，生活空间舒适明快。

50余种房型带来丰富、迥异的风格，维多利亚式的华贵尊荣，西班牙式的热情浪漫，哥特式的积极进取，巴洛克式的富丽堂皇，给客户更多选择，也为庄园增添更多异域风情。整个园区依水系划分为18座岛、5个湖泊，依水而住，临绿而居，73%的碧水和绿意层次丰富。

蜿蜒数千米的3000多棵香樟、银杏等雄冠大树勾勒出人车分流的庄园主干道，由桂树、女贞、广玉兰等引领的组团式绿化，将岛屿、水系和一栋栋别具风格的建筑单体紧紧相连，徜徉于真正私密天地，世外桃源中一座座名宅景观交相辉映，优质生态的别墅庄园，西郊庄园荣享多项非凡之最。

9.广东——观澜湖高尔夫大宅纳斯比区

“观澜湖高尔夫大宅”位于深圳市宝安区观澜镇高尔夫大道，整个项目占地面积为3.7万平方米，建筑面积为1.7万平方米。该别墅区受市场关注的不仅是其1000万元起价的超高楼价，还有它作为世界第一大高尔夫球会——观澜湖高尔夫会员俱乐部推出的别墅产品，可算是华南地区最尊贵的豪宅别墅之一。

“观澜湖高尔夫大宅”由深圳观澜湖房地产开发有限公司开发，背倚26.5平方公里大屏障国家森林公园，坐落于原生态山林之间，集原生态山脉、天然湖泊、高尔夫多重景观资源于一体。依山而居，藏风聚气，畅享健康、自然、可持续的顶级有机生活。依托于世界第一大球会，全球最大高尔夫会所，集商务与休闲功能为一体。在泛珠三角中心区域、莞深一体化概念下，项目区域价值凸显。更具保值性、增值性。总体而言，观澜湖物业无论是环境、景观、建筑、配套等产品标准，都是以满足小部分高端客户社交、休闲度假、投资的需求标准而打造。该项目第一期共有81栋别墅单位，大宅户型面积分别有A型438平方米、B型593平方米、C型700平方米、D型868平方米，每套大宅最低售价由1000万元起。该大宅卖点在于位于世界第一大高尔夫球会场中央，景观开扬，环境优美，更有一种唯我独尊的豪宅风范。

观澜湖高尔夫球会不可复制的品牌环境和大宅展现的建筑艺术、生

○“观澜湖高尔夫大宅”位于深圳市宝安区观澜镇高尔夫大道。

活品味，使观澜湖高尔夫大宅成为房地产市场顶级豪宅产品。首先，观澜湖高尔夫球会历经10年发展，成为世界第一大球会，10个国际级球场，二十多次国际赛事，30亿配套设施，众多名流商贾云集，营造了观澜湖不可复制的自然和人文环境。据了解，不少国内外经商者都青睐该高尔夫大宅。

其次，观澜湖高尔夫大宅的建筑设计精雕细琢，融合了意大利的古典风格和夏威夷的悠闲气质，形成观澜湖高尔夫大宅独特的经典风格。特别是穹顶、柱式、浮雕、黄金分割设计，尽显文艺复兴的华丽风格，而飘檐、斜屋顶又流露夏威夷休闲典雅的建筑特色，引领了当代豪宅的建筑美学。特别是整个建筑营造了生活与享受的最佳空间，代表了一种高尚的生活方式。整个大宅以一条中轴线贯穿，空间方正对称，功能分区完美，创造出辉煌的宏大空间。其中，宴客大厅高达7米多，主人空间在1000~2000平方米以上，并拥有专属的室内升降梯。

10.广东——汇景新城

“汇景新城”位于广州市天河区东部，距天河体育中心约4公里。西边紧靠宽60米华南快速干线，南边有宽60米广园东路，北靠广深高速公路，地铁三号线从小区西边通过。其西、南面毗邻华南理工大学、华南农业大学、暨南大学、华南师范大学等多间高等学府和省农科院等多间科研机构；东、北面为广州市政府计划投资700亿元兴建的占地22.5平方公里的“广州科学城”、“广东奥林匹克体育中心”、“世界大观”、“航天奇观”等高新科技园及体育旅游圣地。该项目拥有成熟的大型高档社区，生活氛围浓厚，生活与教育等相关配套完善。园林面积大、风景佳，绿化率高，景观优美，闹中取静，让人赏心悦目。龙熹山组团装修高档奢华，户型设计主次分明，十分舒适。

“汇景新城”项目在规划上首创“以8公里长中央步行景观风情长廊作为规划轴线”的国际规划思路，营造出尊贵生活的人居环境。近5000平方米的国际喷泉文化广场、大型国际学校、国际医院、国际商业中心等国际配套资源。同时以西、中、东区主题公园组成6万平方米的中央景观区，各主题公园既各具特色又连成一体，宛如绿色游龙连绵两公里。街区围合内则有各具

○“汇景新城”位于广州市天河区东部，距天河体育中心约4公里。

特色的数千平方米的休憩园林，与主题公园构成内外双重景观，住户从各个方向都能欣赏到优美景色。南区以2万多平方米的汇景湖为绿色景观核心，国际会所与别墅临湖而建，能欣赏到最丰富、最具动态的园林景观。因地制宜，用心造景，景景不同，成就品质，为汇景炼成豪宅迈开了第一步。

特别值得一提的是汇景新城的第四期“维纶特莱”，项目占地6万平方米，推出叠加式别墅(260~397平方米)、展开式别墅(215~230平方米)，别墅级公寓(140~200平方米)，作为汇景新城目前声势最浩大的一期，独立自成体系，创新错落式布局，最宽逾百米超宽楼距。项目以会所为中心，呈孔雀开屏式布局，纯南北朝向。一梯两户、户户私家花园、开间8米客厅设计，处处体验人本关怀，楼距阔达百米。“维纶特莱”位居两公里景观长廊的中心，以“天籁之音”、“香堤雅境”、“四季林语”、“艺林美雕”四大主题园林连缀起中央公园最华丽的篇章。其中，叠加式别墅首度引入欧洲城堡螺旋楼梯设计，豪华大气、典雅美观，空间更富丽堂皇。双主人房设计，使用功能等同独立别墅。创新6米中空电梯大堂设计。大面积空中花园、多个露台阳台，内眺私家空中花园、天台花园、和风庭院无限山水意境，外眺天河北、白云山、原生态林、天然湖泊五重生态圈。量体裁衣，制造舒适，用心用力。

第四节 国内十大山水别墅

所谓“仁者乐山，智者乐水”，山水别墅实现了建筑与山水和谐交融，形成了“宅生山林间，人居画中央”的独特风景线。一些国内著名的山水别墅，如北京的红螺湖别墅、西山美庐、亚澜湾等等，无一不是以独特的气质、品位以及市场追捧，彰显着崇尚山水的自然生活方式。下面分别对国内比较著名的山水别墅进行介绍。

1.北京——红螺湖别墅

“红螺湖别墅”位于北京市东北郊风景秀丽的怀柔区国家AAAA级红螺寺旅游自然风景区内，距怀柔城区北部约2公里，距离市区三元桥约48

“红螺湖别墅”位于北京市东北郊风景秀丽的怀柔区国家AAAA级红螺寺旅游自然风景区内，别墅全部采用独栋的形式进行设计。

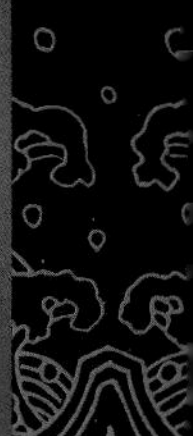

公里，距首都机场约30公里。在红螺湖东南岸，沿岸线种上一座座别墅，与林木一同自然生长。

该项目总占地面积108422.49平方米，总建筑面积3.5万平方米。别墅全部采用独栋别墅设计，每幢491~642平方米(含附赠的121~147平方米地下多功能空间)，并且每户配置600~1000平方米私家精装阔院，或下沉式私家庭院，带来独特生活享受。别墅区内规划建设91栋独栋别墅，以0.23的极低容积率、84%的高绿化率融于这天生的自然风景中。

别墅所在地享有北京极为罕见的“湖区湿地”环境，局部气候异常温润清爽；水质清冽——怀柔98%以上地区属北京市饮用水保护区，地表水质量达到国家饮用水二级标准；红螺湖溯源至怀沙河，便是著名的唯一有娃娃鱼栖生的水域，水质纯净可见一斑。怀柔是北京市林木覆盖率(71%)最高的区，绿化率48.07%，是京郊首座“园林式城镇”。这里的空气质量二级以上良好天数为74%，始终居于北京各区首位。同时，别墅区内的景观也浑然天成，“自然、天然”在这里是被充分强调的主题。“做景”的手法简直辜负了这天造地设的山与湖，所以，“借景”成为一切规划设计理念的核心。无论是室内空间还是室外庭院，都尽可能与山景、湖景浑然天成，使得景中有景，景外有景，移步换景，万物皆景。山、湖、堤、河、路、树、宅、门构成的八重景观层次，层层递进，体现绝对自然美。

红螺湖别墅区环境设计贯彻“以人为本”、“尊重自然”的理念，建设生态型，适于现代生活的又具有鲜明个性的人性化居住空间环境。在设计时景观元素的表现手法色彩和形式应与周边环境谐调，构筑材料以自然环保材料为主(石材、木材等)。植物的配植上，以适合当地自然条件的植物和乡土植物为主，尽可能保留现有植物。同时考虑植物的色彩搭配。别墅区内由国际著名设计团队“MAD＋主题国际”设计的全景观水上现代会所“水龙吟”，是业主的私人专属会所，如红螺湖中一只振翅欲飞的银色“大鹏”，享受着33公顷如镜的红螺湖湖水。

2.北京——西山美庐

“西山美庐”位于北京市海淀区香山南路99号（西五环杏石口桥西），

四季青乡西部。北临香山风景区，西南临石景山区，西侧紧依西山山脉，东侧紧邻香山南路及百米绿化带，距离西五环路400米，交通便利。居山中之幽静，不废都市之繁华。举目西山，离城如此之近，唯有此地。北京西山地区的绿化覆盖率在北京近区范围内最高，本地区将建成北京的“绿谷氧吧”，该地区环境空气的质量要明显优于市区。

该项目是北京香山双新房地产有限公司在西山地区开发的高档别墅项目，凭借着开发商雄厚的实力和对环境、产品、资源的完美组合，把西山地区的别墅市场抬高到了一个新的台阶，西山美庐建造在香山脚下，拥有的不仅是环境的优美，更重要的是它能够提供给业主一种别墅生活，在接受文化洗礼的同时，更能体现生活的价值。

“西山美庐”别墅区内全部由独栋别墅组成，整个建筑延国际知名建筑大师赖特之建筑精神，尽显缓厚重的官宅气势。规划有景观秀美的流水别墅区，建筑风格雍容大气，环境清新怡人。取山建宅，以宅养人，人山共乐！户型从350平方米至1000平方米不等，7米挑高玄关、客厅，70平方米主卧区，建筑空间间而不隔，尽显铺张尺度。主力户型地上建面

“西山美庐”别墅区内全部由独栋别墅组成，整个建筑延国际知名建筑大师赖特之建筑精神。

358~413平方米；另赠送220平方米左右的地下室。H&S INTERNATION-AL（胡冰建筑公司）为本项目的规划设计及建筑设计公司，该公司自1998年至2001年连续4年获得“太平洋建筑协会”年会颁发的“金块奖”（被誉为建筑界的奥斯卡奖）四个金块大奖和十二个提名奖。

3.北京——亚澜湾

“亚澜湾”地处北京东风景名胜区密云，距离县城1公里。远望南山，潮、白河在项目西南相汇，围合成亚澜湾独特的扇面地形，区域内两河段水面面积达57万平方米，直接来自密云水库。别墅区内另有观澜湖一座，湖面面积达8.7万平方米，构成项目两河一湾一湖的水陆相映的天然环境。亚澜湾开发用地54万平方米，规划总建筑面积10万平方米，容积率低至0.15，绿化率高达90%，使业主充分享受亚澜湾的自然环境优势，以及65.7万平方米超大水域风光。是北京绝无仅有的生态翘楚，得天独厚的风水宝地，绝无仅有的原生环境。

该别墅区规划采用纯自然规划手法，遵循微地形原状，以两河汇聚

“亚澜湾”地处北京东风景名胜区密云，距离县城1公里。

口为起点向外推展，主独栋别墅依内湖湖畔而建，每户随地形有不同的花园面积和微微起伏的地势，户与户之间可植入高大树木和各种花草。室内空间与私家花园构成了每位业主和家人、朋友完全自由的第一空间。

在设计上，该别墅项目一期现房样板区建筑为欧式现代风格，区别于传统坡屋顶别墅形态，从造型、立面、布局、功能等方面，不同单体体现出较大的差异性。在建筑立面上力求简洁、质朴，无过多繁琐装饰。平面布局则追求生活情调和精神层次，各功能房间无不满足高档别墅的生活要求。建筑中大量采用各种几何体块的穿插、色彩的对比、空间和体形的组合手法，并注重平台及水岸木码头、窗及格栅等的细节设计及园林特色设计等，以求为业主的家居生活提供各种情趣空间、延展场景，致力于让室内外情景真正交融。

该别墅区整体建筑风格为现代、欧式，立面简洁、质朴，无过多繁琐装饰，平面布局追求生活情调和精神层次，功能房间满足高档别墅生活要求。一期样板间区独体别墅设计有11种类型，特点差异性较大，户型面积从290平方米到505.66平方米，全地产设置，每户带400~1300平方米花园。独院别墅7种户型，户型面积从241.01平方米到324.98平方米，每户带近300平方米院落。二期全部为独体别墅，建筑设计中更加追求精神层面的生活需求。

4.北京——碧水庄园

“碧水庄园”坐落于北京正北方向，地处北京三大别墅区之一、最有活力和前途的亚奥京北别墅区内，八达岭高速沙河出口，距离市中心20分钟车程。自然环境优越，可谓处于龙脉之颠。西有春华秋实、文化底蕴深厚的西山，北连国家森林风景区和历史文物保护区，东南是精英荟萃的亚奥商圈，西南为著名的中关村科技园区，南沙河依傍静静流淌，八达岭高速公路似巨龙蜿蜒侧卧。环山抱水的地理位置独享天地之厚待，匠心独运的人文景观采集日月之灵气，无愧北京近郊风格、品位俱佳的别墅区，是京城地产业的一道亮丽风景线。

“碧水庄园”房地产开发有限公司成立于1994年，是首批登陆的别墅

“碧水庄园”地处北京三大别墅区之一的亚奥京北别墅区内。

项目之一。2005年，被国家评为房地产二级资质企业。公司历经十年图治，共完成三期开发，占地面积共计200万平方米，建有688栋单体别墅，总建筑面积34万平方米，人工湖水面总计28万平方米。1995年初开始建立碧水庄园一期，2000年二期工程开盘，2003年开工并于2004年完成了三期建设。一期占地约23.5万平方米，容积率0.31，绿化覆盖率65%以上。二期占地约33.5万平方米，容积率0.14，绿化覆盖率80%以上。一期庄园内建有8款238栋独立式花园别墅，建筑面积71828平方米，每栋别墅均由名师设计，各具独特性，建筑面积为220~430平方米，并配有400~1000平方米集园林艺术之精华的私家花园；二期规划北美风格10款105栋高级花园别墅，建筑面积约48000平方米，私家花园面积1000~3000平方米，并规划人工湖面50亩以上。

5.上海——绿洲千岛花园

“绿洲千岛花园”位于上海市沪南公路5188号，占地面积总计约40万平方米，别墅地处南汇航头镇，正位于上海市中心、深水港和航空港三者的中心，靠近沪南路及外环线A20。附近的杨高南路延伸段工程正在加紧

“绿洲千岛花园”占地面积总计约40万平方米，别墅地处南汇航头镇。

施工中，规划为双向八车道的景观车道，开通后，外环线穿越杨高路至别墅将一路通畅便捷。至人民广场、淮海路商圈、卢浦大桥、世博会址、浦东国际机场，将形成快速交通连线。2010年前，上海还将新增轨道交通，经过“一城九镇”的航头镇，业主出行又多了条途径。

整个项目分为三期进行开发，第三期约13.17万平方米，共94栋独立别墅。整个社区在丰富的水系上，设计了94栋别墅成组团分布，散列于15座“岛屿”之上，87%的别墅临水而立。别墅区达75%的高绿化率，容积率仅为0.18，低密度的环境，将大量面积留给绿化和水体，高差六米的坡地景观、上百种珍稀植栽赏心悦目。区内建有10万平方米大面积水系，2万平方米生态湖域，湖泊、溪流绕宅而过。该别墅为水景别墅，项目集中绿地面积加上水体面积超过小区总的建筑面积，在上海的别墅市场中比较少见。同时，在小区内引入活水，并且按照水系将整个小区分割成多个小岛，形成大大小小的组团，别墅点缀在组团中间。且小区的坡景设计很有特色，最大落差达到了6米，感觉象绿色的丘陵，让建筑与景观随着坡地而展现。

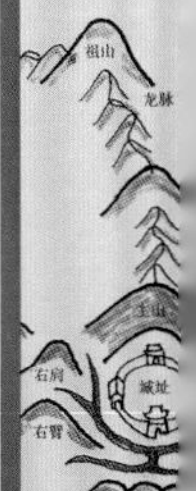

就风格而言，“绿洲千岛花园”取地中海式的建筑风格、传统经典与现代经典相结合的建筑特色、融东方的居住观念，本着艺术家雕塑艺术品的心境，打造出了10余种房型。无论是临湖水畔的亲水小筑，或是延伸至一片绿意中的长廊走道，还是将星光洒落一身的婉转平台，皆是把家建造在纯净自然中的表达方式。

6.苏州——碧瀛谷

“碧瀛谷”坐落在苏州太湖之滨的国家旅游度假区内的渔洋山上，由苏州太湖华鑫建设发展有限公司开发，总面积70000平方米，总建筑面积20000平方米。在别墅区中，59栋半山别墅，依原有山体坡面顺势而建，平均净海拔80米，视界非凡，满目翠柏葱葱，天地山色一览无遗。耳畔的喧嚣都可转换为清脆的鸟鸣，在这无边的宁静中，可以坐忘尘嚣，回归原本的自然淡泊。

“碧瀛谷”半山别墅由著名的美国夏威夷大学设计群和美国福罗里达州建筑师事务所强强联手设计。

碧瀛谷半山别墅，由著名的美国夏威夷大学设计群和美国福罗里达州建筑师事务所强强联手设计，占地7万平方米，共6种户型，面积在292~427平方米之间，全部精装修。每栋别墅室内设有6米挑高大客厅，多房多卫，干湿分区，底层室内庭院和起居活动区相结合，朝南尽设露台和内廊，空间流通，突出生态景观住宅的设计宗旨。

该别墅项目为经验性质的假日酒店，酒店配备了桑拿、餐厅、健身房、桌球室、影视厅、棋牌室、美容厅、卡拉OK厅、超市全套设施。内设有标准间、套房、豪华套房、观景豪华别墅，供不同需求客人使用。酒店可提供容纳200人的多功能厅以及2间30人的VIP会议厅。步出谷外，可在高尔夫球场挥出一杆愉悦的心情，也可以到游艇俱乐部泛舟太湖写意人生，更可去跳伞俱乐部，在空中欣赏太湖美景，享受彻底放松的心情。

7.宁波——紫汀花园

“紫汀花园”坐落于宁波市溪口镇的国家4A级旅游区内，该项目地处溪口的东大门，占地约18.9万平方米，东依畸山，南临十万平方米水域的剡溪，环绕10万平方米天然水域，拥有蒋氏故里、弥勒胜地等历史人文篇章。北迎宁波至溪口风景区的江拔线高级公路，西临被誉为浙江第一生态大道的奉溪通道，是现阶段宁波最好的别墅之一。

该别墅项目由宁波中房股份、奉化企业精英联合成立的凯利房产和国际著名的汉沙杨建筑设计公司联合倾力打造，以国际生活理念丰富社区配套，引进贵族管家式管理服务模式。力求给业主一个可以欣赏的家、一个可以收藏的家、一个可以传承的家、一个真正名流的家。

“紫汀花园”根据组团分为西班牙风情、北美休闲别墅、英国庄园别

“紫汀花园”坐落于宁波市溪口镇的国家4A级旅游区内，该项目占地约18.9万平方米。

墅，同时推出顶级尊贵型古地中海风格别墅楼王，位于独立的沿溪小岛上，尽显尊贵岛主王者风范。力邀著名国际园林公司澳州贝尔高林的原总设计师Jeffre Allott先生担任景观主设计师，为业主营造最完美最尊贵的生活空间，是中房对别墅质量的重要承诺。

双重庭院360度景观，生活处处是风景，每户都拥有大面积私家花园、特有内庭花园，与别墅园林和国家4A级旅游区联成一片。在室内也可透过天窗享受明媚阳光，中庭的一池碧水如《水边的阿狄丽娜》曲子般优美地流淌，空灵的水花在音乐旋律中起伏跳跃，独特的园林气息带来自然的清新散落在空气的每个角落。同时，紫汀花园所有别墅均设中西式餐厅，岛式餐台、阳光早餐以及豪华气派的西餐厅，在动静之间将别墅主人的高雅生活格调挥洒得淋漓尽致。多露台设计令独栋别墅叹为观止，多个露台细分家庭生活空间，设计一个玻璃花房还是一座休闲书吧，全凭业主喜好。客厅7.8米超大开间，突破空间意识局限，豪华气派，突破了传统双子别墅开间上的局限，为随心改变室内格局提供了足够发挥空间。

8.武汉——F・天下

“F・天下”山水别墅项目坐落于享有“中国第一龙城”美誉的湖北武汉盘龙城经济开发区，毗邻具有3500年历史的商代盘龙城遗址“盘龙城名胜风景区”，背靠14.4平方公里的盘龙湖，距汉口火车站10公里，武汉天河国际机场8公里。区内风光秀丽，景色宜人。

该项目规划宏阔，蔚为壮观，是中国目前规模最大的纯别墅区。总用地面积大于200万平方米，总建筑面积近70万平方米，总投资额达38亿元人民币。规划总户数1800余户，居住人口近1万人。

项目本着“以人为本”、“以科技为本”、“以可持续发展为本”的开发理念，在最大限度地保留原始地形地貌、水系植被的前提下，以独到的匠心和精益求精的工程技术营造出具有不同风格的景观及建筑，巧妙地将别墅建筑与天然的山坡、溪流、湖泊、森林融合在一起，在盘龙城这片古老文明的肇基地上创造了“山重水复、天人合一”的意境空间。别墅区内共分五个风情组团，由亚景园、欧景园、奥景园、

"F·天下"山水别墅项目规划宏阔，蔚为壮观。

美景园、地中海风情园和一个大型主题广场组成，20%的建筑密度、66%的绿化率、0.33的超低容积率，有效地保证了别墅区的品质。同时园区围绕"山、水、林、岛"展开主题，依山就势，规划建造了森林别墅、亲水别墅、草原别墅、阳光坡地别墅等个性化别墅建筑，及F天下俱乐部、购物中心、幼儿园以及高尔夫练习场、网球场、篮球场等文化、体育场所，为广大住户提供了既有现代都市文明内涵又能享受山水田园风光的尊贵、恬静、舒适的居住环境，真实地体现着中外贤哲关于诗意栖居的人生境界。

纵横集团下属企业——榕筑物业正以发源于英伦的管家式物业管理模式对园区进行细致周到的管理服务，以期与业主共建和谐、安全、文明的优秀社区。

9.广州——桐林美墅馆

"桐林美墅馆"位于广州市南湖旅游度假区凤凰山东麓，毗邻南湖游乐园、南湖高尔夫球场和大河马水上世界，依山傍水，风景优美，空气清新，撷山水之灵气，集自然之精华，素有碧玉宝地之称，是不可多

得宜人居住的风水宝地。具有国家级旅游度假区称号的景区在全国只有十六个，而南湖是广东唯一的一家国家级风景度假区，更是广州市内一块稀缺珍贵的高档别墅板块。南湖，一块得天独厚的国家级旅游风景区，也是广州市白云山生态自然保护区，距市中心中信广场只有12公里的路程，车程仅需20分钟。

该别墅区内共建别墅76栋，总建筑面积2.5万平方米。项目设有约2200平方米的豪华精致私家会所，在会所首层设计了由德国引进、台湾流行的、广州首创的cool house游泳池，还有网球场，攀岩场，高尔夫推杆练习场等。项目被定位为广州贵族高尚别墅社区。

“桐林美墅馆”在规划设计上，其本身的自然风景决定了其规划建筑主体及园林的规划与小区原有的山林绿色景观是融为一体、互相映照的规划特点。项目所在区域为宝贵的自然资源丰富宝地，从总体规划来讲，在汇总美国、日本、台湾、香港、上海、北京各地知名建筑师的意见，引入了日本的“本物志向”为开发理念，保留了原有的一切自然地貌、林木和水资源，容积率控制在0.5以内，并且从云南购回几十棵树龄在20~80年的

“桐林美墅馆”位于广州市南湖旅游度假区凤凰山东麓，毗邻南湖游乐园、南湖高尔夫球场和大河马水上世界，依山傍水，风景优美，空气清新。

桂花树，与小区原有的古树相互点缀，绿景相融。建筑设计与选材都是以自然为导向的，把原有森林资源延伸到小区中。建筑材料选择了石头、文化石等自然古朴的材料，充分利用了项目本来的宝贵自然资源，让人感觉到别墅就像是土地里长出来的自然物体，与葱郁的自然山色相映成趣。

10.福州——东方威尼斯

“东方威尼斯”位于福州市仓山城门镇龙江路98号，地处仓山区东部新城板块，乌龙江北岸，位于素有中国“人儒之乡”的城门、螺洲一带，距宝龙城市广场12.9公里，车程约25分钟，距长乐国际机场约29公里，约30分钟的车程，北面的环岛规划路西连螺洲大桥，东接马尾大桥，交通网络四通八达，出行极为方便。项目周边生活配套包括大润发超市、海西百悦城、龙祥岛湿地公园、海西塔以及海峡国际会展中心等等，交通配套包括已投入使用的火车南站及在建的地铁1号线。随着这些交通配套以及其他高级配套公共设施的日益完善，城南地区的发展骤然提速，东方威尼斯必将成为未来福州交通最便利、生活配套最齐全的高端别墅项目。

“东方威尼斯”位于福州市仓山城门镇，此处交通网络四通八达，出行极为方便。

该项目自然环境得天独厚，地块三面环乌龙江，沿乌龙江北岸，岸线长约1750米，东西向长1700米，南北向平均长约500米。江面烟波浩渺，对岸为气势苍茫的五虎山。基地地势平坦开阔，水文地质条件良好。更值得一提的是，项目充分利用周边的自然环境，引乌龙江之活水为社区所用，通过社区东西两个无动力闸门调节水位，连接乌龙江的原生水脉，利用天然的潮汐涨落，轻松实现48小时一次的水体循环交换。水质清澈灵动，江面碧波粼粼，打造福州别墅市场上最为稀有的绝版低密度水生态岛居独栋。

匠心独具的半岛设计使“公爵岛”的每栋别墅都能够临水通船，业主只要推开家门，就能够享受到清新优雅的滨水家居生活。

第五节 国内十大中式别墅

所谓“中式”即中国固有的格式，中国式样。就像菜有中餐和西餐之分一样，中式别墅这样的建筑，风格上更类似宫廷建筑，运用了大量中国风的设计元素，气势恢弘，空间高、深，造型讲究对称。下面分别对国内比较著名的中式别墅进行介绍。

1.北京——运河岸上的院子

“运河岸上的院子”位于通州区北京通燕高速宋庄出口南行800米京杭大运河畔，长安街东起点，北京通燕高速与长安街一线相通，仅20分钟就可以顺畅直达CBD，私享81000平方米大运河原生河堤密林，天然的城市绿肺，使“运河岸上的院子”成为真正的第一居所城市纯独栋院落别墅。

“运河岸上的院子”由华人建筑大师张永和以及海内外多位国际建筑设计大师联袂执笔，结合地脉价值、人文底蕴，回归中国人千百年的院居生活情结，打造出的中国大院式别墅。静街深巷、古树高墙、门庭赫奕，传统院落建筑文化复兴在“运河岸上的院子”的设计中，将“院”的围合概念加以纯粹表现，同时规划350~1500平方米超大私家庭院，涵养北京大境生活。“运河岸上的院子”在“天人合一”居住观的基础上，呈现出建筑的阶层感和仪式感，迎合现代财富阶层的审美需求。55栋绝版席位，是中国领袖阶层的置业首选，成为显赫世家的传世宅邸。整体建筑色彩沉稳、

"运河岸上的院子"别墅项目在设计上结合了地脉价值、人文底蕴，回归中国人千百年的院居生活情结。

大气、宁静，与北京的传统灰、国际流行的高级灰不谋而合，既具中国内涵，又具时尚感，告别了别墅的单纯复制时代。

目前在售为二期独栋别墅。项目二期在售户型面积为380~1500平方米，2010年6月入住。

2.北京——观唐

"观唐"位于北京市朝阳区，北侧为香江北路，东侧为香江西路。四周道路系统四通八达，京顺路、京承高速路、机场快速路与三环、四环、五环构成方便快捷的立体交通网络。该别墅区为中式别墅宅院，占地面积为48万平方米，建筑面积为25万平方米，绿化率为50%。该区域由于地处北京东北侧，空气质量较好，基地平坦开阔，有远山无近山，有远水无近水，没有局部风水环境可言。设计师为能给建城安宅营造好的环境，师法自然，改造别墅区风水，调节小气候，形成"结庐在人境，而无车马喧"的居所。

观唐的环境设计借鉴中国传统园林的手法和意境，吸收传统园林

的诗情画意，因借巧循，不拘泥于形式，改造风水，再造自然，符合北方特色，无一景无典故，无一字无出处。充分体现中国景观艺术“小中见大”的意境，可谓是“移天缩地入君怀”。汲取江南水乡的精髓，水网纵横，河浜与道路相伴穿插，宅前后有河，须搭桥而过。环路景区在绿带中又形成带状水池，靠建筑为规则折线驳岸，靠环路为自然曲线驳岸。水面或宽或窄，曲曲折折，跨水或桥或堤，时断时连，好比国画中的飞白，又如书法中的枯笔，是为“笔断意连”。人行小路在水池两岸或花或竹的绿地中穿行。环路景区像一条绿色的丝线，串起了四角景区四粒珍珠。

观唐别墅区内带有公园，位于整个项目南侧绿化带，整个公园占地约为75000平方米。其中水面的面积达到了13000平方米。观唐公园将成为“香江富人区”乃至“中央别墅区内”最具地标性的休闲运动主题公园，极大地提升了观唐别墅的产品品质，使得观唐客户拥有本区域内的顶级生活感受。主要景区有水上高尔夫、湖边休闲茶馆、观赏鱼塘、足球、棒（垒）球场、网球场等。同时，观唐引入中式庭院生活理念，再现深藏中

“观唐”的环境设计借鉴中国传统园林的手法和意境，吸收传统园林的诗情画意。

国人心中的最高生活境界。院落空间回避了户与户干扰，增加了空间层次感，创造出宜人小环境，让人能更放松地贴近自然，创造出多重院落空间。每户院落分为：入户前庭、主院、侧院（下沉庭院）、后院、前院，多重院落划分出多重空间层次，主要房间均朝向内院采光，室内外交相呼应，移步换景。

3.北京——龙山新新小镇

“龙山新新小镇”别墅项目位于北京市怀柔县庙城镇，东临京密快速路101国道，南枕大秦铁路，西倚京成铁路，北邻庙城镇。距怀柔县城中心1.5公里，怀柔水库3公里，首都机场20公里，东直门45公里。

该项目充分运用81万平方米大自然空间构出独具魅力的小镇风情。项目坐拥1.8万顷原始次生林和优质水源，在新新小镇里，可涤尽凡尘与浮华，吹拂慕田峪长城山风，淋浴雁栖湖秀水，感受红螺寺悠远，在山水造化中，尽享天然。

项目一期工程在设计上定位为德国风格的原味建筑，规划严谨，体现

“龙山新新小镇”别墅项目位于北京市怀柔县庙城镇，该项目充分运用1215亩大自然空间构出独具魅力的小镇风情。

出东西文化的沟通，构筑出多元的生活态度。“龙山新新小镇”项目六期为苏州园林式样的别墅，规划容积率0.4，共建设119套江南园林别墅，户型接近8种，在建筑风格和规划布局上充分体现江南民居特有的建筑风格和水巷邻里的街巷风情，同时将北方特有的地域文化风情和江南风格的园林韵味、书卷气息有机地结合在一起，使之在居住功能及环境的生态性上均有所突破与创新。该别墅以宅园为特点，花园是别墅的延伸，有满足宅主生活、活动感官愉悦的价值，即园林建筑的功用价值。园林根据居住、品茶、会客、读书、作画、弈棋、宴饮、游憩等需要，建造堂、轩、阁、亭、台、廊等建筑，它们可以单独构成景点也可以实用。

4.北京——紫庐

“紫庐”隐身于亚运村上风上水之地，地处北四、五环之间，东接京承高速路，东北片刻即达首都机场高速路，西承八达岭高速公路。位于500万平方米绿化带之中，驶出静界片刻四通八达。该别墅区仅39席中式宅院，且项目坐拥三大高尔夫球场，社区内10座联体别墅高低错落，参差有序。户户双向入口，高达2.7米的院墙围合出绝对私属的独立院落。园区景观主街以“山、水、树、石”为主题，丈量出中国传统园林的写意境界。巧妙运用灰砖、坡顶、屋檐、门楼、院落、敞廊等传统建筑语言，呈现出了大隐的人文风采。山水园林中、中式宅院间，紫庐的精致与清雅，怡然立于胸怀。

在设计上，该项目坚持“居者最大化享有土地所有权”的原则，汲取传统院落文化精粹，将土地以庭院的形态有效分割至每一户。2.7米至3米的高墙，围合出独门私院的隐逸空间。无论是风格传统、工艺考究的门楼，还是自成天地、隐逸私密的私家庭院，甚或是精而合宜、巧而得体的雕花装饰，无不呈现出罕有的大家之气。

同时，紫庐坚持人性化、实用性、周到细腻的内部居室设计原则，以完美的舒适功能，容纳现代居者对别墅产品的苛刻要求。地下室设计，尊重基本人居习惯，将非主流生活场所，集中在非主体空间中。一层设计，在保证居住便利的同时，追求内外空间的相互渗透、相互延伸，使居者与自然零距离接触。二、三层空间，采用退台式设计，充分保证居者的私密性。同时，多变的空间衔接，增添更多生活情趣。如此，室内空间在中国传统建筑线条中，在新与旧、古老与现代、精神与物质、粗放与精巧、隐秘与开敞间融会、交织，形成极为独特、极具包容张力的别墅语言，令居者在人文与人性的关怀中，体验绝非臆想的舒适生活。

该项目周边5公里内的体育场馆都比较高档，而且设施非常齐全，可以充分满足人们对健身锻炼的需求。如奥体中心、紫玉山庄会所、天安门招待所配套设施、北辰高尔夫练习场、朝阳区体育运动中心（10个足球练习场）、凯迪克网球中心、姜庄湖高尔夫球场、鸿华高尔夫球场和馨叶高尔夫球场、北京剧院、炎黄艺术馆等。且配备了智能化系统，社区的四周围墙安装进口主动红外对射报警探测器及摄像监控，防止外来入侵。社区的主要出入口、主干道、主要路口、停车场出入口等，全天进行全方位监控。社区内公共通道分布电子巡更签到点位，设定保安人员巡更的路线及地点巡更的次数。首层安装一部可视对讲室内分机，其他楼层安装可视对讲分机安装条件，小院门口设二次确认机、电动门锁及可视监控，实现对

“紫庐”隐身于亚运村上风上水之地，在设计上坚持“居者最大化享有土地所有权”的原则，汲取传统院落文化精粹，将土地以庭院的形态有效分割至每一户。

来访者的安全进出管理。

5.北京——香山·甲第

“香山·甲第”位于北京海淀区闵庄路南侧，属西山辐射带以内，西接香山，北望玉泉山，独享京西北特有的山水文化。历代的帝王将相与文人墨客皆对西山情有独钟，天色放晴之时，极目远眺，映入眼帘的就是有着优美轮廓的连绵西山，而山雨欲来之时，则又是别样风景，影影绰绰，似隐似现，那一番情致与意境尽在不言之中。项目紧邻二级公路闵庄路，距四环主路仅四分钟车程，瞬间切换繁华与宁静。

该项目的空间结构为中心向外发散型，即中心开放空间－组团开放空间－院落空间－建筑庭院空间－私密空间。项目空间结构注重多样性和连续性，在各层次空间的过度上注重联系与细节，以使居者获得连续性的空间体验和强烈的归属感。

“香山·甲第”位于北京海淀区闵庄路南侧，独享京西北特有的山水文化。

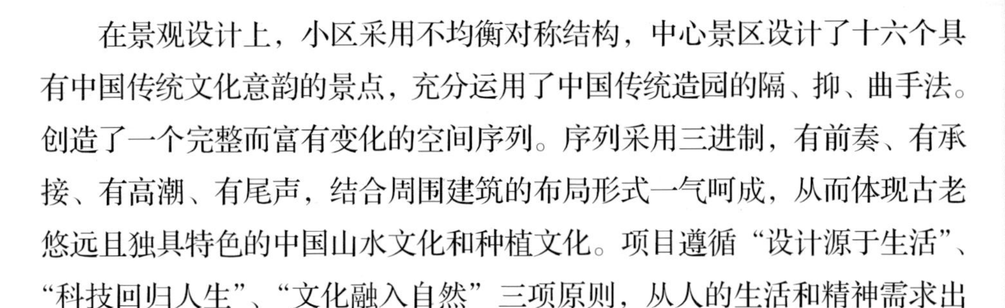

在景观设计上，小区采用不均衡对称结构，中心景区设计了十六个具有中国传统文化意韵的景点，充分运用了中国传统造园的隔、抑、曲手法。创造了一个完整而富有变化的空间序列。序列采用三进制，有前奏、有承接、有高潮、有尾声，结合周围建筑的布局形式一气呵成，从而体现古老悠远且独具特色的中国山水文化和种植文化。项目遵循“设计源于生活”、“科技回归人生”、“文化融入自然”三项原则，从人的生活和精神需求出发，更多体现设计对于生活和人文的关怀，极大地提高了人的居住生活品质，达到了自然景观与人文景观的融合，体现了人与自然的和谐与对话。

在建筑设计上，联排别墅采用公共围合院落与每户的私有院落相组合的空间结构形式，多户可以共享中央庭院，同时户户又具有各自独立的双处院落，户内设有直达屋面的阳光内庭，可以供住户进行个性化设计或建造人工瀑布以营造室内局部气候，改善北京冬季干燥的环境，以成为真正的生态住宅。

该别墅项目通过不同层次空间的组合和色彩变化，创造出具有浓郁东方灵气的栖息环境。在总体建筑风格上，采用中国传统建筑加适量现代元素，体现“四合院”与“胡同”的概念，既能满足中国人的居住习惯，又能提供现代人需求的高品质生活环境。

6.北京——易郡

“易郡”位于北京市顺义区李遂镇顺平东路潮白河畔，顺鑫绿色度假村旁，地处北京市东北部——顺义区，周边七千亩平原森林环绕，松杨叠翠、浓荫蔽日、青草连连，潮白河穿流而过，林水相映、水沙交融，构成了一幅独特的田园画卷。它交通便利，距机场13公里，并与顺平路、京顺路、机场路、京通路等多条主路相连接，可谓四通八达。

该项目总占地约28万平方米，总建筑面积达86621平方米，共330户住户，容积率0.3，绿化率达40%。社区内绿树掩映，芳草如茵，与华北平原森林交相呼应，让业主仿佛生活在一个原生的绿色森林里，充分感受清新的空气和全身心的放松。项目以“新北京四合院”为开发理念，继承传统四合院的文脉精魂，使建筑既有中国神韵，又以现代生活为前提进行了适度的创新设计。

"易郡"位于北京市顺义区李遂镇，周边七千亩平原森林环绕，松杨叠翠。

在规划布局上，项目共分为三个区域：中区为新北京四合院，东区为双拼三合院，西区为独栋三合院。三个区域顺应地块天然纹理，曲线式自然规划设计，有水源顺注南流。北高南低，背山面水，负阴抱阳，天人合一。行列式道路布局，最快捷的归家路线，建筑面南背北。其次，该别墅项目的园林设计不仅尊重了地块原貌，而且与建筑环境相互协调。分为私家庭院与公共景区，二者错综相间，互为补充。以京式风格为统领，打破中式别院与西式别墅之壁垒，让别墅生长在院落里，无论平层别墅、双拼别墅、独栋别墅，均巧妙融入院落。尤其在平层四合院中，院落与餐厅、卧室、客厅形成随时交流互动的状态，在对外保证私密性的同时加强了家庭内部的交流。

在整体建筑上，注重南北朝向，更注重围合的院落，注重私密性，注重保温和节能。建筑全部采用传统的黏土砖灰调子，可以唤醒北京人对过去生活的回忆。

7.杭州——颐景山庄·绮霞苑

"颐景山庄"位于杭州与富阳交界处的富阳银湖开发区内，杭州野生动物园西侧，距杭州市中心约20多公里，距富阳市中心仅7公里，从320国

道与九龙大道东交汇口沿九龙大道行驶2公里左右。南至九龙大道，地块呈南北向狭长型，坐北朝南，三面环山，整个地势呈缓坡状。地块植被丰富，天然溪流纵横，极富生态价值。

该项目是杭州三盛房产公司继成功推出“颐景园”之后的又一鼎立之作。整个项目总占地约26.5万平方米，一期推出68幢欧式独立别墅、12幢中式独立别墅、少量排屋和景观公寓。 整个小区规划合理，布局严谨，形成“三环(三条环形路网互连)、两脉(两条水系景观)、一湖(一个自然生态景观湖)”结构模式。整个小区规划设计从自然、艺术、亲和、历史四大原则出发，充分运用现代设计手法，实现从条式建筑向点式建筑、从简单绿化向园林艺术、从单调氛围向人文艺术的多重突破，让建筑从属于环境，让业主在中西文化的交相辉映中享受山水园林的诗意，感悟家居生活的乐趣。其中，中式独立别墅为庭院式传统私密型建筑，排屋为中式多庭院式建筑，景观公寓为短进深高采光率建筑。

而承载着三盛房产公司“人文地产”理念的杭州颐景山庄，首批推出“绮霞苑”5幢中式别墅，并分别以“见山园”、“乐水园”、“沁红园”、“映绿园”等作为园名，辅以不同特色的园林景观、楹联匾额，带着浓浓的诗情画意出现在大众面前。园区的环境独特，携手真山真

“颐景山庄”位于杭州与富阳交界处的富阳银湖开发区内。

水，形成私家园林庭院、溪流组团景观、颐景湖中央景区三重园林景观。充分体现中国园林小中见大、曲径通幽，虽有人作、宛自天成的美妙意境，使颐景山庄成为一个可居、可游、可观、可赏、可想、可藏的景观别墅区。

8.苏州——天伦随园

“天伦随园”位于苏州吴中木渎镇金山路51－1号，天平大酒店西侧，东有苏州乐园，南有灵岩山，西有天平山，北有狮子山。该项目总占地约8.7万平方米，总建筑面积26000平方米，共分三期。该项目整体给人的感觉是天造地就的气韵之美，在灵岩天平之间尽显苏州园林神韵，江南园林式别墅将人、自然、生活、艺术融为一体，亭台水榭，回归悠然。

该项目的建筑营造依山傍水居住大环境，更提出了“山水之间、园林府第”的概念，把姑苏园林的特色进一步延伸，力图打造出真山真水之间的吴中园林人居。从大处着眼，将整个社区作为母园，把各个组团作为分园，而单体的别墅庭院则作个园。有人说，苏州是个大随园，随园是个小

“天伦随园”位于苏州吴中木渎镇，该项目整体给人天造地就的气韵之美，在灵岩天平之间尽显苏州园林神韵。

苏州。以古典造园手法，再现明月向庭的传统审美，将昔日“风生水起，来龙落脉”的帝王之家演绎成现代人梦寐以求的新私宅园林。天伦随园单体的庭院围合，将水岸、云墙、密林为构件，内外渗透，相互借景。水岸令人意远，拉长了庭院景深，云墙珠嵌漏窗，使路人得窥园中风月，密林则似隔非阁，兼顾私密及通透，呈现出“犹抱琵琶半遮面”的最高境界的园林美，可谓是独步当下。

该别墅项目共开发60栋中式独立别墅。天伦随园在别墅园林的环境营造上费尽思量，三期约15000平方米的园林景观与一期、二期园林别墅共同组成规模达45000平方米左右的生态园林，营造出独具苏州人居韵味的人文氛围。作为木渎板块的文化名盘，因项目独特的个性特质和文化内涵，天伦随园创造了苏州居住文化的典范，并在社会各方面取得了诸多享誉全国的殊荣。如今的天伦随园已然彰显出和谐成熟的大家风范，一、二期现房已完美落成，加上三期景观，各个大小园林组团、长廊、亭台楼阁、小桥流水、曲径通幽等一系列迷人景致连贯互通，呈现出一派江南胜景，令人如在画中。同时，随园的尊贵生活更多的是源于其提倡的五星级管家服务。专业的物业管理公司，本着“诚信、严谨、务实、奉献”的企业精神和“让物业保值、增值，让业主满意、受益”的服务宗旨，着力为每一位入住小区的业主营造了一个安全、舒适、和谐的随园之家。

9.广州——清华坊

“清华坊”位于广州市番禺区南村镇，属于华南板块中心区域，整个项目总占地面积为20万平方米。清华坊由广州番禺万禾房地产开发有限公司投资兴建的中国现代院落民居住宅区，由200余套2至3层宅院和部分商业建筑、会所、管理用房组成。东有广东四大名园之“余荫山房”，西邻端庄的南村镇镇政府、广州雅居乐、华南碧桂园，南接广州大学科技与贸易学院、南村中学，北靠广州大学城、华南新城。交通、生活十分便利，其周边新兴的高档社区日趋成熟。大型商业广场、长隆夜间动物园、大学、中学、小学等完善的配套和设施以及优美的环境和绿化，使该片区成为广州市配套设施最为完善、齐全，环境最为宜人的理想居所。

清华坊是一个别具一格的中国现代院落式民居别墅楼盘，青砖、

"清华坊"位于广州市番禺区南村镇，属于华南板块中心区域。

灰墙、黛瓦的前庭后院、民居、青石板街道，街道式排屋布局，户户相对，每幢建筑均设有廊、庭、院、围墙，同时也设有现代开敞式花园及下沉式院子，私密性强。建筑用料讲究，广州的"清华坊"是在成都清华坊建筑风格的基础上，融合岭南气候与居住习惯的改良。

该项目在建筑设计上采用中国民居形式，每套宅院均有前庭、天井和后院，将大量的绿化和环境布置融入宅院本身，使每户拥有一片自己的绿化空间，随心所欲、各显其能、各投其好。宅院建筑、围墙、门坊、街景将完全从民居中提取元素，再辅以现代建筑材料画龙点睛，使整个院区既富有深厚的文化底蕴和清晰的历史文脉，又不失现代感和舒适感。

10.上海——九间堂

"九间堂"地处上海市浦东新区行政艺术中心区域，位于世纪公园东侧，南临张家浜河，北倚锦绣路，西靠芳甸路。世纪公园板块是浦东新区

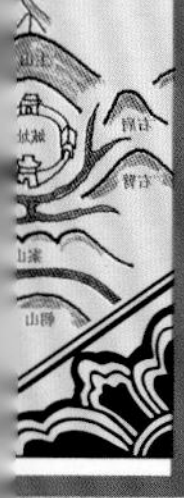

行政文化中心，辐射出去的上海科技馆、新国际博览中心、东方艺术中心以及联洋、花木两大社区，形成了一个大型的生态居住区，现已建立起了中央生活区的雏形。其中联洋社区定位于高档住宅社区，无论是生活环境还是楼盘品质都渐入佳境，且凭借其独特的文化氛围吸引了大量外籍人士入住，因而九间堂被称为“浦东古北”。

九间堂是现代中式园林大宅，房型设计层次分明、动静分离，由世界著名建筑设计大师携手打造。以东方风云人物之大家心态为核心，将传统生活审美意境与现代生活方式有机结合。该项目总占地面积为11万平方米，建筑面积为3.8万平方米，绿化率为60%，容积率为0.28，建筑由地上2层，地下1层构成。在房型设计上再现了“庭院深深”中的中式建筑传统和建筑意向。别墅项目由一期22幢独栋别墅及二期27幢独栋别墅组成。每幢单位面积为600~1200平方米，另外还包括了一座面积达2000平方米的大型会所。每套别墅均占地3亩，四周以3.5米高墙围拢，保证业主的私密性，绿化面积约66044平方米。在建筑元素上，借鉴了众多现代做法，如原木遮阳系统、以铝合金构成最大顶层的虚屋顶、现代式样的门窗等。白墙、密栅栏、竹影荷池等传统元

“九间堂”地处上海市浦东新区行政艺术中心区域，是现代中式园林大宅，房型设计层次分明、动静分离，由世界著名建筑设计大师携手打造。

素被保留应用。在体现传统这一块，上海九间堂实现了“三开三进”（三开三进谓之九间，这也是“九间堂”名称的由来，也是描述中式传统建筑格局的最精炼语言之一）颇有循序渐进儒家韵味的室内布局、围合式室内与私家园林布局。廊道、庭院、挑檐、水榭形成“隔而不围，围必缺”的中式庭院似隔而非隔，而半通透性院墙和篱笆与院外园景相呼应。待客前院、主人后院，客房小庭院，园园互通而又各成一派。

第六节 三大历史别墅

历史别墅是对一些具有一定纪念意义的别墅建筑的一个较为概括的统称，这里进行了一定的挑选，对国内较为著名的主席别墅、庐山别墅、简氏别墅进行介绍。

1.主席别墅

“主席别墅”位于北京密云水库边，这幢别墅是典型的俄式建筑，于1960年建成，是由苏联人设计的。房子外观比较朴实，由长方形黄砖砌成，层高约为5米，给人庄重之感。别墅当中有一个水池，边上种着许多名贵的植物。在水池的两边有两条走廊连着别墅的两排房子。站在别墅的走廊上能够看到东、南很远的风景，视野极其宽阔。而在别墅的北边偏西处有一个小山坡，上面有许多古老的松树，还有一些藤类植物，伴着些许鲜花，显得格外赏心悦目。

在百姓眼里，主席别墅可能就是高层领导人住过的房子，在建筑装潢上比别处显得更为高档舒适些。主席别墅周边的环境也跟普通房子的不一样，幽雅的环境绿化、清新的湿润空气，让人感到神清气爽。据当地人说，主席别墅跟其他别墅大不一样，它有两大奇观非常值得一看。一是别墅的屋檐下筑满了燕子窝，而其他相似或附近的房子一个都没有；二是别墅的小院里有一株近3米高的紫玉兰频繁开花，而北京别处的玉兰花每年基本上都只开一回。

在别墅屋檐下的燕窝不下三十个。有几个燕窝几乎是挨在一起的，当地人说这些燕窝里的燕子很可能是有亲缘关系的。燕窝样子多数如碗状，也有半圆锥状的，个个小巧精致。从个别略有损坏的情况看这些燕窝应该很早就存在了。那么多的燕窝筑在同一个屋檐下实不多见。而在水池旁，紫玉兰正在盛开。高约3米，枝叶茂盛，枝条顶端有许多淡黄色的卵形花芽，也有含苞欲放的花骨朵，但更多的是已经盛开的玉兰花。花的颜色紫中带红，显得高贵又美丽。站在玉兰树旁还能够闻到一股淡雅的花香。

据当地人介绍，紫玉兰每年要开三次花。每当玉兰花盛开的时候，当地人都把它看作是一件非常吉祥的事，而正常情况下玉兰每年只有一次花期，但主席别墅这里的紫玉兰却频繁开花。对于主席别墅为何玉兰频开，北京植物园有关人员说，紫玉兰花的正常花期在3月中下旬，先开花后长叶或花叶同放，每年开花时玉兰树都会把第二年的花芽先分化好。如果在一年内多次开花，就是一种异常现象，可能是周围环境气候影响了它，促使原本要在第二年才生长的花芽提前长大开放了。

"主席别墅"位于北京密云水库边，房子外观比较朴实，是典型的俄式建筑，据悉是于1960年建成，是由苏联人设计的。

2.庐山别墅

“庐山别墅”其实也可以看作一个建筑，它是庐山上的一道亮丽的风景。更是庐山人文景观的重要组成部分，堪称“万国建筑博物馆”。

庐山现存别墅总数为636幢，16个国家的建筑风格，总建筑面积174653. 57平方米。庐山别墅的建筑起源于1895年，最早的建于1896年。1935年以前建造的别墅有324幢，其中1900年以前建造的有56幢，1900年至1910年建造的61幢，1910年至1920年建造的85幢，1920年至1930年建造的104幢，1930年至1935年建造的18幢。1996年，经国务院批准，“庐山会议”旧址及别墅群（美庐别墅即180号别墅、124号别墅、176号别墅、359号别墅、442号别墅），列为全国重点文物保护单位。正是对其历史价值和文化品位的评定，为庐山名人别墅戴上了桂冠。

据悉，庐山16个国家风格各异的别墅中，中式259幢、美式185幢、英式125幢、德式17幢、瑞典式12幢、日本式11幢、法式7幢、芬兰式3幢、挪威式3幢，还有丹麦、加拿大、俄罗斯、葡萄牙、澳大利亚、瑞士和国际式（多种建筑风格融合）别墅，其中名人别墅有300余幢，让人透过历史的烟云，探究一幢幢别墅幽幽的神秘和一个个久远的故事，文化积淀尤为丰厚。

就这些别墅群的建筑风格来看，每一座别墅都是单体建筑，建筑的格局、式样、风格，注入了原别墅主人所在国籍的本土文化的影子、别墅主人审美趣味和爱好的影子。别墅单体追求阴凉地势，使得别墅处于自然的随意状态，但正是这种随意状态，却造成了一种有机的自然生长的群体环境关系，产生了浑然一体而又生气勃勃的景致。庐山近代别墅群，虽然是建筑群落，但建筑密度较低，体态轻盈，层面不高，多为一至二层。别墅建造时尽量保护原有高大乔木，别墅建成后又在周围广植乡土观赏树木，别墅从而掩隐在绿荫丛中，使人赏心悦目。别墅建筑单体，简洁而自由，紧凑而不规则，一幢别墅就呈一种几何形体，形体的变化与地形的起伏相互配合，与道路的蜿蜒曲折相互呼应。一幢别墅一种式样，几乎难以寻觅到两幢面目相同的别墅，永远予人以新鲜的感受。

同时，庐山的别墅多设置庭院，庭院经过精心的绿化和美化，营造出深邃、宁谧的氛围。别墅室外常营建券廊，即券廊为引导至主入口。先入庭院，再入券廊，再入房庭，意趣油生。别墅墙体，大都由未打磨的不规则的粗石块砌筑，呈现出厚重朴实、质感强烈、色调沉着的美感。与别墅墙体那深褐色、灰色形成鲜明对比的是别墅屋顶的色彩，可称得上是浓墨重彩，或褐红，或青绿，或深蓝，形成特有而又动人的景色。屋顶的形式，以四坡顶较为普遍，亦有一些采用“孟莎式”屋顶。屋顶的屋脊线变化丰富，屋顶“老虎窗”的设置，形态各异，趣味多变。

邓小平别墅

1961年8月22日至9月6日，时任中共中央总书记邓小平来庐山参加中共中央工作会议期间在此下榻，后来称为“邓小平别墅”。别墅内以白色为基调，设计朴素典雅而不失品味，房内基本保持1961年庐山会议邓小平同志居住原貌，有主宾间、副主宾间、标间2间以及会客厅等，设施齐备，接待床位6张，可居住8人。现对外接待。这些别墅的意义更多在于其历史赋予的价值。

该别墅建设于1902年，是美国家庭式别墅风格，建筑面积为217平方米，封闭式外廊、石栏杆、石柱、壁凳、壁炉是其建筑符号。原别墅业主为美国

“邓小平别墅”内以白色为基调，设计朴素典雅而不失品味。

传教士科奇南。1902年10月，从山东济南来的美国传教士科奇南购得此块地皮，面积1360平方米。次年，在这块地皮上建成了这栋一层的石构别墅。

宋美龄别墅

沿着“美庐”别墅南边墙旁的石级小道往山坡上走，经过“195”别墅，就到了脂红路，此时会发现两层很陡的驳坎之上，有一栋房子，这就是宋美龄别墅。当然，这栋名人别墅已无昔日风采，砖封了敞开式外廊，但木格窗子却依旧别致。

该别墅东倚城墙山，西向长冲山谷，海拔约1095米。石构别墅主立面前面的高石垒驳坎，令人感觉到此别墅别有一番险趣。别墅建筑面积仅236.7平方米，它的内部结构严谨却又不呆板，主立面左右均有宽约3米的敞开式外廊，对称规范，这两个外廊又以主间窗前的敞开式外廊相贯通，廊柱以不规则的石块砌成，使理性的风格中多几分野趣，它所有的外窗和所有的门的上半部都是木制的棱形格和长长的直线，形成了风格统一的图案。

石构的“宋美龄别墅”主立面前的高石垒驳坎，给人一种别有险趣的印象。

3.简氏别墅

“简氏别墅”位于广东省佛山市禅城区人民路臣总里19号，建于民国初年，是著名华侨商人简照南兴建的别墅。

简照南原名简耀东，字肇章，佛山澜石黎涌人。幼年居石湾，家境贫寒，13岁丧父，14岁当童工。青年时代在叔叔简铭石的支持下，先后到香港、日本、越南、南洋一带做工、经商。上世纪初他创办了“广东南洋兄弟烟草公司”，并击败了英美烟草公司等对手而获得成功，简氏也成为我国近代出类拔萃的华侨实业家而享誉海内外。简氏发家后，虽举家迁居香港，但却热爱祖国、造福桑梓，捐资办学，热心公益。简氏在佛山活动的时间颇长，在当地有多处房产。

○“简氏别墅”位于广东省佛山市禅城区，是著名华侨商人简照南兴建的。

简氏别墅就是简照南多处房产中最豪华的大宅第，原规模颇大，内有门楼、楼房、亭、池塘和花园等，总占地面积约3400平方米。今别墅内尚存门楼、主楼、后楼、西楼和储物楼等建筑以及花园的一部份，是佛山现存规模最大的民初西洋式大型建筑群，是省级文物保护单位。

建筑物以仿西洋式而又中西合璧为特色，主楼是仿意大利文艺复兴时期府邸式建筑，以钢筋混凝土构筑。楼高二层，一层为中央大厅，两侧厢房，地面用黑白相间的大理石砖砌成图案，窗玻璃是磨砂的刻花彩色玻璃，图案是中国仕女、玉兰和花鸟，非常典型的中国气派。楼梯全用柚木，栏杆却是仿西洋式。二楼的楼面铺的是水泥做的花阶砖，还装了天花板，明显的西洋风格。主楼和后楼以天桥相连接，便于交通。后楼的外墙全用一色水磨青砖，是仿清代当地宅第的建筑。别墅的所有窗户都开得很大，几乎有墙高的一半，间距也很近，相距几十厘米，在当地建筑中极为罕见。但是，窗檐却使用当地常见的砖雕装饰，具有鲜明的民族风格。西楼是三层钢筋混凝土及青砖混合结构仿西洋建筑，而储物室却又是四层的仿当地的当楼建筑，这表明别墅的主人对于中西方文化的认同和融合，至今保存良好。

第七节 中美两国顶级别墅

1.中国亿元别墅——上海紫园8号

佘山早已成为高端别墅豪宅的“代名词”。而上海紫园又是佘山高端别墅项目中的佼佼者。在上海这块山脉奇缺的土地上，作为环境最好的区域之一的佘山国家旅游度假区，空气质量一级、生态环境优良，一方山头显得弥足珍贵。佘山地区规划总面积64.08平方公里，其中核心面积为10.88平方公里。除了自然秀丽的山脉风景外，大手笔的人造景观也不少见，例如三座山头环抱、水域面积达30.4万平方米的大型人工湖——月湖，连接着绿树成荫的大道和高尔夫球场。

从交通方面来看，上海市区到佘山地区最便捷的快速交通是走沪青平高速公路至赵巷出口下，车程在30分钟左右。在建的轨道交通9号线为佘山地区带来了新的契机，为其今后发展成适合居住的高级住宅区创下条件。佘山自然山水不可复制，人文历史也是不可复制的，这两大因素决定了佘山高档别墅在上海地区的独一无二地位。

佘山的几十个别墅项目中，有8个千万元级以上的项目，分别是上海紫园、佘山银湖别墅、佘山月湖山庄、紫都·上海晶园、中凯佘山别墅、佘山高尔夫别墅、世茂佘山庄园、天马高尔夫别墅，其中上海紫园离佘山最近。

上海紫园别墅占地面积为约93.3万平方米，近100公顷的土地。总共打造了以欧式皇家风范别墅为主的268幢别墅建筑，园内园外约33.3万平方米水域蜿蜒贯穿，十数个生态岛屿精工细琢，临水私家码头，别墅在山与水之间水乳交融。别墅售价每栋在1500万至4000万元之间。有三栋顶级豪宅，售价过亿。其中规模最大，档次最高的8号别墅，连水面在内共占地12万平方米，建筑面积1461平方米，其售价也创下了中国大陆单栋别墅的最高纪录。以1亿3000万元人民币的售价登上中国豪华别墅“楼王”宝座的上海紫园的一栋顶级别墅，历时5年终于落成，而且售价已经上涨到3亿元。这栋由海外华商以1亿3000万元订购的“亿元别墅”，于2006年10月全面完工交房。有市场消息称，“亿元别墅”由图纸变现实的过程中身价飙升，目前有富豪欲以3亿人民币的价格接手，但订购业主仍不欲割爱。

在这样独特的环境中，紫园8号别墅堪称中国最特殊的房子，风格上不属于任何一种现有的流派，而仅仅代表了它自己的人居语言。该别墅坐落在紫园内，四面环水，独立成岛，背倚佘山正中位置，建筑面南朝阳。8号别墅自2001年起开始规划设计，整个项目用地24亩，建筑面积3342平方米，分为地上二层、地下一层，所使用的各种建材来自全球十几个国家，全都是国际顶级品牌。

据美国史密斯集团上海公司的副总裁朱轶俊先生介绍，由他们设计的8号别墅楼首先是一种尖端“产品”，这幢别墅共有20多间房间，6间客房、

上海紫园别墅占地面积约为93.3万平方米，总共打造了以欧式皇家风范别墅为主的268幢别墅建筑，十数个生态岛屿精工细琢，在山与水之间水乳交融。

2间大厨房，2间不同风格的中西餐厅，有4000多平方米的草坪可供野炊烧烤，还可围绕别墅前的室外游泳池举行各种活动。它提供的既是享受精神生活的场所，也是生活艺术的真实体现。当时为业主提供了多套设计方案，业主一眼挑中了外形方方正正的简约造型。这与美国史密斯的别墅设计专家观念不谋而合。他们的理念就是：住宅首先要适合人们的居住，住宅设计追求的就是简洁大方。但是住宅的功能则需追求最大的人性化，以人为本要落实在细微处。

8号别墅即以1.3亿元的总价被称为“国内楼王”，如今紫园再次推出二代楼王——99号别墅。该幢宫殿式别墅同样紧靠山脚、独占一岛，且中轴线正对佘山天主教堂，可谓占尽佘山之灵秀。

2.三湖别墅

被评为美国最昂贵的豪宅是纽约长岛的“三湖”别墅，它的标价是7 500万美元，现任主人是地产大亨遗孀谢丽尔·格登。

“三湖”别墅是以里面的三个大大的清水湖泊命名，湖面波光粼粼，胜似海景。围绕着湖水的是一个美国最高级别的高尔夫球场和一个绿草如茵的网球场。

“三湖”别墅是以里面的三个大大的清水湖泊命名，湖面波光粼粼，胜似海景。围绕着湖水的是一个美国最高级别的高尔夫球场和一个绿草如茵的网球场。别墅内有一栋大房子，由建筑大师阿兰·葛林柏格设计。还有一个洋溢田园情调的小木屋，一个盛放着3000瓶葡萄酒的地窖，多个马棚，一个英格兰风格的大花园，一条百合花甬道，一个菜园。大房子内，有一个椭圆形的起居室。

“三湖”别墅总面积约2300平方米，旁边有3个大池塘，还包括一个由美国高尔夫协会里斯·乔斯设计的高尔夫球场，一个草地网球场、14个花园、75英里长的游泳池。这座集居住、运动和休闲于一体的豪宅，完美体现了美国人向往自然、注重健康的生活理念。

3.向往东方

“向往东方”，也位于纽约长岛标价5000万美元。该豪宅紧靠大海，拥有183米长的海滩和大片的湿地。这个房屋曾经接待过多位名人，包括前第一夫人杰奎琳·肯尼迪、著名影星伊丽莎白·泰勒。

“向往东方”紧靠大海，拥有183米长的海滩和大片的湿地。

4.燃点

“燃点”，也位于纽约长岛，标价5000万美元。这个豪宅拥有610多米长的私人海滩，一个私人码头，它目前的主人是一个商界大亨，1996年他购买的时候价值1000万美元，目前他要价5000万美元。

“燃点”标价5000万美元，这个豪宅拥有610多米长的私人海滩。

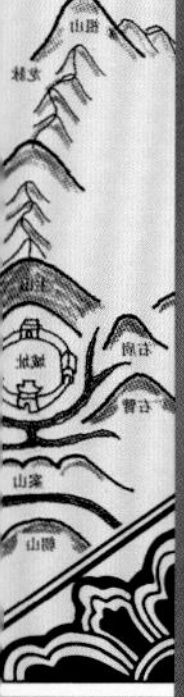

5.RitZ-Carton　Penthouse

位于纽约曼哈顿区的一座大厦的顶楼三层，有9卧9卫，对中央公园一览无余。标价4150万美元。主人还可以享受宾馆的服务，服务员随叫随到。

6.马顿

佛罗里达棕榈滩的“马顿”，具有乔治王时代的艺术风格，主屋1.8万平方英尺，海滩295英尺。投资银行家伯纳德·马顿1997年以1650万美元的价格购入，现在倒手一卖，标价4500万美元。

7.拉·阿密提

“拉·阿密提”，位于佛罗里达的棕榈滩。该豪宅有一个种着120多种

“拉·阿密提”位于佛罗里达的棕榈滩，拥有一个超大的玫瑰园。

玫瑰的大玫瑰园，以及大量的艺术品。它目前的主人是保健品大亨亚伯·高斯曼，标价4800万美元。他还要随房子赠送他的个人艺术收藏，包括亚当和夏娃的雕塑，价值80万美元。

8.迪奥

“迪奥”，位于得州，现任主人是一个大公司的前董事长和他的妻子，标价4300万美元。迪奥的外观极像一座宫殿，气势雄伟，占地2601平方米，还有一个花园，一个小剧场。据说这夫妻俩卖房子是因为俩人之间发生了冲突，其中最初的起因是谁起床去厨房拿些冰激凌。

“迪奥”位于得州，现任主人是一个大公司的前董事长和他的妻子，标价4300万美元。迪奥的外观极像一座宫殿，气势雄伟，占地2601平方米，还有一个花园。

9.曼德勒农场

曼德勒农场，标价6300万美元。曼德勒农场是一个洋溢着乡村风格的住宅，和美国前总统布什的得州农场很相似，整个农场开满了野花，散布着一些小池塘，有一栋1394平方米的大房子，还有几座小木屋。该豪宅标价6300万美元，目前的主人是好莱坞电影制作人皮特古伯。

10.希马·德·蒙杜

加州的“希马·德·蒙杜”，建于1924年。标价4000万美元，现在的主人是一个音乐制造商。

○ 加州的“希马·德·蒙杜”，建于1924年。标价4000万美元，现在的主人是一个音乐制造商。

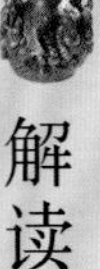

11.观光别墅

佛罗里达棕榈滩的“观光别墅”，地中海风格，有9间卧室，12个卫生间，6个车库，1个私人码头，274英尺的海滩。标价3800万美元。

佛罗里达棕榈滩的“观光别墅”，地中海风格，标价3800万美元。

第八节 建筑大师赖特的经典作品

弗兰克·劳埃德·赖特是美国的一位最重要的建筑师，在世界上享有盛誉。他设计的许多建筑受到普遍的赞扬，是现代建筑中有价值的瑰宝。1893年开设事务所，直至去世，其间共设计出800余座建筑物，其中建成的约400处。

赖特对于传统的重新解释，对于环境因素的重视，对于现代工业化材料的强调，特别是钢筋混凝土的采用，和一系列新的技术(比如空调的采用)，为以后的设计家们提供了一个探索的、非学院派和非传统的典范，他的设计方法也成为日后新探索的重要借鉴。

1.流水别墅（Falling water）

流水别墅于1936年落成，是赖特为卡夫曼家族设计的别墅。在瀑布之上，赖特实现了“方山之宅”(houseonthemesa)的梦想，在悬崖与溪流之间建造起了一幢与自然完美融合的建筑。按照赖特的想法，

流水别墅于1936年落成，是赖特为卡夫曼家族设计的别墅。

“流水别墅”背靠陡崖，生长在小瀑布之上的巨石之间，水泥的大阳台叠摞在一起，它们宽窄厚薄长短各不相同，参差穿插着，好像从别墅中争先恐后地跃出，悬浮在瀑布之上。第一层几乎是一个完整的大房间，通过空间处理而形成相互流通的各种从属空间，并且有小梯与下面的水池联系。正面在窗台与天棚之间是一金属窗框的大玻璃，虚实对比十分强烈。整个构思是大胆的，成为无与伦比的世界最著名的现代建筑。

在山林中，流水别墅的露台外延与周边绿意盎然的森林相映成趣。整个建筑看起来像是从土地中生长出来的，雀跃而灵动的溪流在露台处飞驰而下，更像是瀑布水流的曲折迂回。最大和最令人心惊胆颤的大阳台上有一个楼梯口，从这里拾级而下，正好接临在小瀑布的上方，溪流带着潮润的清风和淙淙的音响飘入别墅，让人分不清这究竟是建筑，还是山林里的水流瀑布。

尽管在设计上赖特采用了大量的现代元素，运用直线、光线的交错产生视觉的美感，但在材质的选择上，赖特仍然使用了历史感相当厚重的石材。所有的支柱，都是粗犷的岩石，平滑方正的大阳台与纵向的粗石砌成的厚墙穿插交错，宛如蒙德里安高度抽象的绘画作品，在复杂微妙的变化中达到一种诗意的视觉平衡。

2.罗宾别墅（Robie　House）

罗宾别墅是赖特为弗雷德理克·罗宾设计的别墅。该别墅建于1909~1910年，耗时仅一年多，建设速度十分惊人。罗宾别墅是美国建筑师协会指定予以保留的，同时也是赖特为美国文化作出贡献的17个建筑实例之一。该别墅被称作是芝加哥的地标式建筑，也是赖特的草原式建筑风格(美国第一个独特的建筑风格)最佳代表作之一。

从平面上看，这个别墅是由两个错开的叠放在一起的长方形组成的，相接一面是长方形的长边。小一点的长方形位于后部，在一层布置有车库和入口，仆人的房间、厨房和客房布置在二层。大的那个长方形位于前部，是该建筑的主体，平面主要是围绕楼梯和烟囱而布置的，半地下室布置有孩子的房间、活动室，一层是起居室和主卧房。

罗宾别墅是赖特为弗雷德理克·罗宾设计的别墅。

赖特特别擅长运用自然元素与自然环境相融合的手法，将建筑设计成能适应时间、地点和不同居住者的有机建筑。罗宾别墅在立面的形式、内部空间及与外部环境关系的处理都有独到之处，从建筑里你能解读到赖特崇尚自然的建筑观，和他对自然、对文化的理解。他独特的建筑思想，引导了现代建筑事业的发展，对于后世的建筑都具有深远的影响。

第九节 世界其他著名别墅

世界别墅千千万万，每一栋著名的别墅在地点的选择、建筑类型、装饰风格、配套设施上都非常具有代表性，能为居住者提供舒适奢华的生活

服务，本节为你筛选了一些世界上的知名别墅，让你一览世界顶级别墅的风采。

1.世界上最贵的豪宅：Updown　Court

2007年美国著名财经杂志《福布斯》公布了一个全球最贵豪宅排行榜，位于英国萨里郡（Surrey）的一所大宅Updown Court，以1亿3800万美元的天价位居榜首。

冠军Updown Court坐落在23万平方米大小的园林中，室内面积就占了约4645平方米。其中共有103间房间，22间大理石浴室，还有宴会厅、室内壁球场、保龄球场、50座位的私人电影院和24K金的图书馆地板等等。该豪宅还设置了应急避难室、可加热的大理石车道、直升机降落坪等，极显其富丽堂皇，名副其实是帝王式的私人住宅。无论从规模还是豪华程度上相比较，都使英国女皇居住的白金汉宫相形见绌。

英国萨里郡（Surrey）的一所大宅Updown　Court价值1亿3800万美元。

2.世界上最豪华的私人宝藏：赫氏堡城堡

赫氏堡是有史以来最豪华的私人住宅，是上个世纪20年代美国传媒巨人威廉·伦道夫·赫斯特的私人城堡。在赫斯特事业的巅峰时期，他拥有两座矿山，数不清的地产，26家报纸，13家全国性刊物，8家广播电台和许多其他新闻媒体事业。当时赫斯特每天能赚5万美元，这个数字相当于现在的500万美元。

每个成功人士都想修建一座梦想中的住宅，赫斯特也一样，1919年他开始构思修建一座举世无双的私人城堡。赫氏堡建在距洛杉矶360公里的圣西蒙。这里从太平洋边开始到桑塔露西亚山，4万英亩（1英亩≈4046.85平方米）的土地都是赫家的私产。那广袤的草场，绵延的山丘，举目可望的海景，在赫斯特心中有不可替代的位置。到1919年，当他能够实现城堡之梦时，他毫不犹豫地选择了此地作为基址。

赫氏堡是由当时在旧金山非常有名的建筑师朱莉亚·摩根设计的，她是世界上最早从事建筑设计的女性之一。不过精通艺术的赫斯特在施工的

赫氏堡是有史以来最豪华的私人住宅，是上个世纪20年代美国传媒巨人威廉·伦道夫·赫斯特的私人城堡。

同时给予摩根很多建议，其中大部分是关于如何将几千件古董收藏填进房间而又不显突兀，好像那些古董几百年来一直在那里一样。1925年的圣诞节，尽管还有一些房间没能完工，赫斯特一家正式搬进了城堡。随后著名的艺术家、文学家、好莱坞明星、政客、将军们纷纷被邀请到赫氏堡做客，当音乐家萧伯纳参观完赫氏堡以后感慨地说："如果上帝有钱，他大约也会为自己修建这样的住所。"

赫氏堡的豪华超越所有人的想像，因为其中的艺术珍品是无价的。赫斯特一生酷爱收藏艺术品，家具、挂毯、绘画、雕塑、壁炉、天花板、楼梯，甚至整个房间都是他的收藏对象。他的收藏大多布置在城堡的房间内供人欣赏和使用，丝毫没有将藏品作为投资以期升值等功利思想。因为有了这些艺术品，整个城堡平添了浓浓的艺术气息和典雅的风韵。

赫氏堡的主楼共有115个房间，计有卧室42间，起居室19间，浴室61间，2个图书室，1个厨房，1个弹子房，1个电影厅，1个聚会厅，1间大餐厅。此外还有3栋独立的客房，整个山庄共有房间165间。位于城堡主入口处的室外游泳池叫海王池。按照萧伯纳的逻辑，海王爷本人游泳的地方一定比这儿差远了。泳池长32米，深1米到3米，所蓄的1300吨水是从山上引来的泉水。池边散落着几尊希腊罗马神话传说中的人物雕像，全部是艺术珍品。室内游泳池叫罗马池，是世界最豪华的泳池。墙壁、池底、岸边、跳台等用了1500万块在威尼斯制造的玻璃马赛克拼贴表面。金色的玻璃马赛克表面贴的是一层真金。单是生产这些马赛克就花了一年3个月的时间，整个泳池的修建则历时3年。

城堡中的大图书室是专为客人们布置的。那里收藏的手稿、绝版书、善本书全部是世所罕见。书柜顶和书桌上放置的是公元前2世纪到8世纪希腊的陶罐，书桌和扶手椅是核桃木的古董。曾经让来做客的邱吉尔声称自己可以足不出户在该图书室待好几个月。

整座城堡只有一个餐厅，餐厅内的布置是赫斯特的骄傲。进入餐厅你会以为自己到了天主教堂或修道院。餐厅墙上挂的是16世纪法国佛兰德壁毯，椅子是14世纪西班牙唱诗班的长椅，天花板是17世纪意大利的木制天花板，上面雕刻的圣徒像比真人还大。房间尽头的大壁炉可以容下三四个人而丝毫不用弯腰低头，也不拥挤。壁炉上挂的一排旗帜是16世纪意大利锡耶那城举行宗教赛马活动时胜利者的旗子。桌上银制的餐具和烛台是17到19世纪英国、西班牙、法国等地的精品。赫斯特热爱动物，赫氏堡所在的牧场上建有一个动物园，是全球最大的私人动物园。赫斯特也热爱自然，修建赫氏堡时，有许多大橡树挡住了路，赫斯特宁肯花几千美元将树移走，也不愿简单地将它们伐掉。

光是修建赫氏堡的花费就高达1000万美元，这在当时相当于一个国王的身家。如果计算上所有古董和艺术品的价值，谁也说不清赫氏堡到底值多少钱。在威廉·兰道夫·赫斯特去世六年后的1957年，赫斯特公司将赫氏古堡捐赠给加州政府公园及休闲部，使整个产业得以向公众开放，让世人共同领略迷人山庄的魅力。

3.世界首富比尔盖茨的千万美元豪宅：未来之屋

比尔·盖茨(Bill Gdtes)的豪宅位于美国西雅图的华盛顿湖畔，从市区开车只需 25 分钟。整个豪宅占地面积约 6600 平方米，是盖茨耗资约1亿

比尔·盖茨(Bill Gdtes)的豪宅位于美国西雅图的华盛顿湖畔，从市区开车只需25分钟。整个豪宅占地面积约6600平方米。

美元，花费7年时间建造而成的。

整栋豪宅不仅因为大而出众，更因为其极尽奢华的特征，分为12个区，共有7个睡房，24个浴室，6个厨房，6个火炉，还拥有带有水下音响系统的18米长的泳池，一个能同时容纳150人用正餐、200人举行鸡尾酒会的大接待厅，362平方米大小的泳池大楼，232平方米的健身房，包括桑拿、蒸汽浴室、男女更衣室和一间屋顶高20英尺（1英尺＝0.3048米）的蹦床间，以及船屋、车库、客房等等。

除了大之外，这座湖滨别墅堪称当今智能家居的经典之作，是真正的“未来之屋”。豪宅的大门设有气象感知器，电脑可根据各项气象指标，控制室内的温度和通风的情况。来访者通过出入口，其个人信息、包括指纹等，就会作为来访资料储存到电脑中。通过安检后，保卫人员发给来访者一个纽扣大小的东西，佩戴上它，来访者在盖茨家的行踪就一目了然了。会议室智能化程度最高，盖茨在这里随时可以召开网络视频会议。室内所有的照明、温湿度、音响、防盗等系统都可以根据需要通过电脑进行调节。地板中的传感器能在15厘米内跟踪到人的足迹，在感应到人来时会自动打开照明系统，在离去时自动关闭。厨房内有全自动烹调设备。厕所安装了一套检查身体的电脑系统，如发现异常，电脑会立即发出警报。唯一带有传统特色的是一棵百年老树，先进的传感器能根据老树的需水情况，实现及时、全自动浇灌。

4.萨达姆的豪华别墅

据美国新闻报道，伊拉克前总统萨达姆已于2010年被执行绞刑，其留下的财产，如位于法国的总价值1250万英镑的别墅也被彻底遗弃，变得破败不堪。据报道，萨达姆是在上世纪80年代初购买法国别墅的。据悉，早在1975年，萨达姆应当时法国总理希拉克之邀访问法国东南部普罗旺斯地区后，就被当地美丽风光吸引，对在法国乡下置业产生了兴趣。于是1982年，他斥巨资委托其一名亲信卡莱夫·艾博多拉希代其在法国南部购买了两处别墅，打算退休后在那里安享晚年。但遗憾的是，这两处别墅，萨达姆本人从来没去过。而在2003年伊拉克战争期间，它们和萨达姆位于巴格达的多处豪华行宫一样，也被洗劫一空，当时多名负责照看别墅的前伊拉

克情报特工，将所有值钱的家具全部搬走并倒卖。

据悉，其中一幢萨达姆别墅价值850万英镑，位于法国东南部、被誉为“海滨人间天堂”的戛纳市附近的一座小山山顶上。由于这座山居住的都是富人，因此也被当地人称为“亿万富翁山”。据悉，这别墅为白色外墙，共有12个卧室。从别墅房间可以俯瞰整个戛纳港湾。据巴黎伊拉克大使馆一名发言透露，当年萨达姆的儿子乌代经常在这里举办聚会，是一处极为“富丽堂皇的房产”。另一幢萨达姆别墅价值400万英镑，位于号称“香水之都”的法国最大香水生产地格拉斯市。据悉，这套风格独特的别墅共有8间卧室，被一大片橄榄树林围绕，浓郁的乡村气息想必一定会更吸引“农民出身”的萨达姆。

但目前，这两栋别墅都已破败不堪，急需整修。其实，只要经过一些精心照顾和装修，这两处萨达姆别墅肯定会重新成为极为理想的居住地。但是，法国政府却显然不愿意插手此事。格拉斯市政厅瓦莱丽·乌特斯女

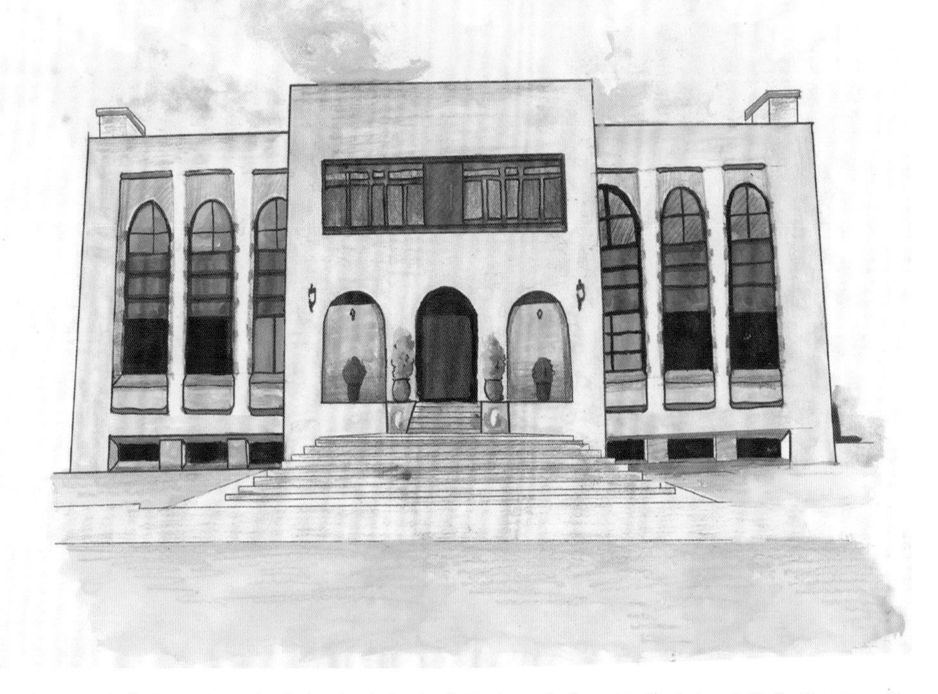

萨达姆是在上世纪80年代初购买法国别墅的，其中一幢萨达姆别墅价值850万英镑，位于法国东南部、被誉为“海滨人间天堂”的戛纳市附近的一座小山山顶上。

士称："我们也对别墅内的损毁情况担忧，因那里堆积的垃圾极可能引发火灾。但没有任何理由让当政府和纳税人为那里的装修费埋单。"不过，日前伊拉克新政府的发言人已表示，将很快会对萨达姆的这两处法国别墅展开修复工作。

5.世界第一位亿万富翁的旧宅：Point别墅

提及近现代乃至当代美国史，人们难以避开洛克菲勒这个家族的姓氏：标准石油公司、洛克菲勒基金会、大通银行、现代艺术博物馆、洛克菲勒中心、芝加哥大学、洛克菲勒大学，还有令美利坚合众国悲伤的在"9·11"中倾倒的双塔。

在商业界，提起美国洛克菲勒家族的财富盛名，用"家喻户晓，妇孺皆知"来形容绝不为过。这个迄今已繁盛了六代的"世界财富标记"与美国乃至国际政治经济都有着千丝万缕的联系。约翰·D·洛克菲勒是美国历史上第一个十亿富翁，作为石油巨子，他在相当一段时期控制着全美国

○ 创始人约翰·D·洛克菲勒（1839~1937）最初在俄亥俄州克利夫兰的一家干货店干活，每周挣5美元。后来他创建了标准石油公司，实际上就是美国石油业的开始。

的石油资源，并创设了托拉斯企业制度，在美国资本主义经济发展史上占有重要的一席之地。如果约翰·D·洛克菲勒现在还在世，他的身价折合成今天的美元约有2000亿——根据2003年的《福布斯》亿万富翁排行榜，当时世界首富比尔·盖茨的身价为407亿美元。

“亿万富翁的旧宅”Point别墅，坐落于纽约撒拉纳克湖畔，是亿万富翁洛克菲勒的旧宅，阿地伦达克山脉（Adirondacks）严守着它的私密性，客人在抵达前几天内才会被告知旅行线路，闲杂人等是不能在四周游览的。带有石砌壁炉和大理石浴缸的乡间小木屋是波颖特的一大特色，当然还少不了上好的食物。休闲活动包括徒步旅行、钓鱼和滑水，具体活动依季节而定。

6.现代主义建筑的经典：萨伏伊别墅

20世纪是现代主义建筑的鼎盛时期，建筑师们在这一时期创造了大量的建筑作品。在浩如繁星的作品中，萨伏伊别墅(the Villa Savoye)以其独

萨伏伊别墅是现代主义建筑的经典作品之一，位于巴黎郊区的普瓦西，由现代建筑大师勒·柯布西耶于1928年设计，并于1930年建成。

特的魅力，长久地为人们所钟爱。

萨伏伊别墅是现代主义建筑的经典作品之一，位于巴黎郊区的普瓦西，由现代建筑大师勒·柯布西耶于1928年设计，并于1930年建成。别墅在设计之初，柯布西耶原本的意图是用这种简约的、工业化的方法去建造大量低造价的平民住宅，没想到老百姓还没来得及接受，却让有亿万家产的年轻的萨伏伊相中，于是成就了一件伟大的作品，它所表现出的现代建筑原则影响了半个多世纪的建筑走向。

萨伏伊别墅是什么样子的呢？著名建筑师崔愷用这样诗意的语言来描述它："那一天小雨，当我们推开院门穿过绿篱，亭亭玉立的白色小楼便静静地展现在我们的面前了。绕过架空的门廊，走进宜人的门厅，循坡道而上，在屋室中徘徊，空间在流动，视线在流动；别致的楼梯，多变的隔断，浴室的躺衣，厨房的壁柜，室外的条案，室内的家具，以及白色、黑色、蓝色、绿色，一切都是那么质朴、简单，一切又都是那么新颖别致，独具匠心，不要说70年前，就是放在21世纪的今天，也毫不落伍和逊色，这才是大师！"

萨伏伊别墅宅基为矩形，长约22.5米，宽为20米，共三层。设计上与以往的欧洲住宅大异其趣。轮廓简单，像一个白色的方盒子被细柱支起。水平长窗平阔舒展，外墙光洁，无任何装饰，但光影变化丰富。别墅虽然外形简单，但内部空间复杂，如同一个内部精巧镂空的几何体，又好像一架复杂的机器。采用了钢筋混凝土框架结构，平面和空间布局自由，空间相互穿插，内外彼此贯通，它外观轻巧，空间通透，装修简洁，与造型沉重、空间封闭、装修繁琐的古典豪宅形成了强烈对比。

现代建筑认为空间是建筑的"主角"，并在实践中特别注重空间的组织与塑造，使建筑空间在技术飞跃的基础上产生了巨大的发展。建筑的内部空间设计，已从传统的静态空间，逐渐发展到现代建筑的动态空间，即"空间——时间"的概念，在传统三维空间上增添了人在其中连续位移而产生的时间因素，因而使建筑空间表现出更多的自由、变化和丰富。萨伏伊别墅就是一个"空间——时间"营造的典范。别墅采用开放式的室内空间设计，动态的、非传统的空间组织形式，尤

其使用螺旋形的楼梯和坡道来组织空间。并没有用豪华的材料，没有附加的装饰，纯粹由建筑的基本构成元素及其材料来组织和塑造丰富的动态空间，这绝不仅仅是顺应了当时窘迫的经济状况，而更主要是当时重视功能、强调空间、反对附加装饰的现代建筑设计思想的反映。

萨伏伊别墅在用色上特别纯粹，建筑的外部装饰完全采用白色，这是一个代表新鲜的、纯粹的、简单和健康的颜色，给人以清新自然的感觉，而崇尚自然也是现代主义建筑的一大特色。

萨伏伊别墅深刻地体现了现代主义建筑所提倡新的建筑美学原则。表现手法和建造手段的相统一，建筑形体和内部功能的配合，建筑形象合乎逻辑性，构图上灵活均衡而非对称，处理手法简洁，体型纯净，在建筑艺术中吸取视觉艺术的新成果等，这些建筑设计理念启发和影响着无数建筑师。即便是到了今天，现代主义的建筑仍为诸多人士所青睐。因为它代表了进步、自然和纯粹，体现了建筑的最本质的特点。

第九章

好布局别墅外观图鉴

随着生活品质的迅速提高，别墅成为有品位的成功人士的置业需求。别墅的设计不仅能体现别墅主人的设计品位，更能提升整个别墅的气质。一栋完美独特的别墅，外观不但要设计新颖，更要符合设计之道，与周围的环境完美融合，达到物我相融的效果。

现代风格

现代风格又称现代主义风格，是现代工业社会的产物，起源于1919年包豪斯学派，提倡突破传统，创造革新。现代风格的别墅重视功能和空间组织，强调设计与实际生活的联系，在设计布局上多采用波浪形态，使其高低跌宕、舒适自然，强调其时代感。同时，对于造型和线条，特别注重发挥结构构成本身的形式美，以简洁的造型和线条塑造鲜明的建筑表情。而立面和建材，尊重材料的特性，讲究材料自身的质地和色彩的配置效果，通过高耸的建筑外立面和带有强烈金属质感的建筑材料堆积出居住者的炫富感，以国际流行的色调和非对称性的手法，彰显都市感和现代感。

现代
风格图例

现代
风格图例

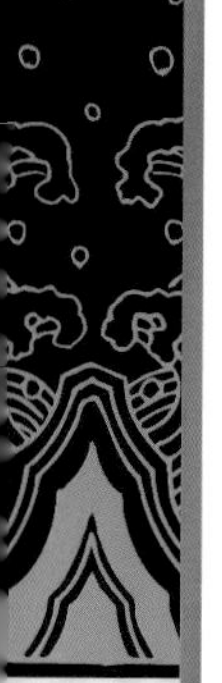

祖山
龙脉
主山
右肩
右臂
城址
案山
朝山

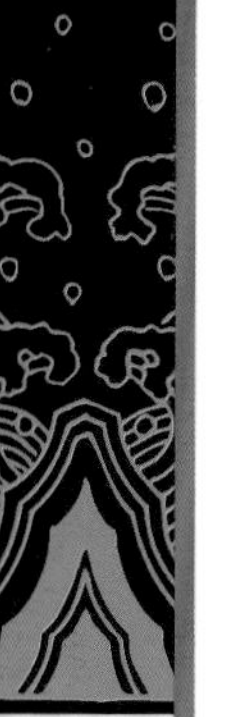

现代
风格图例

祖山
龙脉
案山
朝山
右臂
城址

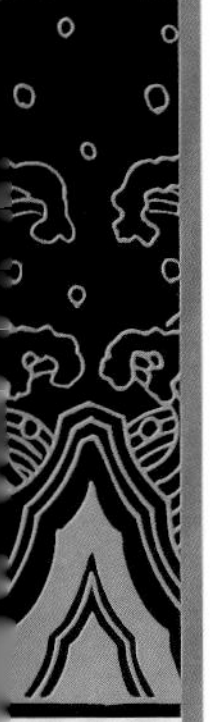

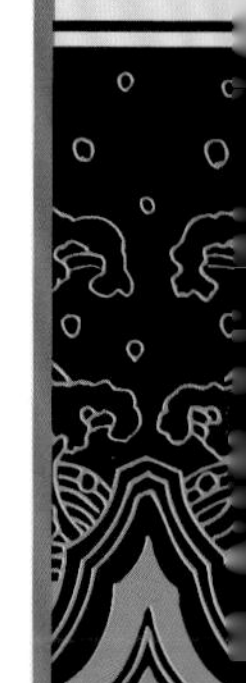

现代
风格图例

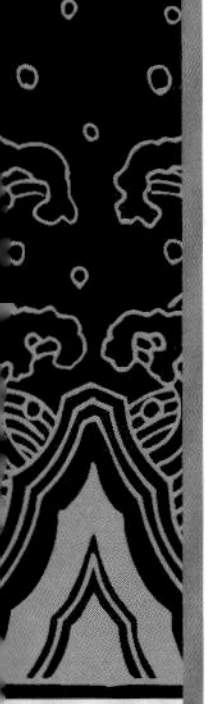

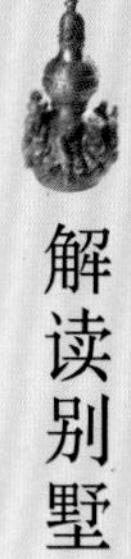

现代
风格图例

现代
风格图例

现代
风格图例

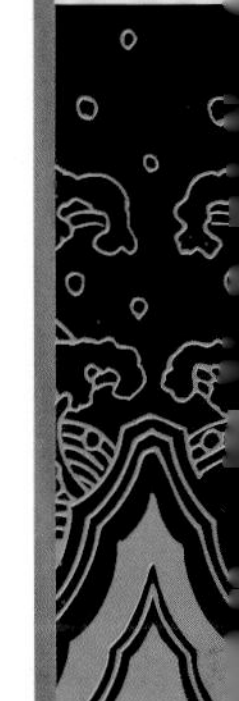

现代
风格图例

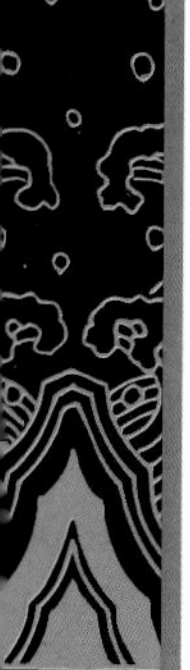

现代
风格图例

现代
风格图例

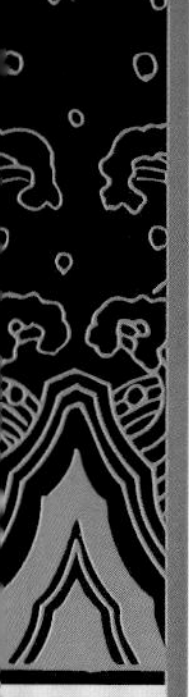

留趣橋

现代
风格图例

现代
风格图例

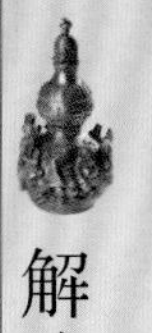

现代
风格图例

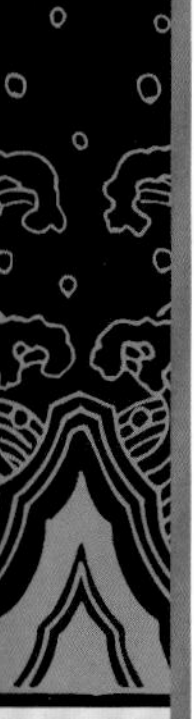

4776

祖山
龙脉
主山
石肩
城址
石臂
案山
朝山

北美风格

美国是一个移民国家，拥有各种各样的建筑风格，其中尤其受英国、法国、德国、西班牙以及美国各地区原来传统文化的影响较大。并且随着经济实力的进一步增强，适应各种新功能的住宅形式纷纷出现，各种绚丽多姿的住宅建筑风格应运而生。因此，北美风格实际上是一种混合风格，它在同一时期接受了许多种成熟的建筑风格。常见的北美风格有美式风格、乡村风格、南加州风格等，虽然每一种风格的特征表现都不尽相同，但北美风格别墅总体呈现出一种既简约大气，又集各种建筑精华与一身的独特风格。

北美
风格图例

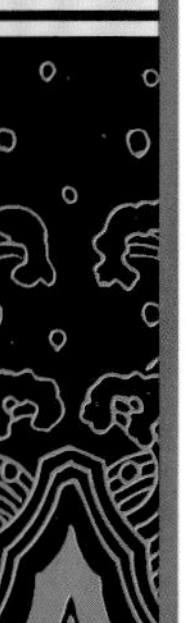

北美
风格图例

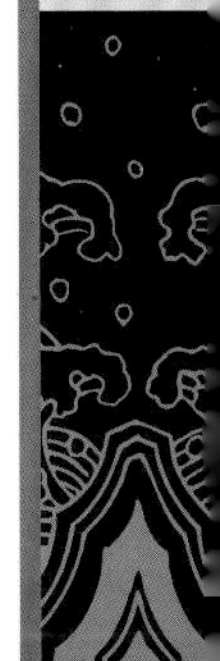

北美
风格图例

北美
风格图例

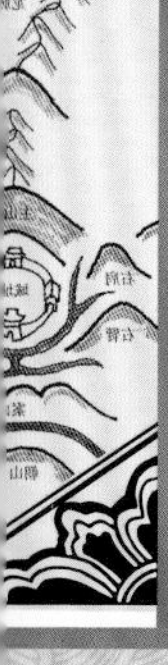

北美风格图例

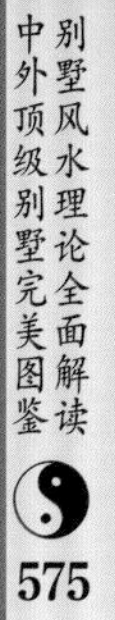

3655

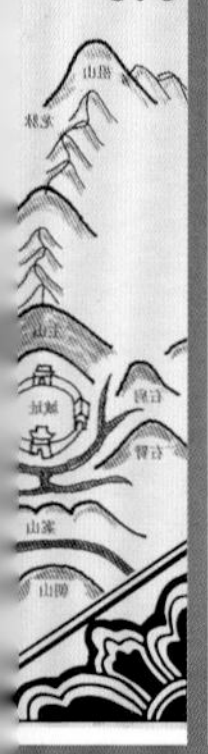

北美
风格图例

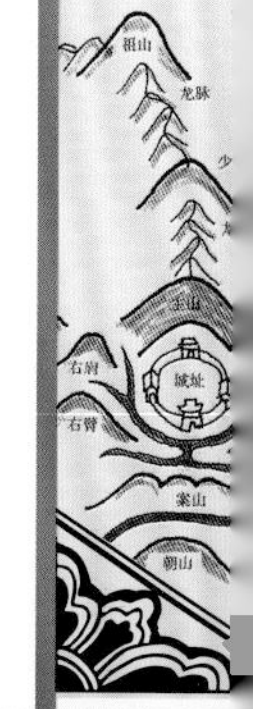

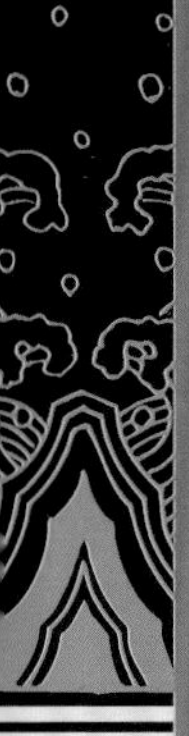

祖山
龙脉
主山
右屏
城址
右臂
案山
朝山

7558
WARNING

北美
风格图例

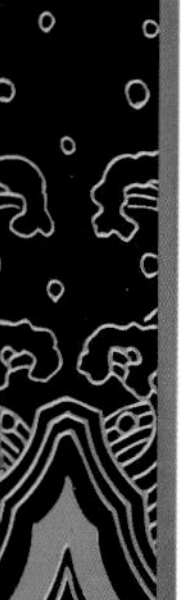

北美
风格图例

北美
风格图例

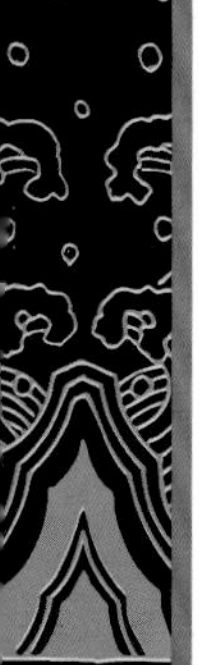

祖山
龙脉
主山
右砂
城址
右臂
案山
朝山

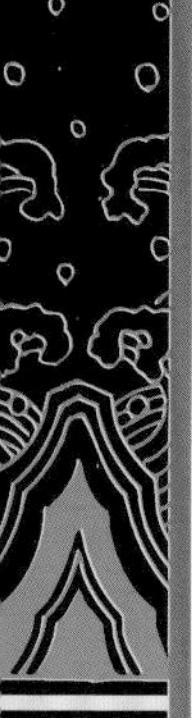

北美风格图例

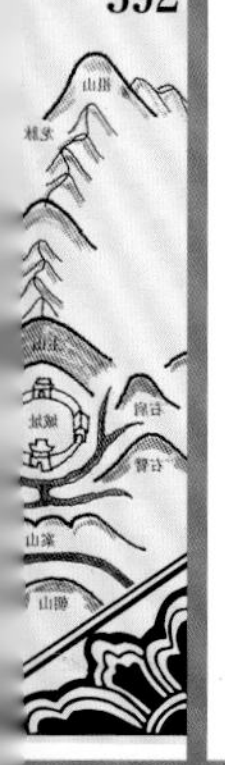

北美
风格图例

北美
风格图例

乡村风格

乡村风格又可称为田园风格，属于自然风格的一支，倡导“回归自然”，在别墅的外观设计上以舒适为准则，更加追求材质的原始感觉，讲究材质本身的粗糙与做工的精细对比，力求表现悠闲、舒畅、自然的田园生活情趣，也常运用天然木、石、藤、竹等材质质朴的纹理，力求屋内处处都透着阳光、青草、露珠的自然味道，仿佛信手拈来，毫不造作，创造自然、简朴、高雅的氛围。

乡村风格图例

乡村
风格图例

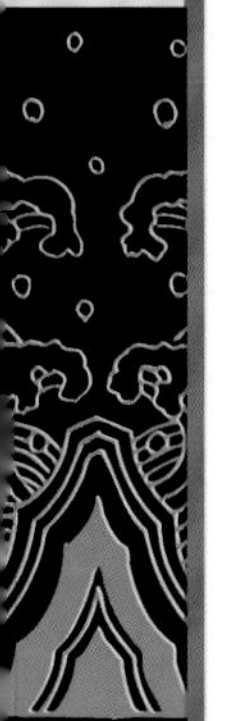

祖山
龙脉
石肩
城址
石臂
案山
朝山

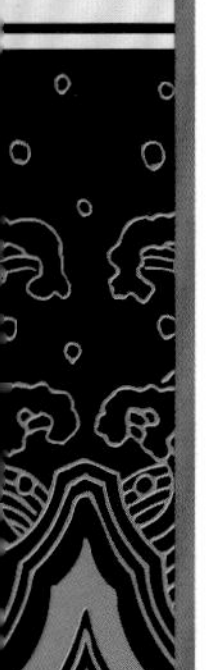

东方风格

从地域上来说，中式风格、日式风格、泰式风格、新加坡风格等都可归入东方风格，相对于其他风格的别墅，东方风格更注重表达本土文化的精神与气质，带有一种神秘的美。如，泰国是一个非常虔诚信奉佛教的国家，这使得泰式风格的建筑呈现出更多寺庙的特点，在风格上偏向于复杂、华丽。而日式别墅更多地追求一种淡雅、清寂，主要通过细节的设计，小巧精致而富于变化的空间是其魅力所在，表现出传统的禅宗精神。

东方风格图例

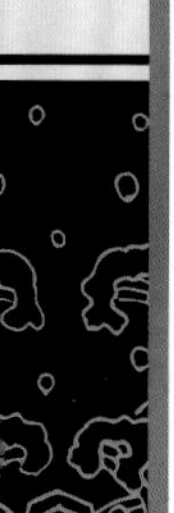

东方
风格图例

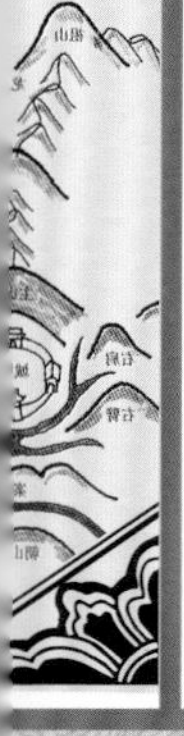

东方
风格图例

4663

□ 欧式风格

按地域来分，法国风格、意大利风格、地中海风格、德国风格、西班牙风格等，都可归为欧式风格的范畴。然而由于它风格多样，因此很难从它的建筑元素方面来分析它的风格特征，只能从大体上来把握。瑞士建筑学家凯乐说："真正的别墅应该是融在自然环境里，需要你在自然环境里寻找才能发现的，而不是个性的张扬。"一般的别墅，应该与周围的环境非常协调，在塑造的环境当中，它只是一个不显眼的部分，"需要花点工夫才能找得到"。可见，欧洲风格的别墅设计强调的是与周围环境和谐与统一，表现在外观上既有浪漫典雅的一面，又有简洁大气的一面，同时也不乏清新明快的感觉。

欧式风格图例

欧式风格图例

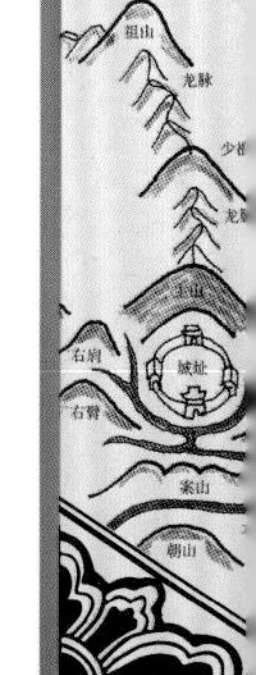

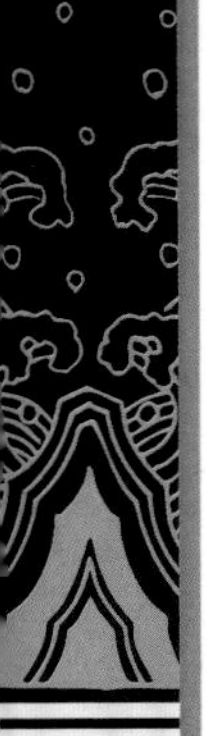

欧式
风格图例

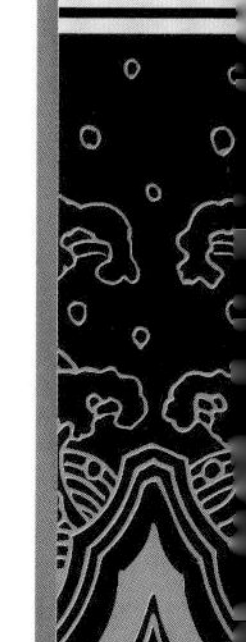

欧式
风格图例

欧式
风格图例

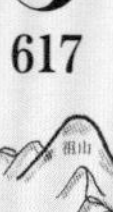

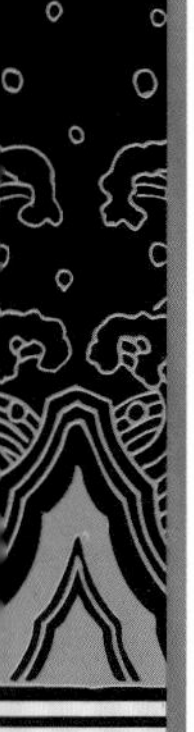

欧式
风格图例

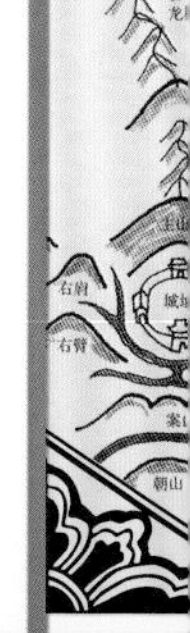

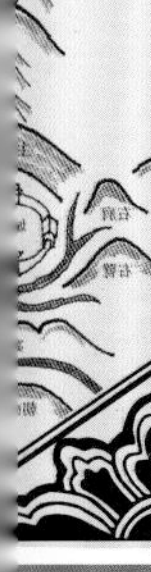

欧式
风格图例

THE
BALTIMORE-M3
Squares of Living 38.6
Garage 3.8
Total Squares 42.4

欧式
风格图例

欧式
风格图例

40-42

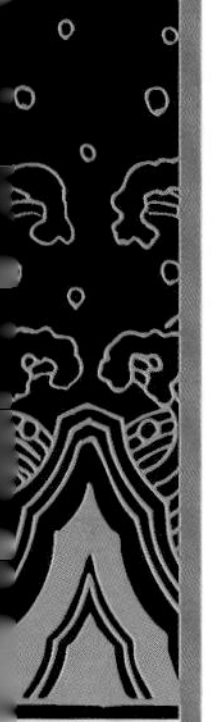

欧式
风格图例

欧式
风格图例

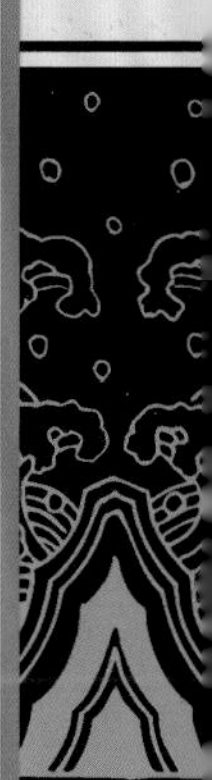

欧式
风格图例

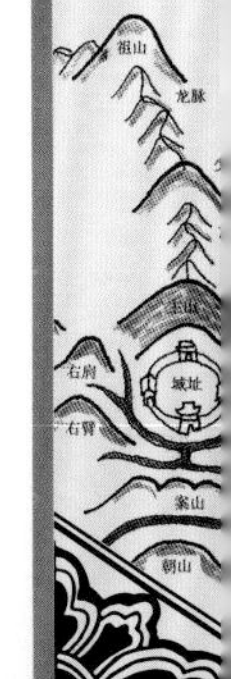

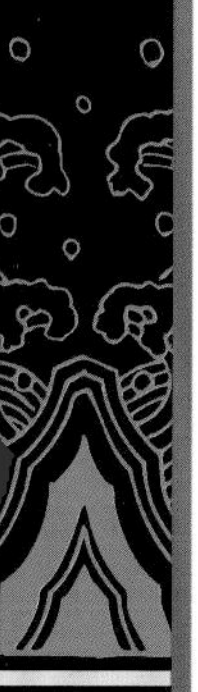

欧式
风格图例

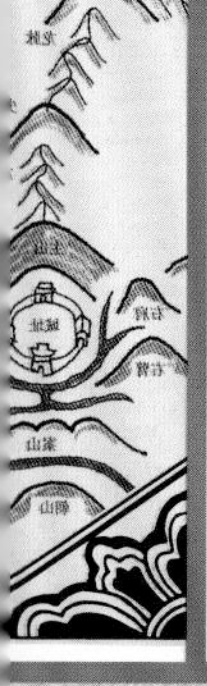

欧式
风格图例

欧式
风格图例

欧式
风格图例

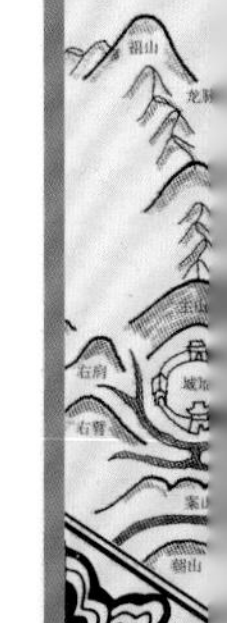

欧式
风格图例

欧式
风格图例